高等院校信息技术系列教材

信号与系统
（第2版）

甘俊英　胡异丁　杨敏　颜健毅　编著

清华大学出版社
北京

内 容 简 介

本书全面介绍信号与系统的理论知识。全书共 7 章,主要内容包括信号与系统的基本概念、连续时间信号与系统的时域分析、离散时间信号与系统的时域分析、连续时间信号与系统的傅里叶分析、连续时间信号与系统的复频域分析、离散时间信号与系统的 z 域分析以及系统状态变量分析。

本书可作为高等院校电子信息工程、通信工程、自动控制工程、生物医学工程、自动化、电气工程及其自动化、计算机等专业学生"信号与系统"课程的教材,也可供相关领域的教师和工程技术人员参考。

图书在版编目(CIP)数据

信号与系统/甘俊英等编著. —2 版. —北京: 清华大学出版社,2024.3
高等院校信息技术系列教材
ISBN 978-7-302-65759-0

Ⅰ.①信… Ⅱ.①甘… Ⅲ.①信号系统-高等学校-教材 Ⅳ.①TN911.6

中国国家版本馆 CIP 数据核字(2024)第 049896 号

责任编辑: 袁勤勇 战晓雷
封面设计: 常雪影
责任校对: 郝美丽
责任印制: 宋 林

出版发行: 清华大学出版社
   网 址: https://www.tup.com.cn,https://www.wqxuetang.com
   地 址: 北京清华大学学研大厦 A 座   **邮 编:** 100084
   社 总 机: 010-83470000   **邮 购:** 010-62786544
   投稿与读者服务: 010-62776969,c-service@tup.tsinghua.edu.cn
   质量反馈: 010-62772015,zhiliang@tup.tsinghua.edu.cn
   课件下载: https://www.tup.com.cn,010-83470236
印 装 者: 三河市君旺印务有限公司
经 销: 全国新华书店
开 本: 185mm×260mm   **印 张:** 18.75   **字 数:** 458 千字
版 次: 2011 年 2 月第 1 版 2024 年 3 月第 2 版   **印 次:** 2024 年 3 月第 1 次印刷
定 价: 58.00 元

产品编号: 095745-01

第2版 前言 foreword

　　本书第 1 版自 2011 年 2 月出版以来,已经印刷 11 次。现根据读者意见和教学需要,对第 1 版作了以下修订:

　　(1) 第 2 章增加了起始点的跳变内容(2.2.3 节),且完善了零输入响应和零状态响应的介绍(2.3 节)。

　　(2) 第 4 章增加了正弦幅度调制与频分复用内容(4.8 节),丰富了傅里叶分析的工程应用介绍。

　　(3) 每章都修改了部分文字,修订了第 1 版的一些错误,修改或增删了部分例题。

　　本书由甘俊英统稿,胡异丁修订了第 1、2、4、7 章,杨敏修订了第 5 章,颜健毅修订了第 3、6 章,感谢应自炉教授提出的宝贵意见。衷心感谢广大读者和同行对本书的关心,并敬请读者赐教。

编　者

2024 年 1 月

第1版 前言 *foreword*

　　随着信息科学技术的迅猛发展，掌握信息科学技术是电气信息类专业学生的重要任务。"信号与系统"是电气信息类专业最重要的专业基础课程之一，也是各院校相关专业硕士研究生入学考试的必考课程。课程内容涉及信息的获取、传输、处理的基本理论和相关技术。课程的教学对象从原来的电子专业扩展到了所有的电类专业，甚至许多非电专业也开设了这门课程；其内容根据新技术以及教学对象的变化在不断调整；其应用背景也从单一的电子通信系统扩展到了其他信息处理系统。

　　本书结合普通高校的特点，有针对性地对信号与系统的理论知识进行了编排。全书共分7章：第1章为信号与系统的基本概念，第2章为连续时间信号与系统的时域分析，第3章为离散时间信号与系统的时域分析，第4章为连续时间信号与系统的傅里叶分析，第5章为连续时间信号与系统的复频域分析，第6章为离散时间信号与系统的 z 域分析，第7章为系统状态变量分析。

　　本书由甘俊英、颜健毅、胡异丁、杨敏编著。第1章由胡异丁、杨敏执笔；第2章和第4章由胡异丁执笔；第3章和第6章由颜健毅执笔；第5章由杨敏执笔；第7章由颜健毅、杨敏执笔。本书由甘俊英主撰并统稿，颜健毅、胡异丁、杨敏为本书的撰写做出了重要的贡献，为并列的第二作者。在本书的编写过程中，应自炉教授提供了较多素材，樊可清教授提出了许多宝贵意见。此外，本书的出版得到了五邑大学教务处和信息工程学院的大力支持，在此一并深表谢意！

　　由于编者水平有限，加上时间仓促，书中错误与不妥之处在所难免，恳请读者批评指正。

编　者

2010 年 8 月

目录 contents

第1章

chapter 1

信号与系统的基本概念

1.1 信号与系统的定义

信号是信息的具体表现形式,是传递消息或者信息的载体。传递信息的方式多种多样,常见的有声、光、电、力等。根据物理形态的不同,信号有声信号、光信号、电信号、力信号等不同形态。本书主要讨论电信号。电信号通常可用随时间变化的电压、电流、电场、功率等形式描述;而非电信号,如温度、压力、位移、速度等,则可用传感器转换成电信号,然后分析处理。因此,研究电信号具有普遍意义。

系统指能完成某些特定功能的整体,是由某些相互作用、相互关联的元器件或子系统通过某种组合形成的物理结构。系统的基本作用是对输入信号进行加工和处理,将其转换为需要的输出信号。常见系统有太阳系、有线电视网、互联网、力学系统等。系统又分为电系统和非电系统。大多数非电系统都可以用电系统模拟或者仿真。本书主要描述和分析电系统。

系统总是对施加于它的信号作出响应,产生另外的信号。施加于系统的信号称为系统的输入信号或激励,由此产生的另外的信号称为系统的输出信号或响应。系统的功能就体现于什么样的输入信号产生什么样的输出信号,或者说怎样的激励产生怎样的响应,因此,所有的信号与系统问题都可抽象地表示为如图 1-1-1 所示的框图。

图 1-1-1 系统的模型

信号与系统之间的联系非常紧密。一方面,任何系统都接收输入信号,产生输出信号,系统的特定功能就是实现特定的输入输出信号的变换关系。另一方面,任何信号的改变,例如各种各样的信号转换、传输、处理、识别等,都需相应的系统实现。

1.2 信号的分类与描述

根据信号的特性,可从不同角度对信号进行分类。例如,根据信号的用途,可将信号分为电视信号、雷达信号等;根据信号的频率高低,可将信号分为低频信号、中频信号和高频信号等。本节主要根据信号和信号自变量的特性分类。

1.2.1　确定性信号与随机信号

按照信号是否确定,可将信号分为确定性信号与随机信号。对于任一自变量,确定性信号有确定的函数值,即信号是时间的函数。例如,电路基础课程中学到的正弦信号就是一个典型的确定性信号。随机信号也称为不确定性信号。对于任一自变量,随机信号不能给出确定的函数值。例如,通信信号在传输过程中受到的各种各样的干扰和噪声就是随机信号。随机信号无法预测,只能根据大量的实验数据总结它的统计规律,从而对其加以描述。本节只讨论确定性信号。

1.2.2　连续信号与离散信号

按照信号的自变量取值是否连续,可将信号分为连续信号与离散信号。如果信号的自变量除了有限个间断点外是连续的时间变量,则称为连续时间信号,简称连续信号。连续信号一般用 $f(t)$ 表示,如图 1-2-1(a)、(b)所示。如果信号的自变量只能取一组离散的规定值,除此之外的取值均无意义,则称为离散时间信号,简称离散信号。离散信号一般用 $f[n]$ 表示,如图 1-2-1(c)、(d)所示。

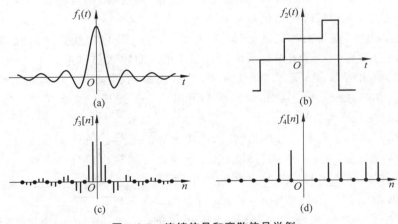

图 1-2-1　连续信号和离散信号举例

连续信号的自变量是连续的,但其函数值既可以是连续的也可以是离散的。图 1-2-1 中 $f_1(t)$ 和 $f_2(t)$ 分别是函数值连续和离散的连续信号。一般将自变量连续、函数值也连续的信号称为模拟信号,如图 1-2-1(a)所示。

离散信号的函数值既可以是连续的也可以是离散的。图 1-2-1 中 $f_3[n]$ 和 $f_4[n]$ 分别是函数值连续和离散的离散信号。自变量离散、函数值连续的信号称为抽样信号,自变量离散、函数值也离散的信号称为数字信号。

1.2.3　周期信号与非周期信号

按照信号的自变量取值是否具有周期重复性,可将信号分为周期信号与非周期信号。周期信号的任一自变量对应的函数值每经过一段时间间隔后又重复出现,如图 1-2-2 所示。使周期信号的函数值重复的最小时间间隔称为基波周期。连续时间信号的基波周期用 T_0 表示,离散时间信号的基波周期用 N_0 表示。连续周期信号和离散周期信号的数学表达式分别为

$$f(t) = f(t + mT_0), m = 0, \pm 1, \pm 2, \pm 3, \cdots \tag{1-2-1}$$

$$f[n] = f[n + mN_0], m = 0, \pm 1, \pm 2, \pm 3, \cdots \tag{1-2-2}$$

显然,mT_0 或者 mN_0 也是周期信号的周期。一般情况下,如果没有特指,周期是指基波周期。周期信号是无穷无尽的,故周期信号的自变量取值范围为 $-\infty < t < \infty$ 或 $-\infty < n < \infty$。

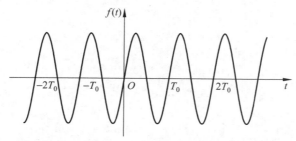

图 1-2-2　周期信号举例

【例 1-2-1】　判断下列信号是否为周期信号,若是,试求周期。

(1) $f(t) = 4\sin 2t + \cos 3t$。

(2) $f(t) = 4\sin 2\pi t$,$t > 0$。

解: (1) 设 $f_1(t) = 4\sin 2t$,$f_2(t) = \cos 3t$,则 $f(t) = f_1(t) + f_2(t)$。

$f_1(t)$ 的周期 $T_1 = \dfrac{2\pi}{2} = \pi$,$f_2(t)$ 的周期 $T_2 = \dfrac{2\pi}{3}$。

当 $\dfrac{T_1}{T_2}$ 为有理数时,信号 $f(t)$ 为周期信号,周期为 T_1、T_2 的最小公倍数。而 $\dfrac{T_1}{T_2} = \dfrac{3}{2}$,则 T_1、T_2 的最小公倍数为 2π。故 $f(t)$ 为周期信号,周期为 2π。

(2) 由于周期信号具有时间上的无限性,即 $-\infty < t < \infty$,而已知自变量取值范围为 $t > 0$,显然不是周期信号。

1.2.4　能量信号与功率信号

按照信号的能量是否有限,可将信号分为能量信号与功率信号。

设 $f(t)$ 是流过 1Ω 电阻上的电压或电流,则在一个周期内电阻消耗的能量为

$$E = \int_{-\frac{T_0}{2}}^{\frac{T_0}{2}} p(t)\mathrm{d}t = \int_{-\frac{T_0}{2}}^{\frac{T_0}{2}} f^2(t)\mathrm{d}t \tag{1-2-3}$$

一个周期内电阻消耗的平均功率为

$$P = \frac{1}{T_0} \int_{-\frac{T_0}{2}}^{\frac{T_0}{2}} f^2(t)\mathrm{d}t \tag{1-2-4}$$

在整个时间域上，信号 $f(t)$ 在 1Ω 电阻上消耗的能量和平均功率分别为

$$E = \lim_{T_0 \to \infty} \int_{-\frac{T_0}{2}}^{\frac{T_0}{2}} f^2(t)\mathrm{d}t \tag{1-2-5}$$

$$P = \lim_{T_0 \to \infty} \frac{1}{T_0} \int_{-\frac{T_0}{2}}^{\frac{T_0}{2}} f^2(t)\mathrm{d}t \tag{1-2-6}$$

如果信号 $f(t)$ 在 1Ω 电阻上消耗的能量满足 $0<E<\infty$，且 $P=0$，则信号 $f(t)$ 称为能量信号；如果信号 $f(t)$ 在 1Ω 电阻上消耗的功率满足 $0<P<\infty$，且 $E\to\infty$，则信号 $f(t)$ 称为功率信号。

【例 1-2-2】 判断下列信号是功率信号还是能量信号。

（1）$f(t)=2\sin(3t+\theta)$。

（2）$f(t)=3\mathrm{e}^{-5t}$。

解：（1）根据式（1-2-5）和（1-2-6），有

$$E = \lim_{T_0 \to \infty} \int_{-\frac{T_0}{2}}^{\frac{T_0}{2}} f^2(t)\mathrm{d}t = \lim_{T_0 \to \infty} \int_{-\frac{T_0}{2}}^{\frac{T_0}{2}} 4\sin^2(3t+\theta)\mathrm{d}t$$

$$= 4\lim_{T_0 \to \infty} \int_{-\frac{T_0}{2}}^{\frac{T_0}{2}} \frac{1}{2}[1-\cos(6t+\theta)]\mathrm{d}t = 4\lim_{T_0 \to \infty} \frac{T_0}{2} = \infty$$

$$P = \lim_{T_0 \to \infty} \frac{1}{T_0} \int_{-\frac{T_0}{2}}^{\frac{T_0}{2}} f^2(t)\mathrm{d}t = \lim_{T_0 \to \infty} \frac{1}{T_0} \int_{-\frac{T_0}{2}}^{\frac{T_0}{2}} 4\sin^2(3t+\theta)\mathrm{d}t = 2$$

故该信号是功率信号。

（2）根据式（1-2-5）和（1-2-6），有

$$E = \lim_{T_0 \to \infty} \int_{-\frac{T_0}{2}}^{\frac{T_0}{2}} f^2(t)\mathrm{d}t = \lim_{T_0 \to \infty} \int_{-\frac{T_0}{2}}^{\frac{T_0}{2}} 9\mathrm{e}^{-10t}\mathrm{d}t = -\frac{9}{10}\lim_{T_0 \to \infty}(\mathrm{e}^{-T_0}-\mathrm{e}^{T_0}) = \infty$$

$$P = \lim_{T_0 \to \infty} \frac{1}{T_0} \int_{-\frac{T_0}{2}}^{\frac{T_0}{2}} f^2(t)\mathrm{d}t = \lim_{T_0 \to \infty} \frac{1}{T_0} \int_{-\frac{T_0}{2}}^{\frac{T_0}{2}} 9\mathrm{e}^{-10t}\mathrm{d}t = -\frac{9}{10}\lim_{T_0 \to \infty}\frac{1}{T_0}(\mathrm{e}^{-T_0}-\mathrm{e}^{T_0}) = \infty$$

故该信号既不是能量信号也不是功率信号。

1.3 常用连续时间信号

1.3.1 实指数信号

实指数信号的函数表达式为

$$f(t)=A\mathrm{e}^{at}, \quad -\infty<t<\infty \tag{1-3-1}$$

其中，A、α 为实数。当 $\alpha=0$ 时，$f(t)$ 是直流信号；当 $\alpha<0$ 时，$f(t)$ 是随时间增长而逐渐衰减的信号；当 $\alpha>0$ 时，$f(t)$ 是随时间增长而逐渐增长的信号。实指数信号如图 1-3-1 所示。

实际应用中比较常见的是单边指数衰减信号，其函数表达式为

$$f(t) = \begin{cases} Ae^{-at}, & t \geqslant 0, \alpha > 0 \\ 0, & t < 0 \end{cases} \tag{1-3-2}$$

单边指数衰减信号如图 1-3-2 所示。单边指数衰减信号在 $t=0$ 处有跳变,跳变的幅度为 A。

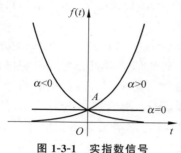

图 1-3-1　实指数信号　　　　　　　　　图 1-3-2　单边指数衰减信号

1.3.2　正弦信号

正弦信号与余弦信号在相位上仅仅相差 $\dfrac{\pi}{2}$,因此一般统称为正弦信号。正弦信号的函数表达式为

$$f(t) = A\sin(\omega t + \theta), \quad -\infty < t < \infty \tag{1-3-3}$$

其中,A、ω、θ 分别称为正弦信号的振幅、角频率、初相角,均为实常数。正弦信号如图 1-3-3 所示。

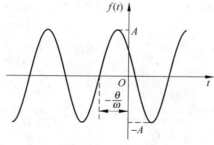

图 1-3-3　正弦信号

正弦信号是典型的周期信号,其周期为 $\dfrac{2\pi}{\omega}$。正弦信号的特点是对时间变量进行微分和积分后仍然是正弦信号。

1.3.3　复指数信号

复指数信号的函数表达式为

$$f(t) = Ae^{st}, \quad -\infty < t < \infty \tag{1-3-4}$$

其中,$s = \sigma + j\omega_0$,s 为复数,σ、ω_0、A 为实数。

根据欧拉公式,可将式(1-3-4)展开为

$$f(t) = A\mathrm{e}^{st} = A\mathrm{e}^{\sigma t}\cos\omega_0 t + \mathrm{j}A\mathrm{e}^{\sigma t}\sin\omega_0 t \qquad (1\text{-}3\text{-}5)$$

根据 σ、ω_0 取值的不同,复指数信号包含以下几种形式:

(1) 若 $\sigma=0$, $\omega_0=0$,则复指数信号与时间无关,是一个直流信号。

(2) 若 $\sigma\neq0$, $\omega_0=0$,则复指数信号表达式为 $f(t)=A\mathrm{e}^{\sigma t}$,这就是1.3.1节所讨论的实指数信号。

(3) 若 $\sigma=0$, $\omega_0\neq0$,则复指数信号表达式为 $f(t)=A\mathrm{e}^{\mathrm{j}\omega_0 t}$,这是一个纯虚指数信号。

(4) 若 $\sigma\neq0$, $\omega_0\neq0$,则为一般复指数信号。该复指数信号可以分为实部和虚部两部分,且实部和虚部均为幅度按指数规律变化的正弦信号。当 $\sigma<0$ 时,复指数信号的实部和虚部为幅度按指数规律衰减的正弦信号,其实部和虚部波形分别如图 1-3-4(a)、(b)所示;当 $\sigma>0$ 时,复指数信号的实部和虚部为幅度按指数规律增长的正弦信号,其实部和虚部波形分别如图 1-3-5(a)、(b)所示。

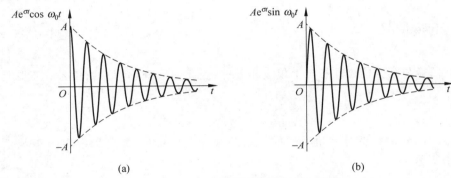

(a) (b)

图 1-3-4 $\sigma<0$ 时复指数信号的实部和虚部

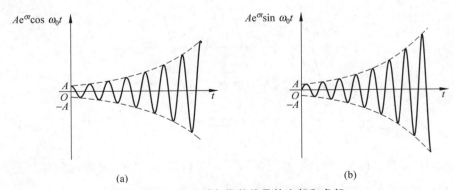

(a) (b)

图 1-3-5 $\sigma>0$ 时复指数信号的实部和虚部

1.3.4 抽样信号

抽样信号也称抽样函数,其表达式为

$$\mathrm{Sa}(t) = \frac{\sin t}{t}, \quad -\infty < t < \infty \tag{1-3-6}$$

其波形如图 1-3-6 所示。

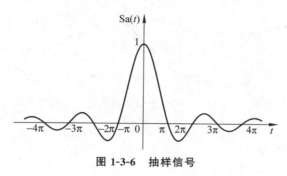

图 1-3-6 抽样信号

由图 1-3-6 可知,抽样信号具有以下性质:

(1) 抽样信号是 t 的偶函数,$\mathrm{Sa}(t) = \mathrm{Sa}(-t)$。

(2) $\mathrm{Sa}(0) = \lim\limits_{t \to 0} \dfrac{\sin t}{t} = 1$。

(3) 当 $t = k\pi, k = \pm 1, \pm 2, \pm 3, \cdots$ 时,$\mathrm{Sa}(t) = 0$。

(4) $\displaystyle\int_{-\infty}^{+\infty} \mathrm{Sa}(t)\,\mathrm{d}t = \pi$。

(5) $\lim\limits_{t \to \pm\infty} \mathrm{Sa}(t) = 0$。

1.4 阶跃信号与冲激信号

阶跃信号和冲激信号是较为特殊的信号。在信号与系统中,凡是函数本身有不连续点或其导数与积分有不连续点,均称为奇异信号或奇异函数。它在线性系统分析以及其他许多学科领域中占有重要的地位。引入奇异信号不仅使许多工程技术问题的分析方法更加严格,而且使一些分析方法更加简便。

1.4.1 斜变信号

斜变信号也称为斜坡信号,其定义为

$$R(t) = \begin{cases} 0, & t < 0 \\ at, & t \geqslant 0 \end{cases} \tag{1-4-1}$$

其中,a 为常数。斜变信号的波形如图 1-4-1 所示。

如果 $a = 1$,即信号的增长变化率为 1,则称为单位斜变信号,其波形如图 1-4-2 所示。

实际中遇到的一般是幅度增长到一定值就往往被截平的信号,称为截平斜变信号,其波形如图 1-4-3 所示,其表达式为

$$R(t) = \begin{cases} 0, & t < 0 \\ at, & t \leqslant \tau \\ a\tau, & t > \tau \end{cases} \tag{1-4-2}$$

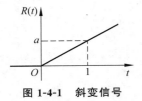

图 1-4-1　斜变信号

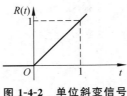

图 1-4-2　单位斜变信号

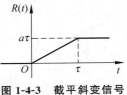

图 1-4-3　截平斜变信号

1.4.2　单位阶跃信号

单位阶跃信号用符号 $u(t)$ 表示,定义为

$$u(t) = \begin{cases} 0, & t < 0 \\ 1, & t > 0 \end{cases} \tag{1-4-3}$$

单位阶跃信号有时简称为阶跃信号。在不连续点或跳变点 $t=0$ 处,函数值一般没有定义,但也可以定义 $u(0) = \dfrac{1}{2}$ 或其他任何有限值。单位阶跃信号的波形如图 1-4-4 所示。

在 $t = t_0 (t_0 > 0)$ 时刻接入电路的电源可用延时单位阶跃信号表示,其波形如图 1-4-5 所示,其表达式为

$$u(t - t_0) = \begin{cases} 0, & t < t_0 \\ 1, & t > t_0 \end{cases} \tag{1-4-4}$$

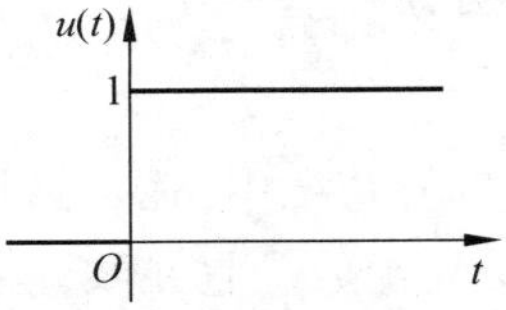

图 1-4-4　单位阶跃信号 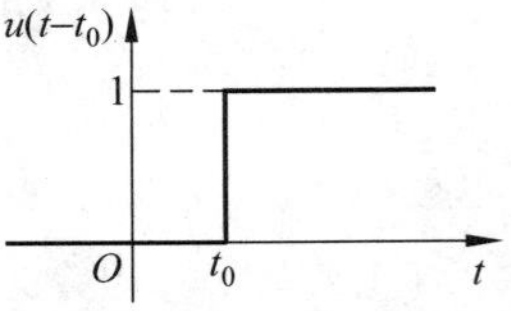　　　　图 1-4-5　延时单位阶跃信号

单位阶跃信号常用来描述分段函数或截断函数的信号。如图 1-4-6 所示,宽度为 τ 的对称矩形脉冲 $G_\tau(t)$ 利用单位阶跃信号可表示为

$$G_\tau(t) = u\left(t + \frac{\tau}{2}\right) - u\left(t - \frac{\tau}{2}\right) \tag{1-4-5}$$

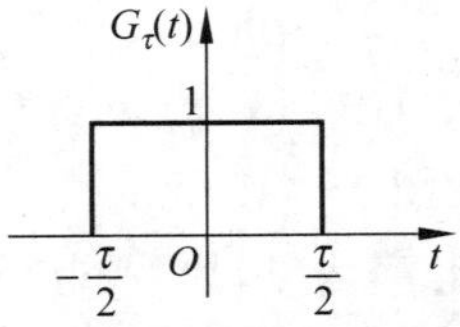

图 1-4-6　对称矩形脉冲

特别地,$t > 0$ 时有值的因果信号可以表示为

$$f(t) = f(t)u(t) \tag{1-4-6}$$

用阶跃信号表示各种分段函数是一种基本的技巧,熟练掌握它们对学好信号与系统很有帮助。容易证明,单位斜变信号的导数就是单位阶跃信号,单位阶跃信号的积分就是单位斜变信号,即

$$\frac{\mathrm{d}}{\mathrm{d}t}R(t) = u(t), \quad \int_{-\infty}^{t} u(\tau)\mathrm{d}\tau = R(t) \tag{1-4-7}$$

1.4.3　单位冲激信号

单位冲激信号 $\delta(t)$,简称为冲激信号,是一个特殊信号,可以有许多不同的定义。其中,工程中最常见的是狄拉克(Dirac)定义,即

$$\begin{cases} \int_{-\infty}^{\infty} \delta(t)\mathrm{d}t = 1 \\ \delta(t) = 0, t \neq 0 \end{cases} \tag{1-4-8}$$

所以,冲激信号有时也称为狄拉克函数或 δ 函数。冲激信号表现的是作用时间极短、取值极大的一种物理现象。例如,力学系统中瞬间作用的冲击力、自然现象中的雷击电闪、通信系统中的抽样脉冲等。可以从以下 3 方面来理解冲激信号:

(1) $\delta(t)$ 除了 $t=0$ 之外取值处处为零。

(2) $\delta(t)$ 在 $t=0$ 处的取值是无穷大。

(3) 在包含 $\delta(t)$ 出现的位置,即原点 $t=0$ 处的任意区间范围内 $\delta(t)$ 的面积为 1,表示为

$$\int_{0_-}^{0_+} \delta(t)\mathrm{d}t = \int_{-\infty}^{\infty} \delta(t)\mathrm{d}t = 1 \tag{1-4-9}$$

冲激信号的波形难于用普通方式表达,通常用一个带箭头的单位长度线段表示,箭头旁标注冲激信号的强度,如图 1-4-7 所示。

在任意时刻 $t=t_0$ 出现的冲激信号可以用 $\delta(t)$ 的延时,即函数 $\delta(t-t_0)$ 来表示:

$$\begin{cases} \int_{-\infty}^{\infty} \delta(t-t_0)\mathrm{d}t = 1 \\ \delta(t-t_0) = 0, t \neq t_0 \end{cases} \tag{1-4-10}$$

式(1-4-10)的积分区间可以是包含 $t=t_0$ 时刻的任意区间。延时冲激信号的波形如图 1-4-8 所示。

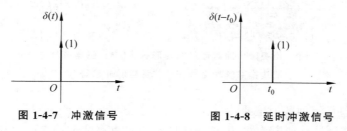

图 1-4-7　冲激信号　　　　　　图 1-4-8　延时冲激信号

冲激信号还可以认为是满足下列条件的一些脉冲信号的极限:

(1) 脉冲信号是偶函数。

（2）脉冲宽度逐渐变小，直至无穷小。

（3）脉冲高度逐渐变大，直至无穷大。

（4）脉冲面积一直保持为1。

图1-4-9表示的是极限为冲激信号的一些脉冲信号的例子，包括矩形脉冲信号、三角形脉冲信号、双边指数脉冲信号和抽样函数脉冲信号，它们的极限是冲激信号，其数学关系描述如下。

（1）矩形脉冲信号：

$$\delta(t) = \lim_{\tau \to 0}\left\{\frac{1}{\tau}\left[u\left(t+\frac{\tau}{2}\right) - u\left(t-\frac{\tau}{2}\right)\right]\right\} \tag{1-4-11}$$

（2）三角形脉冲信号：

$$\delta(t) = \lim_{\tau \to 0}\left\{\frac{1}{\tau}\left(1-\frac{|t|}{\tau}\right)\left[u(t+\tau) - u(t-\tau)\right]\right\} \tag{1-4-12}$$

（3）双边指数脉冲信号：

$$\delta(t) = \lim_{\tau \to 0}\left(\frac{1}{2\tau}\mathrm{e}^{-\frac{|t|}{\tau}}\right) \tag{1-4-13}$$

（4）抽样函数脉冲信号：

$$\delta(t) = \lim_{k \to \infty}\left[\frac{k}{\pi}\mathrm{Sa}(kt)\right] \tag{1-4-14}$$

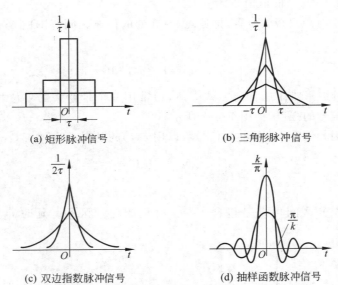

(a) 矩形脉冲信号　　　　　(b) 三角形脉冲信号

(c) 双边指数脉冲信号　　　　(d) 抽样函数脉冲信号

图1-4-9　用极限为冲激信号的矩形脉冲信号、三角形脉冲信号、
双边指数脉冲信号和抽样函数脉冲信号

冲激信号包括下列几个重要性质：

（1）冲激信号具有抽样特性，也称筛选性。若冲激信号$\delta(t)$与一个在$t=0$处连续的信号$f(t)$相乘，其乘积仅在$t=0$处为$f(0)\delta(t)$，其余各处均为0。因此，

$$\int_{-\infty}^{\infty} f(t)\delta(t)\mathrm{d}t = \int_{-\infty}^{\infty} f(0)\delta(t)\mathrm{d}t = f(0)\int_{-\infty}^{\infty} \delta(t)\mathrm{d}t = f(0) \tag{1-4-15}$$

若延时 t_0 的冲激信号 $\delta(t-t_0)$与 $f(t)$相乘,可得

$$\begin{aligned}\int_{-\infty}^{\infty} f(t)\delta(t-t_0)\mathrm{d}t &= \int_{-\infty}^{\infty} f(t_0)\delta(t-t_0)\mathrm{d}t \\ &= f(t_0)\int_{-\infty}^{\infty}\delta(t-t_0)\mathrm{d}t = f(t_0)\end{aligned} \tag{1-4-16}$$

式(1-4-15)与式(1-4-16)表明,连续时间信号 $f(t)$与冲激信号 $\delta(t)$相乘,并在 $-\infty$到 ∞的时间范围积分,可以得到 $f(t)$在 $t=0$ 处的函数值 $f(0)$,即“筛选”出 $f(0)$;若 $f(t)$乘以延时冲激信号,则“筛选”出 $f(t_0)$。实际上,上述积分的积分区间只要包含 $\delta(t)$或 $\delta(t-t_0)$所出现的时刻就可以,否则积分值为 0。

(2) 冲激信号具有偶对称性,即

$$\delta(t) = \delta(-t) \tag{1-4-17}$$

因为 $\int_{-\infty}^{\infty} f(t)\delta(-t)\mathrm{d}t = \int_{\infty}^{-\infty} f(-\tau)\delta(\tau)\mathrm{d}(-\tau) = f(0)\int_{-\infty}^{\infty}\delta(\tau)\mathrm{d}\tau = f(0)$,将此式与式(1-4-15)比较,得 $\delta(t)=\delta(-t)$。

(3) 冲激信号的积分等于阶跃信号。由 $\delta(t)$的定义[式(1-4-8)]可知

$$\int_{-\infty}^{t}\delta(\tau)\mathrm{d}\tau = \begin{cases}0, & t<0 \\ 1, & t>0\end{cases} \tag{1-4-18}$$

与阶跃信号的定义[式(1-4-3)]比较,得

$$\int_{-\infty}^{t}\delta(\tau)\mathrm{d}\tau = u(t) \tag{1-4-19}$$

反之,阶跃信号的导数等于冲激信号,即

$$\frac{\mathrm{d}}{\mathrm{d}t}u(t) = \delta(t) \tag{1-4-20}$$

由式(1-4-20)可知,对于 $t=0$ 处存在跳变的阶跃信号,在该不连续点处求导,将会在对应处出现冲激信号,冲激信号的强度就是原阶跃信号的跳变值。同理,对于延时冲激信号,有

$$\int_{-\infty}^{t}\delta(\tau-t_0)\mathrm{d}\tau = u(t-t_0) \tag{1-4-21}$$

$$\frac{\mathrm{d}}{\mathrm{d}t}u(t-t_0) = \delta(t-t_0) \tag{1-4-22}$$

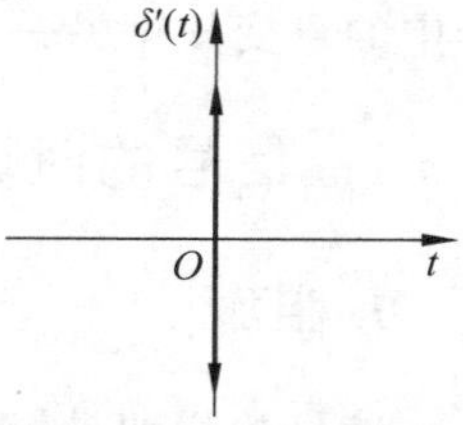

图 1-4-10 冲激偶信号

(4) 冲激信号可以求导数,它的导数将形成正、负极性的一对冲激信号,称为冲激偶信号,以 $\delta'(t)$表示,其波形如图 1-4-10 所示。

冲激偶信号具有抽样性,即

$$\int_{-\infty}^{\infty} f(t)\delta'(t)\mathrm{d}t = \int_{-\infty}^{\infty} f(t)\mathrm{d}\delta(t) = \delta(t)f(t)\Big|_{-\infty}^{\infty} - \int_{-\infty}^{\infty}\delta(t)f'(t)\mathrm{d}t = -f'(0) \tag{1-4-23}$$

同理,对于延时的冲激偶信号 $\delta'(t-t_0)$,有

$$\int_{-\infty}^{\infty} f(t)\delta'(t-t_0)\mathrm{d}t = -f'(t_0) \qquad (1\text{-}4\text{-}24)$$

冲激信号还可以继续求得它的二阶导数 $\delta''(t)$、三阶导数 $\delta'''(t)$ 一直到 n 阶导数 $\delta^{(n)}(t)$。

【例 1-4-1】 已知信号 $f(t)$ 如图 1-4-11(a)所示,试求 $f'(t)$,并画出其波形。

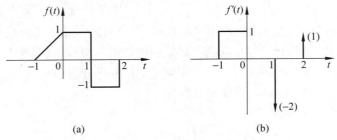

(a)　　　　　　　　　(b)

图 1-4-11　例 1-4-1 的信号 $f(t)$ 和 $f'(t)$

解:由图 1-4-11(a)可得,信号 $f(t)$ 的表达式为

$$f(t) = (t+1)[u(t+1)-u(t)] + u(t) - 2u(t-1) + u(t-2)$$

则

$$\begin{aligned}
f'(t) &= [u(t+1)-u(t)] + (t+1)[\delta(t+1)-\delta(t)] + \delta(t) - 2\delta(t-1) + \delta(t-2)\\
&= [u(t+1)-u(t)] + (t+1)\delta(t+1) - (t+1)\delta(t) + \delta(t) - 2\delta(t-1) + \delta(t-2)\\
&= [u(t+1)-u(t)] - 2\delta(t-1) + \delta(t-2)
\end{aligned}$$

其波形如图 1-4-11(b)所示。

可见,由斜变信号依次求导可以得到阶跃信号、冲激信号和冲激偶信号。

1.5　连续时间信号的基本运算

信号的基本运算有两种:一种是对信号的函数表达式进行数学运算;另一种是对信号中的自变量用另一个变量置换。

1.5.1　信号的时域运算

1. 相加

信号的相加是指对若干个信号进行求和运算,其数学表达式为

$$f(t) = f_1(t) + f_2(t) + \cdots + f_n(t) \qquad (1\text{-}5\text{-}1)$$

若干个信号相加,时间轴的值不变,将与时间轴对应的若干个信号的纵坐标值相加。例如,信号 $f_1(t)=\sin t$ 和 $f_2(t)=\sin 6t$ 的波形分别如图 1-5-1(a)、(b)所示。将同一时刻两个信号的对应值相加,可得和的波形 $f(t)=\sin t+\sin 6t$,如图 1-5-1(c)所示。

2. 相乘

信号的相乘是指对若干个信号进行乘积运算,其数学表达式为

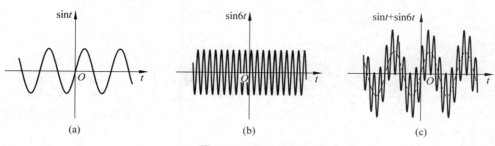

图 1-5-1 信号相加

$$f(t) = f_1(t) \times f_2(t) \times \cdots \times f_n(t) \tag{1-5-2}$$

若干个信号相乘,时间轴的值不变,将与时间轴对应的若干个信号的纵坐标值相乘。例如,信号 $f_1(t) = \sin t$ 和 $f_2(t) = \sin 6t$ 的波形分别如图 1-5-2(a)、(b)所示,将同一时刻两个信号的对应值相乘,可得乘积的波形 $f(t) = \sin t \times \sin 6t$,如图 1-5-2(c)所示。

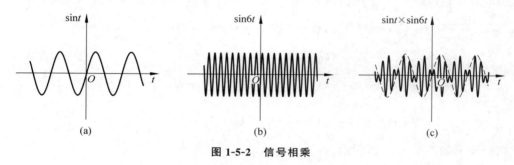

图 1-5-2 信号相乘

3. 微分

对连续信号 $f(t)$ 进行微分,其结果称为微分信号,用 $\dfrac{\mathrm{d}f(t)}{\mathrm{d}t}$ 表示。利用数学知识很容易求得信号的微分,但需要注意有间断点或跳变点信号的微分运算。在引入单位冲激信号后,信号在间断点或者跳变点处的微分等于强度为跳变值的冲激信号。

【**例 1-5-1**】 求如图 1-5-3(a)所示信号的微分。

解:$f(t)$ 在 $t = 1$ 和 $t = 2$ 时有跳变,跳变值大小分别为 1 和 -2,故对 $f(t)$ 微分时在 $t = 1$ 点和 $t = 2$ 点分别出现强度为 1 和 2 的冲激信号,且方向分别向上和向下。

斜变信号 $r(t)$、阶跃信号 $u(t)$、冲激信号 $\delta(t)$ 之间的关系为

$$\frac{\mathrm{d}r(t)}{\mathrm{d}t} = u(t)$$

$$\frac{\mathrm{d}u(t)}{\mathrm{d}t} = \delta(t)$$

$$\frac{\mathrm{d}\delta(t)}{\mathrm{d}t} = \delta'(t)$$

而 $f(t)$ 的函数表达式为

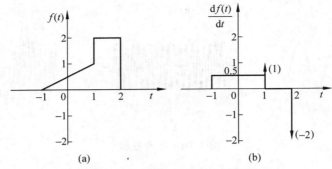

图 1-5-3 例 1-5-1 的信号 $f(t)$ 及其微分

$$f(t) = \frac{1}{2}(t+1)[u(t+1) - u(t-1)] + 2[u(t-1) - u(t-2)]$$

直接进行计算,得

$$\frac{\mathrm{d}f(t)}{\mathrm{d}t} = \frac{1}{2}[u(t+1) - u(t-1)] + \frac{1}{2}(t+1)[\delta(t+1) - \delta(t-1)] + 2[\delta(t-1) - \delta(t-2)]$$

$$= \frac{1}{2}[u(t+1) - u(t-1)] - \delta(t-1) + 2[\delta(t-1) - \delta(t-2)]$$

$$= \frac{1}{2}[u(t+1) - u(t-1)] + \delta(t-1) - 2\delta(t-2)$$

其微分波形如图 1-5-3(b)所示。

4. 积分

对连续信号 $f(t)$ 进行积分,其结果称为积分信号,用 $\int_{-\infty}^{t} f(\tau)\mathrm{d}\tau$ 表示。下面举例说明。

【例 1-5-2】 求图 1-5-4(a)所示信号 $f(t)$ 的积分。

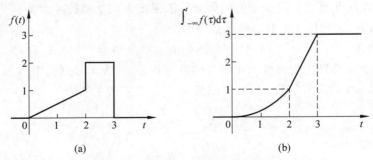

图 1-5-4 例 1-5-2 的信号及其积分

解:当 $t \leqslant 0$ 时,$f(t) = 0$,信号的积分为

$$\int_{-\infty}^{t} f(\tau)\mathrm{d}\tau = 0$$

当 $0 < t \leqslant 2$ 时，$f(t) = \dfrac{1}{2}t$，信号的积分为

$$\int_{-\infty}^{t} f(\tau)\mathrm{d}\tau = \int_{0}^{t} \frac{1}{2}\tau \mathrm{d}\tau = \frac{1}{4}\tau^{2}\Big|_{0}^{t} = \frac{1}{4}t^{2}$$

当 $2 < t \leqslant 3$ 时，$f(t) = 2$，信号的积分为

$$\int_{-\infty}^{t} f(\tau)\mathrm{d}\tau = \int_{0}^{2} \frac{1}{2}\tau \mathrm{d}\tau + \int_{2}^{t} 2\mathrm{d}\tau = \frac{1}{4}\tau^{2}\Big|_{0}^{2} + 2\tau\Big|_{2}^{t} = 2t - 3$$

当 $3 < t < +\infty$ 时，$f(t) = 0$，信号的积分为

$$\int_{-\infty}^{t} f(\tau)\mathrm{d}\tau = \int_{0}^{2} \frac{1}{2}\tau \mathrm{d}\tau + \int_{2}^{3} 2\mathrm{d}\tau + \int_{3}^{t} 0\mathrm{d}\tau = \frac{1}{4}\tau^{2}\Big|_{0}^{2} + 2\tau\Big|_{2}^{3} = 3$$

其积分波形如图 1-5-4(b)所示。

1.5.2 信号的自变量变换

1. 反折

反折是将信号的自变量 t 用 $-t$ 代替的运算。反折后得到的 $f(-t)$ 波形是将原信号 $f(t)$ 的波形以纵轴为对称轴进行翻转的结果，如图 1-5-5 所示。其中，图 1-5-5(a)为原始信号 $f(t)$ 的波形，图 1-5-5(b)为对信号 $f(t)$ 进行反折变换后的波形。

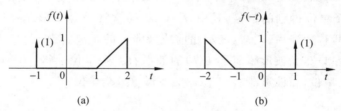

图 1-5-5 信号的反折

图 1-5-5(a)中的信号 $f(t)$ 可表示为

$$f(t) = (t-1)[u(t-1) - u(t-2)] + \delta(t+1)$$

将自变量 t 用 $-t$ 代替，得

$$f(-t) = (-t-1)[u(-t-1) - u(-t-2)] + \delta(-t+1)$$

根据阶跃信号的性质和冲激信号的奇偶性，有

$$u(-t-1) - u(-t-2) = u(t+2) - u(t+1)$$

$$\delta(-t+1) = \delta(t-1)$$

故信号 $f(-t)$ 可表示为

$$f(-t) = (-t-1)[u(t+2) - u(t+1)] + \delta(t-1)$$

很明显，与图 1-5-5(b)的波形相符合。

2. 平移

平移是将信号的自变量 t 用 $t-t_0$ 代替的运算。该运算将信号 $f(t)$ 变换为 $f(t-t_0)$。其中，t_0 为常数。从波形上看，$f(t-t_0)$ 的波形与 $f(t)$ 的波形形状相同，只是在时间轴上的位置移动了 t_0 个单位，如图 1-5-6 所示。其中，图 1-5-6(a) 为信号 $f(t)$ 的波形，图 1-5-6(b) 为 $t_0=-1$ 时信号 $f(t-t_0)$ 的波形，图 1-5-6(c) 为 $t_0=2$ 时信号 $f(t-t_0)$ 的波形。

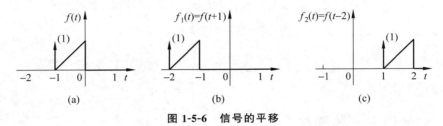

图 1-5-6　信号的平移

图 1-5-6 中信号 $f(t)$、$f_1(t)$、$f_2(t)$ 分别表示为

$$f(t)=(t+1)\left[u(t+1)-u(t)\right]+\delta(t+1)$$
$$f_1(t)=(t+2)\left[u(t+2)-u(t+1)\right]+\delta(t+2)$$
$$f_2(t)=(t-1)\left[u(t-1)-u(t-2)\right]+\delta(t-1)$$

从图 1-5-6 可知，$f_1(t)$ 是将 $f(t)$ 左移一个单位得到的信号，其中，$t_0=-1$；$f_2(t)$ 是将 $f(t)$ 右移两个单位得到的信号，其中，$t_0=2$。通常将信号波形左移后的信号称为超前，右移后的信号称为滞后。$|t_0|$ 表示超前或者滞后的距离。当 $t_0<0$ 时，信号 $f(t)$ 的波形左移 $|t_0|$ 个单位，新波形超前于 $f(t)$ 的波形 $|t_0|$ 个单位；当 $t_0>0$ 时，信号 $f(t)$ 的波形右移 $|t_0|$ 个单位，新波形滞后于 $f(t)$ 的波形 $|t_0|$ 个单位。

3. 尺度变换

信号的尺度变换是将信号的自变量 t 用 at 代替的运算。其中，a 为实常数，且 $a>0$。该运算将信号 $f(t)$ 变换为 $f(at)$。从波形上看，$f(at)$ 的波形与 $f(t)$ 的波形相似，只是在时间轴上被压缩或者扩展，如图 1-5-7 所示。其中，图 1-5-7(a) 为 $a=1$ 时信号 $f(t)$ 的波形，图 1-5-7(b) 为 $a=\dfrac{1}{2}$ 时信号 $f(at)$ 的波形，图 1-5-7(c) 为 $a=2$ 时信号 $f(at)$ 的波形。

由图 1-5-7 可知，$f\left(\dfrac{t}{2}\right)$ 的波形相对于 $f(t)$ 来说在时间轴上扩展了，$f(2t)$ 的波形相对于 $f(t)$ 来说在时间轴上压缩了。即，如果 $0<a<1$，则信号 $f(at)$ 是将信号 $f(t)$ 在时间轴上扩展为原来的 $\dfrac{1}{a}$ 倍；如果 $a>1$，则信号 $f(at)$ 是将信号 $f(t)$ 在时间轴上压缩为原来的 $\dfrac{1}{a}$ 倍。

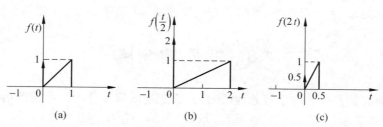

图 1-5-7　信号的尺度变换

一般情况下,$f(at)$的最大值和最小值与$f(t)$相同,只是在时间轴上的取值不同。图 1-5-7 中的三角形信号无论如何尺度变换,它的最大值和最小值都分别是 1 和 0,但是冲激信号则不然。图 1-5-7 中的冲激信号经过尺度变换后强度分别变为 2 和$\dfrac{1}{2}$。这是由于冲激信号$\delta(t)$用面积表示其强度,当信号进行尺度变换时,面积肯定会发生变化,因此冲激信号的强度也会发生变化,即

$$\delta(at) = \frac{1}{|a|}\delta(t)$$

在实际应用中,信号的变换并不仅仅是单一的反折、平移或者尺度变换,而是这 3 种变换的综合。下面举例说明。

【例 1-5-3】　已知信号$f(t)$的波形如图 1-5-8 所示,试画出$f(2-3t)$的波形。

解:由$f(t)$的波形求$f(2-3t)$的波形需经过 3 种变换,即反折、平移和尺度变换。这 3 种变换的组合次序可以不同,但是结果相同。下面将按照平移、反折、尺度变换的次序求解。

首先将$f(t)$左移 3 个单位,得到$f(t+3)$的波形;然后将$f(t+3)$的波形沿着纵轴进行反折,得到$f(-t+3)$的波形;最后,将$f(-t+3)$的波形在时间轴上压缩为原来的$\dfrac{1}{2}$,得到

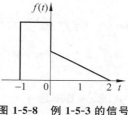

图 1-5-8　例 1-5-3 的信号

$f(-2t+3)$的波形。其平移、反折和尺度变换波形分别如图 1-5-9(a)、(b)、(c)所示。

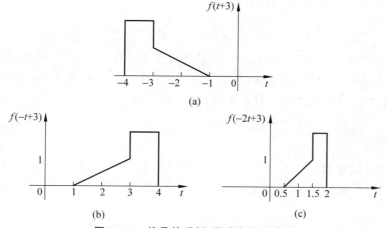

图 1-5-9　信号的反折、平移和尺度变换

需要注意的是,无论是反折、平移还是尺度变换,都只对自变量 t 进行变换。

1.6　信号的分解

为便于研究信号传输与信号处理的问题,常把复杂信号分为一些简单信号加权和的形式,这个过程就是信号的分解,这些简单信号也称为原来的复杂信号的分量。信号可以从不同角度进行分解。

1.6.1　直流分量与交流分量

一个连续信号 $f(t)$ 可以分解为直流分量 f_d 和交流分量 $f_a(t)$ 之和,表示为

$$f(t) = f_d + f_a(t) \tag{1-6-1}$$

信号的直流分量就是信号的平均值,它是一个与时间无关的常数,其数学计算方法为

$$f_d = \lim_{T \to \infty} \frac{1}{T} \int_{-T/2}^{T/2} f(t)\mathrm{d}t \tag{1-6-2}$$

如果原信号是周期信号,式(1-6-2)可以省去取极限的过程,而且积分限可以取任意一个周期。从原信号中减去它的直流分量部分,剩下的就是交流分量。因此,信号的交流分量为

$$f_a(t) = f(t) - f_d \tag{1-6-3}$$

1.6.2　偶分量与奇分量

任一信号 $f(t)$ 可以分解为偶分量 $f_e(t)$ 与奇分量 $f_o(t)$ 之和,即

$$f(t) = f_e(t) + f_o(t) \tag{1-6-4}$$

其中,偶分量满足 $f_e(t) = f_e(-t)$,且有

$$f_e(t) = \frac{1}{2}[f(t) + f(-t)] \tag{1-6-5}$$

奇分量满足 $f_o(t) = -f_o(-t)$,且有

$$f_o(t) = \frac{1}{2}[f(t) - f(-t)] \tag{1-6-6}$$

从波形角度来看,求信号的偶分量和奇分量时,首先将信号沿纵轴反折,得到 $f(-t)$,然后与原信号 $f(t)$ 相加减,再除以 2,分别得到偶分量 $f_e(t)$ 和奇分量 $f_o(t)$。图 1-6-1 所示为信号分解为偶分量与奇分量的两个实例。

1.6.3　脉冲分量

任一信号可以近似分解为一系列矩形窄脉冲分量的叠加,如图 1-6-2 所示。设在 τ 时刻被分解的矩形脉冲分量高度为 $f(\tau)$,宽度为 $\Delta\tau$。于是,阴影部分的脉冲分量可表示为

$$f(\tau)[u(t-\tau) - u(t-\tau-\Delta\tau)] \tag{1-6-7}$$

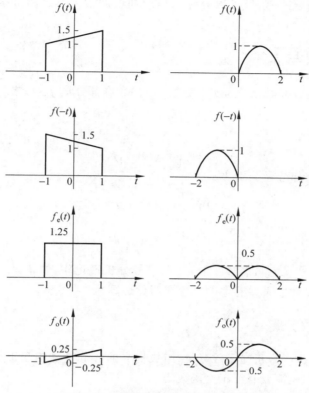

图 1-6-1 信号分解为偶分量和奇分量

将 τ 从 $-\infty$ 到 ∞ 的许多这样的矩形脉冲分量叠加,得到 $f(t)$ 的近似表达式:

$$f(t) \approx \sum_{\tau=-\infty}^{\infty} f(\tau)\left[u(t-\tau)-u(t-\tau-\Delta\tau)\right]$$

$$= \sum_{\tau=-\infty}^{\infty} f(\tau) \frac{\left[u(t-\tau)-u(t-\tau-\Delta\tau)\right]}{\Delta\tau}\Delta\tau \qquad (1\text{-}6\text{-}8)$$

$\Delta\tau$ 越小,近似信号就越逼近原信号。当 $\Delta\tau \rightarrow 0$ 时,得

$$f(t) = \lim_{\Delta\tau \rightarrow 0}\sum_{\tau=-\infty}^{\infty} f(\tau) \frac{\left[u(t-\tau)-u(t-\tau-\Delta\tau)\right]}{\Delta\tau}\Delta\tau$$

$$= \lim_{\Delta\tau \rightarrow 0}\sum_{\tau=-\infty}^{\infty} f(\tau)\delta(t-\tau)\Delta\tau = \int_{-\infty}^{\infty} f(\tau)\delta(t-\tau)\mathrm{d}\tau \qquad (1\text{-}6\text{-}9)$$

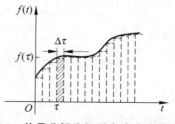

图 1-6-2 信号分解为矩形窄脉冲分量的叠加

式(1-6-9)表明,任一信号可以分解为连续加权冲激信号之和。第2章将由此引出卷积积分的概念。

1.6.4　实部分量与虚部分量

任一复信号 $f(t)$ 可以分解为实部分量 $f_r(t)$ 和虚部分量 $f_i(t)$ 之和,即

$$f(t) = f_r(t) + \mathrm{j}f_i(t) \tag{1-6-10}$$

$f(t)$ 的共轭为

$$f^*(t) = f_r(t) - \mathrm{j}f_i(t) \tag{1-6-11}$$

于是,实部分量和虚部分量分别表示为

$$f_r(t) = \frac{1}{2}[f(t) + f^*(t)] \tag{1-6-12}$$

$$f_i(t) = \frac{1}{2}[f(t) - f^*(t)] \tag{1-6-13}$$

实际产生的信号均为实信号。但是,在信号分析理论中,常借助复信号研究某些实信号的问题,它可以建立某些有益的概念或简化运算。

1.6.5　正交函数分量

连续信号可以分解为正交函数分量,组成信号的各分量是相互正交的。为了介绍函数的正交分量分解,先简要介绍正交函数集。

定义在 (t_1,t_2) 区间的两个函数 $\varphi_1(t)$ 和 $\varphi_2(t)$,若两者乘积在 (t_1,t_2) 区间的积分为0,则称这两个函数在此区间正交。即若

$$\int_{t_1}^{t_2} \varphi_1(t)\varphi_2(t)\mathrm{d}t = 0 \tag{1-6-14}$$

称 $\varphi_1(t)$ 和 $\varphi_2(t)$ 在 (t_1,t_2) 区间正交。

设 n 个函数 $\varphi_1(t),\varphi_2(t),\cdots,\varphi_n(t)$ 构成一个函数集,若这些函数在区间 (t_1,t_2) 上满足

$$\int_{t_1}^{t_2} \varphi_i(t)\varphi_j(t)\mathrm{d}t = \begin{cases} 0, & i \neq j \\ K_i, & i = j \end{cases} \tag{1-6-15}$$

则称此函数集为在 (t_1,t_2) 区间上的正交函数集。

如果是复函数,那么正交条件是

$$\int_{t_1}^{t_2} \varphi_i(t)\varphi_j^*(t)\mathrm{d}t = \begin{cases} 0, & i \neq j \\ K_i, & i = j \end{cases} \tag{1-6-16}$$

其中,$\varphi_j^*(t)$ 为函数 $\varphi_j(t)$ 的共轭复函数。

如果在正交函数集 $\{\varphi_1(t),\varphi_2(t),\cdots,\varphi_n(t)\}$ 之外,不存在函数 $\phi(t)$ $(0 < \int_{t_1}^{t_2}\phi^2(t)\mathrm{d}t < \infty)$ 满足等式

$$\int_{t_1}^{t_2} \phi(t)\varphi_i(t)\mathrm{d}t = 0 \qquad i = 1,2,\cdots,n \tag{1-6-17}$$

则称此函数集为在 (t_1,t_2) 区间的完备正交函数集。即，如果存在函数 $\phi(t)$ 使得式(1-6-17)成立，即 $\phi(t)$ 与函数集 $\{\varphi_1(t),\varphi_2(t),\cdots,\varphi_n(t)\}$ 的每个函数都正交，那么它本身就应该属于这个函数集。显然，不包含 $\phi(t)$ 的集不完备。

例如，可以证明，三角函数集 $\{1,\cos\omega_0 t,\cos2\omega_0 t,\cdots,\cos n\omega_0 t,\cdots,\sin\omega_0 t,\sin2\omega_0 t,\cdots,\sin n\omega_0 t,\cdots\}$ 或复指数函数集 $\{e^{jn\omega_0 t},n=0,\pm1,\pm2,\cdots\}$ 是在 (t_0,t_0+T) 区间上的两个完备正交函数集。其中，$T=\dfrac{2\pi}{\omega_0}$。

设 $\{\varphi_i(t),i=1,2,3,\cdots\}$ 是在 (t_1,t_2) 区间上的一个完备正交函数集，则任一函数 $f(t)$ 可以毫无误差地用该正交函数集内的函数线性组合表示，即

$$f(t)=C_1\varphi_1(t)+C_2\varphi_2(t)+C_3\varphi_3(t)+\cdots=\sum_{i=1}^{\infty}C_i\varphi_i(t) \tag{1-6-18}$$

其中，下标 i 为正交函数的序号或 $f(t)$ 所含分量的序号，C_i 为 $f(t)$ 第 i 个分量的系数。

下面探讨 C_i 的计算方法，考虑正交函数集是复函数的情况。将式(1-6-18)两边乘以完备正交函数集中任一函数的共轭 $\varphi_m^*(t)$，m 为任意值，然后在区间 (t_1,t_2) 内积分，得

$$\int_{t_1}^{t_2}f(t)\varphi_m^*(t)\mathrm{d}t=\int_{t_1}^{t_2}\left[\sum_{i=1}^{\infty}C_i\varphi_i(t)\right]\varphi_m^*(t)\mathrm{d}t$$

$$=\sum_{i=1}^{\infty}C_i\int_{t_1}^{t_2}\varphi_i(t)\varphi_m^*(t)\mathrm{d}t \tag{1-6-19}$$

由于 $\varphi_i(t)$、$\varphi_m(t)$ 满足式(1-6-16)的正交条件，因此，式(1-6-19)变为

$$\int_{t_1}^{t_2}f(t)\varphi_m^*(t)\mathrm{d}t=C_m\int_{t_1}^{t_2}\varphi_m(t)\varphi_m^*(t)\mathrm{d}t=C_mK_m \tag{1-6-20}$$

所以

$$C_m=\frac{1}{K_m}\int_{t_1}^{t_2}f(t)\varphi_m^*(t)\mathrm{d}t=\frac{\int_{t_1}^{t_2}f(t)\varphi_m^*(t)\mathrm{d}t}{\int_{t_1}^{t_2}\varphi_m(t)\varphi_m^*(t)\mathrm{d}t},\quad m=1,2,3,\cdots \tag{1-6-21}$$

式(1-6-18)是函数的正交函数展开，在数学上称为广义傅里叶级数展开。当正交函数集是三角函数集或复指数函数集时，上述展开就是傅里叶级数展开。第 4 章将详细介绍信号的傅里叶级数展开。

1.7　系统的模型及分类

1.7.1　系统的模型

对系统进行分析时，首先需要建立系统的数学模型，将系统的物理特性进行数学抽象和模拟可得到该系统的数学模型。图 1-7-1 所示电路由电压源 $f(t)$、电容 C 和电阻 R 组成。设电容上的电压为 $u_C(t)$，根据各元件的伏安特性和基尔霍夫定律可列写出电路方程：

$$RC\frac{\mathrm{d}u_C(t)}{\mathrm{d}t}+u_C(t)=f(t) \tag{1-7-1}$$

这就是图1-7-1所示电路的数学模型。

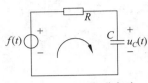

图1-7-1　RC串联电路

描述系统可以采用输入输出法或者状态变量分析法。输入输出法适用于单输入单输出系统，主要是描述输入信号和输出信号之间的关系。状态变量分析法适用范围较广，既可以描述输入输出关系，又可以描述系统内部的状态。系统的输入输出关系除了采用上述数学方程描述外，还可以采用列表法、框图法等描述。

框图法采用一个方框表示一个系统或者子系统，方框中的符号表示输入和输出之间的关系，反映了某种数学运算。连续时间系统最基本的运算单元有加法器、积分器和标量乘法器，分别如图1-7-2(a)、(b)、(c)所示。离散时间系统最基本的运算单元有加法器、延时器和标量乘法器，分别如图1-7-3(a)、(b)、(c)所示。

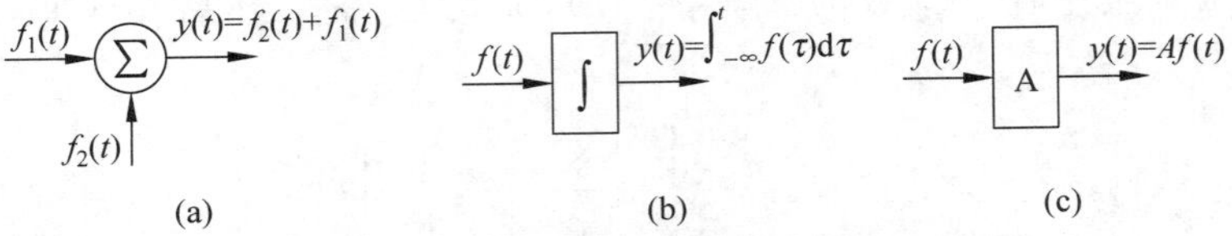

$f_1(t)$ → $\sum$ → $y(t)=f_2(t)+f_1(t)$
$f_2(t)$

$f(t)$ → $\int$ → $y(t)=\int_{-\infty}^{t}f(\tau)\mathrm{d}\tau$

$f(t)$ → A → $y(t)=Af(t)$

(a)　　　　　　　(b)　　　　　　　(c)

图1-7-2　连续时间系统最基本的运算单元框图

$f_1[n]$ → $\sum$ → $y[n]=f_2[n]+f_1[n]$
$f_2[n]$

$f[n]$ → D → $y[n]=f[n-1]$

$f[n]$ → A → $y[n]=Af[n]$

(a)　　　　　　　(b)　　　　　　　(c)

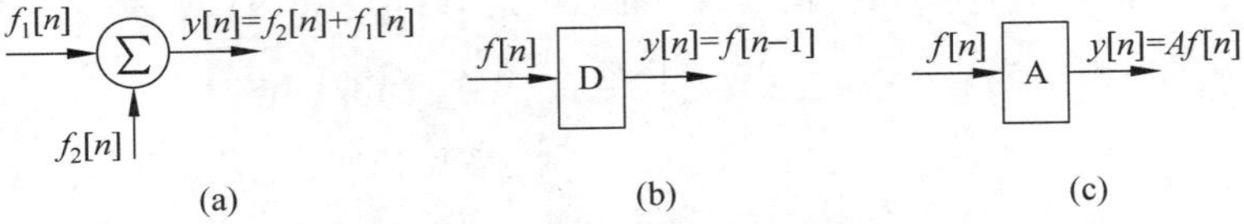

图1-7-3　离散时间系统最基本的运算单元框图

1.7.2　系统的分类

按照系统数学模型和基本特性，系统可分为连续时间系统与离散时间系统、线性系统与非线性系统、时变系统和时不变系统、稳定系统和非稳定系统、因果系统和非因果系统等。下面分别加以探讨。

1. 连续时间系统与离散时间系统

如果一个系统的输入信号和输出信号均为连续时间信号，则该系统称为连续时间系统；如果一个系统的输入信号和输出信号均为离散时间信号，则该系统称为离散时间系统。如果系统处理的信号既有连续时间信号又有离散时间信号，则该系统称为混合系统。例如，连续时间信号经过模数转换后被离散时间系统处理，此时，整个系统为混合系统。连续时间系统的数学模型是微分方程，离散时间系统的数学模型是差分方程。

2. 线性系统与非线性系统

满足叠加性和均匀性的系统称为线性系统。不具备该特性的系统为非线性系统。

3. 时变系统与时不变系统

如果系统的物理参数不随时间改变而改变,则该系统称为时不变系统;如果系统的物理参数随时间而改变,则该系统为时变系统。

4. 稳定系统与非稳定系统

如果系统的输入有界,输出也有界,则该系统为稳定系统;不具备该特性的系统为非稳定系统。

5. 因果系统与非因果系统

如果系统任意时刻的输出仅取决于系统当前时刻的输入,与过去的输入有关,而与将来的输入无关,则该系统为因果系统;不具备该特性的系统为非因果系统。

1.8　线性时不变系统的基本特性

线性时不变(Linear Time Invariant,LTI)系统的基本特性主要包括线性、时不变性、微积分特性、因果性、稳定性等。

1. 线性

如果系统的输入和输出满足叠加性和均匀性,则该系统称为线性系统。

1) 叠加性

叠加性也称为可加性。设有若干个信号 $f_1(t),f_2(t),\cdots,f_k(t)$,分别作用于系统时产生的响应为 $y_1(t),y_2(t),\cdots,y_k(t)$,当输入信号为上述输入信号之和,即 $f(t)=f_1(t)+f_2(t)+\cdots+f_k(t)$ 时,则系统产生的响应为 $y(t)=y_1(t)+y_2(t)+\cdots+y_k(t)$。线性系统叠加性如图 1-8-1 所示。

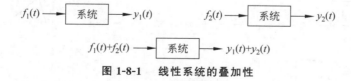

图 1-8-1　线性系统的叠加性

2) 均匀性

均匀性也称为齐次性或者比例性。若系统的输入信号为 $f(t)$ 时产生的响应为 $y(t)$,则当系统的输入信号为 $Af(t)$ 时产生的响应为 $Ay(t)$,其中 A 是常数,如图 1-8-2 所示。

综合上述描述,当系统同时具有叠加性和均匀性时,系统为线性系统,如图 1-8-3

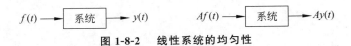

图 1-8-2　线性系统的均匀性

所示。

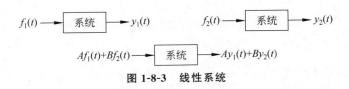

图 1-8-3　线性系统

有一点要说明的是,对于动态系统,由于输出不但和输入有关,而且还和系统的起始状态有关,所以上面所叙述的各种情况都是假定系统是零起始状态的。

【例 1-8-1】　判断下列系统是否为线性系统。

(1) $y(t)=af(t)+b$。

(2) $y(t)=f(t+1)$。

解: (1) 如果输入信号为 $f_1(t)$,产生的响应为 $y_1(t)=af_1(t)+b$;如果输入信号为 $f_2(t)$,产生的响应为 $y_2(t)=af_2(t)+b$;当输入信号为 $f(t)=Af_1(t)+Bf_2(t)$ 时,产生的响应为 $y(t)=a[Af_1(t)+Bf_2(t)]+b$。很显然,当 $b\neq0$ 时,有 $Ay_1(t)+By_2(t)\neq a[Af_1(t)+Bf_2(t)]+b$。因此,当 $b\neq0$ 时,该系统不是线性系统。

(2) 如果输入信号为 $f_1(t)$,产生的响应为 $y_1(t)=f_1(t+1)$;如果输入信号为 $f_2(t)$,产生的响应为 $y_2(t)=f_2(t+1)$;当输入信号为 $f(t)=Af_1(t)+Bf_2(t)$ 时,产生的响应为 $y(t)=Af_1(t+1)+Bf_2(t+1)$。很显然,有 $Ay_1(t)+By_2(t)=Af_1(t+1)+Bf_2(t+1)$。因此,该系统是线性系统。

2. 时不变性

系统的时不变可描述为:若输入信号 $f(t)$ 作用于系统时产生的响应为 $y(t)$,当输入信号为 $f(t-t_0)$ 时,系统的响应为 $y(t-t_0)$,即系统响应信号的波形形状与激励信号加入的时间无关,如图 1-8-4 所示。

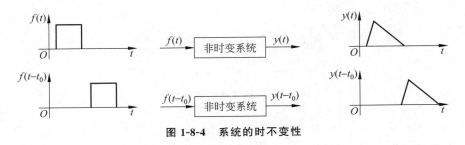

图 1-8-4　系统的时不变性

【例 1-8-2】　试判断下列系统是否为时不变系统。

(1) $y(t)=af(t)+b$。

(2) $y(t)=tf(t+1)$。

解：(1) 如果输入信号为 $f_1(t)=f(t)$，产生的响应为 $y_1(t)=af(t)+b$；如果输入信号为 $f_2(t)=f(t-\tau)$，产生的响应为 $y_2(t)=af(t-\tau)+b$。很显然，有 $y_1(t-\tau)=y_2(t)$。因此，该系统是时不变系统。

(2) 如果输入信号为 $f_1(t)=f(t)$，产生的响应为 $y_1(t)=tf(t+1)$，对响应延时 τ 个单位，可得 $y_1(t-\tau)=(t-\tau)f(t-\tau+1)$；如果输入信号为 $f_2(t)=f(t-\tau)$，产生的响应为 $y_2(t)=tf(t-\tau)$。很显然，有 $y_1(t-\tau)\neq y_2(t)$。因此，该系统是时变系统。

3. 微积分特性

根据 LTI 系统的线性和时不变性可以推广出其微积分特性。即，如果系统在输入 $f(t)$ 作用下的输出信号是 $y(t)$，则当输入为 $\dfrac{\mathrm{d}f(t)}{\mathrm{d}t}$ 时输出为 $\dfrac{\mathrm{d}y(t)}{\mathrm{d}t}$，当输入为 $\displaystyle\int_{-\infty}^{t}f(\tau)\mathrm{d}\tau$ 时输出为 $\displaystyle\int_{-\infty}^{t}y(\tau)\mathrm{d}\tau$。微分性质可以扩展到任意阶导数或积分的情况，如图 1-8-5 所示。微分性质也是假定系统为零起始状态的。

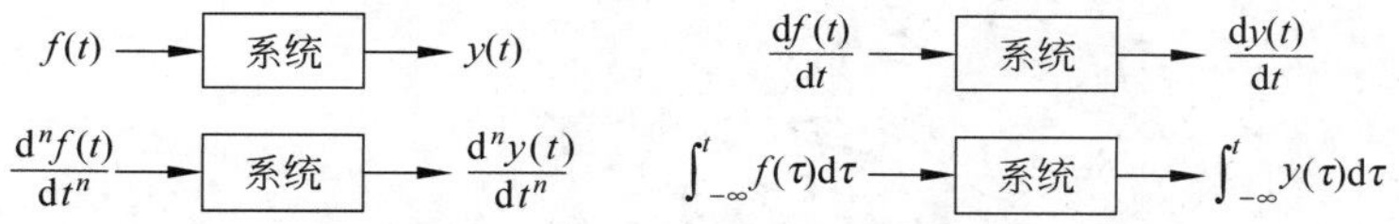

图 1-8-5　LTI 系统的微积分特性

系统的微分性质是线性和时不变性的直接结果。微分性质推导如下：

$$f(t)\Rightarrow y(t)$$
$$f(t-\Delta t)\Rightarrow y(t-\Delta t)\quad(\text{时不变性质})$$
$$f(t)-f(t-\Delta t)\Rightarrow y(t)-y(t-\Delta t)\quad(\text{线性性质})$$
$$\frac{f(t)-f(t-\Delta t)}{\Delta t}\Rightarrow\frac{y(t)-y(t-\Delta t)}{\Delta t}\quad(\text{线性性质})$$
$$\lim_{\Delta t\to0}\frac{f(t)-f(t-\Delta t)}{\Delta t}\Rightarrow\lim_{\Delta t\to0}\frac{y(t)-y(t-\Delta t)}{\Delta t}$$
$$\frac{\mathrm{d}f(t)}{\mathrm{d}t}\Rightarrow\frac{\mathrm{d}y(t)}{\mathrm{d}t}$$

同理可推导出积分性质。

4. 因果性

系统的因果性是指系统在 $t=t_0$ 时刻的零状态响应仅与 $t\leqslant t_0$ 时刻的激励有关。即，如果在某个时刻之前系统的输入为 0，则在该时刻之前系统的输出也必然为 0。

【例 1-8-3】 判断下列系统是否为因果系统。

(1) $y_{zs}(t)=af(t)+b$。

(2) $y_{zs}(t)=af(t-1)$。

(3) $y_{zs}(t)=f(t+1)$。

解:(1) 由于任一时刻的零状态响应均与该时刻以后的输入无关。令 $t=0$,则 $y_{zs}(0)=af(0)+b$,即 $t=0$ 时刻系统的响应仅与该时刻的激励有关。因此,该系统为因果系统。

(2) 令 $t=0$,则 $y_{zs}(0)=af(-1)$,即 $t=0$ 时刻系统的响应仅取决于 $t=-1$ 时刻的激励。因此,该系统为因果系统。

(3) 令 $t=0$,则 $y_{zs}(0)=f(+1)$,即 $t=0$ 时刻系统的响应仅取决于 $t=+1$ 时刻的激励,响应在先,激励在后。因此,该系统为非因果系统。

在信号与系统分析中,常以 $t=0$ 作为初始观察时刻。在当前输入信号作用下,因果系统的零状态响应只能出现在 $t \geqslant 0$ 的时间区间上,故常常把从 $t=0$ 时刻开始的信号称为因果信号,而把从某时刻 $t_0(t_0 \neq 0)$ 开始的信号称为有始信号。

5. 稳定性

依据信号的输入输出关系,稳定性的定义是,如果系统的输入有界,系统的输出也有界,则该系统为稳定系统。即,若输入信号 $|f(t)|$ 有界时,$|y(t)|$ 也有界,则该系统为稳定性系统。

习   题

1-1 绘出下列各信号的波形。

(1) $[u(t)-u(t-T)]\sin\dfrac{4\pi}{T}t$。   (2) $[u(t)-2u(t-T)+u(t-2T)]\sin\dfrac{4\pi}{T}t$。

(3) $(2-e^{-t})u(t)$。   (4) $e^{-t}\cos10\pi t[u(t-1)-u(t-2)]$。

1-2 绘出下列信号的波形。

(1) $f_1(t)=u(2t+3)+u(-2t+3)$。

(2) $f_2(t)=\left(1-\dfrac{|t|}{3}\right)[u(t+1)-u(t-1)]$。

(3) $f_3(t)=\dfrac{\mathrm{d}}{\mathrm{d}t}\left\{\sin\pi t\left[u\left(t-\dfrac{1}{2}\right)-u(t-2)\right]\right\}$。

(4) $f_4(t)=\dfrac{\mathrm{d}}{\mathrm{d}t}[u(\sin\pi t)]$。

(5) $f_5(t)=\sin t\,\mathrm{sgn}(\pi t)$。

(6) $f_6(t)=e^{-2t}[u(t-1)-u(t-3)]$。

1-3 计算下列各式。

(1) $\displaystyle\int_{-\infty}^{\infty}f(t-t_0)\delta(t)\mathrm{d}t$。   (2) $\displaystyle\int_{-\infty}^{\infty}f(t_0-t)\delta(t)\mathrm{d}t$。

(3) $\displaystyle\int_{-\infty}^{\infty}\delta(-t-t_0)f(t_0-t)\mathrm{d}t$。   (4) $\displaystyle\int_{-\infty}^{\infty}f(t_0-t)\delta(t-t_0)\mathrm{d}t$。

(5) $\displaystyle\int_{1}^{2}\delta(2t-3)\sin(2t)\mathrm{d}t$。   (6) $\displaystyle\int_{-\infty}^{\infty}u(t)u(2-t)\mathrm{d}t$。

1-4 计算下列各式。

(1) $\int_0^\infty \delta(t-2)\sin\omega(t-3)\,dt$。 (2) $\int_{0-}^\infty e^{-2t}\delta(t-\tau)\,dt$。

(3) $\int_0^1 \delta(t-3)e^{j\omega t}\,dt$。 (4) $\int_{0-}^\infty \delta'(t)\dfrac{\sin 2t}{t}\,dt$。

(5) $\int_{-\infty}^\infty e^{-j\omega t}[\delta(t)-\delta(t-t_0)]\,dt$。 (6) $\int_{-1}^2 (3t^2+1)\delta(t)\,dt$。

(7) $f(t)=\dfrac{d}{dt}[e^{-t}\delta(t)]$。 (8) $\int_{0-}^\infty \sum_{k=-\infty}^\infty e^{-3kt}\delta(t-k)\,dt$。

1-5 已知 $f(t)$ 的波形如图 1-9-1 所示，试画出下列函数的波形图。

(1) $f(3t)$。 (2) $f(5-3t)$。

(3) $f(t/3)u(3-t)$。 (4) $\dfrac{df(t)}{dt}$。

(5) $\int_{-\infty}^t f(\tau)\,d\tau$。

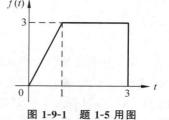

图 1-9-1 题 1-5 用图

1-6 已知 $f(t)=u(t)-u(t-2)$，分别画出 $f(t)$、$f(2t)$、$f(t-1)$、$f(1-2t)$、$\int_0^t f(\tau)\,d\tau$、$\int_0^{t/2} f(\tau)\,d\tau$ 的波形。

1-7 绘出图 1-9-2 所示各信号的偶分量和奇分量。

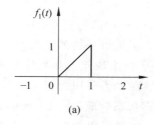
(a)

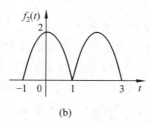
(b)

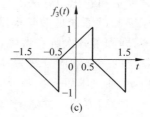
(c)

图 1-9-2 题 1-7 用图

1-8 设系统的输入和输出信号分别表示为 $f(t)$ 及 $y(t)$，判断下列各系统是否为线性的、时不变的、因果的、稳定的。

(1) $y(t)=e^{f(t)}$。 (2) $y(t)=(\cos t)\cdot f(t)$。

(3) $y(t)=\begin{cases} f(t), & t\geqslant 1 \\ 0, & t=0 \\ f(t+1), & t<0 \end{cases}$ (4) $y(t)=f^2(t)$。

1-9 有一个 LTI 系统，假设起始时刻系统无储能，当激励为 $f_1(t)=u(t)$ 时，响应为 $y_1(t)=6e^{-4t}u(t)$。写出当激励为 $f_2(t)=tu(t)+2\delta(t)$ 时响应 $y_2(t)$ 的表达式。

第2章

连续时间信号与系统的时域分析

2.1 引　言

　　系统分析讨论的主要问题是,在给定的激励(输入)作用下,系统将产生什么样的响应(输出)。为了确定一个连续线性时不变(LTI)系统(以下简称连续 LTI 系统)对给定激励的响应,就要建立描述该系统的微分方程,并求出其给定初始状态的解,即完全响应。本章所述的分析方法都是在时域内进行的,不涉及任何数学变换,通常称为时域分析,它是学习各种变换域方法的基础。本章讨论连续 LTI 系统的两种时域分析方法,即微分方程法和卷积积分法。

　　连续 LTI 系统的数学模型是常系数线性微分方程。因此,本章首先复习微分方程经典解法,即先求齐次解和特解,再由初始条件求待定系数。为了理解系统的物理特性,通常将系统的完全响应分解为零输入响应和零状态响应。对于仅取决于起始状态的零输入响应,可通过求解齐次微分方程得到。零状态响应的求解则除了采用经典方法外,还可以采用卷积方法。冲激响应和阶跃响应是两种很重要的零状态响应,它们在求解系统响应和进行系统特性分析、连续系统的各种变换域分析中都起到了很重要的作用,是本章介绍的重要概念。

2.2　连续 LTI 系统数学模型的建立和微分方程求解

2.2.1　连续 LTI 系统数学模型的建立

　　描述连续 LTI 系统的数学模型是常系数线性微分方程。若以 $x(t)$ 和 $y(t)$ 分别表示它的输入(激励)和输出(响应),则 $x(t)$ 和 $y(t)$ 可表示为一个 n 阶常系数线性微分方程,即

$$a_n \frac{\mathrm{d}^n}{\mathrm{d}t^n}y(t) + a_{n-1}\frac{\mathrm{d}^{n-1}}{\mathrm{d}t^{n-1}}y(t) + \cdots + a_0 y(t)$$

$$= b_m \frac{\mathrm{d}^m}{\mathrm{d}t^m}x(t) + b_{m-1}\frac{\mathrm{d}^{m-1}}{\mathrm{d}t^{m-1}}x(t) + \cdots + b_0 x(t) \tag{2-2-1}$$

其中,$a_n,a_{n-1},\cdots,a_0,b_m,b_{m-1},\cdots,b_0$ 由系统参数决定,并且为常数。式(2-2-1)也可以

写成如下形式：

$$\sum_{k=0}^{n} a_k \frac{\mathrm{d}^k y(t)}{\mathrm{d}t^k} = \sum_{k=0}^{m} b_k \frac{\mathrm{d}^k x(t)}{\mathrm{d}t^k} \tag{2-2-2}$$

　　一般情况下，系统模型的建立要结合相关专业的背景理论与知识。为了理解更复杂、更普遍的系统，本节先从简单系统开始，这些系统能够说明一般化系统的一些重要性质。对于信息类专业的工程师，电路系统是大家常用且非常熟悉的，也常常通过电路实验验证模型建立的结果。因此，本书主要讨论电系统。集总参数电路模型可根据元件约束和拓扑约束这两类约束建立，列出电路系统的微分方程模型。这种方法在电路分析课程中已有全面的介绍，这里不再赘述。下面介绍更简便的算子法。

　　设 p 表示微分算子，即令 $p = \dfrac{\mathrm{d}}{\mathrm{d}t}$，同时，$p^2 = \dfrac{\mathrm{d}^2}{\mathrm{d}t^2}, \cdots, p^n = \dfrac{\mathrm{d}^n}{\mathrm{d}t^n}$；$\dfrac{1}{p}$ 表示积分算子，即 $\dfrac{1}{p} = \displaystyle\int_{-\infty}^{t} (\cdot)\,\mathrm{d}\tau$。借助微分算子 p，可将电路系统中的基本元件（即电感 L、电容 C、电阻 R）的电压 $u(t)$、电流 $i(t)$ 关系用微分算子 p 的形式给出运算模型，如表 2-2-1 所示。

表 2-2-1　基本元件的微分算子运算模型

元 件 名 称	电 路 符 号	伏 安 关 系	运 算 模 型
电阻	R　$i(t)$　$+\ u(t)\ -$	$u(t) = Ri(t)$	$\dfrac{u(t)}{i(t)} = R$
电容	C　$i(t)$　$+\ u(t)\ -$	$u(t) = \dfrac{1}{C}\displaystyle\int_{-\infty}^{t} i(t)\,\mathrm{d}t$	$\dfrac{u(t)}{i(t)} = \dfrac{1}{pC}$
电感	L　$i(t)$　$+\ u(t)\ -$	$u(t) = L\dfrac{\mathrm{d}i(t)}{\mathrm{d}t}$	$\dfrac{u(t)}{i(t)} = pL$

　　如果将 R、pL、$\dfrac{1}{pC}$ 分别看成电阻、电感、电容元件的阻抗，则可以利用电阻电路方程的建立方法列写微分方程，使得电路微分方程的建立如同代数方程的建立一样方便。下面用具体例子加以说明。

　　【例 2-2-1】　设有如图 2-2-1 所示的电路，试列出电流 $i(t)$ 和激励 $x(t)$ 之间的微分方程。

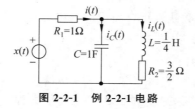

图 2-2-1　例 2-2-1 电路

　　解：根据电路微分算子运算模型，列写回路方程，得

$$\begin{cases} \left(R_1 + \dfrac{1}{pC}\right)i(t) - \dfrac{1}{pC}i_L(t) = x(t) \\ -\dfrac{1}{pC}i(t) + \left(\dfrac{1}{pC} + pL + R_2\right)i_L(t) = 0 \end{cases}$$

这是一个微分方程组，像解代数方程组那样，使用克莱姆法则（Cramer rule）解此方程，得

$$i(t) = \frac{\begin{vmatrix} x(t) & -\dfrac{1}{pC} \\ 0 & \dfrac{1}{pC} + pL + R_2 \end{vmatrix}}{\begin{vmatrix} R_1 + \dfrac{1}{pC} & -\dfrac{1}{pC} \\ -\dfrac{1}{pC} & \dfrac{1}{pC} + pL + R_2 \end{vmatrix}} = \frac{p^2\dfrac{1}{R_1} + p\dfrac{R_2}{R_1 L} + \dfrac{1}{R_1 LC}}{p^2 + p\left(\dfrac{R_2}{L} + \dfrac{1}{R_1 C}\right) + \left(\dfrac{1}{LC} + \dfrac{R_2}{R_1 LC}\right)} x(t)$$

则微分方程组可表示为

$$\left[p^2 + p\left(\frac{R_2}{L} + \frac{1}{R_1 C}\right) + \left(\frac{1}{LC} + \frac{R_2}{R_1 LC}\right)\right]i(t) = \left(p^2\frac{1}{R_1} + p\frac{R_2}{R_1 L} + \frac{1}{R_1 LC}\right)x(t)$$

代入元件参数，可得

$$\frac{\mathrm{d}^2}{\mathrm{d}t^2}i(t) + 7\frac{\mathrm{d}}{\mathrm{d}t}i(t) + 10i(t) = \frac{\mathrm{d}^2}{\mathrm{d}t^2}x(t) + 6\frac{\mathrm{d}}{\mathrm{d}t}x(t) + 4x(t)$$

可见，利用微分算子法列写电路微分方程是比较方便的。

2.2.2　连续 LTI 系统微分方程的经典解法

根据微分方程的经典解法，式（2-2-1）的完全解 $y(t)$ 可表示为

$$y(t) = y_h(t) + y_p(t) \tag{2-2-3}$$

其中，$y_h(t)$ 为齐次解，$y_p(t)$ 为特解。

1. 齐次解

齐次解满足齐次方程，此时式（2-2-1）中右端激励 $x(t)$ 及其各阶导数均为 0，即

$$a_n\frac{\mathrm{d}^n}{\mathrm{d}t^n}y(t) + a_{n-1}\frac{\mathrm{d}^{n-1}}{\mathrm{d}t^{n-1}}y(t) + \cdots + a_0 y(t) = 0 \tag{2-2-4}$$

齐次解是由形式为 $Ce^{\lambda t}$ 的函数线性组合而成的。将 $Ce^{\lambda t}$ 代入式（2-2-4），得

$$Ca_n\lambda^n e^{\lambda t} + Ca_{n-1}\lambda^{n-1}e^{\lambda t} + \cdots + Ca_1\lambda e^{\lambda t} + Ca_0 e^{\lambda t} = 0 \tag{2-2-5}$$

由于 $C \neq 0$，式（2-2-5）可简化为

$$a_n\lambda^n + a_{n-1}\lambda^{n-1} + \cdots + a_1\lambda + a_0 = 0 \tag{2-2-6}$$

式（2-2-6）称为微分方程式（2-2-1）和（2-2-4）的特征方程，它是 n 次代数方程，对应的 n 个根 $\lambda_1, \lambda_2, \cdots, \lambda_n$ 称为微分方程的特征根，在系统分析中常称之为自然频率或固有频率。根据特征根的特点，微分方程的齐次解可分为两种形式：

（1）特征根为单根，即特征根均为互不相同（无重根）的实数根时，微分方程的齐次解为

$$y_h(t) = C_1 e^{\lambda_1 t} + C_2 e^{\lambda_2 t} + \cdots + C_n e^{\lambda_n t} = \sum_{i=1}^{n} C_i e^{\lambda_i t} \qquad (2\text{-}2\text{-}7)$$

其中，$C_i (i = 1, 2, \cdots, n)$ 由初始条件决定。

（2）特征根有重根，设 λ_1 是特征方程的 k 重根，即 $\lambda_1 = \lambda_2 = \cdots = \lambda_k$，其余 $n-k$ 个根 $\lambda_{k+1}, \lambda_{k+2}, \cdots, \lambda_n$ 均为单根，则微分方程的齐次解为

$$y_h(t) = \sum_{i=1}^{k} C_i t^{k-i} e^{\lambda_i t} + \sum_{j=k+1}^{n} C_j e^{\lambda_j t} \qquad (2\text{-}2\text{-}8)$$

其中，$C_i (i = 1, 2, \cdots, k)$ 和 $C_j (j = k+1, k+2, \cdots, n)$ 均由初始条件决定。

如果特征根是共轭复根，微分方程的齐次解形式可利用欧拉公式进行整理。根据特征根的情况，齐次解的形式总结如表 2-2-2 所示。

表 2-2-2　微分方程齐次解的形式

特 征 根	齐次解的形式
对于每一单实根 λ	给出一项：$C e^{\lambda t}$
对于 k 重实根 λ	给出 k 项：$C_1 e^{\lambda t} + C_2 t e^{\lambda t} + \cdots + C_k t^{k-1} e^{\lambda t}$
对于一对单复根 $\lambda_{1,2} = a \pm jb$	给出两项：$C_1 e^{at} \cos bt + C_2 e^{at} \sin bt$
对于一对 k 重复根 $\lambda_{1,2} = a \pm jb$	给出 $2k$ 项：$C_1 e^{at} \cos bt + C_2 t e^{at} \cos bt + \cdots + C_k t^{k-1} e^{at} \cos bt + D_1 e^{at} \sin bt + D_2 t e^{at} \sin bt + \cdots + D_k t^{k-1} e^{at} \sin bt$

【例 2-2-2】　求微分方程 $y'''(t) + 7y''(t) + 16y'(t) + 12y(t) = x(t)$ 的齐次解。

解：微分方程的特征方程为

$$\lambda^3 + 7\lambda^2 + 16\lambda + 12 = 0$$

特征根为 $\lambda_{1,2} = -2, \lambda_3 = -3$。因此，微分方程的齐次解为

$$y_h(t) = C_1 t e^{-2t} + C_2 e^{-2t} + C_3 e^{-3t}$$

【例 2-2-3】　求微分方程 $y''(t) + 4y'(t) + 8y(t) = x(t)$ 的齐次解。

解：微分方程的特征方程为

$$\lambda^2 + 4\lambda + 8 = 0$$

其特征根为共轭复根 $\lambda_{1,2} = -2 \pm j2$。因此，微分方程的齐次解为

$$y_h(t) = e^{-2t}(C_1 \cos 2t + C_2 \sin 2t)$$

2. 特解

特解的函数形式与激励的函数形式有关。将激励函数代入微分方程的右端，进行化简后，右端的函数式称为自由项。通常，特解的形式由自由项的形式及特征根决定。表 2-2-3 列出了几种典型自由项及其所对应的特解 $y_p(t)$。

表 2-2-3　微分方程的特解

自 由 项	特解 $y_p(t)$
常数 E	常数 A

续表

自　由　项	特解 $y_p(t)$
多项式 t^k	多项式 $A_k t^k + A_{k-1} t^{k-1} + \cdots + A_1 t + A_0$
e^{at}	$A_0 e^{at}$，当 a 不是特征根时 $A_1 t e^{at}$，当 a 是特征单根时 $A_2 t^2 e^{at}$，当 a 是特征二重根时 以此类推
$e^{at}\cos bt$ 或 $e^{at}\sin bt$	$e^{at}(A_1\cos bt + A_2\sin bt)$，当 $a \pm jb$ 不是特征根时 $t e^{at}(A_1\cos bt + A_2\sin bt)$，当 $a \pm jb$ 是特征单共轭复根时

按照表 2-2-3 确定微分方程的特解形式，直接将特解形式代入微分方程[式(2-2-1)]，求出待定系数，即可求得特解。

【例 2-2-4】 已知激励 $x(t) = e^{-t}$，试求例 2-2-2 中微分方程的特解。

解：已知激励函数为 $x(t) = e^{-t}$，且 -1 不为微分方程的特征根，则方程的特解形式为 $y_p(t) = A e^{-t}$。代入系统微分方程，有

$$\frac{d^3}{dt^3}(A e^{-t}) + 7\frac{d^2}{dt^2}(A e^{-t}) + 16\frac{d}{dt}(A e^{-t}) + 12(A e^{-t}) = e^{-t}$$

整理后比较方程两端，对应项的系数应相等，从而确定待定系数 $A = \dfrac{1}{2}$。因此，特解为

$$y_p(t) = \frac{1}{2}e^{-t}$$

3. 完全解

式(2-2-1)的常系数线性微分方程的完全解是齐次解 $y_h(t)$ 与特解 $y_p(t)$ 之和。若微分方程的特征根均为单根，则微分方程的完全解形式为

$$y(t) = y_h(t) + y_p(t) = \sum_{i=1}^{n} C_i e^{\lambda_i t} + y_p(t) \qquad (2\text{-}2\text{-}9)$$

若特征根 λ_1 为 k 重根，而其余 $n-k$ 个根均为单根，则微分方程的完全解形式为

$$y(t) = y_h(t) + y_p(t) = \sum_{i=1}^{k} C_i t^{k-i} e^{\lambda_1 t} + \sum_{j=k+1}^{n} C_j e^{\lambda_j t} + y_p(t) \qquad (2\text{-}2\text{-}10)$$

其中，待定系数 C_i、C_j 由初始条件确定。

设激励信号 $x(t)$ 在 $t=0$ 时刻加入，则微分方程的解适合于区间 $0 < t < \infty$。对于 n 阶微分方程，将给定的初始条件 $y(0), y'(0), \cdots, y^{(n-1)}(0)$ 分别代入完全解中，就可确定待定系数 C_i、C_j。下面举例说明。

【例 2-2-5】 某 LTI 系统的微分方程为 $y''(t) + 3y'(t) + 2y(t) = x'(t) + 2x(t)$，试求当 $x(t) = e^{-t}$，$y(0) = 0$，$y'(0) = 3$ 时的完全解。

解：微分方程的特征方程为

$$\lambda^2 + 3\lambda + 2 = 0$$

得特征根为 $\lambda_1 = -1, \lambda_2 = -2$。因此，微分方程的齐次解为

$$y_h(t) = C_1 e^{-t} + C_2 e^{-2t}$$

当激励函数为 $x(t) = e^{-t}$ 时,其指数 $a = -1$,是微分方程的一个特征根。因此,该方程的特解形式可表示为

$$y_p(t) = A t e^{-t}$$

代入系统微分方程,有

$$\frac{d^2}{dt^2}(A t e^{-t}) + 3\frac{d}{dt}(A t e^{-t}) + 2(A t e^{-t}) = \frac{d}{dt}(e^{-t}) + 2e^{-t}$$

整理后比较方程两端,对应项的系数应相等,确定待定系数 $A = 1$。因此,特解为

$$y_p(t) = t e^{-t}$$

因此,完全解可表示为

$$y(t) = y_h(t) + y_p(t) = C_1 e^{-t} + C_2 e^{-2t} + t e^{-t}$$

其一阶导数为

$$y'(t) = -C_1 e^{-t} - 2C_2 e^{-2t} - t e^{-t} + e^{-t}$$

将初始条件 $y(0) = 0, y'(0) = 3$ 代入 $y(t)$ 和 $y'(t)$,得

$$y(0) = C_1 + C_2 = 0$$

$$y'(0) = -C_1 - 2C_2 + 1 = 3$$

联立求解,得 $C_1 = 2, C_2 = -2$。因此,完全解为

$$y(t) = 2e^{-t} - 2e^{-2t} + t e^{-t}, \quad t > 0$$

或写为

$$y(t) = (2e^{-t} - 2e^{-2t} + t e^{-t})u(t)$$

由以上分析可知,连续 LTI 系统的数学模型是常系数线性微分方程,其完全解由齐次解和特解组成。齐次解的函数形式仅依赖于系统本身的特性,而与激励信号的函数形式无关。因此,齐次解也称为系统的自由响应或固有响应。特解的函数形式由激励信号的形式决定,称为系统的强迫响应。

2.2.3　起始点的跳变

用经典法求解微分方程完全解中齐次解的待定系数 C_i 时用到了 $t = 0$ 时刻的初始条件,微分方程的这些初始条件常常为一组已知数据,但在实际的系统分析或电路分析问题中,一般激励都是从 $t = 0$ 时刻加入的,系统的响应时间范围是 $0_+ \leqslant t < \infty$。系统在激励信号加入之前瞬间的一组状态为

$$y^{(k)}(0_-) = \left[y(0_-), \frac{d}{dt}y(0_-), \frac{d^2}{dt^2}y(0_-), \cdots, \frac{d^{n-1}}{dt^{n-1}}y(0_-) \right] \tag{2-2-11}$$

这组状态称为系统的起始状态或起始条件,简称为 0_- 状态。一般来说,起始状态是给定的,也就是说,一般给定的系统模型是

$$\begin{cases} \displaystyle\sum_{k=0}^{n} a_k \frac{d^k y(t)}{dt^k} = \sum_{k=0}^{m} b_k \frac{d^k x(t)}{dt^k} \\ \text{起始状态:} \dfrac{d^k y(0_-)}{dt^k} = c_k, k = 0, 1, 2, \cdots, n \end{cases} \tag{2-2-12}$$

然而,完全解表达式(2-2-9)或(2-2-10)中的齐次解部分中的待定系数必须由 $t=0_+$ 时刻的一组状态确定,即由

$$y^{(k)}(0_+)=\left[y(0_+),\frac{\mathrm{d}}{\mathrm{d}t}y(0_+),\frac{\mathrm{d}^2}{\mathrm{d}t^2}y(0_+),\cdots,\frac{\mathrm{d}^{n-1}}{\mathrm{d}t^{n-1}}y(0_+)\right] \qquad (2\text{-}2\text{-}13)$$

确定,称这组状态为系统的初始状态或初始条件,简称为 0_+ 状态。因此所求解的 LTI 系统的数学模型是

$$\begin{cases} \displaystyle\sum_{k=0}^{n}a_k\frac{\mathrm{d}^k y(t)}{\mathrm{d}t^k}=\sum_{k=0}^{m}b_k\frac{\mathrm{d}^k x(t)}{\mathrm{d}t^k} \\ \text{初始状态：}\dfrac{\mathrm{d}^k y(0_+)}{\mathrm{d}t^k}=c_k,k=0,1,2,\cdots,n \end{cases} \qquad (2\text{-}2\text{-}14)$$

由此可见,用微分方程经典法求解系统响应,一定要从系统的起始状态求系统的初始状态,它们可能是不一样的,存在着跳变问题。具体来说,可以分为下面两种情形:

(1) 如果给定了具体的电路,则由电路分析的方法确定系统的初始状态,一般要根据系统的起始储能和激励接入瞬时的情况确定。在 $t=0$ 的瞬间,若电容电流为有限值,则电容电压 $u_C(t)$ 在 $t=0$ 处连续。若电感电压为有限值,则电感电流 $i_L(t)$ 在 $t=0$ 处连续,即

$$\begin{cases} u_C(0_+)=u_C(0_-) \\ i_L(0_+)=i_L(0_-) \end{cases} \qquad (2\text{-}2\text{-}15)$$

然后由 $t=0_+$ 时刻等效电路求得系统的初始状态。

(2) 如果给定了系统的微分方程和起始状态,则首先根据激励信号的情况化简微分方程的右端,得到 $0_-<t<0_+$ 时刻的微分方程,这时微分方程的右端只包含信号的跳变值、激励信号及其各阶导数,然后用激励信号匹配法求得由起始状态到初始状态的跳变,从而可以求得系统的初始状态。

下面用具体例子说明上述两种方法的求解过程。

【例 2-2-6】 给定电路如图 2-2-2 所示,$t<0$ 时开关 S 处于 1 的位置而且已经达到直流稳态;当 $t=0$ 时,开关 S 由 1 转向 2。确定系统起始状态 $y(0_-)$、$y'(0_-)$ 和初始状态 $y(0_+)$、$y'(0_+)$。

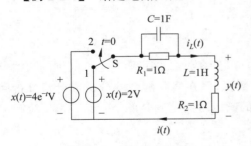

图 2-2-2　例 2-2-6 电路

解： 首先根据电路求系统在 $t=0_-$ 时刻的电感电流 $i_L(0_-)$ 和电容电压 $v_C(0_-)$ 及系统起始状态 $y(0_-)$、$y'(0_-)$。换路前,电路已经到达直流稳态,电容相当于开路,电感相当于短路,所以

$$i_L(0_-)=\frac{2}{R_1+R_2}=1\mathrm{A},\quad v_C(0_-)=\frac{R_1}{R_1+R_2}\times 2=1\mathrm{V}$$

因为 $y(t)=x(t)-v_C(t)$,所以有

$$y(0_-)=x(0_-)-v_C(0_-)=2-1=1\mathrm{V}$$

$$\frac{\mathrm{d}}{\mathrm{d}t}y(0_-)=\frac{\mathrm{d}}{\mathrm{d}t}[x(0_-)-v_C(0_-)]=-\frac{\mathrm{d}}{\mathrm{d}t}v_C(0_-)=-\frac{1}{C}i_C(0_-)=0\mathrm{V/s}$$

下面用前面介绍的两种方法求在 $t=0_+$ 时刻系统的初始状态 $y(0_+)$、$y'(0_+)$。

方法一：由电路直接求初始状态。

换路后电容电压和电感电流不跳变，即有

$$i_L(0_+)=i_L(0_-)=1\text{A},v_C(0_+)=v_C(0_-)=1\text{V}$$

由此可以画出 $t=0_+$ 时刻的等效电路，如图 2-2-3 所示。

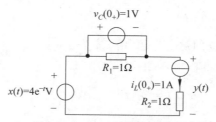

图 2-2-3　0$_+$ 时刻的等效电路

所以有

$$y(0_+)=x(0_+)-v_C(0_+)=4-1=3\text{V}$$

$$\frac{\mathrm{d}}{\mathrm{d}t}y(0_+)=\frac{\mathrm{d}}{\mathrm{d}t}[x(0_+)-v_C(0_+)]=-4\mathrm{e}^{-t}\big|_{t=0}-\frac{1}{C}i_C(0_+)=-4-i_C(0_+)$$

而

$$i_C(0_+)=i_L(0_+)-\frac{1}{R_1}v_C(0_+)=1-1=0\text{A}$$

所以有

$$\frac{\mathrm{d}}{\mathrm{d}t}y(0_+)=-4\text{V/s}$$

方法二：用微分方程两端激励信号匹配法求 $t=0_-$ 到 $t=0_+$ 时刻系统状态的跳变值，再求初始状态。

该方法利用微分方程两端激励信号匹配法求从 $t=0_-$ 时刻到 $t=0_+$ 时刻系统状态的跳变值。求跳变值的基本思路是：首先由系统微分方程化简得到 $0_-<t<0_+$ 的微分方程，该微分方程右端只包含信号的跳变值、激励信号及其各阶导数，其次再利用微分方程两端激励信号匹配条件求得从 $t=0_-$ 到 $t=0_+$ 时刻系统状态的跳变值，最后根据跳变值可以求得 $t=0_+$ 时刻系统的初始状态。

首先列写电路的微分方程。由算子法直接根据分压关系得到

$$y(t)=\frac{pL+R_2}{\dfrac{1}{pC+\dfrac{1}{R_1}}+pL+R_2}x(t)=\frac{p+1}{\dfrac{1}{p+1}+p+1}x(t)=\frac{p^2+2p+1}{p^2+2p+2}x(t)$$

即

$$(p^2+2p+2)y(t)=(p^2+2p+1)x(t)$$

写成微分方程形式为

$$\frac{\mathrm{d}^2}{\mathrm{d}t^2}y(t)+2\frac{\mathrm{d}}{\mathrm{d}t}y(t)+2y(t)=\frac{\mathrm{d}^2}{\mathrm{d}t^2}x(t)+2\frac{\mathrm{d}}{\mathrm{d}t}x(t)+x(t) \qquad (2\text{-}2\text{-}16)$$

因为已知激励信号为

$$x(t) = 2u(-t) + 4e^{-t}u(t) = 2 + (4e^{-t} - 2)u(t) \tag{2-2-17}$$

所以

$$\frac{\mathrm{d}}{\mathrm{d}t}x(t) = (4e^{-t} - 2)\delta(t) - 4e^{-t}u(t) = 2\delta(t) - 4e^{-t}u(t) \tag{2-2-18}$$

$$\frac{\mathrm{d}^2}{\mathrm{d}t^2}x(t) = 2\delta'(t) - 4\delta(t) + 4e^{-t}u(t) \tag{2-2-19}$$

下面只考虑 $0_- < t < 0_+$ 时刻的跳变问题,用 Δu 表示 $0_- < t < 0_+$ 的跳变值,则有

$$x(t) = 2\Delta u \tag{2-2-20}$$

$$\frac{\mathrm{d}}{\mathrm{d}t}x(t) = 2\delta(t) - 4\Delta u \tag{2-2-21}$$

$$\frac{\mathrm{d}^2}{\mathrm{d}t^2}x(t) = 2\delta'(t) - 4\delta(t) + 4\Delta u \tag{2-2-22}$$

注意,式(2-2-20)、式(2-2-21)、式(2-2-22)都只在时间范围 $0_- < t < 0_+$ 有效,而且只考虑跳变问题,它们分别从式(2-2-17)、式(2-2-18)、式(2-2-19)化简得到。将它们代入式(2-2-16),得到系统在 $0_- < t < 0_+$ 时间范围的微分方程为

$$\frac{\mathrm{d}^2}{\mathrm{d}t^2}y(t) + 2\frac{\mathrm{d}}{\mathrm{d}t}y(t) + 2y(t) = 2\delta'(t) - 2\Delta u \tag{2-2-23}$$

式(2-2-23)右端最高项是 $\delta'(t)$,因而假设

$$\frac{\mathrm{d}^2}{\mathrm{d}t^2}y(t) = a\delta'(t) + b\delta(t) + c\Delta u \tag{2-2-24}$$

将式(2-2-24)连续积分两次,分别得到

$$\frac{\mathrm{d}}{\mathrm{d}t}y(t) = a\delta(t) + b\Delta u \tag{2-2-25}$$

$$y(t) = a\Delta u \tag{2-2-26}$$

注意,从式(2-2-20)到式(2-2-26)都只是考虑 $0_- < t < 0_+$ 时间范围,而且只包含跳变值、激励信号及其各阶导数,不包含其他普通函数。从式(2-2-24)、式(2-2-25)和式(2-2-26)容易看出,其中 a、b、c 分别为 $y(t)$、$\frac{\mathrm{d}}{\mathrm{d}t}y(t)$、$\frac{\mathrm{d}^2}{\mathrm{d}t^2}y(t)$ 在 $t=0_-$ 到 $t=0_+$ 时刻的跳变值。

将式(2-2-24)、式(2-2-25)和式(2-2-26)代入式(2-2-23)得

$$a\delta'(t) + b\delta(t) + c\Delta u + 2a\delta(t) + 2b\Delta u + 2a\Delta u = 2\delta'(t) - 2\Delta u$$

求得

$$a = 2, b = -4$$

因为 a 和 b 分别表示 $y(t)$ 和 $\frac{\mathrm{d}}{\mathrm{d}t}y(t)$ 在 $t=0_-$ 到 $t=0_+$ 时刻的跳变值,因而有

$$\begin{cases} y(0_+) = y(0_-) + a = 2 + 1 = 3 \\ \frac{\mathrm{d}}{\mathrm{d}t}y(0_+) = \frac{\mathrm{d}}{\mathrm{d}t}y(0_-) + b = 0 - 4 = -4 \end{cases}$$

由此可以看出两种方法得到的结果是一致的。一般来说,如果系统给定的是已知电

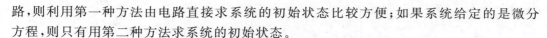

路,则利用第一种方法由电路直接求系统的初始状态比较方便;如果系统给定的是微分方程,则只有用第二种方法求系统的初始状态。

下面是用经典法求微分方程描述的系统的完全解的步骤:

(1) 根据特征根的情况求得齐次解 $y_h(t)=\sum_{i=1}^{n}C_i e^{\lambda_i t}$,特征根有重根或共轭复根的变化情况参见表 2-2-2。

(2) 根据微分方程右端自由项函数形式求得特解 $y_p(t)$,具体情况参见表 2-2-3。

(3) 由激励信号匹配法及 $0_- < t < 0_+$ 时的微分方程求得 0_- 状态到 0_+ 状态的跳变值,从而求得初始状态:

$$y^{(k)}(0_+)=\left[y(0_+),\frac{d}{dt}y(0_+),\frac{d^2}{dt^2}y(0_+),\cdots,\frac{d^{n-1}}{dt^{n-1}}y(0_+)\right]$$

(4) 完全解为 $y(t)=\sum_{i=1}^{n}C_i e^{\lambda_i t}+y_p(t)$,代入由步骤(3)求得的初始状态,求得待定系数 $C_i(i=1,2,\cdots,n)$。

(5) 根据步骤(3)决定是否在完全解中补充激励信号及其各阶导数项。

下面用例子说明上述求解过程。

【**例 2-2-7**】 系统微分方程、起始状态以及激励信号如下:

$$\frac{d}{dt}y(t)+3y(t)=\frac{d^2}{dt^2}x(t)+4x(t),\quad y(0_-)=2,\quad x(t)=e^{-2t}u(t)$$

求该系统的完全解。

解:(1) 特征方程为 $\lambda+3=0$,特征根为 $\lambda=-3$,齐次解为

$$y_h(t)=Ce^{-3t}$$

(2) 设特解为 $y_p(t)=Ae^{-2t}$,代入原微分方程得 $-2Ae^{-2t}+3Ae^{-2t}=4e^{-2t}+4e^{-2t}$,得 $A=8$,所以特解为

$$y_p(t)=8e^{-2t}$$

(3) 根据激励信号匹配求跳变值。首先将激励信号代入微分方程的右端,化简得

$$\delta'(t)-2\delta(t)+8e^{-2t}u(t)$$

得到 $0_- < t < 0_+$ 时的微分方程:

$$\frac{d}{dt}y(t)+3y(t)=\delta'(t)-2\delta(t)+8\Delta u \qquad (2\text{-}2\text{-}27)$$

因而有

$$\begin{cases}\dfrac{d}{dt}y(t)=a\delta'(t)+b\delta(t)+c\Delta u\\ y(t)=a\delta(t)+b\Delta u\end{cases} \qquad (2\text{-}2\text{-}28)$$

其中,b 和 c 分别表示 $y(t)$ 和 $\dfrac{d}{dt}y(t)$ 在 $t=0_-$ 到 $t=0_+$ 时刻的跳变值,代入式(2-2-27):

$$a\delta'(t)+b\delta(t)+c\Delta u+3a\delta(t)+3b\Delta u=\delta'(t)-2\delta(t)+8\Delta u$$

求得

$$a=1,\quad b=-5,\quad c=23$$

因而有

$$y(0_+) = y(0_-) + b = 2 - 5 = -3$$

（4）完全解为 $y(t) = Ce^{-3t} + 8e^{-2t}$，由初始状态 $y(0_+) = -3$ 得 $C = -11$，所以完全解为

$$y(t) = -11e^{-3t} + 8e^{-2t}$$

（5）根据式（2-2-28）的第二式可知，完全解 $y(t)$ 中还包含 $a\delta(t) = \delta(t)$，所以最后得到的完全解为

$$y(t) = \delta(t) + (-11e^{-3t} + 8e^{-2t})u(t)$$

2.3   零输入响应和零状态响应

LTI 系统的完全解 $y(t)$ 分成齐次解 $y_h(t)$ 和特解 $y_p(t)$ 只是可能的分解形式之一。为了方便分析计算或适应不同物理解释的要求，还可取其他的分解形式。另一种广泛应用的重要分解形式是将完全响应分解为零输入响应和零状态响应。

2.3.1   零输入响应

零输入响应（Zero Input Response，ZIR）是输入信号为 0 时，仅由系统的起始状态作用所引起的响应，用 $y_{zi}(t)$ 表示。

由于激励信号为 0，所以求解系统零输入响应的数学模型为

$$\begin{cases} \sum_{k=0}^{n} a_k \dfrac{\mathrm{d}^k y_{zi}(t)}{\mathrm{d}t^k} = 0 \\ \text{起始状态：} \dfrac{\mathrm{d}^k y_{zi}(0_-)}{\mathrm{d}t^k} = c_k, k = 0, 1, 2, \cdots, n \end{cases} \qquad (2\text{-}3\text{-}1)$$

由于微分方程是齐次方程，所以零输入响应具有与齐次解相同的响应形式，即

$$y_{zi}(t) = \sum_{i=1}^{n} C_i e^{\lambda_i t}$$

同时，由于式（2-3-1）右端为 0，从起始状态到初始状态没有跳变的问题，所以待定系数直接由给定的起始状态确定。

注意：关于零输入响应有一点需要补充说明。所谓的输入信号为 0，是指 $t > 0$ 之后的输入信号为 0。如果原来系统的微分方程描述的时间范围是整个时间轴，那么即使是求零输入响应，在 $0_- < t < 0_+$ 时，微分方程右端也不能简单认为是 0，即系统从 0_- 状态到 0_+ 状态存在跳变。鉴于这种情况，有些教材干脆给定 $t = 0_+$ 时刻的条件来求齐次微分方程描述的系统的零输入响应。但在解决实际系统问题时，即使求零输入响应，有一个步骤也是不能省略的，就是必须求没有独立源的系统在 0_+ 时刻的初始状态，它和系统在 0_- 时刻的起始状态一般是不一样的。详细情况参见例 2-3-3。

【例 2-3-1】   已知齐次微分方程描述的系统及对应的 0_- 起始状态，求系统的零输入响应。

(1) $\dfrac{d^2}{dt^2}y(t)+3\dfrac{d}{dt}y(t)+2y(t)=0, y(0_-)=1, y'(0_-)=2$。

(2) $\dfrac{d^2}{dt^2}y(t)+4\dfrac{d}{dt}y(t)+4y(t)=0, y(0_-)=2, y'(0_-)=3$。

解：(1) 特征方程为 $\lambda^2+3\lambda+2=0$，特征根为 $\lambda_1=-1, \lambda_2=-2$，所以零输入响应为 $y_{zi}(t)=C_1e^{-t}+C_2e^{-2t}$，由起始状态

$$\begin{cases} y(0_-)=C_1+C_2=1 \\ y'(0_-)=-C_1-2C_2=2 \end{cases}$$

求得 $C_1=4, C_2=-3$，所以零输入响应为

$$y_{zi}(t)=4e^{-t}-3e^{-2t}, \quad t>0$$

(2) 特征方程为 $\lambda^2+4\lambda+4=0$，特征根为 $\lambda_1=\lambda_2=-2$，所以零输入响应为 $y_{zi}(t)=(C_1t+C_2)e^{-2t}$，由起始状态

$$\begin{cases} y(0_-)=C_2=2 \\ y'(0_-)=C_1-2C_2=3 \end{cases}$$

求得 $C_1=7, C_2=2$，所以零输入响应为

$$y_{zi}(t)=(7t+2)e^{-2t}, \quad t>0$$

2.3.2　零状态响应

零状态响应(Zero State Response, ZSR)是系统的起始状态为 0(即系统的起始储能为 0)时仅由激励信号作用所引起的响应，用 $y_{zs}(t)$ 表示。根据定义知，求解系统零状态响应的数学模型为

$$\begin{cases} \displaystyle\sum_{k=0}^{n}a_k\dfrac{d^k y_{zs}(t)}{dt^k}=\sum_{k=0}^{m}b_k\dfrac{d^k x(t)}{dt^k} \\ \text{起始状态：}\dfrac{d^k y_{zs}(0_-)}{dt^k}=0, k=0,1,2,\cdots,n \end{cases} \tag{2-3-2}$$

零状态响应包含齐次解和特解两部分。零状态响应的微分方程经典法求解步骤与 2.2.3 节介绍的一样，也涉及从 0_- 到 0_+ 跳变的问题。由此可见，求解零状态响应的过程并没有简化，那么，完全响应分解为零输入响应和零状态响应还有什么意义呢？它有两方面的意义：一方面，这样分解对理解系统的许多物理概念很有帮助，特别是第 4 章傅里叶分析法和第 5 章的拉普拉斯变换法中的系统函数概念都是建立在零状态响应概念基础上的；另一方面，求解零状态响应可以不用解微分方程的经典方法，而用 2.5 节介绍的卷积积分方法或是第 5 章介绍的拉普拉斯变换法更方便。

【例 2-3-2】　已知某系统的微分方程为

$$\dfrac{d^2}{dt^2}y(t)+4\dfrac{d}{dt}y(t)+3y(t)=5\dfrac{d^2}{dt^2}x(t)+3\dfrac{d}{dt}x(t)+2x(t) \tag{2-3-3}$$

激励信号为 $x(t)=e^{-2t}u(t)$，求系统的零状态响应 $y_{zs}(t)$。

解：(1) 化简微分方程的右端，由于

$$\dfrac{d}{dt}x(t)=\delta(t)-2e^{-2t}u(t)$$

$$\frac{\mathrm{d}^2}{\mathrm{d}t^2}x(t)=\delta'(t)-2\delta(t)+4\mathrm{e}^{-2t}u(t) \tag{2-3-4}$$

代入式(2-3-3)得到

$$\frac{\mathrm{d}^2}{\mathrm{d}t^2}y(t)+4\frac{\mathrm{d}}{\mathrm{d}t}y(t)+3y(t)=5\delta'(t)-7\delta(t)+16\mathrm{e}^{-2t}u(t) \tag{2-3-5}$$

特征方程为 $\lambda^2+4\lambda+3=0$,特征根为 $\lambda_1=-1,\lambda_2=-3$,齐次解为 $C_1\mathrm{e}^{-t}+C_2\mathrm{e}^{-3t}$。

由于是求 $t>0$ 时系统的响应,求特解时不考虑式(2-3-5)中的奇异函数项,所以设特解为 $y_\mathrm{p}(t)=K\mathrm{e}^{-2t}$,代入式(2-3-5),求得 $K=-16$。所以系统的零状态响应为

$$y_\mathrm{zs}(t)=C_1\mathrm{e}^{-t}+C_2\mathrm{e}^{-3t}-16\mathrm{e}^{-2t} \tag{2-3-6}$$

（2）根据激励信号匹配法求跳变值并进一步求系统的初始状态。重写式(2-3-5)得到 $0_-<t<0_+$ 时的微分方程:

$$y''(t)+4y'(t)+3y(t)=5\delta'(t)-7\delta(t)+16\Delta u \tag{2-3-7}$$

因而有

$$\begin{cases} y''(t)=a\delta'(t)+b\delta(t)+c\Delta u \\ y'(t)=a\delta(t)+b\Delta u \\ y(t)=a\Delta u \end{cases} \tag{2-3-8}$$

其中,a 和 b 分别表示 $y(t)$ 和 $y'(t)$ 在 $t=0_-$ 到 $t=0_+$ 时刻的跳变值,代入式(2-3-7):

$$a\delta'(t)+b\delta(t)+c\Delta u+4a\delta(t)+4b\Delta u+3a\Delta u=5\delta'(t)-7\delta(t)+16\Delta u$$

求得

$$a=5, \quad b=-27$$

因而有

$$\begin{aligned} y(0_+)&=y(0_-)+a=a=5 \\ y'(0_+)&=y'(0_-)+b=b=-27 \end{aligned} \tag{2-3-9}$$

（3）将式(2-3-9)求得的初始条件代入式(2-3-6)得

$$\begin{cases} y(0_+)=C_1+C_2-16=5 \\ y'(0_+)=-C_1-3C_2+32=-27 \end{cases}$$

求得 $C_1=2,C_2=19$。考虑到系统零状态响应有效时间范围是 $t>0$,最后得到的系统零状态响应为

$$y_\mathrm{zs}(t)=(2\mathrm{e}^{-t}+19\mathrm{e}^{-3t}-16\mathrm{e}^{-2t})u(t)$$

【例 2-3-3】 对例 2-2-6 中的电路,把 $t<0$ 电路看作起始状态,分别求 $t>0$ 时 $y(t)$ 的零输入响应和零状态响应。

解：由例 2-2-6 知道,$i_L(0_+)=i_L(0_-)=1\mathrm{A},v_C(0_+)=v_C(0_-)=1\mathrm{V}$。根据电容、电感的伏安特性知道,$t>0$ 时,电容可以等效为一个电压源 $v_C(0_+)=1\mathrm{V}$ 与起始电压为 0 的电容的串联电路,电感可以等效为一个电流源 $i_L(0_+)=1\mathrm{A}$ 与起始电流为 0 的电感的并联电路,由此可以画出以下两个等效电路:一是 $t>0$ 时只有电路的起始状态作用,而没有输入信号作用的等效电路,用于求系统的零输入响应,如图 2-3-1(a)所示;二是只有独立电压源 $x(t)=4\mathrm{e}^{-t}u(t)$ 作用而没有起始状态作用的等效电路,用于求系统的零状态响应,如图 2-3-1(b)所示。

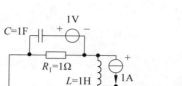 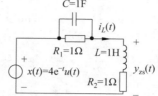

(a) 零输入响应等效电路　　　　　(b) 零状态响应等效电路

图 2-3-1　例 2-2-6 电路的零输入响应、零状态响应等效电路

（1）求零输入响应。此时等效电路如图 2-3-1(a)所示。容易列出系统的微分方程：

$$\frac{\mathrm{d}^2}{\mathrm{d}t^2}y(t) + 2\frac{\mathrm{d}}{\mathrm{d}t}y(t) + 2y(t) = 0 \tag{2-3-10}$$

式(2-3-10)也可以直接由例 2-2-6 的式(2-2-16)令 $x(t)=0$ 得到。上述微分方程的解为

$$y(t) = \mathrm{e}^{-t}(A\cos t + B\sin t), \quad t > 0 \tag{2-3-11}$$

其中待定系数由电路的初始状态求得。由图 2-3-1(a)知道，在 $t=0_+$ 时刻电容电压为 0，电感电流为 0。所以有

$$y(0_+) = -1\mathrm{V}$$

$$\frac{\mathrm{d}}{\mathrm{d}t}y(0_+) = -\frac{\mathrm{d}}{\mathrm{d}t}v_C(0_+) = -\frac{1}{C}i_C(0_+) = -\left(1 - \frac{1}{1}\right) = 0$$

代入式(2-3-11)，求得

$$A = -1, \quad B = -1$$

所以系统的零输入响应为

$$y_{zi}(t) = -\mathrm{e}^{-t}(\cos t + \sin t), \quad t > 0 \tag{2-3-12}$$

注意，这里求零输入响应不能用例 2-2-6 求得的起始状态 $y(0_-)=1$、$y'(0_-)=0$。

（2）求零状态响应。此时等效电路如图 2-3-1(b)所示，它满足微分方程

$$\frac{\mathrm{d}^2}{\mathrm{d}t^2}y(t) + 2\frac{\mathrm{d}}{\mathrm{d}t}y(t) + 2y(t) = \frac{\mathrm{d}^2}{\mathrm{d}t^2}x(t) + 2\frac{\mathrm{d}}{\mathrm{d}t}x(t) + x(t) \tag{2-3-13}$$

起始状态为 $y(0_-)=0$ 和 $\frac{\mathrm{d}}{\mathrm{d}t}y(0_-)=0$，激励函数为 $x(t)=4\mathrm{e}^{-t}u(t)$。将 $x(t)$ 及它的一阶、二阶导数代入式(2-3-13)，化简得

$$\frac{\mathrm{d}^2}{\mathrm{d}t^2}y(t) + 2\frac{\mathrm{d}}{\mathrm{d}t}y(t) + 2y(t) = 4\frac{\mathrm{d}}{\mathrm{d}t}\delta(t) + 4\delta(t) \tag{2-3-14}$$

式(2-3-14)的特解为 0，所以它的解就只有齐次解部分，即

$$y(t) = \mathrm{e}^{-t}(A\cos t + B\sin t), \quad t > 0 \tag{2-3-15}$$

其中待定系数由电路的初始状态求得。下面根据激励信号匹配法求电路的初始状态。

式(2-3-14)右端最高项是 $\delta'(t)$，因而有

$$\begin{cases} y''(t) = a\delta'(t) + b\delta(t) + c\,\Delta u \\ y'(t) = a\delta(t) + b\,\Delta u \\ y(t) = a\,\Delta u \end{cases} \tag{2-3-16}$$

代入式（2-3-14）得

$$a\delta'(t)+b\delta(t)+c\Delta u+2a\delta(t)+2b\Delta u+2a\Delta u=4\delta'(t)+4\delta(t)$$

求得

$$a=4，\quad b=-4$$

因而有

$$y(0_+)=y(0_-)+a=4$$
$$y'(0_+)=y'(0_-)+b=-4 \tag{2-3-17}$$

代入式（2-3-15），求得

$$A=4，\quad B=0$$

所以系统的零状态响应为

$$y_{zs}(t)=4\mathrm{e}^{-t}\cos t，\quad t>0$$

有了将 LTI 系统的响应分解为零输入响应和零状态响应的概念后，可以对 LTI 系统的线性特性完整描述如下：

（1）响应的可分解性。系统完全响应可以分解为零输入响应和零状态响应；

（2）零输入线性。当外加激励信号为 0 时，系统的零输入响应与各起始状态呈线性关系，称为零输入线性；

（3）零状态线性。当起始状态为 0 时，系统的零状态响应与各个外加激励信号呈线性关系，称为零状态线性。

2.4　冲激响应和阶跃响应

在时域分析中，冲激响应和阶跃响应是对系统特性的描述，是利用卷积积分法求零状态响应中很重要的概念。

2.4.1　冲激响应

对于连续 LTI 系统，当起始状态为 0 时，输入为单位冲激信号 $\delta(t)$ 所引起的响应称为单位冲激响应，简称冲激响应，即冲激响应是冲激为 $\delta(t)$ 时系统的零状态响应，用 $h(t)$ 表示，如图 2-4-1 所示。

图 2-4-1　冲激响应示意图

下面研究冲激响应的时域求解方法。

若描述一个连续 LTI 系统的微分方程为

$$a_n y^{(n)}(t)+a_{n-1}y^{(n-1)}(t)+\cdots+a_0 y(t)=b_m x^{(m)}(t)+b_{m-1}x^{(m-1)}(t)+\cdots+b_0 x(t) \tag{2-4-1}$$

根据定义,为了求冲激响应,令 $x(t)=\delta(t)$,则 $y(t)=y_{zs}(t)=h(t)$,代入式(2-4-1),得

$$a_n h^{(n)}(t)+a_{n-1}h^{(n-1)}(t)+\cdots+a_0 h(t)=b_m \delta^{(m)}(t)+b_{m-1}\delta^{(m-1)}(t)+\cdots+b_0 \delta(t)$$

$$(2\text{-}4\text{-}2)$$

从式(2-4-2)可知,等式右端出现了冲激信号及其各阶导数,最高阶导数为 $\delta^{(m)}(t)$。显然,为了保证式(2-4-2)等号两端各奇异函数项相平衡,等式左端也应该包含 $\delta^{(m)}(t)$,$\delta^{(m-1)}(t)$,$\cdots$,$\delta(t)$ 项。由于等式左端的最高阶导数项为 $h^{(n)}(t)$,因此最高阶导数项 $h^{(n)}(t)$ 中至少应该包含 $\delta^{(m)}(t)$。可见,冲激响应 $h(t)$ 的形式与微分方程两端的最高阶次数 n 和 m 有关。

根据定义,冲激信号及其各阶导数仅在 $t=0$ 处作用,而在 $t>0$ 的区间函数恒为 0。也就是说,在 $t>0$ 时微分方程的右端等于 0。因此,冲激响应 $h(t)$ 应与方程的齐次解形式相同。

因此,根据微分方程两端的最高阶次数 n 和 m 大小,假设方程的特征根 $\lambda_i(i=1,2,\cdots,n)$ 均为单根,可将 $h(t)$ 的形式总结如下:

当 $n>m$ 时,例如,$n=m+1$,为了使 $h^{(n)}(t)=h^{(m+1)}(t)$ 中包含 $\delta^{(m)}(t)$,只要 $h'(t)$ 中包含 $\delta(t)$ 就够了。因此,$h(t)$ 中不包含冲激函数项 $\delta(t)$,即

$$h(t)=\left(\sum_{i=1}^{n}C_i e^{\lambda_i t}\right)u(t) \qquad (2\text{-}4\text{-}3)$$

当 $n=m$ 时,为了使 $h^{(n)}(t)=h^{(m)}(t)$ 中包含 $\delta^{(m)}(t)$,$h(t)$ 必须包含冲激函数项 $\delta(t)$,即

$$h(t)=\left(\sum_{i=1}^{n}C_i e^{\lambda_i t}\right)u(t)+D_0\delta(t) \qquad (2\text{-}4\text{-}4)$$

当 $n<m$ 时,$h(t)$ 中除了包含 $\delta(t)$ 以外,还将包含冲激信号的各阶导数,即

$$h(t)=\left(\sum_{i=1}^{n}C_i e^{\lambda_i t}\right)u(t)+\sum_{k=0}^{m-n}D_k\delta^{(k)}(t) \qquad (2\text{-}4\text{-}5)$$

其中,待定系数 $C_i(i=1,2,\cdots,n)$ 和 $D_k(k=0,1,\cdots,m-n)$ 可利用微分方程等号两端奇异函数项的系数对应相等的方法求得。

【例 2-4-1】　某 LTI 系统的微分方程为 $y''(t)+3y'(t)+2y(t)=3x'(t)+4x(t)$,求其冲激响应 $h(t)$。

解:属于 $n>m$ 的情况,$h(t)$ 的形式不包含冲激信号及其各阶导数。首先,求方程的特征根为

$$\lambda_1=-1,\lambda_2=-2$$

冲激响应形式为

$$h(t)=(C_1 e^{-t}+C_2 e^{-2t})u(t)$$

求 $h(t)$ 的一阶和二阶导数,并根据 $\delta(t)$ 的抽样特性,得

$$h'(t)=(C_1 e^{-t}+C_2 e^{-2t})\delta(t)+(-C_1 e^{-t}-2C_2 e^{-2t})u(t)$$
$$=(C_1+C_2)\delta(t)+(-C_1 e^{-t}-2C_2 e^{-2t})u(t)$$
$$h''(t)=(C_1+C_2)\delta'(t)+(-C_1 e^{-t}-2C_2 e^{-2t})\delta(t)+(C_1 e^{-t}+4C_2 e^{-2t})u(t)$$
$$=(C_1+C_2)\delta'(t)+(-C_1-2C_2)\delta(t)+(C_1 e^{-t}+4C_2 e^{-2t})u(t)$$

将 $x(t)=\delta(t)$、$h(t)$ 及其一阶和二阶导数代入系统微分方程两端并整理,得

$$(C_1+C_2)\delta'(t)+(2C_1+C_2)\delta(t)=3\delta'(t)+4\delta(t)$$

依据等式两端奇异函数 $\delta'(t)$、$\delta(t)$ 系数平衡,得

$$C_1+C_2=3$$
$$2C_1+C_2=4$$

则 $C_1=1$,$C_2=2$。因此,冲激响应为

$$h(t)=(\mathrm{e}^{-t}+2\mathrm{e}^{-2t})u(t)$$

2.4.2　阶跃响应

对于连续 LTI 系统,当起始状态为 0 时,输入为单位阶跃信号 $u(t)$ 所引起的响应称为单位阶跃响应,简称阶跃响应,即阶跃响应是激励为 $u(t)$ 时系统的零状态响应,用 $g(t)$ 表示,如图 2-4-2 所示。

图 2-4-2　阶跃响应

系统阶跃响应的时域求解法与冲激响应的求解法类似。一方面,要考虑方程两端的奇异函数项系数平衡;另一方面,与冲激响应不同的是,由于输入的阶跃信号在 $t>0$ 时不为 0,使得系统的阶跃响应包括了齐次解和特解两部分。

对于描述一个连续 LTI 系统的微分方程[式(2-4-1)],将 $x(t)=u(t)$,$y(t)=y_{zs}(t)=g(t)$ 代入,得

$$a_n g^{(n)}(t)+a_{n-1}g^{(n-1)}(t)+\cdots+a_0 g(t)=b_m u^{(m)}(t)+b_{m-1}u^{(m-1)}(t)+\cdots+b_0 u(t)$$
$$(2\text{-}4\text{-}6)$$

特解为

$$y_{\mathrm{p}}(t)=\frac{b_0}{a_0}u(t)$$

式(2-4-6)右端最高阶导数为 $u^{(m)}(t)=\delta^{(m-1)}(t)$。因此,当 $n\geqslant m$ 时,阶跃响应中不包含冲激信号。假设方程的特征根 $\lambda_i(i=1,2,\cdots,n)$ 均为单根,阶跃响应形式为

$$g(t)=\left(\sum_{i=1}^{n}C_i \mathrm{e}^{\lambda_i t}+\frac{b_0}{a_0}\right)u(t) \qquad (2\text{-}4\text{-}7)$$

当 $n<m$ 时,则阶跃响应中将包含冲激信号及其各阶导数项。其中,待定系数 C_i $(i=1,2,\cdots,n)$ 同样可根据奇异函数项系数平衡法求得。

【例 2-4-2】　某 LTI 系统的微分方程为 $y''(t)+3y'(t)+2y(t)=3x'(t)+4x(t)$,求其阶跃响应 $g(t)$。

解:方程的特征根为

$$\lambda_1=-1,\lambda_2=-2$$

特解为

$$y_p(t) = 2u(t)$$

由于 $n \geqslant m$，因此，阶跃响应为

$$g(t) = (C_1 e^{-t} + C_2 e^{-2t} + 2)u(t)$$

求 $g(t)$ 的一阶和二阶导数，并利用 $\delta(t)$ 的抽样特性，得

$$g'(t) = (C_1 + C_2 + 2)\delta(t) + (-C_1 e^{-t} - 2C_2 e^{-2t})u(t)$$

$$g''(t) = (C_1 + C_2 + 2)\delta'(t) + (-C_1 - 2C_2)\delta(t) + (C_1 e^{-t} + 4C_2 e^{-2t})u(t)$$

将 $x(t) = u(t)$、$g(t)$ 及其一阶和二阶导数代入系统微分方程两端并整理，得

$$(C_1 + C_2 + 2)\delta'(t) + (2C_1 + C_2 + 6)\delta(t) + 4u(t) = 3\delta(t) + 4u(t)$$

依据等式两端奇异函数 $\delta'(t)$、$\delta(t)$ 系数平衡，得

$$C_1 + C_2 + 2 = 0$$
$$2C_1 + C_2 + 6 = 3$$

则 $C_1 = -1$，$C_2 = -1$。因此，阶跃响应为

$$g(t) = (2 - e^{-t} - e^{-2t})u(t)$$

　　冲激响应和阶跃响应完全由系统本身决定。这两种响应之间有一定的关系，当求得其中一个响应时，另一个响应即可确定。根据 LTI 系统的微分性质可知，若系统的激励由原激励函数改变为其导数，则系统零状态响应也由原响应函数改变为其导数。由于系统激励的冲激信号与阶跃信号存在以下关系：

$$\delta(t) = \frac{\mathrm{d}}{\mathrm{d}t}u(t)$$

$$u(t) = \int_{-\infty}^{t} \delta(\tau)\mathrm{d}\tau$$

所以，系统的冲激响应与阶跃响应之间的关系为

$$h(t) = \frac{\mathrm{d}}{\mathrm{d}t}g(t) \tag{2-4-8}$$

$$g(t) = \int_{-\infty}^{t} h(\tau)\mathrm{d}\tau \tag{2-4-9}$$

　　【例 2-4-3】　若一个连续 LTI 系统对激励为 $x_1(t) = u(t)$ 时的完全响应为 $y_1(t) = 2e^{-t}u(t)$，对激励为 $x_2(t) = \delta(t)$ 时的完全响应为 $y_2(t) = \delta(t)$，分别求系统的阶跃响应 $g(t)$、冲激响应 $h(t)$、零输入响应 $y_{zi}(t)$。

　　解：利用 LTI 系统的零输入和零状态线性。设 $x_1(t) = u(t)$ 引起的零状态响应即系统阶跃响应为 $g(t)$，$x_2(t) = \delta(t)$ 引起的零状态响应即系统冲激响应为 $h(t) = \dfrac{\mathrm{d}}{\mathrm{d}t}g(t)$。依题意，有

$$y_1(t) = 2e^{-t}u(t) = y_{zi}(t) + g(t) \tag{2-4-10}$$

$$y_2(t) = \delta(t) = y_{zi}(t) + \frac{\mathrm{d}}{\mathrm{d}t}g(t) \tag{2-4-11}$$

将式(2-4-10)与式(2-4-11)相减并整理，得

$$\frac{\mathrm{d}}{\mathrm{d}t}g(t) - g(t) = \delta(t) - 2e^{-t}u(t) \tag{2-4-12}$$

齐次解为 Ae^t。求特解时，由于只考虑 $t>0$ 的情况，所以，等式右端的冲激信号不用考虑，故设特解为 Be^{-t}。将其代入式(2-4-12)，得 $B=1$，且易知阶跃响应不包含冲激函数项，所以，完全解为

$$g(t)=(Ae^t+e^{-t})u(t) \qquad (2\text{-}4\text{-}13)$$

将式(2-4-13)代入式(2-4-12)，得

$$(A+1)\delta(t)+(Ae^t-e^{-t})u(t)-(Ae^t+e^{-t})u(t)=\delta(t)-2e^{-t}u(t)$$

可得 $A=0$，有

$$g(t)=e^{-t}u(t) \qquad (2\text{-}4\text{-}14)$$

则冲激响应为

$$h(t)=\frac{\mathrm{d}}{\mathrm{d}t}g(t)=\delta(t)-e^{-t}u(t)$$

将式(2-4-14)代入式(2-4-10)，系统的零输入响应为

$$y_{zi}(t)=e^{-t}u(t)$$

在系统理论中，还常利用冲激响应或阶跃响应表征 LTI 系统的某些基本性能。例如，LTI 系统因果性的充要条件可表示为

$$当\ t<0\ 时,h(t)=0 \qquad (2\text{-}4\text{-}15)$$

或

$$当\ t<0\ 时,g(t)=0 \qquad (2\text{-}4\text{-}16)$$

此外，冲激响应还可以说明系统的稳定性，将在 5.7.4 节中讨论。

2.5　卷积积分及其应用

卷积积分在信号与系统理论中占有重要地位。随着计算机技术的发展，卷积法广泛应用在信号分析与处理的各个领域。本节将介绍卷积积分的定义、求解及其性质，并利用冲激响应和卷积方法求解 LTI 系统对任意激励的零状态响应。

2.5.1　卷积积分的定义

设定义在 $(-\infty,\infty)$ 区间上的两个连续时间函数分别为 $f_1(t)$ 和 $f_2(t)$，则将积分

$$f(t)=\int_{-\infty}^{\infty}f_1(\tau)f_2(t-\tau)\mathrm{d}\tau$$

定义为 $f_1(t)$ 与 $f_2(t)$ 的卷积积分，并记为 $f_1(t)*f_2(t)$，即

$$f_1(t)*f_2(t)=\int_{-\infty}^{\infty}f_1(\tau)f_2(t-\tau)\mathrm{d}\tau \qquad (2\text{-}5\text{-}1)$$

2.5.2　利用卷积积分求系统零状态响应

由 1.6.3 节介绍的脉冲分量分解可知，任一连续信号 $x(t)$ 可以分解成一系列冲激信号的线性组合，即

$$x(t)=\int_{-\infty}^{\infty}x(t)\delta(t-\tau)\mathrm{d}\tau \tag{2-5-2}$$

对于一个连续 LTI 系统，由激励 $\delta(t)$ 产生的冲激响应为 $h(t)$，则经过时移和反折的信号 $\delta(t-\tau)$ 产生的零状态响应为 $h(t-\tau)$。由系统零状态线性可知，$x(\tau)\delta(t-\tau)$ 产生的零状态响应为 $x(\tau)h(t-\tau)$。同理，$x(\tau)\delta(t-\tau)$ 的积分即 $\int_{-\infty}^{\infty}x(t)\delta(t-\tau)\mathrm{d}\tau$ 产生的零状态响应为 $\int_{-\infty}^{\infty}x(\tau)h(t-\tau)\mathrm{d}\tau$，即 $x(t)$ 与 $h(t)$ 的卷积。因此，有

$$y_{zs}(t)=\int_{-\infty}^{\infty}x(\tau)h(t-\tau)\mathrm{d}\tau=x(t)*h(t) \tag{2-5-3}$$

可见，连续 LTI 系统对于任意信号 $x(t)$ 的零状态响应可以由信号 $x(t)$ 与该系统的冲激响应的卷积积分得到。这意味着，冲激响应 $h(t)$ 不仅是系统特性的描述和表征，而且可以计算系统对给定的输入产生的零状态响应。由于冲激响应 $h(t)$ 只反映了 LTI 系统零状态的特征，所以式(2-5-3)的卷积积分也只能求得 LTI 系统的零状态响应。

【例 2-5-1】 某 LTI 系统的冲激响应为
$$h(t)=\mathrm{e}^{-at}u(t)$$
系统的输入为 $u(t)$，求该系统的零状态响应。

解：根据式(2-5-3)，系统的零状态响应为
$$y_{zs}(t)=u(t)*h(t)=\int_{-\infty}^{\infty}u(\tau)\mathrm{e}^{-a(t-\tau)}u(t-\tau)\mathrm{d}\tau$$

观察被积函数 $u(\tau)\mathrm{e}^{-a(t-\tau)}u(t-\tau)$，可以确定被积函数在 $\tau<0$ 和 $\tau>t$ 时均为 0。因此，积分限可改为 $(0,t)$，即

$$y_{zs}(t)=\int_{0}^{t}\mathrm{e}^{-a(t-\tau)}\mathrm{d}\tau=\frac{1}{\alpha}(1-\mathrm{e}^{-at})u(t)$$

一般而言，在连续 LTI 系统时域分析中，利用卷积积分求得系统的零状态响应 $y_{zs}(t)$，并与零输入响应 $y_{zi}(t)$ 相加，即得到完全响应 $y(t)$。

卷积积分提供了求系统零状态响应的另一途径。它有很多优点，例如，卷积积分很方便利用计算机进行计算；它是联系时域分析和频域分析的桥梁，建立了信号与系统时域和频域之间的关系；卷积的概念将系统分析的时域法、傅里叶分析法和拉普拉斯分析法统一起来。

2.5.3 卷积积分图解法

卷积积分是一种重要的数学方法，利用卷积积分图解法能够直观地理解卷积积分的计算过程，并加深对其物理意义的理解。在确定卷积积分区间和积分上下限时，卷积积分图解法将是一个极有用的辅助手段。卷积积分 $f_1(t)*f_2(t)$ 的图解法步骤如下：

(1) 变量替换。将函数 $f_1(t)$、$f_2(t)$ 的自变量由 t 变换成 τ。

(2) 反折。将函数 $f_2(\tau)$ 以纵轴为轴线反折，得到对于纵轴的镜像 $f_2(-\tau)$。

(3) 平移。将函数 $f_2(-\tau)$ 沿正向 τ 轴平移时间 t，得到函数 $f_2(t-\tau)$。

(4) 相乘求积分。将反折并平移后的函数 $f_2(t-\tau)$ 乘以 $f_1(\tau)$，并求积分值

$$\int_{-\infty}^{\infty} f_1(\tau) f_2(t-\tau) \mathrm{d}\tau。$$

（5）重复步骤（3）、（4），直到平移时间 t 覆盖了整个时间轴。

【**例 2-5-2**】　求图 2-5-1 所示函数 $f_1(t)$ 与 $f_2(t)$ 的卷积积分 $f(t)$。

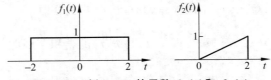

图 2-5-1　例 2-5-2 的函数 $f_1(t)$ 和 $f_2(t)$

解：将 $f_1(t)$ 和 $f_2(t)$ 中的自变量 t 换成 τ 时，得到的函数为

$$f_1(\tau) = \begin{cases} 0, & \tau < -2 \\ 2, & -2 \leqslant \tau < 2, \\ 0, & \tau \geqslant 2 \end{cases} \qquad f_2(\tau) = \begin{cases} 0, & \tau < 0 \\ \dfrac{1}{2}\tau, & 0 \leqslant \tau < 2, \\ 0, & \tau \geqslant 2 \end{cases}$$

$f_1(t)$ 和 $f_2(t)$ 的波形分别如图 2-5-2(a)、(b) 所示。

将 $f_2(\tau)$ 反折，得 $f_2(-\tau)$，即

$$f_2(-\tau) = \begin{cases} 0, & \tau > 0 \\ -\dfrac{1}{2}\tau, & -2 < \tau \leqslant 0 \\ 0, & \tau \leqslant -2 \end{cases}$$

其波形如图 2-5-2(c) 所示。

将 $f_2(-\tau)$ 平移 t，得 $f_2(t-\tau)$。当 t 从 $-\infty$ 逐渐增大时，$f_2(t-\tau)$ 沿 τ 轴从左向右平移直至 ∞。对应于不同的 t 值，将 $f_1(\tau)$ 与 $f_2(t-\tau)$ 相乘并积分，得 $f_1(t)$ 和 $f_2(t)$ 的卷积积分为

$$f(t) = f_1(t) * f_2(t) = \int_{-\infty}^{\infty} f_1(\tau) f_2(t-\tau) \mathrm{d}\tau \qquad (2\text{-}5\text{-}4)$$

其计算结果如下：

（1）当 $-\infty < t < -2$ 时，$f_1(\tau)$ 与 $f_2(t-\tau)$ 没有重叠部分，波形如图 2-5-2(d) 所示。因此，式(2-5-4) 中的被积函数 $f_1(\tau)f_2(t-\tau)$ 为 0，故 $f(t)=0$。

（2）当 $-2 \leqslant t < 0$ 时，$f_2(t-\tau)$ 部分进入 $f_1(\tau)$ 的范围，波形如图 2-5-2(e) 所示。在 $-2 < \tau < t$ 的范围内，$f_1(\tau)$ 与 $f_2(t-\tau)$ 有重叠部分。因此，式(2-5-4) 中的被积函数 $f_1(\tau)f_2(t-\tau)$ 仅在 $-2 < \tau < t$ 区间不为 0。故式(2-5-4) 中的积分限由 $(-\infty, \infty)$ 改为 $(-2, t)$，即

$$f(t) = \int_{-\infty}^{\infty} f_1(\tau) f_2(t-\tau) \mathrm{d}\tau = \int_{-2}^{t} 1 \times \frac{1}{2}(t-\tau) \mathrm{d}\tau = \frac{1}{4}t^2 + t + 1$$

（3）当 $0 \leqslant t < 2$ 时，$f_2(t-\tau)$ 完全处于 $f_1(\tau)$ 的范围内，波形如图 2-5-2(f) 所示。在 $t-2 < \tau < t$ 的范围内，$f_1(\tau)$ 与 $f_2(t-\tau)$ 有重叠部分，同以上分析，式(2-5-4) 积分限可改为 $(t-2, t)$，即

$$f(t) = \int_{t-2}^{t} 1 \times \frac{1}{2}(t-\tau)\mathrm{d}\tau = 1$$

（4）当 $2 \leqslant t < 4$ 时，$f_2(t-\tau)$ 有一部分离开 $f_1(\tau)$ 的范围，波形如图 2-5-2(g)所示。在 $t-2 < \tau < 2$ 的范围内，$f_1(\tau)$ 与 $f_2(t-\tau)$ 有重叠部分，同以上分析，式(2-5-4) 积分限可改为$(t-2,2)$，即

$$f(t) = \int_{t-2}^{2} 1 \times \frac{1}{2}(t-\tau)\mathrm{d}\tau = -\frac{1}{4}t^2 + t$$

（5）当 $t \geqslant 4$ 时，$f_1(\tau)$ 与 $f_2(t-\tau)$ 没有重叠部分，波形如图 2-5-2 (h)所示。因此，$f(t) = 0$。

归纳上述计算结果，得

$$f(t) = \begin{cases} 0, & t < -2 \text{ 或 } t \geqslant 4 \\ \dfrac{1}{4}t^2 + t + 1, & -2 \leqslant t < 0 \\ 1, & 0 \leqslant t < 2 \\ -\dfrac{1}{4}t^2 + t, & 2 \leqslant t < 4 \end{cases}$$

卷积积分结果波形如图 2-5-2(i)所示。

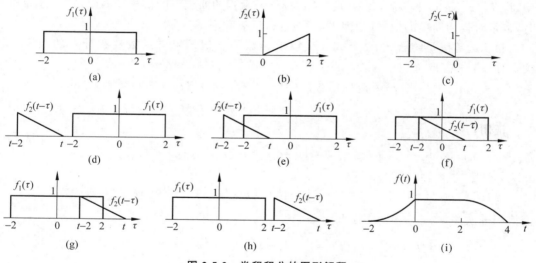

图 2-5-2　卷积积分的图形解释

通过上例可见，当已知函数的波形时，用图解法计算卷积积分比较直观，也能方便地选取卷积积分的上限和下限。

2.5.4　卷积运算的性质

卷积积分作为一种数学运算，具有一些特殊性质或者运算规则。卷积积分的性质一方面有助于简化卷积的运算；另一方面，这些性质在信号与系统分析中有重要物理意义。在证明这些性质的过程中，均假设卷积积分是收敛的，这样可以交换二重积分的次序或

者导数与积分的次序。

1. 卷积代数

按近世代数的观点,卷积运算是一种代数乘法运算,遵守代数运算的某些规律。即交换律、结合律、分配律。

卷积运算满足交换律,即

$$f_1(t) * f_2(t) = f_2(t) * f_1(t) \tag{2-5-5}$$

根据卷积的定义,有

$$f_1(t) * f_2(t) = \int_{-\infty}^{\infty} f_1(\tau) f_2(t - \tau) \mathrm{d}\tau$$

设 $\eta = t - \tau$,则 $\tau = t - \eta, \mathrm{d}\tau = -\mathrm{d}\eta$。式(2-5-5)变换为

$$f_1(t) * f_2(t) = \int_{\infty}^{-\infty} f_1(t - \eta) f_2(\eta) (-\mathrm{d}\eta)$$
$$= \int_{-\infty}^{\infty} f_2(\eta) f_1(t - \eta) \mathrm{d}\eta = f_2(t) * f_1(t)$$

交换律表明,利用图解法求函数 $f_1(t)$ 和 $f_2(t)$ 的卷积积分时,可以使 $f_1(\tau)$ 保持不动,将 $f_2(\tau)$ 反折、平移后,计算 $f_1(\tau) f_2(t - \tau)$ 乘积的曲线下的面积;或使 $f_2(\tau)$ 保持不动,将 $f_1(\tau)$ 反折、平移后,计算 $f_2(\tau) f_1(t - \tau)$ 乘积的曲线下的面积。因此,在计算卷积时,常常对较为简单的信号(如因果信号)进行反折和平移。

卷积运算满足结合律,3 个或 3 个以上函数的卷积结果与函数卷积计算的次序无关,即

$$[f_1(t) * f_2(t)] * f_3(t) = f_1(t) * [f_2(t) * f_3(t)]$$
$$= f_1(t) * [f_3(t) * f_2(t)] \tag{2-5-6}$$

证明:

$$[f_1(t) * f_2(t)] * f_3(t) = \left[\int_{-\infty}^{\infty} f_1(\tau) f_2(t - \tau) \mathrm{d}\tau\right] * f_3(t)$$
$$= \int_{-\infty}^{\infty} \left[\int_{-\infty}^{\infty} f_1(\tau) f_2(\eta - \tau) \mathrm{d}\tau\right] f_3(t - \eta) \mathrm{d}\eta$$

交换积分次序,令 $x = \eta - \tau$,则 $\mathrm{d}\eta = \mathrm{d}x$,得

$$[f_1(t) * f_2(t)] * f_3(t) = \int_{-\infty}^{\infty} f_1(\tau) \left[\int_{-\infty}^{\infty} f_2(\eta - \tau) f_3(t - \eta) \mathrm{d}x\right] \mathrm{d}\tau$$
$$= \int_{-\infty}^{\infty} f_1(\tau) \left[\int_{-\infty}^{\infty} f_2(x) f_3(t - \tau - x) \mathrm{d}x\right] \mathrm{d}\tau$$
$$= f_1(t) * \left[\int_{-\infty}^{\infty} f_2(x) f_3(t - x) \mathrm{d}x\right]$$
$$= f_1(t) * [f_2(t) * f_3(t)]$$

这里,通过两个冲激响应分别为 $h_1(t) = f_2(t)$ 与 $h_2(t) = f_3(t)$ 的子系统级联说明结合律,如图 2-5-3 所示。对于级联 LTI 系统,其单位冲激响应等于两个子系统单位冲激响应的卷积,且改变子系统的级联次序对系统的单位冲激响应(输入输出特性)没有影响。

$$h(t) = h_1(t) * h_2(t) = h_2(t) * h_1(t) \tag{2-5-7}$$

图 2-5-3　结合律与系统的级联性质

该结论可推广到 n 个子系统级联的情况,系统总的冲激响应为

$$h(t) = h_1(t) * h_2(t) * \cdots * h_n(t) \tag{2-5-8}$$

卷积运算满足分配律,即

$$f_1(t) * [f_2(t) + f_3(t)] = f_1(t) * f_2(t) + f_1(t) * f_3(t) \tag{2-5-9}$$

证明:

$$f_1(t) * [f_2(t) + f_3(t)] = \int_{-\infty}^{\infty} f_1(\tau)[f_2(t-\tau) + f_3(t-\tau)]\mathrm{d}\tau$$

$$= \int_{-\infty}^{\infty} f_1(\tau)f_2(t-\tau)\mathrm{d}\tau + \int_{-\infty}^{\infty} f_1(\tau)f_3(t-\tau)\mathrm{d}\tau$$

$$= f_1(t) * f_2(t) + f_1(t) * f_3(t)$$

分配律可用图 2-5-4 所示的两个并联子系统加以说明。对于并联 LTI 系统,其冲激响应等于两个子系统的冲激响应之和。该结论可推广到 n 个子系统并联的情况。

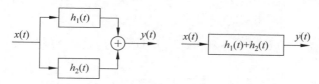

图 2-5-4　分配律与系统的并联性质

卷积的 3 个代数性质可以简化复合系统的卷积运算。已知子系统的冲激响应,则可利用这些性质计算复合系统的冲激响应,不过这种分析方法仅适用于 LTI 系统。在第 5 章中还将介绍利用系统函数分析系统的方法,它是基于卷积代数性质的基本理论,但是更为简便。

2. 卷积时移性质

若

$$f(t) = f_1(t) * f_2(t) = f_2(t) * f_1(t)$$

则

$$f_1(t) * f_2(t-t_0) = f_2(t-t_0) * f_1(t) = f(t-t_0) \tag{2-5-10}$$

$$f_1(t-t_1) * f_2(t-t_2) = f(t-t_1-t_2) \tag{2-5-11}$$

$$f(t) = f_1(t) * f_2(t) = f_1(t-t_0) * f_2(t+t_0) \tag{2-5-12}$$

证明:根据卷积定义,有

$$f_1(t) * f_2(t-t_0) = \int_{-\infty}^{\infty} f_1(\tau)f_2(t-t_0-\tau)\mathrm{d}\tau = f(t-t_0)$$

同理,可证明式(2-5-11)和式(2-5-12)。式(2-5-10)~式(2-5-12)称为卷积时移性质。

根据卷积时移性质可知，如果信号 $f_1(t)$ 和 $f_2(t)$ 取值非零的时间区间分别为 $[t_1, t_2]$ 和 $[t_3, t_4]$，则卷积 $f_1(t) * f_2(t)$ 取值非零的时间区间为 $[t_1+t_3, t_2+t_4]$。

3. 卷积的微分与积分性质

卷积的代数运算的规律与普通乘法类似，但是卷积的微分和积分运算却与普通函数乘积的微分和积分运算不同。

若

$$f(t) = f_1(t) * f_2(t) = f_2(t) * f_1(t)$$

则

$$\frac{d}{dt}f(t) = f_1(t) * \frac{d}{dt}f_2(t) = f_2(t) * \frac{d}{dt}f_1(t) \tag{2-5-13}$$

$$\int_{-\infty}^{t} f(x)dx = f_1(t) * \int_{-\infty}^{t} f_2(x)dx = f_2(t) * \int_{-\infty}^{t} f_1(x)dx \tag{2-5-14}$$

证明：对于微分运算，有

$$\frac{d}{dt}f(t) = \frac{d}{dt}\int_{-\infty}^{\infty} f_1(\tau)f_2(t-\tau)d\tau = \int_{-\infty}^{\infty} f_1(\tau)\frac{d}{dt}f_2(t-\tau)d\tau = f_1(t) * \frac{d}{dt}f_2(t)$$

同理，有

$$\frac{d}{dt}f(t) = \frac{d}{dt}\int_{-\infty}^{\infty} f_2(\tau)f_1(t-\tau)d\tau = \int_{-\infty}^{\infty} f_2(\tau)\frac{d}{dt}f_1(t-\tau)d\tau = f_2(t) * \frac{d}{dt}f_1(t)$$

对于积分运算，有

$$\int_{-\infty}^{t} f(x)dx = \int_{-\infty}^{t}\left[\int_{-\infty}^{\infty} f_1(\tau)f_2(x-\tau)d\tau\right]dx$$

$$= \int_{-\infty}^{\infty} f_1(\tau)\left[\int_{-\infty}^{t} f_2(x-\tau)dx\right]d\tau$$

$$= \int_{-\infty}^{\infty} f_1(\tau)\left[\int_{-\infty}^{t-\tau} f_2(x-\tau)d(x-\tau)\right]d\tau$$

$$= f_1(t) * \int_{-\infty}^{t} f_2(x)dx$$

同理，有

$$\int_{-\infty}^{t} f(x)dx = f_2(t) * \int_{-\infty}^{t} f_1(x)dx$$

由式（2-5-13）和式（2-5-14）容易推出

$$f_1(t) * f_2(t) = \frac{d}{dt}f_1(t) * \int_{-\infty}^{t} f_2(x)dx = \frac{d}{dt}f_2(t) * \int_{-\infty}^{t} f_1(x)dx \tag{2-5-15}$$

卷积的微分和积分运算方法可推广到一般情况。设 $f^{(n)}(t)$ 表示对 $f(t)$ 求 n 阶导数，则 $f(t)$ 的 n 阶导数为

$$f^{(n)}(t) = f_1(t) * f_2^{(n)}(t) = f_2(t) * f_1^{(n)}(t) \tag{2-5-16}$$

设 $f^{(-m)}(t)$ 表示对 $f(t)$ 求 m 重积分，则

$$f^{(-m)}(t) = f_1(t) * f_2^{(-m)}(t) = f_2(t) * f_1^{(-m)}(t) \tag{2-5-17}$$

根据式（2-5-16）和式（2-5-17），对 $f(t)$ 的 n 阶导数再进行 m 重积分，得

$$f^{(n-m)}(t) = f_1^{(n)}(t) * f_2^{(-m)}(t) = f_2^{(n)}(t) * f_1^{(-m)}(t) \qquad (2\text{-}5\text{-}18)$$

4. 与冲激信号的卷积

任何信号与冲激信号的卷积是原信号本身,即

$$f(t) * \delta(t) = \delta(t) * f(t) = f(t) \qquad (2\text{-}5\text{-}19)$$

利用冲激信号的抽样性质及卷积定义,得

$$f(t) * \delta(t) = \delta(t) * f(t) = \int_{-\infty}^{\infty} \delta(\tau) f(t-\tau) \mathrm{d}\tau = f(t) \int_{-\infty}^{\infty} \delta(\tau) \mathrm{d}\tau = f(t)$$

可见,信号与冲激信号的卷积实质上就是 1.6.3 节介绍的信号的脉冲分量分解过程。

进一步推广,得

$$f(t) * \delta(t-t_0) = f(t-t_0) \qquad (2\text{-}5\text{-}20)$$

$$f(t-t_1) * \delta(t-t_2) = f(t-t_1-t_2) \qquad (2\text{-}5\text{-}21)$$

式(2-5-20)说明,任何信号与时移 t_0 的冲激信号的卷积是将这个信号作同样的时移 t_0,形象地说是将信号搬移到冲激信号的位置。

利用卷积的微分和积分性质,还可以得到

$$f(t) * \delta'(t) = f'(t) \qquad (2\text{-}5\text{-}22)$$

$$f(t) * u(t) = \int_{-\infty}^{t} f(x) \mathrm{d}x \qquad (2\text{-}5\text{-}23)$$

式(2-5-23)说明,任何信号与阶跃信号的卷积运算就是对该信号进行积分;信号通过冲激响应为阶跃信号的系统得到的响应就是对原信号进行积分。因此,冲激响应为阶跃信号的系统一般称为积分器。

【例 2-5-3】 设某系统激励 $x(t)$ 如图 2-5-5(a)所示,系统的冲激响应为 $h(t) = \delta(t+2) + \delta(t-1)$,如图 2-5-5(b)所示,求 $x(t) * h(t)$。

解: 由卷积积分的分配律及含有冲激信号的卷积性质,得

$$x(t) * h(t) = x(t) * [\delta(t+2) + \delta(t-1)] = x(t+2) + x(t-1)$$

其波形如图 2-5-5(c)所示。

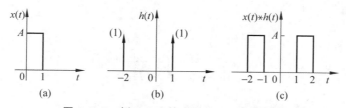

图 2-5-5 例 2-5-3 的 $x(t)$、$h(t)$ 及其卷积

【例 2-5-4】 求图 2-5-6 中函数 $f_1(t)$ 与 $f_2(t)$ 的卷积。

解: 利用卷积定义或者直接用图解法求 $f_1(t)$ 与 $f_2(t)$ 的卷积比较复杂。而利用卷积的微积分运算较为简便。

对 $f_1(t)$ 求导数得 $f_1'(t)$,对 $f_2(t)$ 求积分得 $f_2^{(-1)}(t)$,它们的波形分别如图 2-5-7(a)、(b)所示。

根据卷积的微积分运算性质可得 $f_1(t) * f_2(t) = f_1'(t) * f_2^{(-1)}(t)$,再利用信号与

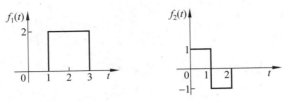

图 2-5-6 例 2-5-4 的 $f_1(t)$ 和 $f_2(t)$

冲激信号的卷积性质得到卷积结果，如图 2-5-8 所示。

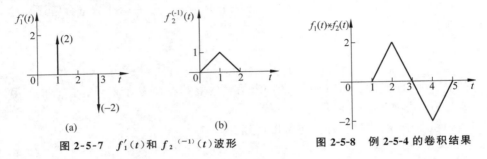

(a)   (b)

图 2-5-7 $f_1'(t)$ 和 $f_2^{(-1)}(t)$ 波形

图 2-5-8 例 2-5-4 的卷积结果

可见，如果其中一个函数是分段常量函数，则利用卷积的微积分运算以及信号与冲激信号的卷积性质可以大大简化卷积的运算。

习　　题

2-1　如图 2-6-1 所示的电路已处于稳定状态，当 $t=0$ 时，将开关 S 闭合到 b，试求 c、d 间电压 $v(t)$ 的零输入响应、零状态响应和完全响应。

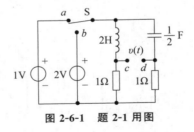

图 2-6-1 题 2-1 用图

2-2　求下列微分方程所描述的系统的冲激响应 $h(t)$。

(1) $\dfrac{\mathrm{d}}{\mathrm{d}t}y(t)+4y(t)=\dfrac{\mathrm{d}}{\mathrm{d}t}x(t)$。

(2) $\dfrac{\mathrm{d}^2}{\mathrm{d}t^2}y(t)+3\dfrac{\mathrm{d}}{\mathrm{d}t}y(t)+2y(t)=\dfrac{\mathrm{d}}{\mathrm{d}t}x(t)+3x(t)$。

2-3　求下列微分方程所描述的系统的阶跃响应 $g(t)$。

(1) $\dfrac{\mathrm{d}}{\mathrm{d}t}y(t)+y(t)=\dfrac{\mathrm{d}}{\mathrm{d}t}x(t)+x(t)$。

(2) $\dfrac{\mathrm{d}^2}{\mathrm{d}t^2}y(t)+2\dfrac{\mathrm{d}}{\mathrm{d}t}y(t)+10y(t)=3\dfrac{\mathrm{d}}{\mathrm{d}t}x(t)+2x(t)$。

2-4 对于图 2-6-2 所示的电路,已知 $L=\dfrac{1}{5}\mathrm{H}$,$C=1\mathrm{F}$,$R=\dfrac{1}{2}\Omega$,输出为 $i_L(t)$,试求其冲激响应和阶跃响应。

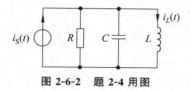

图 2-6-2 题 2-4 用图

2-5 已知一个因果 LTI 系统,其输入、输出用下列微分-积分方程表示:

$$\dfrac{\mathrm{d}}{\mathrm{d}t}y(t)+5y(t)=\int_{-\infty}^{\infty}x(\tau)f(t-\tau)\mathrm{d}\tau-x(t)$$

其中,$f(t)=\mathrm{e}^{-t}u(t)+3\delta(t)$,求该系统的单位冲激响应 $h(t)$。

2-6 已知一个 LTI 系统,当激励为 $x_1(t)=3u(t)$ 时,完全响应 $y_1(t)=6\mathrm{e}^{-3t}u(t)$;当激励为 $x_2(t)=\delta(t)$ 时,完全响应为 $y_2(t)=\delta(t)$。

(1) 求该系统的零输入响应 $y_{zi}(t)$。

(2) 求该系统的阶跃响应。

(3) 求该系统的冲激响应。

(4) 该系统的起始状态保持不变,求激励为 $x_3(t)=\mathrm{e}^{-t}u(t)$ 时的完全响应 $y_3(t)$。

2-7 设系统的微分方程表示为

$$\dfrac{\mathrm{d}^2}{\mathrm{d}t^2}y(t)+5\dfrac{\mathrm{d}}{\mathrm{d}t}y(t)+6y(t)=\mathrm{e}^{-t}u(t)$$

求使完全响应为 $y(t)=C\mathrm{e}^{-t}u(t)$ 的系统起始状态 $y(0_-)$ 和 $y'(0_-)$,并确定常数 C 的值。

2-8 计算下列卷积。

(1) $u(t)*u(t)$。

(2) $u(t)*\mathrm{e}^{-3t}u(t)$。

(3) $u(t)*tu(t)$。

(4) $tu(t)*[u(t)-u(t-2)]$。

(5) $\delta(t-2)*\cos(\omega t+45°)u(t)$。

2-9 对图 2-6-3 所示的各组函数,用图解法计算卷积 $f_1(t)*f_2(t)$,并粗略画出 $f_1(t)$ 与 $f_2(t)$ 卷积的波形。

2-10 已知函数波形如图 2-6-4 所示,试求下列卷积,并画出波形图。

(1) $f_1(t)*f_2(t)$。

(2) $f_1(t)*f_3(t)$。

(3) $f_1(t)*f_4(t)$。

(4) $f_1(t)*f_2(t)*f_2(t)$。

(5) $f_1(t)*[2f_4(t)-f_3(t-3)]$。

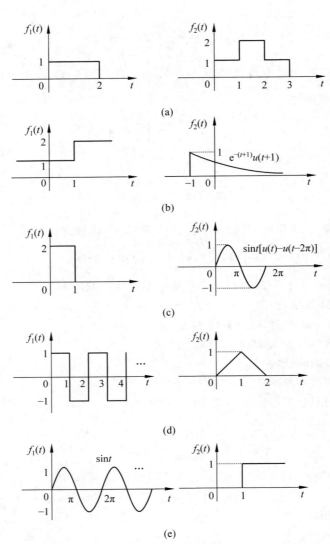

图 2-6-3 题 2-9 用图

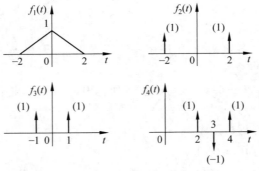

图 2-6-4 题 2-10 用图

2-11 某 LTI 系统的冲激响应如图 2-6-5(a)所示。试求当输入为下列信号时的零状态响应,并画出其波形。

(1) 输入为阶跃信号 $u(t)$。

(2) 输入为 $f_1(t)$,如图 2-6-5(b)所示。

(3) 输入为 $f_2(t)$,如图 2-6-5(c)所示。

(4) 输入为 $f_3(t)$,如图 2-6-5(d)所示。

(5) 输入为 $f_2(-t+2)$。

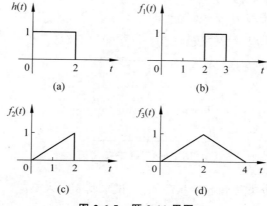

图 2-6-5 题 2-11 用图

2-12 如图 2-6-6 所示的系统由几个子系统组合而成,各子系统的冲激响应分别为

$$h_1(t)=\delta(t-1), h_2(t)=u(t)-u(t-3)$$

试求系统总的冲激响应 $h(t)$。

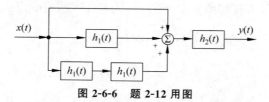

图 2-6-6 题 2-12 用图

2-13 如图 2-6-7 所示的系统由几个子系统组成,各子系统的冲激响应分别为

$$h_1(t)=u(t)(积分器)$$
$$h_2(t)=\delta(t-1)(单位延时器)$$

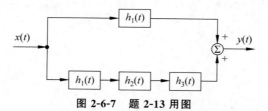

图 2-6-7 题 2-13 用图

$$h_3(t)=-\delta(t)\text{（倒相器）}$$

试求系统总的冲激响应 $h(t)$。

2-14　把下列用算子符号 $p=\dfrac{\mathrm{d}}{\mathrm{d}t}$ 表示的代数方程写成微分方程的形式。

(1) $(p+2)y(t)=px(t)$。

(2) $(p+1)y(t)=(p+1)x(t)$。

(3) $y(t)=\dfrac{p+1}{2p+3}x(t)$。

(4) $(p+1)(p+2)y(t)=p(p+3)x(t)$。

2-15　如图 2-6-8 所示，$f_1(t)=tu(t)$，$f_2(t)=u(t)-u(t-1)$。求零状态响应 $y(t)$。

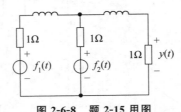

图 2-6-8　题 2-15 用图

2-16　已知系统的微分方程和起始状态如下，试求其零输入响应。

(1) $\dfrac{\mathrm{d}^2}{\mathrm{d}t^2}y(t)+3\dfrac{\mathrm{d}}{\mathrm{d}t}y(t)+2y(t)=0$；$y(0_-)=3$，$y'(0_-)=2$。

(2) $\dfrac{\mathrm{d}^3}{\mathrm{d}t^3}y(t)+4\dfrac{\mathrm{d}^2}{\mathrm{d}t^2}y(t)+5\dfrac{\mathrm{d}}{\mathrm{d}t}y(t)+3y(t)=x(t)$；$y(0_-)=0$，$y'(0_-)=1$，$y''(0_-)=-1$。

2-17　已知系统的微分方程与激励信号如下，试求其零状态响应。

(1) $\dfrac{\mathrm{d}^2}{\mathrm{d}t^2}y(t)+5\dfrac{\mathrm{d}}{\mathrm{d}t}y(t)+6y(t)=3x(t)$，$x(t)=\mathrm{e}^{-t}u(t)$。

(2) $\dfrac{\mathrm{d}^2}{\mathrm{d}t^2}y(t)+4\dfrac{\mathrm{d}}{\mathrm{d}t}y(t)+8y(t)=3\dfrac{\mathrm{d}}{\mathrm{d}t}x(t)+8x(t)$，$x(t)=u(t)$。

2-18　已知系统的微分方程、激励信号和起始状态如下，试求其零输入响应、零状态响应和完全响应。

(1) $\dfrac{\mathrm{d}^2}{\mathrm{d}t^2}y(t)+4\dfrac{\mathrm{d}}{\mathrm{d}t}y(t)+3y(t)=x(t)$；$x(t)=u(t)$；$y(0_-)=y'(0_-)=1$。

(2) $\dfrac{\mathrm{d}^2}{\mathrm{d}t^2}y(t)+2\dfrac{\mathrm{d}}{\mathrm{d}t}y(t)+2y(t)=\dfrac{\mathrm{d}}{\mathrm{d}t}x(t)$；$x(t)=u(t)$；$y(0_-)=0$，$y'(0_-)=1$。

第3章

离散时间信号与系统的时域分析

3.1 引　言

前面讨论了连续时间信号与系统。在理论研究与实际工程应用中,离散时间信号与系统同样占有重要的地位。离散时间信号与系统的研究可以追溯到 17 世纪发展起来的经典数值分析技术,它为离散时间信号与系统的分析奠定了数学基础。在 20 世纪 40 年代到 50 年代抽样数据控制系统的研究取得重大进展后,人们开始了离散时间信号与系统的理论研究。20 世纪 60 年代以后,计算机科学的发展与应用促使离散时间信号与系统的理论研究和实践进入一个新阶段,研究人员开始应用数字方法处理地震信号和大气数据,利用数字计算机计算信号的功率谱。1965 年,J. W. Cooley 和 J. W. Tukey 提出了著名的快速傅里叶变换算法(Fast Fourier Transform,FFT)。FFT 算法使得许多离散时间系统分析方法的计算量大大减少,从而在实际中得到了广泛应用。FFT 不仅是一种快速计算方法,它的思想还有助于启发人们创造新的理论和设计方法,极大地促进了离散时间系统理论的发展。与此同时,微电子学的发展使得计算机的运行速度更快、体积更小、低成本、高性能的离散时间系统完全有可能实现,从而衍生出新的学科——数字信号处理,人们开始以一种全新的观点认识和研究信号与系统分析中遇到的问题。

20 世纪后期,数字信号处理技术迅速发展,在诸多领域得到广泛应用。例如,在语音处理、图像处理、通信、数字电视、雷达、声呐、控制、生物医学、地球物理学等许多领域的应用已颇见成效。随着应用技术的不断发展,离散时间信号与系统的理论体系日益丰富和完善。

离散时间信号与系统的分析与连续时间信号与系统的分析有很多类似的理论,这些理论是平行对应的。例如,在连续时间信号与系统中,LTI 系统的数学模型是常系数微分方程;与之相对应,在离散时间信号与系统中,LTI 系统的数学模型是常系数差分方程。差分方程与微分方程的求解方法相类似,求解步骤有着对应的关系。在连续时间系统的时域分析中,卷积运算在研究系统对信号的处理时有着重要的意义;与之相对应,离散时间信号与系统的理论也存在卷积(或称卷积和)运算。在连续时间信号与系统分析中,常常利用拉普拉斯变换或傅里叶变换将信号与系统转换到变换域中进行分析;同样,离散时间信号与系统的分析也可以在变换域中进行,所采用的变换方法为 z 变换和离散傅里叶变换。

读者在学习中可以参照连续时间信号与系统中的有关概念和方法,这将有助于理解离散时间信号与系统的分析理论。但必须注意,离散时间信号与系统在数学模型的建立和求解、系统性能的分析以及系统的实现等各方面都存在独特的属性。例如,离散时间信号只在一些离散的时刻点上有定义;离散时间信号的傅里叶变换在频域存在周期性,而这种频域的周期性对连续时间信号的傅里叶变换却不一定存在。

随着微电子学和计算机技术的发展,与连续时间系统相比,离散时间系统更易于实现,便于大规模集成,可靠性更好,在足够字长的条件下可以设计更高的精度。许多离散时间系统是由可编程器件和软件实现的,所以系统实现更灵活,系统的升级维护更简单。但并非离散时间系统可以完全取代连续时间系统,自然界中要处理的信号大多为连续时间信号,借助离散时间系统处理连续时间信号,必须经过 A/D 转换和 D/A 转换,在转换过程中和转换前后不可避免地要进行连续时间信号的处理。另外,在高频信号处理中,如果工作频率特别高,有时直接采用数字集成器件难以取得良好的效果,在这种情况下,连续时间系统将是不可取代的。此外,就复杂程度而言,有时采用连续时间系统可能会更加简单。

3.2 离散时间信号

首先,要明确什么是离散时间信号,它与连续时间信号有怎样的区别。离散时间信号是指在某些不连续的时刻有定义,而在其他时刻没有定义的信号,简称离散信号。函数值的离散时间间隔通常是均匀的,设间隔为 T,则离散时间信号可表示为 $x(nT)$($n=-\infty,\cdots,-2,-1,0,1,2,\cdots,+\infty$),如图 3-2-1 所示。显然,离散时间信号 $x(nT)$ 只在 $t=nT$ 上有定义,在其他时刻没有定义,而不是幅度为 0。从图 3-2-1 可以看出,$x(nT)$ 是按时间顺序排列的,所以,离散时间信号又称为序列,本书对这两个概念不加区分。

$x(nT)$ 的时间间隔是均匀的,在离散时间信号的分析和处理中,往往不需要考虑 T 的大小,因为它不影响分析的过程和结果,所以,一般将 $x(nT)$ 表示为 $x(n)$($n=-\infty,\cdots,-2,-1,0,1,2,\cdots,+\infty$),通常将某序号 n_0 的函数值称为 $x(n)$ 在样点 n_0 上的样值。离散时间信号 $x(n)$ 可以由连续时间信号等间隔抽样获得,如图 3-2-2 所示,序列 $x(n)$ 是由虚线所表示的连续时间信号等间隔抽样所得的。必须说明的是,$x(n)$ 仅对 n 的整数值才有定义;对 n 的非整数值,$x(n)$ 没有意义。

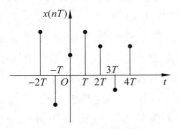

图 3-2-1 离散时间信号

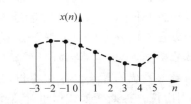

图 3-2-2 连续时间信号等间隔抽样

离散时间信号与人们平常所说的数字信号都是在离散的样点上才有定义,但两者是有区别的。离散时间信号的幅值是连续可变的;而数字信号的幅值是离散的,经过量化,它的精度受到计算机字长的影响。

3.2.1　离散时间信号的描述方法

对于离散时间信号的描述,常采用以下 3 种形式。

1. 解析形式

若已知 $x(n)$ 与 n 的函数关系,则可以直接写出 $x(n)$ 的数学表达式,即

$$x(n) = \sin\omega_0 n$$

或

$$x(n) = \frac{n+1}{2}$$

解析形式最为简洁,反映了信号的变化规律。

2. 序列形式

将离散时间信号 $x(n)$ 按自变量 n 从小到大的顺序罗列出来,可得到一组有序的数据,即

$$x(n) = \{\cdots, 5, 6, -1, \underset{\uparrow}{5}, 12, -3, 16, 0, -6, \cdots\}$$

其中,序列下方的符号"↑"标明了 $n=0$ 的位置。序列形式直观,但比较烦琐,而且很难直接看出信号 $x(n)$ 的变化规律。在有些情况下,无法获得 $x(n)$ 的简单表达式。例如,对未知连续时间信号抽样所得的有限长离散时间信号,一般无法写出其数学表达式,只能用序列形式描述。

3. 图形形式

图形形式与序列形式类似,将 $x(n)$ 按顺序逐个样值在坐标系中画出来,如图 3-2-3 所示。图形形式直观明了,方便理解和分析问题。前面引入离散时间信号的定义时已经使用了这种描述方法,只是没有标明信号的幅值而已。

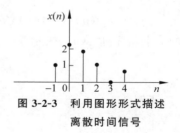

图 3-2-3　利用图形形式描述
离散时间信号

3.2.2　离散时间信号的基本运算

离散时间信号(即序列)的基本运算包括移位、反折、求和、相乘、差分、累加及时间尺度变换,下面分别介绍。

1. 序列的移位

设某一序列为 $x(n)$,若 $m>0$,则 $x(n-m)$ 表示序列 $x(n)$ 整体右移了 m 个样点形

成的新序列,也称 $x(n-m)$ 是 $x(n)$ 的 m 个样点的延迟。此时,$x(n+m)$ 表示序列 $x(n)$ 整体左移了 m 个样点形成的新序列,也称 $x(n+m)$ 是 $x(n)$ 的 m 个样点的超前。例如,$x(n)$ 序列如图 3-2-4(a) 所示,则 $x(n-2)$ 和 $x(n+2)$ 序列分别如图 3-2-4(b) 和 (c) 所示。

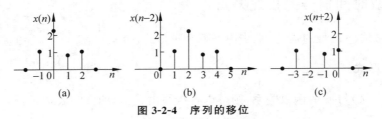

图 3-2-4　序列的移位

2. 序列的反折

设某一序列为 $x(n)$,则 $x(-n)$ 是以 $n=0$ 为对称轴将序列 $x(n)$ 水平翻转,$x(-n)$ 称为序列 $x(n)$ 的反折。若 $x(n)$ 序列如图 3-2-5(a) 所示,则 $x(-n)$ 序列如图 3-2-5(b) 所示。

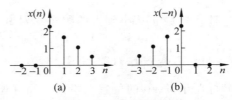

图 3-2-5　序列的反折

3. 序列的求和

$x(n)$ 与 $y(n)$ 两个序列之和是指两个序列同序号(即 n 相同)的序列值逐项相加构成的一个新序列 $z(n)$,表示为

$$z(n)=x(n)+y(n)$$

【例 3-2-1】 已知 $x(n)=\begin{cases}\left(\dfrac{1}{2}\right)^n, & n\geqslant-1 \\ 0, & n<-1\end{cases}$,$y(n)=\begin{cases}\left(\dfrac{1}{2}\right)^n, & n\geqslant0 \\ n+1, & n<0\end{cases}$,求 $x(n)+y(n)$。

解:根据序列求和的定义,得

$$z(n)=x(n)+y(n)=\begin{cases}\left(\dfrac{1}{2}\right)^{n-1}, & n\geqslant0 \\ 2, & n=-1 \\ n+1, & n<-1\end{cases}$$

$x(n)$、$y(n)$ 和 $x(n)+y(n)$ 的图形分别如图 3-2-6(a)、(b) 和 (c) 所示。

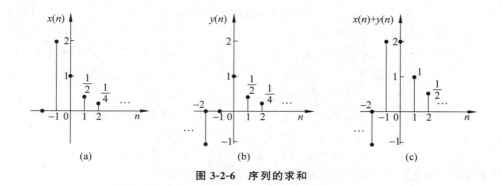

图 3-2-6 序列的求和

4. 序列的相乘

$x(n)$ 与 $y(n)$ 两个序列的乘积是指两个序列同序号(即 n 相同)的序列值逐项相乘构成一个新序列 $z(n)$,表示为

$$z(n)=x(n) \cdot y(n)$$

【例 3-2-2】 已知 $x(n)$、$y(n)$ 同例 3-2-1 中描述的一致,求 $x(n)$ 与 $y(n)$ 的乘积 $x(n) \cdot y(n)$。

解:根据序列乘积的定义,得

$$z(n)=x(n) \cdot y(n)=\begin{cases} \left(\dfrac{1}{4}\right)^n, & n \geqslant 0 \\ 0, & n < 0 \end{cases}$$

另外,序列还可以与标量 α 相乘,定义为

$$y(n)=\alpha \cdot x(n)$$

序列 $x(n)$ 与标量 α 相乘相当于 $y(n)=\alpha \cdot x(n)$ 中每一个样值是相同序号(即 n 相同)的 $x(n)$ 样值的 α 倍。例如例 3-2-1 中的 $x(n)$ 与标量 α 相乘的结果是

$$\alpha \cdot x(n)=\begin{cases} \alpha\left(\dfrac{1}{2}\right)^n, & n \geqslant -1 \\ 0, & n < -1 \end{cases}$$

5. 序列的差分

与连续时间信号与系统微分相对应,在离散时间信号与系统的分析中,常常要进行差分运算。差分运算是指序列相邻的两个样点的值相减。差分运算分为前向差分和后向差分两种。前向差分运算定义为

$$\Delta x(n)=x(n+1)-x(n) \tag{3-2-1}$$

后向差分运算定义为

$$\nabla x(n)=x(n)-x(n-1) \tag{3-2-2}$$

其中,Δ 称为前向差分算子,∇ 称为后向差分算子。

显然,前向差分与后向差分的关系为

$$\nabla x(n) = \Delta x(n-1) \tag{3-2-3}$$

还可以定义二阶差分运算,即

$$\begin{aligned}\Delta^2 x(n) &= \Delta[\Delta x(n)] = \Delta[x(n+1)-x(n)] = \Delta x(n+1) - \Delta x(n)\\&= x(n+2)-x(n+1)-[x(n+1)-x(n)]\\&= x(n+2)-2x(n+1)+x(n)\end{aligned} \tag{3-2-4}$$

$$\begin{aligned}\nabla^2 x(n) &= \nabla[\nabla x(n)] = \nabla[x(n)-x(n-1)] = \nabla x(n) - \nabla x(n-1)\\&= x(n)-x(n-1)-[x(n-1)-x(n-2)]\\&= x(n)-2x(n-1)+x(n-2)\end{aligned} \tag{3-2-5}$$

类似地,可以定义三阶、四阶直至 n 阶差分。

【例 3-2-3】 已知 $x(n) = \begin{cases}\left(\dfrac{1}{2}\right)^n, & n \geqslant -1\\ 0, & n < -1\end{cases}$,求 $\Delta x(n)$ 和 $\nabla x(n)$。

解:根据前向差分的定义,得

$$\Delta x(n) = x(n+1) - x(n)$$

而

$$x(n+1) = \begin{cases}\left(\dfrac{1}{2}\right)^{n+1}, & n \geqslant -2\\ 0, & n < -2\end{cases} = \begin{cases}\left(\dfrac{1}{2}\right)^{n+1}, & n > -2\\ 2, & n = -2\\ 0, & n < -2\end{cases}$$

所以

$$\Delta x(n) = x(n+1) - x(n) = \begin{cases}\left(\dfrac{1}{2}\right)^{n+1} - \left(\dfrac{1}{2}\right)^n = -\dfrac{1}{2}\left(\dfrac{1}{2}\right)^n, & n > -2\\ 2, & n = -2\\ 0, & n < -2\end{cases}$$

根据后向差分的定义,得

$$\nabla x(n) = x(n) - x(n-1)$$

而

$$x(n-1) = \begin{cases}\left(\dfrac{1}{2}\right)^{n-1}, & n \geqslant 0\\ 0, & n < 0\end{cases}, \quad x(n) = \begin{cases}\left(\dfrac{1}{2}\right)^n, & n \geqslant -1\\ 0, & n < -1\end{cases} = \begin{cases}\left(\dfrac{1}{2}\right)^n, & n > -1\\ 2, & n = -1\\ 0, & n < -1\end{cases}$$

所以

$$\nabla x(n) = x(n) - x(n-1) = \begin{cases}\left(\dfrac{1}{2}\right)^n - \left(\dfrac{1}{2}\right)^{n-1} = -\left(\dfrac{1}{2}\right)^n, & n > -1\\ 2, & n = -1\\ 0, & n < -1\end{cases}$$

$x(n)$、$\Delta x(n)$ 和 $\nabla x(n)$ 的图形分别如图 3-2-7(a)、(b)和(c)所示。

6. 序列的累加

与连续时间信号与系统积分相对应,离散时间信号与系统的分析常常要进行序列的累加运算,定义为

$$y(n) = \sum_{k=-\infty}^{n} x(k) \tag{3-2-6}$$

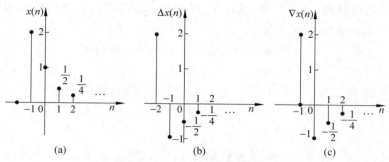

图 3-2-7　序列的差分运算

累加运算表示 $y(n)$ 在某个样点 n_0 上的值等于 $x(n)$ 在这个样点 n_0 上的值 $x(n_0)$ 及 n_0 以前所有样点上的值之和。

【例 3-2-4】　已知 $x(n)=\begin{cases}\left(\dfrac{1}{2}\right)^n, & n\geqslant -1\\ 0, & n<-1\end{cases}$，求 $y(n)=\sum\limits_{k=-\infty}^{n}x(k)$。

解：

$$y(n)=\sum_{k=-\infty}^{n}x(k)=\begin{cases}2+\sum\limits_{k=0}^{n}\left(\dfrac{1}{2}\right)^k, & n>-1\\ 2, & n=-1\\ 0, & n<-1\end{cases}=\begin{cases}4-\left(\dfrac{1}{2}\right)^n, & n>-1\\ 2, & n=-1\\ 0, & n<-1\end{cases}$$

$x(n)$ 与 $y(n)$ 的图形分别如图 3-2-8(a)、(b)所示。

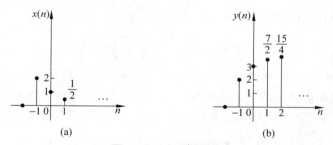

图 3-2-8　序列的累加

7. 序列的时间尺度变换

序列的时间尺度变换分为抽取和零值插入两种情况。

序列 $x(n)$ 通过尺度变换为一个新的序列 $x_d(n)=x(nN)$，其中，N 为正整数，$x_d(n)=x(nN)$ 表示 $x(n)$ 的 N 取 1 的抽取序列。抽取不能简单地理解为时间轴的压缩，$x(nN)$ 为序列 $x(n)$ 中每隔 N 个样点抽取一个样值形成的一个新序列。如果认为 $x(n)$ 是以周期 T 对连续信号 $x_a(t)$ 等间隔抽样所获得，那么，$x(nN)$ 就是以周期 NT 对 $x_a(t)$ 的等间隔抽样，即

$$x_d(n)=x_a(t)\big|_{t=nNT}=x_a(nNT)=x(nN)$$

零值插入是将序列 $x(n)$ 扩展,就是在 $x(n)$ 相邻的两个样点之间插入 $N-1$ 个零值样点,其中,N 为正整数。表示为

$$x_e(n) = \begin{cases} x(n/N), & n = mN, m = 0, \pm 1, \pm 2, \cdots \\ 0, & \text{其他} \end{cases}$$

【**例 3-2-5**】 已知序列 $x(n)$ 如图 3-2-9(a)所示,试画出 $x(n)$ 抽取 $x(2n)$ 及零值插入 $x\left(\dfrac{n}{2}\right)$。

解:由定义可得,抽取 $x(2n)$ 及零值插入 $x\left(\dfrac{n}{2}\right)$ 的图形分别如图 3-2-9(b)、(c)所示。

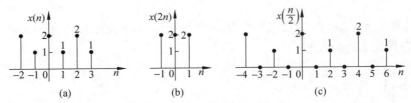

图 3-2-9　序列的时间尺度变换

3.2.3　典型的离散时间信号

与连续时间信号类似,离散时间信号也有一些典型的常用序列,下面分别介绍。

1. 单位抽样序列

单位抽样序列 $\delta(n)$ 又称为离散冲激信号,定义为

$$\delta(n) = \begin{cases} 1, & n = 0 \\ 0, & n \neq 0 \end{cases} \tag{3-2-7}$$

单位抽样序列 $\delta(n)$ 类似于连续时间信号中的单位冲激信号 $\delta(t)$,在信号与系统的分析中作用相当,但必须注意它们之间的区别。$\delta(n)$ 是一个确定的物理量,在 $n=0$ 时取值为 1,在其他非零的离散时间点上取值为 0;而 $\delta(t)$ 不是一个物理量,只是一个数学抽象,具体而言,$\delta(t)$ 是一个幅度为 $\dfrac{1}{\tau}$、脉宽为 τ 的矩形脉冲,且在 τ 逐渐减小趋于 $0(\tau \to 0)$ 时幅度趋于 ∞,但脉冲的面积保持为 1。单位抽样序列 $\delta(n)$ 的图形描述如图 3-2-10 所示。

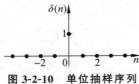

图 3-2-10　单位抽样序列

任何序列都可以用一些延迟的单位抽样序列的加权和表示,即

$$x(n) = \sum_{k=-\infty}^{+\infty} x(k)\delta(n-k) \tag{3-2-8}$$

【**例 3-2-6**】 已知序列 $x(n)$ 如图 3-2-11 所示,利用单位抽样序列 $\delta(n)$ 写出 $x(n)$ 的数学表达式。

解:由图 3-2-10 可得

$$x(n)=\delta(n+2)-\delta(n+1)-\frac{1}{2}\delta(n)-\frac{1}{4}\delta(n-1)+\frac{1}{2}\delta(n-3)$$

2. 单位阶跃序列

单位阶跃序列 $u(n)$ 定义为

$$u(n)=\begin{cases}1, & n\geqslant0\\ 0, & n<0\end{cases} \qquad (3\text{-}2\text{-}9)$$

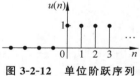

图 3-2-11　序列 $x(n)$

单位阶跃序列 $u(n)$ 类似于连续时间信号中的单位阶跃信号 $u(t)$，不过，$u(t)$ 在 $t=0$ 处发生了跳变，在 $t=0$ 时 $u(t)$ 通常没有定义，只作为奇异信号定义了 $u(0)=\frac{1}{2}$；单位阶跃序列 $u(n)$ 在 $n=0$ 处明确定义了 $u(n)=1$，如图 3-2-12 所示。

单位阶跃序列 $u(n)$ 与单位抽样序列 $\delta(n)$ 的关系为

$$\delta(n)=u(n)-u(n-1)=\nabla u(n) \qquad (3\text{-}2\text{-}10)$$

即 $\delta(n)$ 等于 $u(n)$ 的后向一阶差分。另一方面，

$$u(n)=\delta(n)+\delta(n-1)+\delta(n-2)+\cdots=\sum_{m=0}^{+\infty}\delta(n-m) \qquad (3\text{-}2\text{-}11)$$

令 $n-m=k$，作变量替换后，$u(n)$ 还可以表示为 $\delta(n)$ 的累加。此时，式(3-2-11) 转换为

$$u(n)=\sum_{k=-\infty}^{n}\delta(k) \qquad (3\text{-}2\text{-}12)$$

3. 矩形序列

矩形序列 $R_N(n)$ 定义为

$$R_N(n)=\begin{cases}1, & 0\leqslant n\leqslant N-1\\ 0, & n<0\end{cases} \qquad (3\text{-}2\text{-}13)$$

其中，N 表示矩形序列的长度，如图 3-2-13 所示。

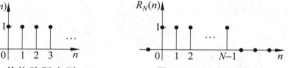

图 3-2-12　单位阶跃序列　　　　**图 3-2-13　矩形序列**

矩形序列 $R_N(n)$ 还可以表示为

$$R_N(n)=u(n)-u(u-N) \qquad (3\text{-}2\text{-}14)$$

4. 实指数序列

实指数序列 $x(n)$ 定义为

$$x(n)=a^n, \quad -\infty<n<\infty \qquad (3\text{-}2\text{-}15)$$

通常，单边实指数序列应用更广。单边实指数序列定义为

$$x(n)=\begin{cases}a^n, & n\geqslant0\\ 0, & n<0\end{cases} \qquad (3\text{-}2\text{-}16)$$

单边实指数序列还可表示为 $x(n) = a^n u(n)$。当 $|a| > 1$ 时,序列是发散的;当 $|a| < 1$ 时,序列是收敛的;当 $a > 0$ 时,序列的所有样值都为正值;当 $a < 0$ 时,序列正、负摆动。图 3-2-14(a)、(b)、(c)、(d)分别描述了 $a > 1$、$0 < a < 1$、$a < -1$ 和 $-1 < a < 0$ 这 4 种情况。

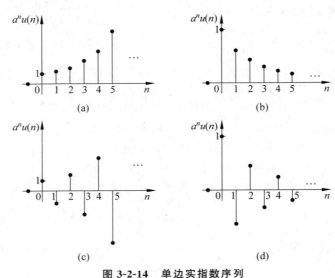

图 3-2-14　单边实指数序列

5. 复指数序列

复指数序列定义为

$$x(n) = e^{(a + j\omega)n} \tag{3-2-17}$$

复指数序列可以表示为实部和虚部的形式,即

$$x(n) = e^{an} e^{j\omega n} = e^{an} \cos\omega n + j e^{an} \sin\omega n \tag{3-2-18}$$

也可以表示为极坐标的形式,即

$$x(n) = |x(n)| e^{j\arg[x(n)]} \tag{3-2-19}$$

其中,$|x(n)| = e^{an}$,$\arg[x(n)] = \omega n$。

6. 正弦型序列

将

$$x(n) = A\cos(\omega n + \varphi) \tag{3-2-20}$$

和

$$x(n) = A\sin(\omega n + \varphi) \tag{3-2-21}$$

统称为正弦型序列。其中,A 为幅度,ω 为数字域频率,φ 为初相,ω 和 φ 的单位都是弧度。正弦型序列如图 3-2-15 所示。

如果 $x(n) = A\sin(\omega n + \varphi)$ 是由连续正弦信号 $x_a(t) = A\sin(\Omega t + \varphi)$ 等间隔抽样而得到的,抽样周期为 T_s,那么

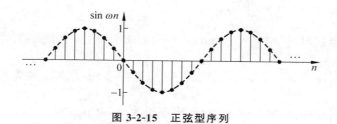

图 3-2-15 正弦型序列

$$x(n) = x_a(nT_s)$$

即

$$A\sin(\omega n + \varphi) = A\sin(\Omega T_s n + \varphi)$$

所以

$$\omega = \Omega T_s \tag{3-2-22}$$

其中,ω 是正弦序列 $x(n)$ 的频率,称为数字域频率;Ω 是连续正弦信号 $x_a(t)$ 的角频率,称为模拟域频率。连续时间信号等间隔抽样所得序列的数字域频率 ω 与原连续时间信号模拟域频率 Ω 的关系满足式(3-2-22)。若设 $f_s = \dfrac{1}{T_s}$ 为抽样频率,f 是 $x_a(t)$ 的频率,则

$$\omega = \Omega T_s = \frac{2\pi f}{f_s} \tag{3-2-23}$$

ω 又称为归一化频率。

由欧拉(Euler)公式可将正弦型序列表示为复指数序列的形式,即

$$A\cos(\omega n + \varphi) = \frac{A}{2}(e^{j\omega n}e^{j\varphi} + e^{-j\omega n}e^{-j\varphi}) \tag{3-2-24}$$

$$A\sin(\omega n + \varphi) = \frac{A}{2j}(e^{j\omega n}e^{j\varphi} - e^{-j\omega n}e^{-j\varphi}) \tag{3-2-25}$$

3.2.4 序列的周期性

与连续时间周期信号类似,序列也存在周期性。对于所有 n 值,若存在一个最小正整数 N,满足

$$x(n) = x(n+N) \tag{3-2-26}$$

则称序列 $x(n)$ 为周期序列,最小周期为 N。

下面讨论正弦序列的周期性。

若

$$x(n) = A\sin(\omega n + \varphi)$$

则

$$x(n+N) = A\sin[\omega(n+N) + \varphi] = A\sin(\omega n + \omega N + \varphi)$$

如果 $\omega N = 2k\pi$,其中,k 为整数,则

$$x(n+N) = x(n)$$

这时,正弦序列 $x(n)$ 是周期序列,其周期为 $N = \dfrac{2k\pi}{\omega}$。其中,$N$、$k$ 为整数,ω 可取任意正值。因此,$\dfrac{2k\pi}{\omega}$ 不一定为整数,即正弦序列 $x(n) = A\sin(\omega n + \varphi)$ 不一定是周期序列。下

面分别讨论。

(1) 当 $\dfrac{2\pi}{\omega}$ 为整数时,正弦序列 $A\sin(\omega n+\varphi)$ 为周期序列,最小周期为 $\dfrac{2\pi}{\omega}$。

(2) 当 $\dfrac{2\pi}{\omega}$ 不是整数,但为有理数,即 $\dfrac{2\pi}{\omega}=\dfrac{p}{q}$(其中 p、q 为互质的整数)时,正弦序列

$A\sin(\omega n+\varphi)$ 是周期序列,取 $k=q$ 可得最小周期 $N=\dfrac{2\pi}{\omega}k=p$。

(3) 当 $\dfrac{2\pi}{\omega}$ 为无理数时,则不存在整数 k,使得 $N=\dfrac{2k\pi}{\omega}$ 为整数,即正弦序列 $A\sin(\omega n+\varphi)$

不是周期序列。

同理,指数为纯虚数的复指数序列的周期性与正弦序列的情况相同。

【例 3-2-7】 判断下列序列是否为周期序列,若是,确定其最小周期。

(1) $x(n)=A\cos\left(\dfrac{5\pi}{8}n+\dfrac{\pi}{6}\right)$。

(2) $x(n)=\mathrm{e}^{\mathrm{j}\left(\frac{n}{8}-\pi\right)}$。

(3) $x(n)=A\sin\left(\dfrac{\pi}{2}n+\dfrac{\pi}{3}\right)$。

解:(1) $\omega=\dfrac{5\pi}{8}$,$\dfrac{2\pi}{\omega}=\dfrac{16}{5}$ 为有理数,所以,序列 $x(n)=A\cos\left(\dfrac{5\pi}{8}n+\dfrac{\pi}{6}\right)$ 是周期序列,

最小周期为 $N=\dfrac{2\pi}{\omega}k\Big|_{k=5}=16$。

(2) $\omega=\dfrac{1}{8}$,$\dfrac{2\pi}{\omega}=16\pi$ 为无理数,所以,序列 $x(n)=\mathrm{e}^{\mathrm{j}\left(\frac{n}{8}-\pi\right)}$ 不是周期序列。

(3) $\omega=\dfrac{\pi}{2}$,$\dfrac{2\pi}{\omega}=4$ 为整数,所以,序列 $x(n)=A\sin\left(\dfrac{\pi}{2}n+\dfrac{\pi}{3}\right)$ 是周期序列,最小周期

为 $N=\dfrac{2\pi}{\omega}=4$。

从上述分析可知,连续时间周期信号经间隔抽样所得的序列不一定是周期序列。如果希望连续正弦信号 $x_\mathrm{a}(t)=A\sin(\Omega t+\varphi)$ 等间隔抽样得到的正弦序列 $x(n)=A\sin(\omega n+\varphi)$ 也是周期序列,抽样周期 T_s 应该满足怎样的条件呢?设 $x_\mathrm{a}(t)$ 的周期为 T,由式(3-2-22)和式(3-2-23),得

$$\frac{2\pi}{\omega}=\frac{2\pi}{\Omega T_\mathrm{s}}=\frac{2\pi}{2\pi f T_\mathrm{s}}=\frac{T}{T_\mathrm{s}}$$

当正弦序列 $A\sin(\omega n+\varphi)$ 为周期序列时,$\dfrac{T}{T_\mathrm{s}}$ 为有理数,即

$$\frac{T}{T_\mathrm{s}}=\frac{p}{q}$$

其中,p、q 为互质的整数。

3.3　离散时间系统

离散时间系统可以定义为一种变换或算子,它将输入序列 $x(n)$ 变换为某种形式的输出序列 $y(n)$,离散时间系统可以用算子 $T[\cdot]$ 表示,即

$$y(n) = T[x(n)] \tag{3-3-1}$$

式(3-3-1)表示由输入序列计算输出序列的某种规则或数学公式。例如,滑动平均系统定义为

$$y(n) = \frac{1}{N_1 + N_2 + 1} \sum_{k=-N_1}^{N_2} x(n-k) \tag{3-3-2}$$

式(3-3-2)所描述系统的输出序列 $y(n)$ 第 n 个样本值是对输入序列 $x(n)$ 第 n 个样本的前后 $N_1 + N_2 + 1$ 个样本值求平均而获得的。

离散时间系统还可以用图形表示,如图 3-3-1 所示。应当注意,一个确定、有用的系统对输入 $x(n)$ 的变换是唯一的。

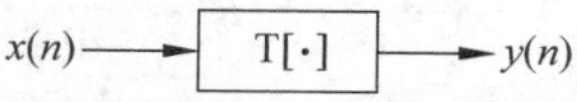

$$x(n) \longrightarrow \boxed{T[\cdot]} \longrightarrow y(n)$$

图 3-3-1　离散时间系统的图形表示

3.3.1　离散时间系统的描述

式(3-3-2)使用了差分方程表示一个滑动平均系统。实际上,差分方程是描述离散时间系统的常用数学工具。可以根据实际应用背景写出系统的差分方程。下面举例说明。

【例 3-3-1】 某城市每年将上一年度的汽车总量的 $\alpha\%$ 报废,第 n 年新增汽车 $x(n)$ 辆,求该城市第 n 年的汽车保有量 $y(n)$ 与新增汽车 $x(n)$ 的关系。

解：第 n 年之前的汽车总量为 $y(n-1)$,第 n 年新增汽车 $x(n)$ 辆,第 n 年报废汽车 $\alpha\% \cdot y(n-1)$,所以

$$y(n) = y(n-1)(1-\alpha\%) + x(n)$$

即

$$y(n) - y(n-1)(1-\alpha\%) = x(n)$$

这是一个常系数后向差分方程。

【例 3-3-2】 某种植物第一天长高 3cm,此后每天新长的高度是前一天的 1/2,建立描述该植物高度的方程。

解：设第 n、$n+1$、$n+2$ 天后植物的高度分别是 $y(n)$、$y(n+1)$、$y(n+2)$,则

$$y(n+2) - y(n+1) = \frac{1}{2}[y(n+1) - y(n)]$$

即

$$2y(n+2) - 3y(n+1) + y(n) = 0$$

或

$$2y(n+2) - 3y(n+1) + y(n) = 2[y(n+2) - 2y(n+1) + y(n)] + [y(n+1) - y(n)] = 0$$

即
$$2\Delta^2 y(n)+\Delta y(n)=0$$

这是一个二阶常系数前向差分方程，前向差分方程与后向差分方程没有本质的区别。例 3-3-2 也可以写成后向差分方程的形式，即

$$y(n)-y(n-1)=\frac{1}{2}\left[y(n-1)-y(n-2)\right]$$

或
$$2y(n)-3y(n-1)+y(n-2)=0$$

考虑到离散时间系统的输入多数是因果序列，即 $x(n)=0,n<0$，所以，在系统分析中一般写成后向差分方程的形式。

例 3-3-2 中，如果采用后向差分方程 $2y(n)-3y(n-1)+y(n-2)=0$，依题意可知，$y(-2)=0$、$y(-1)=3$，这两个样本值称为差分方程的起始状态。差分方程的具体求解过程将在 3.4 节讨论。

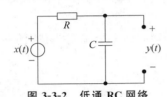

图 3-3-2　低通 RC 网络

差分方程不仅描述了离散时间系统，还可以用于近似处理微分方程的问题。图 3-3-2 给出了低通 RC 网络，它是一个连续时间系统，其微分方程为

$$RC\frac{\mathrm{d}y(t)}{\mathrm{d}t}+y(t)=x(t) \qquad (3\text{-}3\text{-}3)$$

如果输入信号 $x(t)$ 不能用解析表达式描述，就无法利用第 2 章介绍的方法求解式(3-3-3)。这时，可以用差分方程近似微分方程，借助数值计算的方法求解。以周期 T 对输入信号 $x(t)$ 等间隔抽样，得到 $x(nT)$，记作 $x(n)$。当抽样周期 T 足够小时，信号的差分可近似信号的微分，即

$$\frac{\mathrm{d}y(t)}{\mathrm{d}t}=\lim_{T\to 0}\frac{y(nT)-y((n-1)T)}{T}$$

则式(3-3-3)近似为

$$RC\frac{y(nT)-y((n-1)T)}{T}+y(nT)\approx x(nT)$$

整理，得

$$\left(\frac{RC}{T}+1\right)y(n)-\frac{RC}{T}y(n-1)\approx x(n)$$

从前面几个例子可以看出，离散时间系统差分方程的基本数学运算包括延时（移位）、与标量相乘、序列相加 3 种运算，即离散时间系统可用延时（移位）器、标量乘法器、序列加法实现。其方框图和流程图两种图形表示分别如图 3-3-3 和图 3-3-4 所示。

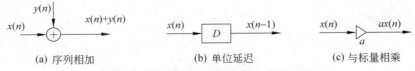

(a) 序列相加　　　　　　　(b) 单位延迟　　　　　　　(c) 与标量相乘

图 3-3-3　离散时间系统基本运算方框图

在第 6 章将给出这样一个结论：时域的单位延迟相当于 z 域乘以 z^{-1}，所以，单位延迟的方框图和流程图常用 z^{-1} 替代 D，如图 3-3-5 所示。

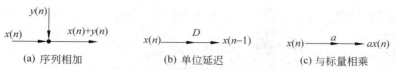

(a) 序列相加　　　　(b) 单位延迟　　　　(c) 与标量相乘

图 3-3-4　离散时间系统基本运算流程图

差分方程描述的离散时间系统均可以用方框图或流程图形式表示。例如,将例 3-3-1 中差分方程 $y(n)-y(n-1)(1-\alpha\%)=x(n)$ 表示为方框图,如图 3-3-6 所示。反之,由方框图或流程图也可以写出离散时间系统的差分方程。

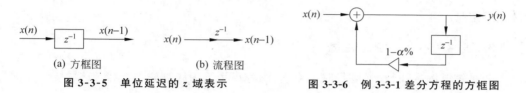

(a) 方框图　　　　　(b) 流程图

图 3-3-5　单位延迟的 z 域表示　　　　　　**图 3-3-6　例 3-3-1 差分方程的方框图**

3.3.2　线性时不变系统

1. 线性系统

与连续时间线性系统类似,离散时间线性系统同时满足叠加性和均匀性,系统对输入的线性组合所产生的响应是原来各个输入单独产生的响应的同样的线性组合,即

$$T[ax_1(n)+bx_2(n)]=aT[x_1(n)]+bT[x_2(n)] \tag{3-3-4}$$

【例 3-3-3】　判断 $y(n)=2x(n)+3$ 所描述的系统是否线性系统。

解:　由于 $T[x_1(n)]=2x_1(n)+3$,$T[x_2(n)]=2x_2(n)+3$,则

$$T[ax_1(n)+bx_2(n)]=2[ax_1(n)+bx_2(n)]+3$$

又

$$\begin{aligned}aT[x_1(n)]+bT[x_2(n)]&=2ax_1(n)+3a+2bx_2(n)+3b\\&=2[ax_1(n)+bx_2(n)]+3(a+b)\end{aligned}$$

因此　　　　　　　　$T[ax_1(n)+bx_2(n)]\neq aT[x_1(n)]+bT[x_2(n)]$

故该系统不是线性系统。

2. 时不变系统

如果系统的响应与激励施加于系统的时刻无关,则称该系统是时不变系统。对于时不变系统,若输入 $x(n)$ 产生的输出为 $y(n)$,则输入的时移 $x(n-k)$ 产生的输出为 $y(n-k)$。其中,k 为任意整数。即,若

$$T[x(n)]=y(n)$$

则　　　　　　　　$T[x(n-k)]=y(n-k),k$ 为任意整数 $\tag{3-3-5}$

也就是说,输入与输出的运算关系不随时间而变化,当输入 $x(n)$ 沿着时间轴有任意的位移时,输出 $y(n)$ 也具有相同的位移,而幅值保持不变。

【例 3-3-4】   判断 $y(n) = \sum\limits_{k=n_0}^{n} x(k)$ 所描述的系统是否时不变系统。

解：因为
$$T[x(n)] = \sum_{k=n_0}^{n} x(k)$$

所以
$$T[x(n-m)] = \sum_{k=n_0}^{n} x(k-m)$$

令 $p = k - m$，作变量替换，有

$$T[x(n-m)] = \sum_{k=n_0}^{n} x(k-m) = \sum_{p=n_0-m}^{n-m} x(p) \neq \sum_{p=n_0}^{n-m} x(p) = y(n-m)$$

故该系统是时变的。

3. 线性时不变系统的性质

若系统既满足线性、又满足时不变性，则称该系统为线性时不变（LTI）系统。下面探讨 LTI 系统的性质。

任何序列都可以分解为延迟的单位抽样序列的加权和，即

$$x(n) = \sum_{k=-\infty}^{+\infty} x(k)\delta(n-k)$$

则 LTI 系统输入 $x(n)$ 及输出 $y(n)$ 之间的关系为

$$y(n) = T[x(n)] = T\Big[\sum_{k=-\infty}^{+\infty} x(k)\delta(n-k)\Big] = \sum_{k=-\infty}^{+\infty} x(k)T[\delta(n-k)] \qquad (3\text{-}3\text{-}6)$$

将单位抽样序列 $\delta(n)$ 作为系统的输入而产生的输出定义为系统的单位抽样响应（或单位冲激响应）$h(n)$，即

$$y(n) = T[\delta(n)] = h(n) \qquad (3\text{-}3\text{-}7)$$

则式（3-3-6）变为

$$y(n) = \sum_{k=-\infty}^{+\infty} x(k)h(n-k) \qquad (3\text{-}3\text{-}8)$$

式（3-3-8）中的运算称为离散线性卷积，离散线性卷积运算用符号"$*$"表示。此时，式（3-3-8）可表示为

$$y(n) = \sum_{k=-\infty}^{+\infty} x(k)h(n-k) = x(n) * h(n) \qquad (3\text{-}3\text{-}9)$$

离散线性卷积又称为卷积和，简称卷积。它的计算与连续时间的卷积积分类似，将在 3.5 节详细介绍它的计算过程。这里借助卷积的概念讨论 LTI 系统的性质。式（3-3-9）表明，任何 LTI 系统都可以用单位抽样响应来表征，而且系统的输入 $x(n)$ 和输出 $y(n)$ 之间满足线性卷积的关系，如图 3-3-7 所示。值得注意的是，这里所说的输出

图 3-3-7   LTI 系统

$y(n)$ 只是由输入 $x(n)$ 的激励而产生的输出，并不包含由系统的起始状态而产生的输出。

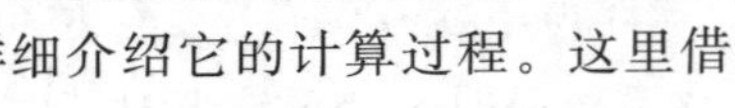

与连续时间系统的卷积积分类似，由定义可以证明，离散卷积和满足交换律、结合律和分配律，LTI 系统也具有相应的性质。

1）交换律

对式（3-3-9）进行变量替换，令 $n-k=m$，可以得到卷积和的另一种形式，即

$$y(n)=x(n)*h(n)=\sum_{k=-\infty}^{+\infty}x(k)h(n-k)=\sum_{m=-\infty}^{+\infty}h(m)x(n-m)$$

或表示为

$$y(n)=x(n)*h(n)=h(n)*x(n) \tag{3-3-10}$$

式（3-3-10）表明，对于 LTI 系统，输入 $x(n)$ 和单位抽样响应 $h(n)$ 之间互换位置后，输出 $y(n)$ 保持不变，如图 3-3-8 所示。

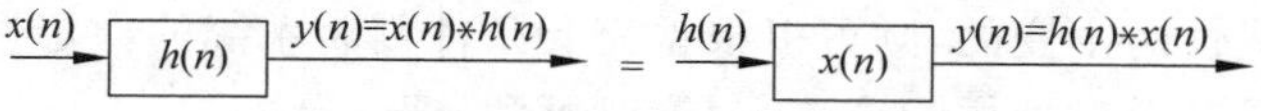

$x(n)$ → $h(n)$ → $y(n)=x(n)*h(n)$　＝　$h(n)$ → $x(n)$ → $y(n)=h(n)*x(n)$

图 3-3-8　LTI 系统 $x(n)$ 与 $h(n)$ 互换

2）结合律

卷积和满足结合律，即

$$y(n)=[x(n)*h_1(n)]*h_2(n)=[x(n)*h_2(n)]*h_1(n)$$
$$=x(n)*[h_1(n)*h_2(n)] \tag{3-3-11}$$

式（3-3-11）表明，两个 LTI 子系统级联所构成的系统还是 LTI 系统，它的单位抽样响应是原来各子系统单位抽样响应的卷积和，与子系统级联次序无关，如图 3-3-9 所示。

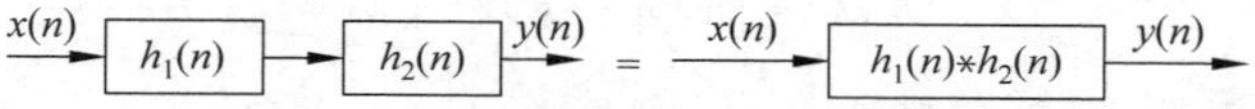

$x(n)$ → $h_1(n)$ → $h_2(n)$ → $y(n)$　＝　$x(n)$ → $h_1(n)*h_2(n)$ → $y(n)$

图 3-3-9　结合律与 LTI 子系统的级联

线性时不变子系统级联的结论可推广到 k 个子系统级联的情况，系统总的冲激响应为

$$h(n)=h_1(n)*h_2(n)*\cdots*h_k(n) \tag{3-3-12}$$

3）分配律

卷积和满足分配律，即

$$y(n)=x(n)*[h_1(n)+h_2(n)]=x(n)*h_1(n)+x(n)*h_2(n) \tag{3-3-13}$$

式（3-3-13）表明，两个 LTI 子系统并联所构成的系统还是 LTI 系统，它的单位抽样响应是原来各个子系统单位抽样响应之和，如图 3-3-10 所示。

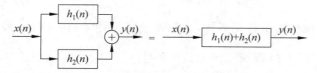

图 3-3-10　分配律与 LTI 系统的并联

LTI 子系统并联的结论可推广到 k 个子系统的并联情况，系统总的冲激响应为

$$h(n)=h_1(n)+h_2(n)+\cdots+h_k(n) \tag{3-3-14}$$

3.3.3 稳定系统

稳定系统是指有界的输入 $x(n)$ 产生有界的输出 $y(n)$。即对于稳定系统,若所有整数 n 满足

$$|x(n)| \leqslant M < \infty (M \text{ 是正的常数})$$

则

$$|y(n)| < \infty$$

【例 3-3-5】 判断系统 $y(n) = T[x(n)] = \mathrm{e}^{x(n)}$ 的稳定性。

解: 设 $|x(n)| \leqslant M$,则 $|y(n)| = |\mathrm{e}^{x(n)}| \leqslant \mathrm{e}^{|x(n)|} \leqslant \mathrm{e}^{M} < \infty$,所以系统是稳定的。

如果系统是线性时不变的,则可以根据充要条件判断系统的稳定性。一个 LTI 系统稳定的充要条件是其单位抽样响应 $h(n)$ 绝对可和,即

$$\sum_{n=-\infty}^{\infty} |h(n)| < \infty \tag{3-3-15}$$

证明:(1)充分性。若 $\sum_{n=-\infty}^{\infty} |h(n)| < \infty$,如果所有输入是有界的,即对于所有的 n 都满足 $|x(n)| \leqslant M < \infty$,同时 $|x(n-k)| \leqslant M$ 也成立,则

$$|y(n)| = |x(n) * h(n)| = \left| \sum_{k=-\infty}^{+\infty} h(k) x(n-k) \right|$$

$$\leqslant \sum_{k=-\infty}^{+\infty} |h(k)| |x(n-k)| \leqslant M \sum_{k=-\infty}^{+\infty} |h(k)| < \infty$$

即输出 $y(n)$ 是有界的,充分性得证。

(2)必要性。利用反证法。已知系统稳定,假设它的单位抽样响应 $h(n)$ 不满足绝对可和,即

$$\sum_{n=-\infty}^{\infty} |h(n)| = \infty$$

可以找到一个界的输入:

$$x(n) = \begin{cases} \dfrac{h^*(-n)}{|h(-n)|}, & |h(-n)| \neq 0 \\ 0, & |h(-n)| = 0 \end{cases}$$

其中,$h^*(n)$ 为 $h(n)$ 的复共轭。LTI 系统在 $n=0$ 时刻的输出为

$$y(0) = \sum_{k=-\infty}^{\infty} h(k) x(0-k) = \sum_{k=-\infty}^{\infty} \frac{|h(k)|^2}{|h(k)|} = \sum_{k=-\infty}^{\infty} |h(k)| = \infty$$

也就是 $n=0$ 时系统的输出是无界的,这与系统稳定相矛盾。因此,假设不成立。所以,$\sum_{n=-\infty}^{\infty} |h(n)| < \infty$ 是 LTI 系统稳定的必要条件。

值得注意的是,应用式(3-3-15)判断系统稳定性的前提是系统必须是线性时不变的。另外,从式(3-3-15)必要性的证明中可以看出,证明一个系统不稳定,只需找一个特别的有界输入 $x(n)$,它对应的输出 $y(n)$ 有一个样值是无界的,就可判定该系统不稳定。例如,对于系统 $y(n) = nx(n)$,选取 $x(n) = 1$,则 $y(n) = n$,当 $n \to \infty$ 时,$y(n)$ 无界,所以该系统不稳定。

3.3.4　因果系统

因果系统是指系统的输出不领先于系统的输入,也就是说,系统现时输出 $y(n)$ 只取决于现时和过去的输入 $x(n),x(n-1),x(n-2),\cdots$,而与未来的输入 $x(n+1),x(n+2),x(n+3),\cdots$ 无关。如果系统现时的输出 $y(n)$ 与未来的输入有关,则称该系统为非因果系统。因果性是系统另一个重要的特征。

【例 3-3-6】　判断下列系统的因果性。

(1) $y(n)=\sum\limits_{k=n_0}^{n} x(k)$。

(2) $y(n)=x(n)\sin(n+2)$。

解:(1) 当 $n\geqslant n_0$ 时,

$$y(n)=\sum_{k=n_0}^{n} x(k)=x(n)+x(n-1)+x(n-2)+\cdots+x(n_0)$$

输出 $y(n)$ 只与现时和过去的输入有关,而与未来的输入无关,所以系统是因果的。

当 $n<n_0$ 时,

$$y(n)=\sum_{k=n_0}^{n} x(k)=x(n)+x(n+1)+x(n+2)+\cdots+x(n_0)$$

输出 $y(n)$ 与未来的输入有关,所以系统是非因果的。

(2) 判断系统的因果性要将输入与系统定义的其他函数区分开。系统的输出 $y(n)=x(n)\sin(n+2)$ 取决于现时的输入 $x(n)$,与未来的输入无关,所以它是因果的。$\sin(n+2)$ 只是一个以 n 为自变量的函数,与输入没有关系。

与连续时间系统不同的是,离散时间系统有些情况下进行的是非实时的处理,待处理的数据都已事先记录下来,在这种情况下,"未来的输入"是可以获得的。所以,不局限于用因果系统处理这些数据。例如,式(3-3-2)所描述的滑动平均系统就是一个实际应用中常用的系统,其差分方程为

$$y(n)=\frac{1}{N_1+N_2+1}\sum_{k=-N_1}^{N_2} x(n-k)$$

当 $N_1>0$ 时,该系统就是一个非因果系统。另外,在图像处理中,自变量 n 不是时间变量,而是空间变量,这时也常用到非因果系统。

对于 LTI 系统,它是因果系统的充要条件是

$$h(n)=0,n<0 \tag{3-3-16}$$

证明:(1) 充分性。若 $n<0$ 时 $h(n)=0$,LTI 系统的输出为

$$y(n)=\sum_{k=-\infty}^{+\infty} x(k)h(n-k)=\sum_{k=-\infty}^{n} x(k)h(n-k)$$

即 $y(n)$ 只取决于现时和过去的输入,与未来的输入无关,因此系统是因果的。

(2) 必要性。采用反证法。已知系统是因果的,假设 $n<0$ 时 $h(n)\neq0$,LTI 系统的输出为

$$y(n)=\sum_{k=-\infty}^{n} x(k)h(n-k)+\sum_{k=n+1}^{\infty} x(k)h(n-k) \tag{3-3-17}$$

其中，$\sum\limits_{k=n+1}^{\infty} x(k)h(n-k)$ 至少有一项不为 0，即 $y(n)$ 与未来的输入有关，这与系统是因果的相矛盾，因此假设不成立。所以，式(3-3-16)是 LTI 系统为因果系统的必要条件。

同样要注意的是，应用式(3-3-16)判断系统因果性的前提是系统必须是 LTI 系统。

【例 3-3-7】 判断 LTI 系统 $h(n)=2^n u(-n)$ 的稳定性和因果性。

解：(1) 判断稳定性。

$$\sum_{n=-\infty}^{\infty} |h(n)| = \sum_{n=-\infty}^{\infty} |2^n u(-n)| = \sum_{n=-\infty}^{0} |2^n| = \sum_{n=0}^{\infty} \frac{1}{2^n} = \frac{1}{1-\frac{1}{2}} = 2 < \infty$$

所以系统是稳定的。

(2) 当 $n<0$ 时，$h(n)=2^n \neq 0$，所以系统是非因果的。

实际上，对于例 3-3-7 中的系统 $h(n)=2^n u(-n)$，当 $n>0$ 时，$h(n)=0$。常将具有这种特征的系统称为逆因果系统。另外，还可以将系统因果性的概念推广到序列。当 $n<0$ 时，序列 $x(n)=0$，这样的序列称为因果序列；如果对于所有的 $n<0$，$x(n)=0$ 并不总成立，这样的序列称为非因果序列；当 $n>0$ 时，序列 $x(n)=0$，这样的序列称为逆因果序列。

3.4 离散 LTI 系统常系数差分方程的求解

离散时间 LTI 系统的差分方程是常系数差分方程，一般形式为

$$\sum_{k=0}^{N} a_k y(n-k) = \sum_{r=0}^{M} b_r x(n-r) \tag{3-4-1}$$

其中，系数 a_k、b_r 是常数，参数 N 称为系统的阶次。

求解常系数差分方程的方法有以下几种：

(1) 迭代法。该方法为逐次代入求解，简单直观，但一般只能得到 $y(n)$ 的数值解，多数情况下难以得到方程的闭式解，即 $y(n)$ 的解析表达式。手工计算时较少采用这种方法；但采用计算机求 $y(n)$ 的数值解时，迭代法利于程序实现。

(2) 时域经典求解法。与微分方程的时域求解法相类似，这种方法将方程的完全解分为齐次解和特解两部分，得到 $y(n)$ 的解析表达式后，由边界条件确定其待定系数。

(3) 零输入响应和零状态响应。这种方法将方程的完全解分为零输入响应和零状态响应。零输入响应由齐次方程求得；零状态响应由激励的具体形式确定，再由边界条件确定待定系数。只不过这里的边界条件不同于微分方程经典解法中的边界条件。另外，零状态响应也可由激励信号 $x(n)$ 与系统单位抽样响应 $h(n)$ 的卷积求得。

(4) 变换域求解方法。利用 z 变换求解差分方程是最简便的方法，有关内容将在第 6 章中详细介绍。

下面讨论时域求解的 3 种方法。

3.4.1 迭代法

式(3-4-1)可以变形为

$$y(n) = -\sum_{k=1}^{N} a_k y(n-k) + \sum_{r=0}^{M} b_r x(n-r) \qquad (3\text{-}4\text{-}2)$$

只要已知 N 个起始状态 $y(-N), y(-N+1), y(-N+2), \cdots, y(-1)$ 和输入，就可以用迭代法求得 $y(n)$。

【例 3-4-1】 已知某系统 $y(n) + 2y(n-1) = u(n)$，起始状态为 $y(-1) = 0$，用迭代法求响应 $y(n)$。

解：由 $y(n) + 2y(n-1) = u(n)$ 得

$$y(n) = -2y(n-1) + u(n)$$

所以

$$y(0) = -2y(-1) + u(0) = 1$$
$$y(1) = -2y(0) + u(1) = -1$$
$$y(2) = -2y(1) + u(2) = 3$$
$$y(3) = -2y(2) + u(3) = -5$$
$$\vdots$$

由递推式可以计算出 $y(n)$ 的数值解。这种方法思路清楚、简单，适于计算机程序设计，但多数情况下难以得到响应 $y(n)$ 的解析表达式。

3.4.2　时域经典求解法

差分方程的时域经典求解法是将响应的完全解分为齐次解和特解两部分，即

$$y(n) = y_h(n) + y_p(n) \qquad (3\text{-}4\text{-}3)$$

其中，$y_h(n)$ 为齐次解，它的形式由齐次方程的特征根确定；$y_p(n)$ 为特解，它的形式由激励信号 $x(n)$ 的形式确定。

1. 齐次解

令式(3-4-1)的右边为 0，得差分方程的齐次方程为

$$\sum_{k=0}^{N} a_k y(n-k) = 0 \qquad (3\text{-}4\text{-}4)$$

对应的特征方程为

$$\sum_{k=0}^{N} a_k \lambda^{N-k} = 0 \qquad (3\text{-}4\text{-}5)$$

式(3-4-5)的根称为特征根。N 阶差分方程有 N 个特征根，分别记为 $\lambda_k (k = 1, 2, \cdots, N)$。根据特征根的不同情况，式(3-4-1)给出的差分方程的齐次解具有不同的形式。

(1) 特征根无重根。即式(3-4-5)的 N 个根 $\lambda_k (k = 1, 2, \cdots, N)$ 互不相同时，差分方程的齐次解为

$$y_h(n) = C_1 \lambda_1^n + C_2 \lambda_2^n + \cdots + C_N \lambda_N^n = \sum_{k=1}^{N} C_k \lambda_k^n \qquad (3\text{-}4\text{-}6)$$

其中，$C_k (k = 1, 2, \cdots, N)$ 为待定系数，由初始条件 $y(0), y(1), \cdots, y(N-1)$ 确定。

(2) 特征根有重根。设 λ_1 是特征方程的 m 重根，即 $\lambda_1 = \lambda_2 = \cdots = \lambda_m$，其余 $N-m$ 个根 $\lambda_{m+1}, \lambda_{m+2}, \cdots, \lambda_N$ 都是单根，则差分方程的齐次解为

$$y_h(n) = \sum_{i=1}^{m} C_i n^{i-1} \lambda_1^n + \sum_{k=m+1}^{N} C_k \lambda_k^n \qquad (3-4-7)$$

其中，$C_i(i=1,2,\cdots,m)$ 和 $C_k(k=m+1,m+2,\cdots,N)$ 为待定系数，由初始条件 $y(0)$，$y(1),\cdots,y(N-1)$ 确定。

2. 特解

特解 $y_p(n)$ 的形式与激励信号的形式有关。首先将激励信号 $x(n)$ 代入式(3-4-1) 所表示的常系数差分方程并化简，所得到的右端式子称为自由项，特解的形式由自由项决定。表 3-4-1 列出了常见自由项所对应的特解。

表 3-4-1 常用自由项所对应的特解

自 由 项	特解 $y_p(n)$
a^n	当 a 不是特征根时，$y_p(n)=A_1 a^n$ 当 a 是特征单根时，$y_p(n)=(A_1+A_2 n)a^n$ 当 a 是 k 重特征根时，$y_p(n)=(A_1+A_2 n+\cdots+A_{k+1}n^k)a^n$
$\cos\omega_0 n$ 或 $\sin\omega_0 n$	$y_p(n)=A_1\cos\omega_0 n+A_2\sin\omega_0 n$
$\alpha^n(B_1\sin n\omega_0+B_2\cos n\omega_0)$	当 $\alpha e^{\pm j\omega_0}$ 不是特征根时，$y_p(n)=\alpha^n(A_1\cos\omega_0 n+A_2\sin\omega_0 n)$ 当 $\alpha e^{\pm j\omega_0}$ 是 k 重特征根时，$y_p(n)=n^k\alpha^n(A_1\cos\omega_0 n+A_2\sin\omega_0 n)$
n^m	当 1 不是特征根时，$y_p(n)=A_m n^m+A_{m-1}n^{m-1}+\cdots+A_1 n+A_0$ 当 1 是 k 重特征根时，$y_p(n)=n^k(A_m n^m+A_{m-1}n^{m-1}+\cdots+A_1 n+A_0)$

表 3-4-1 中 $A_0,A_1,\cdots,A_m$ 为待定系数。根据自由项的形式选定特解后，将其代入原差分方程中，即可求特解的待定系数 $A_i(i=0,1,\cdots,m)$。

3. 完全解

式(3-4-3)表示差分方程的完全解为齐次解与特解之和。按以上方法求出齐次解和特解，将它们代入式(3-4-3)中，得到完全解的表达式，该表达式仍包含齐次解的待定系数，将已知的 N 个初始条件 $y(0),y(1),\cdots,y(N-1)$ 代入完全解中，即可求得齐次解的待定系数。下面举例说明差分方程的经典求解过程。

【例 3-4-2】 已知描述某离散时间系统的差分方程 $y(n)+3y(n-1)+2y(n-2)=x(n)$，激励信号 $x(n)=2^n u(n)$，初始条件 $y(0)=0,y(1)=2$，求系统的完全解。

解：（1）求齐次解。齐次方程为

$$y(n)+3y(n-1)+2y(n-2)=0$$

可得其对应的特征方程为

$$\lambda^2+3\lambda+2=0$$

求得特征根 $\lambda_1=-1,\lambda_2=-2$，所以齐次解为

$$y_h(n)=C_1(-1)^n+C_2(-2)^n$$

（2）求特解。激励信号 $x(n)=2^n u(n)$，其对应的自由项为 2^n。查表 3-4-1 可知，特解的形式为 $y_p(n)=A_1 2^n$，代入原差分方程中得

$$A_1 2^n + 3A_1 2^{n-1} + 2A_1 2^{n-2} = 2^n$$

求得 $A_1 = \dfrac{1}{3}$，所以系统的特解为

$$y_p(n) = \frac{2^n}{3}$$

（3）完全解。

$$y(n) = y_h(n) + y_p(n) = C_1(-1)^n + C_2(-2)^n + \frac{2^n}{3}$$

（4）求待定系数 C_1、C_2。代入已知的初始条件，得

$$\begin{cases} y(0) = C_1 + C_2 + \dfrac{1}{3} = 0 \\ y(1) = -C_1 - 2C_2 + \dfrac{2}{3} = 2 \end{cases}$$

解得 $C_1 = \dfrac{2}{3}$，$C_2 = -1$。所以系统的完全响应为

$$y(n) = y_h(n) + y_p(n) = \frac{2}{3}(-1)^n - (-2)^n + \frac{2^n}{3}, n \geqslant 0$$

系统的齐次解与激励信号 $x(n)$ 无关，仅依赖于系统本身的特征，因此齐次解称为系统的固有响应；而特解的形式取决于激励信号 $x(n)$，因此特解称为系统的强迫响应。

3.4.3　零输入响应和零状态响应

与连续 LTI 系统类似，离散 LTI 系统的完全响应可以看作零输入响应和零状态响应的叠加，即

$$y(n) = y_{zi}(n) + y_{zs}(n) \tag{3-4-8}$$

其中，$y_{zi}(n)$ 为零输入响应，$y_{zs}(n)$ 为零状态响应。

1. 零输入响应

零输入响应 $y_{zi}(n)$ 是输入激励为 0 时仅由系统的起始状态 $y(-N), y(-N+1)$，$\cdots, y(-1)$ 单独作用于系统而产生的响应。在计算零输入响应时，式(3-4-1)的差分方程右端为 0，为齐次方程。零输入响应 $y_{zi}(n)$ 解的形式与齐次解相同，其待定系数由系统的起始状态 $y(-N), y(-N+1), \cdots, y(-1)$ 决定。值得说明的是，系统的起始状态是 $y(-N), y(-N+1), \cdots, y(-1)$，表示 $n<0$ 时系统的状态，也就是激励作用于系统前系统的状态，它与时域经典求解法中系统的初始条件 $y(0), y(1), \cdots, y(N-1)$ 不同，初始条件表示 $n>0$ 时系统的状态，也就是激励作用于系统后系统的状态。

2. 零状态响应

零状态响应 $y_{zs}(n)$ 是指系统的起始状态为 0，即 $y(-N) = y(-N+1) = \cdots = y(-1) = 0$ 时，由激励信号单独作用于系统而产生的响应。$y_{zs}(n)$ 的求解类似于时域经典求解法中完全解的求解，但初始条件 $y(0), y(1), \cdots, y(N-1)$ 须由 0 状态的起始状态 $y(-N) =$

$y(-N+1)=\cdots=y(-1)=0$ 经迭代获得。下面举例说明系统的零输入响应 $y_{zi}(n)$ 和零状态响应 $y_{zs}(n)$ 的求解过程。

【例 3-4-3】 已知例 3-4-2 中所描述的离散时间系统,激励信号 $x(n)=2^n u(n)$,起始状态 $y(-1)=0,y(-2)=\dfrac{1}{2}$,求系统的零输入响应和零状态响应。

解:(1) 求零输入响应。令激励信号 $x(n)=0$,系统的齐次方程为 $y(n)+3y(n-1)+2y(n-2)=0$,其特征方程为

$$\lambda^2+3\lambda+2=0$$

差分方程特征根为 $\lambda_1=-1,\lambda_2=-2$,所以零输入响应为

$$y_{zi}(n)=C_1(-1)^n+C_2(-2)^n$$

根据起始状态 $y(-1)=0,y(-2)=\dfrac{1}{2}$ 求待定系数。代入上式得

$$\begin{cases} y_{zi}(-1)=-C_1-\dfrac{1}{2}C_2=0 \\ y_{zi}(-2)=C_1+\dfrac{1}{4}C_2=\dfrac{1}{2} \end{cases}$$

解得 $C_1=1,C_2=-2$,所以得系统的零输入响应为

$$y_{zi}(n)=[(-1)^n-2(-2)^n]u(n)$$

(2) 求零状态响应。系统的激励信号为 $x(n)=2^n u(n)$,与例 3-4-2 一致。系统的零状态响应的形式为例 3-4-2 中齐次解与特解之和,即

$$y_{zs}(n)=\left[A_1(-1)^n+A_2(-2)^n+\frac{2^n}{3}\right]u(n) \tag{3-4-9}$$

将零起始状态 $y(-2)=0$、$y(-1)=0$ 代入差分方程 $y(n)+3y(n-1)+2y(n-2)=x(n)$,用迭代法求得初始条件为

$$y(0)=-3y(-1)-2y(-2)+1=1$$
$$y(1)=-3y(0)-2y(-1)+2=-3+2=-1$$

再将初始条件代入式(3-4-9),得

$$\begin{cases} y_{zs}(0)=A_1+A_2+\dfrac{1}{3}=1 \\ y_{zs}(1)=-A_1-2A_2+\dfrac{2}{3}=-1 \end{cases}$$

解得 $A_1=-\dfrac{1}{3},A_2=1$。所以求得系统的零状态响应为

$$y_{zs}(n)=\left[-\frac{1}{3}(-1)^n+(-2)^n+\frac{2^n}{3}\right]u(n)$$

3. 单位抽样响应

由例 3-4-3 可知,零状态响应 $y_{zs}(n)$ 可采用经典方法求解,但求解过程比较烦琐,且不利于计算机编程实现,所以,在实践中较少应用。求零状态响应常用的方法是卷积和。

由 3.3.2 节中对 LTI 系统的分析可知,对于 LTI 系统,如果系统的起始状态为 0,仅由激励信号 $x(n)$ 所产生的响应可由式(3-3-9)计算,即

$$y_{\mathrm{zs}}(n) = \sum_{k=-\infty}^{+\infty} x(k)h(n-k) = x(n)*h(n) \qquad (3\text{-}4\text{-}10)$$

其中,$h(n)$ 称为单位抽样响应,表示系统的起始状态为 0、激励信号 $x(n) = \delta(n)$ 时系统产生的响应。$h(n)$ 在系统分析中的作用相当于连续时间系统中的冲激响应 $h(t)$,可以用 $h(n)$ 表征一个 LTI 系统,该系统输入为 $x(n)$ 时的零状态响应 $y_{\mathrm{zs}}(n)$ 由式(3-4-10)计算。可见,利用卷积和分析系统的零状态响应,首先应求解系统的单位抽样响应 $h(n)$。

单位抽样响应 $h(n)$ 可以用前面所介绍的迭代法和经典求解法求得。迭代法一般难以得到 $h(n)$ 的解析表达式,所以,常用差分方程的经典求解法求 $h(n)$。下面举例说明求解过程。

【例 3-4-4】 已知离散时间系统的差分方程为 $y(n) + 3y(n-1) + 2y(n-2) = x(n)$,求系统的单位抽样响应 $h(n)$。

解：系统的激励信号为 $x(n) = \delta(n)$,当 $n > 0$ 时,$x(n) = 0$,即系统差分方程的右端为 0。所以,系统的单位抽样响应 $h(n)$ 与差分方程的齐次解有相同的形式。齐次方程为

$$y(n) + 3y(n-1) + 2y(n-2) = 0$$

对应的特征方程为

$$\lambda^2 + 3\lambda + 2 = 0$$

解得特征根为 $\lambda_1 = -1, \lambda_2 = -2$。单位抽样响应 $h(n)$ 为

$$h(n) = C_1(-1)^n + C_2(-2)^n, n \geqslant 0 \qquad (3\text{-}4\text{-}11)$$

其中,C_1、C_2 为待定系数,由系统的零起始状态决定。将 $h(-2) = h(-1) = 0$ 和 $\delta(n) = \begin{cases} 0, & n \neq 0 \\ 1, & n = 0 \end{cases}$ 代入差分方程 $y(n) + 3y(n-1) + 2y(n-2) = x(n)$ 中,得

$$h(0) = -3h(-1) - 2h(-2) + \delta(0) = 1, h(1) = -3h(0) - 2h(-1) + \delta(1) = -3$$

再将初始条件 $h(0) = 1$、$h(1) = -3$ 代入式(3-4-11)中,得

$$\begin{cases} h(0) = C_1 + C_2 = 1 \\ h(1) = -C_1 - 2C_2 = -3 \end{cases}$$

解得 $C_1 = -1, C_2 = 2$。则系统的单位抽样响应为

$$h(n) = [(-1)^{n+1} - (-2)^{n+1}]u(n)$$

【例 3-4-5】 已知某离散 LTI 系统的差分方程为

$$y(n) - 5y(n-1) + 6y(n-2) = x(n) - 3x(n-2)$$

求系统的单位抽样响应 $h(n)$。

解：系统的齐次方程为 $y(n) - 5y(n-1) + 6y(n-2) = 0$,对应的特征方程为

$$\lambda^2 - 5\lambda + 6 = 0$$

特征根为 $\lambda_1 = 2, \lambda_2 = 3$。齐次解为

$$y_{\mathrm{h}}(n) = C_1 2^n + C_2 3^n$$

(1) 暂时不考虑输入项 $-3x(n-2)$ 的作用,只考虑由 $x(n) = \delta(n)$ 引起的单位抽样响应 $h_1(n)$,由例 3-4-4 可知,

$$h_1(n) = C_1 2^n + C_2 3^n, n \geqslant 0 \tag{3-4-12}$$

起始状态是 $h_1(-2) = h_1(-1) = 0$,将起始状态和 $\delta(n) = \begin{cases} 0, & n \neq 0 \\ 1, & n = 0 \end{cases}$ 代入差分方程,有

$$h_1(n) - 5h_1(n-1) + 6h_1(n-2) = \delta(n)$$

得

$$h_1(0) = 5h_1(-1) - 6h_1(-2) + \delta(0) = 1, \quad h_1(1) = 5h_1(0) - 6h_1(-1) + \delta(1) = 5$$

再将初始条件 $h_1(0) = 1$、$h_1(1) = 5$ 代入式(3-4-12),得

$$\begin{cases} h_1(0) = C_1 + C_2 = 1 \\ h_1(1) = 2C_1 + 3C_2 = 5 \end{cases}$$

解得 $C_1 = -2, C_2 = 3$。所以

$$h_1(n) = (-2^{n+1} + 3^{n+1}) u(n)$$

(2) 考虑输入项 $-3x(n-2)$ 引起的单位抽样响应 $h_2(n)$,因为系统是线性时不变的,所以

$$h_2(n) = -3h_1(n-2) = -3(-2^{n-1} + 3^{n-1}) u(n-2)$$

(3) 将 $h_1(n)$ 与 $h_2(n)$ 叠加,可得系统的单位抽样响应 $h(n)$,即

$$h(n) = h_1(n) + h_2(n) = (3^{n+1} - 2^{n+1}) u(n) - 3(3^{n-1} - 2^{n-1}) u(n-2)$$

第 6 章将介绍基于 z 变换的单位抽样响应 $h(n)$ 的求解方法,该方法更加简便。

3.5　卷积和与解卷积

从 LTI 系统的分析和零状态响应的计算可知,离散时间 LTI 系统的输入 $x(n)$ 引起的零状态响应 $y_{zs}(n)$ 可由 $x(n)$ 和系统单位抽样响应 $h(n)$ 的卷积和计算,即

$$y_{zs}(n) = \sum_{k=-\infty}^{+\infty} x(k) h(n-k) = x(n) * h(n)$$

本节将详细介绍卷积和的计算过程,并简要说明卷积和的逆运算——解卷积及其应用。

3.5.1　卷积和

序列的卷积和简称卷积,与连续时间系统的卷积积分类似,离散序列的卷积也可以通过画图辅助计算,称为图解法求卷积。图解法求卷积的步骤如下:

(1) 反折。在坐标轴 k 上画出序列 $x(k)$ 和 $h(k)$,然后以纵轴为对称轴将序列 $h(k)$ 反折成 $h(-k)$。

(2) 移位。将 $h(-k)$ 移位 n 个样点得到 $h(n-k)$。当 $n > 0$ 时,$h(-k)$ 右移 n;当 $n < 0$ 时,$h(-k)$ 左移 n。

(3) 相乘。将 $h(n-k)$ 与 $x(k)$ 相同位置的样点值相乘。

(4) 相加。把所有乘积累加起来,得 $y(n)$。

(5) 重复步骤(2)、(3)、(4),可将 $y(n)$ 的所有样点计算出来。

值得注意的是,由式(3-3-10)可知,卷积运算满足交换律。所以,在图解法求卷积的

步骤(1)、(2)中,对 $x(k)$ 与 $h(k)$ 的选择具有任意性。也就是说,既可由 $h(k)$ 反折、移位获得 $h(n-k)$,也可由 $x(k)$ 反折、移位获得 $x(n-k)$ 。

图解法计算序列的卷积和,一般不是逐个样点计算 $y(n)$,而是分几个区间分别考虑,下面举例说明。

【例 3-5-1】　已知 $x(n)=\begin{cases}a^n, & n\geqslant 0\\ 0, & n<0\end{cases}$ 和 $h(n)=u(n)-u(n-N)$,求 $x(n)$ 与 $h(n)$ 的卷积。

解:(1) 在坐标轴 k 上画出 $h(k)$ 和 $x(k)$,分别如图 3-5-1(a)和(b)所示;并以纵轴为对称轴,将序列 $h(k)$ 反折成 $h(-k)$,如图 3-5-1(c)所示。

(2) 移位。将 $h(-k)$ 移位 n 个样点得到 $h(n-k)$ 。

当 $n<0$ 时, $h(n-k)$ 与 $x(k)$ 无任何重叠,如图 3-5-1(d)所示。所以

$$y(n)=x(n)*h(n)=\sum_{k=-\infty}^{+\infty}x(k)h(n-k)=0$$

当 $0\leqslant n\leqslant N-1$ 时, $h(n-k)$ 与 $x(k)$ 有重叠,重叠部分的起点为 $k=0$,终点为 $k=n$,如图 3-5-1(e)所示。所以

$$y(n)=x(n)*h(n)=\sum_{k=-\infty}^{+\infty}x(k)h(n-k)=\sum_{k=0}^{n}a^k=\frac{1-a^{n+1}}{1-a}$$

当 $n\geqslant N$ 时, $h(n-k)$ 与 $x(k)$ 有重叠,重叠部分的起点为 $k=-N+1+n$,终点为 $k=n$,如图 3-5-1(f)所示。所以

$$y(n)=x(n)*h(n)=\sum_{k=-\infty}^{+\infty}x(k)h(n-k)=\sum_{k=-N+1+n}^{n}a^k=\frac{a^{-N+1+n}-a^{n+1}}{1-a}$$

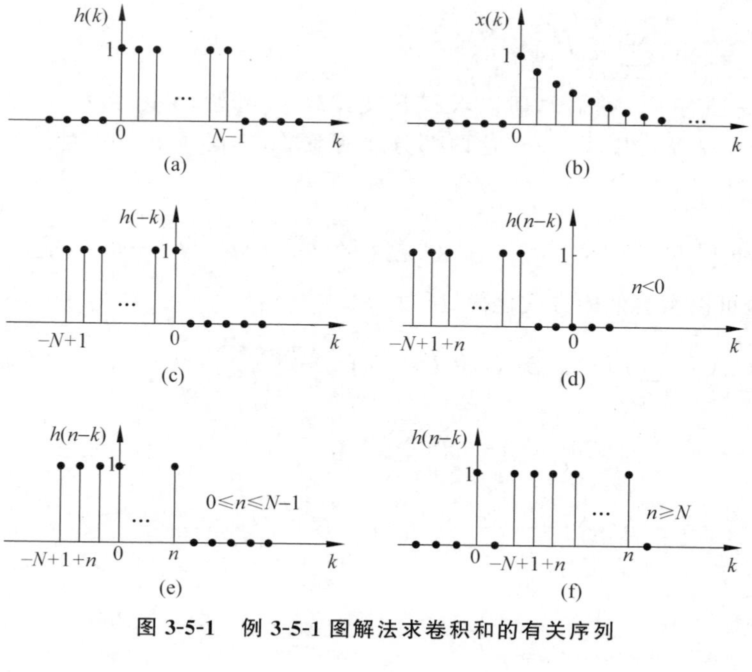

图 3-5-1　例 3-5-1 图解法求卷积和的有关序列

综合以上结果,得

$$y(n) = \begin{cases} 0, & n < 0 \\ \dfrac{1-a^{n+1}}{1-a}, & 0 \leqslant n \leqslant N-1 \\ \dfrac{a^{-N+1+n}-a^{n+1}}{1-a}, & n \geqslant N \end{cases}$$

如图 3-5-2 所示。

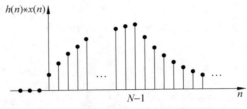

图 3-5-2 例 3-5-1 卷积和的结果

本例的 $x(n) = \begin{cases} a^n, & n \geqslant 0 \\ 0, & n < 0 \end{cases}$ 可以表示为 $x(n) = a^n u(n)$。本例也可以用卷积和的定义推导计算,过程如下:

$$y(n) = h(n) * x(n) = \sum_{k=-\infty}^{\infty} h(k)x(n-k)$$

$$= \sum_{k=-\infty}^{\infty} [u(k)-u(k-N)]a^{n-k}u(n-k)$$

$$= \sum_{k=-\infty}^{\infty} u(k)a^{n-k}u(n-k) - \sum_{k=-\infty}^{\infty} u(k-N)a^{n-k}u(n-k)$$

其中,第一项有 $u(k)$ 因子,所以求和下限从 $k=0$ 开始,又因为 $u(n-k)$ 因子,所以求和上限到 $k=n$ 就可以了,而且这两部分要有重叠,即必须 $n \geqslant 0$,因此第一项可以化简为

$$\sum_{k=-\infty}^{\infty} u(k)a^{n-k}u(n-k) = u(n)\sum_{k=0}^{n} u(k)a^{n-k}u(n-k) = u(n)\sum_{k=0}^{n} a^{n-k}$$

第二项也可以用类似的方式化简,所以

$$y(n) = u(n)\sum_{k=0}^{n} u(k)a^{n-k}u(n-k) - u(n-N)\sum_{k=N}^{n} u(k-N)a^{n-k}u(n-k)$$

$$= u(n)\sum_{k=0}^{n} a^{n-k} - u(n-N)\sum_{k=N}^{n} a^{n-k}$$

$$= \frac{1-a^{n+1}}{1-a}u(n) - \frac{1-a^{n-N+1}}{1-a}u(n-N)$$

即

$$y(n) = \begin{cases} 0, & n < 0 \\ \dfrac{1-a^{n+1}}{1-a}, & 0 \leqslant n \leqslant N-1 \\ \dfrac{a^{-N+1+n}-a^{n+1}}{1-a}, & n \geqslant N \end{cases}$$

对于两个长度较短的有限长序列,求它们的卷积和还有一种更简便的方法,这种方法称为"竖乘法",计算过程与两个整数的乘法过程相类似,实质上是以数的排列将图解法中反折和移位两个步骤巧妙地取代了。下面举例说明"竖乘法"。

【例 3-5-2】 已知激励信号 $x(n)=3\delta(n-1)+2\delta(n-2)+3\delta(n-3)+\delta(n-4)$,LTI 系统的单位抽样响应为 $h(n)=\delta(n)+2\delta(n-1)+2\delta(n-2)$,求系统的零状态响应 $y_{zs}(n)$。

解: $y_{zs}(n)=x(n)*h(n)$,利用"竖乘法"求卷积和。

(1) 将 $x(n)$ 和 $h(n)$ 写成序列的形式,即
$$x(n)=\{3,2,3,1\},\ h(n)=\{1,2,2\}$$
两个序列的样值右端对齐,如下排列,写成竖式并进行计算:

```
    x(n):           3   2   3   1
    h(n):       ×       1   2   2
    ─────────────────────────────
                    6   4   6   2
                6   4   6   2
            +   3   2   3   1
    ─────────────────────────────
    y(n):       3   8  13  11   8   2
```

"竖乘法"求卷积和的计算过程与两个整数的乘法过程类似,但一列数值的累加结果中不向前一列进位。

(2) 确定卷积结果的起点和终点。若序列 $x(n)$ 所在的区间为 $[n_1,n_2]$,$h(n)$ 所在的区间为 $[n_3,n_4]$,则 $x(n)*h(n)$ 所在的区间为 $[n_1+n_3,n_2+n_4]$。本例中,$x(n)$ 所在的区间为 $[1,4]$,$h(n)$ 所在的区间为 $[0,2]$,则 $x(n)*h(n)$ 所在的区间为 $[1,6]$,所以
$$y(n)=x(n)*h(n)$$
$$=3\delta(n-1)+8\delta(n-2)+13\delta(n-3)+11\delta(n-4)+8\delta(n-5)+2\delta(n-6)$$

利用图解法和"竖乘法"可以求出一些常用序列的卷积和,列于表 3-5-1 中。

表 3-5-1　常用序列的卷积和

序号	$x_1(n)$	$x_2(n)$	$x_1(n)*x_2(n)$
1	$x(n)$	$\delta(n)$	$x(n)$
2	$x(n)$	$\delta(n-m)$	$x(n-m)$
3	$x(n)$	$u(n)$	$\displaystyle\sum_{k=-\infty}^{n} x(k)$
4	$u(n)$	$u(n)$	$(n+1)u(n)$

续表

序号	$x_1(n)$	$x_2(n)$	$x_1(n) * x_2(n)$
5	$nu(n)$	$u(n)$	$\frac{1}{2}n(n+1)u(n)$
6	$a^n u(n)$	$u(n)$	$\frac{1-a^{n+1}}{1-a}u(n), a\neq 1$
7	$\alpha^n u(n)$	$\alpha^n u(n)$	$(n+1)\alpha^n u(n)$
8	$\alpha^n u(n)$	$\beta^n u(n)$	$\frac{\alpha^{n+1}-\beta^{n+1}}{\alpha-\beta}u(n), \alpha\neq\beta$
9	$nu(n)$	$a^n u(n)$	$\frac{n}{1-a}u(n)+\frac{a(a^n-1)}{(1-a)^2}u(n)$
10	$nu(n)$	$nu(n)$	$\frac{1}{6}n(n+1)(n-1)u(n)$

利用表 3-5-1 中常用序列的卷积和可求一些较复杂序列的卷积和,方法是将计算卷积和的两个序列分解成表 3-5-1 中常用序列的形式,再利用卷积和的结合律、分配律和交换律计算卷积和。下面举例说明。

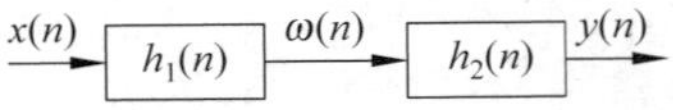

图 3-5-3　例 3-5-3 系统结构

【例 3-5-3】 图 3-5-3 所示是单位抽样响应分别为 $h_1(n)$和 $h_2(n)$的两个 LTI 系统的级联,已知 $x(n)=u(n)$,$h_1(n)=\delta(n)-\delta(n-4)$,$h_2(n)=a^n u(n)$,$|a|<1$,求系统的输出 $y(n)$。

解:

$$
\begin{aligned}
y(n) &= x(n) * h_1(n) * h_2(n) = x(n) * h_2(n) * h_1(n) \\
&= u(n) * a^n u(n) * [\delta(n)-\delta(n-4)] \\
&= \frac{1-a^{n+1}}{1-a}u(n) * [\delta(n)-\delta(n-4)] \\
&= \frac{1-a^{n+1}}{1-a}u(n) - \frac{1-a^{n-3}}{1-a}u(n-4)
\end{aligned}
$$

本节介绍了序列卷积和的 3 种计算方法:图解法、“竖乘法”和常用公式法。这 3 种都是时域计算法。

第 6 章将介绍基于 z 变换或傅里叶变换的卷积计算方法,变换域的卷积计算更加简便,而且可以推导出卷积计算的快速算法。

3.5.2 解卷积

卷积和的计算公式为

$$
y(n) = x(n) * h(n) = \sum_{k=-\infty}^{\infty} x(k)h(n-k)
$$

已知卷积和的结果 $y(n)$和其中一个卷积序列 $x(n)$或 $h(n)$,求另一个卷积序列的计算称为解卷积。解卷积是卷积和的逆运算,也称为反卷积或逆卷积。

如果序列 $x(n)$ 和 $h(n)$ 是因果序列,则卷积和计算的定义公式可改写为

$$y(n) = x(n) * h(n) = \sum_{k=0}^{n} x(k)h(n-k) \tag{3-5-1}$$

将式(3-5-1)写成矩阵运算的形式为

$$
\begin{bmatrix} y(0) \\ y(1) \\ y(2) \\ \vdots \\ y(n) \end{bmatrix} =
\begin{bmatrix} h(0) & 0 & 0 & \cdots & 0 \\ h(1) & h(0) & 0 & \cdots & 0 \\ h(2) & h(1) & h(0) & \cdots & 0 \\ \vdots & \vdots & \vdots & \ddots & \vdots \\ h(n) & h(n-1) & h(n-2) & \cdots & h(0) \end{bmatrix}
\begin{bmatrix} x(0) \\ x(1) \\ x(2) \\ \vdots \\ x(n) \end{bmatrix} \tag{3-5-2}
$$

借助式(3-5-2),可以得到 $x(n)$ 的递推公式,即

$$x(0) = y(0)/h(0)$$
$$x(1) = [y(1) - x(0)h(1)]/h(0)$$
$$x(2) = [y(2) - x(0)h(2) - x(1)h(1)]/h(0)$$
$$\vdots$$

综合上式,可归纳为

$$x(n) = \frac{y(n) - \sum_{k=0}^{n-1} x(k)h(n-k)}{h(0)} \tag{3-5-3}$$

式(3-5-3)是求解 $x(n)$ 的递推公式,计算 $x(n)$ 需要用到 $0 \leqslant k \leqslant n-1$ 的所有 $x(k)$ 值。利用计算机编程很容易完成解卷积运算。同理,若已知式(3-5-1)中的 $y(n)$ 和 $x(n)$,容易得到求解 $h(n)$ 的递推公式,即

$$h(n) = \frac{y(n) - \sum_{k=0}^{n-1} h(k)x(n-k)}{x(0)} \tag{3-5-4}$$

实际中常常应用到解卷积。例如,在控制工程领域的系统辨识问题中,对于 LTI 系统,已知系统的输入 $x(n)$ 和输出 $y(n)$,可以计算表征系统的单位抽样响应 $h(n)$,也就是得到了实际系统的线性模型。另外,在地质勘探等问题中,往往对待测目标发送信号 $x(n)$,测得反射回波 $y(n)$,计算被测地下岩层的 $h(n)$,从而可以分析其物理特性。

习　　题

3-1　分别绘出以下各序列的图形。

(1) $x(n) = \left(\dfrac{1}{2}\right)^n u(n)$。
(2) $x(n) = 2^{n-1} u(n-1)$。

(3) $x(n) = nu(n)$。
(4) $x(n) = -\left(\dfrac{1}{2}\right)^n u(-n+1)$。

(5) $x(n) = \left(\dfrac{1}{2}\right)^{n+1} u(n+2) + 2\delta(n-1)$。
(6) $x(n) = \left(\dfrac{5}{6}\right)^n \sin\dfrac{n\pi}{5} + 2u(n)$。

3-2 绘出以下各序列的图形,并将其表示成 $u(n)$ 的形式。

(1) $\sum\limits_{k=-1}^{3}\delta(n-k)$。

(2) $-\delta(n-2)-\delta(n-3)$。

(3) $1-2\delta(n-1)$。

(4) $\sum\limits_{k=-\infty}^{1}\delta(n-k)$。

3-3 序列 $x(n)$ 如图 3-6-1 所示,试将 $x(n)$ 表示成 $\delta(n)$ 及其延迟的线性组合。

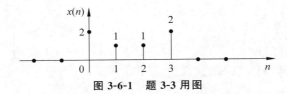

图 3-6-1 题 3-3 用图

3-4 判断下列序列是否为周期序列。若是,请确定其最小周期。

(1) $x(n)=A\cos\left(\dfrac{3\pi}{7}n-\dfrac{\pi}{8}\right)$。

(2) $x(n)=\mathrm{e}^{\mathrm{j}\left(\frac{n}{8}-\pi\right)}$。

(3) $x(n)=A\sin\left(\dfrac{3\pi}{5}n+\dfrac{\pi}{7}\right)$。

3-5 判断下列系统是否为线性系统、时不变系统、稳定系统、因果系统,并说明理由。

(1) $T[x(n)]=g(n)x(n)$,$g(n)$ 已知。

(2) $T[x(n)]=\sin x(n)$。

(3) $T[x(n)]=\sum\limits_{k=n-n_0}^{n+n_0}x(k)$。

(4) $T[x(n)]=x(n-n_0)$。

(5) $T[x(n)]=x(n)+3u(n+1)$。

(6) $T[x(n)]=\mathrm{e}^{x(n)}$。

3-6 已知下列 LTI 系统的单位抽样响应 $h(n)$,试讨论其稳定性及因果性。

(1) $h(n)=2^n u(-n)$。

(2) $h(n)=-a^n u(-n+1)$。

(3) $h(n)=\delta(n+2)$。

(4) $h(n)=2^n R_N(n)$。

(5) $h(n)=\dfrac{1}{n}u(n)$。

(6) $h(n)=0.5^n u(n)$。

3-7 某人每年初在银行存款一次,设其第 n 年新存款额 $x(n)$,若银行的年息为 α,每年的本金和所得利息自动转存下一年,以 $y(n)$ 表示第 n 年的总存款额,列出其差分方程。

3-8 已知如图 3-6-2 所示的电阻梯形网络,其各支路电阻均为 R,每个节点对地的电压为 $v(n)$,$n=0,1,2,\cdots,N$。已知两边界节点电压为 $v(0)=E$,$v(N)=0$,试写出第 n 个节点电压 $v(n)$ 的差分方程,并写出 $v(n)$ 的表示式。如果 $N\to\infty$,试写出 $v(n)$

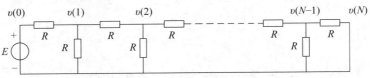

图 3-6-2 题 3-8 用图

的近似式。

3-9　设一个因果 LTI 系统由下列差分方程描述：

$$y(n)-\alpha y(n-1)=x(n)$$

试用迭代法求系统的单位抽样响应。

3-10　求解以下齐次差分方程。

(1) $y(n)-\dfrac{1}{2}y(n-1)=0$，$y(0)=1$。

(2) $y(n)+3y(n-1)+2y(n-2)=0$，$y(-1)=2$，$y(-2)=1$。

(3) $y(n)+y(n-2)=0$，$y(0)=1$，$y(1)=2$。

(4) $y(n)-7y(n-1)+16y(n-2)-12y(n-3)=0$，$y(1)=-1$，$y(2)=-3$，

　　$y(3)=-5$。

3-11　求解以下非齐次差分方程的特解。

(1) $y(n)+5y(n-1)=n$，$y(0)=1$。

(2) $y(n)-5y(n-1)+6y(n-2)=u(n)$，$y(-1)=0$，$y(-2)=5$。

(3) $y(n)+y(n-2)=\sin n$，$y(-1)=0$，$y(-2)=0$。

(4) $y(n)+2y(n-1)+y(n-2)=3^n$，$y(-1)=y(0)=0$。

3-12　求下列差分方程所描述离散时间系统的零输入响应 $y_{zi}(n)$、零状态响应 $y_{zs}(n)$ 和完全响应 $y(n)$。

(1) $y(n)+\dfrac{1}{2}y(n-1)=3u(n)$，$y(-1)=4$。

(2) $y(n)-4y(n-1)+4y(n-2)=4\cdot(-3)^n u(n)$，$y(-2)=2$，$y(-1)=0$。

3-13　求下列差分方程所描述的系统的单位抽样响应 $h(n)$。

(1) $y(n)-0.5y(n-1)=x(n)$。

(2) $y(n)-3y(n-1)-4y(n-2)=x(n)-3x(n-1)$。

(3) $y(n)+\dfrac{1}{4}y(n-1)-\dfrac{1}{8}y(n-2)=x(n)$。

3-14　已知 LTI 系统的输入 $x(n)$ 和单位抽样响应 $h(n)$，计算 $x(n)$ 与 $h(n)$ 的线性卷积，即系统的零状态响应 $y_{zs}(n)$，并画出 $y_{zs}(n)$ 的图形。

(1) $x(n)=\delta(n)+2\delta(n-1)+\delta(n-2)$，$h(n)=u(n)$。

(2) $x(n)=-\delta(n-1)$，$h(n)=-\delta(n)+\delta(n-1)+\delta(n-2)$。

(3) $x(n)=u(n)$，$h(n)=a^n u(n)$，其中，$a<1$。

(4) $x(n)=\delta(n)-\delta(n-2)$，$h(n)=2^n[u(n)-u(n-4)]$。

3-15　求图 3-6-3 所示离散时间系统的单位抽样响应 $h(n)$。其中，$h_1(n)=\left(\dfrac{1}{2}\right)^n u(n)$，

$h_2(n)=\left(\dfrac{1}{3}\right)^n u(n)$，$h_3(n)=\delta(n-1)$，

$h_4(n)=\left(\dfrac{1}{4}\right)^n u(n)$。

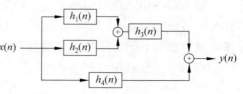

图 3-6-3　题 3-15 用图

第4章

连续时间信号与系统的傅里叶分析

4.1 引　言

第 2 章讨论了利用卷积积分求解连续时间 LTI 系统零状态响应的方法,即以冲激信号为基本信号,将任意输入信号分解为一系列加权的冲激信号之和,系统的零状态响应则为输入信号与系统冲激响应的卷积。本章以正弦函数或复指数函数为基本信号,以系统对正弦函数或复指数函数的信号响应(正弦稳态响应或频率响应)为基本响应,系统响应则可表示为一组不同频率的正弦函数或复指数函数信号响应的加权和或积分。

本章介绍周期信号的频谱分析方法,通过傅里叶级数分析,给出幅度谱和相位谱的概念,并着重介绍周期矩形脉冲信号傅里叶级数的频谱。在周期信号的傅里叶级数基础上,通过对周期信号的周期取无穷大极限,导出非周期信号的频谱密度表达式,从而给出傅里叶变换及其反变换的定义,并通过对一些典型信号的傅里叶变换及傅里叶变换性质的分析,结合一些应用实例,说明傅里叶变换在信号处理中发挥的作用。进一步讨论周期信号傅里叶变换的表达形式,将周期信号与非周期信号的频谱分析统一在傅里叶变换的理论框架之中。利用傅里叶变换的基本理论,介绍连续时间 LTI 系统的频域分析方法,从而得到系统无失真传输以及滤波器等重要概念。本章还详细介绍信号的抽样定理,为连续时间信号与离散时间信号的相互转换提供了理论依据。

4.2 周期信号的傅里叶级数

4.2.1 周期信号的傅里叶级数展开

第 1 章介绍了信号完备正交函数集的表示。例如,选用三角函数集或复指数函数集作为完备正交函数集,此时,周期信号所展开的级数形式就是傅里叶级数。本节利用傅里叶级数的概念研究周期信号的频谱特性。

由数学级数理论可知,对于任意周期信号,有

$$f(t) = f(t - nT) \qquad (4\text{-}2\text{-}1)$$

其中,n 为整数,满足式(4-2-1)的最小非零正值 T 称为该信号的周期。

若信号 $f(t)$ 满足如下的一组充分条件,则称信号 $f(t)$ 满足狄利克雷(Dirichlet)条件。

(1) 在一个周期内,信号 $f(t)$ 绝对可积,即 $\int_{t_0}^{t_0+T} |f(t)| \, dt$ 等于有限值。

(2) 在一个周期内,信号 $f(t)$ 只能有有限个极大值和极小值。

(3) 在一个周期内,信号 $f(t)$ 如果有间断点存在,则间断点的数目应是有限个。

满足狄利克雷条件的周期信号 $f(t)$ 可以展开成傅里叶级数。即任何周期信号在满足狄利克雷条件下均可展开成完备正交函数线性组合的无穷级数。而完备正交函数集可以是三角函数集 $\{1, \cos\omega_0 t, \cos 2\omega_0 t, \cdots, \cos n\omega_0 t, \cdots, \sin\omega_0 t, \sin 2\omega_0 t, \cdots, \sin n\omega_0 t, \cdots\}$ 或复指数函数集 $\{e^{jn\omega_0 t}, n = 0, \pm 1, \pm 2, \cdots\}$。此时,$\omega_0 = 2\pi f_0 = \dfrac{2\pi}{T}$ 为角频率。

1. 三角形式的傅里叶级数

对于周期为 T、角频率为 $\omega_0 = 2\pi f_0 = 2\pi/T$ 且满足狄利克雷条件的周期信号 $f(t)$,展开成三角形式的傅里叶级数为

$$f(t) = a_0 + a_1\cos\omega_0 t + a_2\cos 2\omega_0 t + \cdots + b_1\sin\omega_0 t + b_2\sin 2\omega_0 t + \cdots$$

$$= a_0 + \sum_{n=1}^{\infty} (a_n\cos n\omega_0 t + b_n\sin n\omega_0 t) \tag{4-2-2}$$

根据三角函数的正交性,有

$$\int_{t_0}^{t_0+T} \cos n\omega_0 t \sin m\omega_0 t \, dt = 0 \quad m, n \text{ 为任意整数}$$

$$\int_{t_0}^{t_0+T} \cos n\omega_0 t \cos m\omega_0 t \, dt = \begin{cases} \dfrac{T}{2}, & m = n \\ 0, & m \neq n \end{cases}$$

$$\int_{t_0}^{t_0+T} \sin n\omega_0 t \sin m\omega_0 t \, dt = \begin{cases} \dfrac{T}{2}, & m = n \\ 0, & m \neq n \end{cases}$$

式(4-2-2)中各弦系数的求解分别如下:

直流分量为

$$a_0 = \frac{1}{T} \int_{t_0}^{t_0+T} f(t) \, dt \tag{4-2-3}$$

余弦分量幅值为

$$a_n = \frac{2}{T} \int_{t_0}^{t_0+T} f(t) \cos n\omega_0 t \, dt \tag{4-2-4}$$

正弦分量幅值为

$$b_n = \frac{2}{T} \int_{t_0}^{t_0+T} f(t) \sin n\omega_0 t \, dt \tag{4-2-5}$$

积分区间可以选周期信号的任意一个周期。为方便起见,通常积分区间 (t_0, t_0+T) 取为 $(0, T)$ 或 $\left(-\dfrac{T}{2}, \dfrac{T}{2}\right)$。将式(4-2-2)中的同频率项合并,得

$$a_n \cos n\omega_0 t + b_n \sin n\omega_0 t = A_n \cos(n\omega_0 t + \varphi_n)$$

转换成另一种形式为

$$f(t) = A_0 + \sum_{n=1}^{\infty} A_n \cos(n\omega_0 t + \varphi_n) \qquad (4\text{-}2\text{-}6)$$

其中,

$$\begin{cases} A_0 = a_0 \\ A_n = \sqrt{a_n^2 + b_n^2} \\ \varphi_n = -\arctan(b_n/a_n) \end{cases} , \quad n = 1,2,3,\cdots \qquad (4\text{-}2\text{-}7)$$

式(4-2-6)中 A_0 称为周期信号 $f(t)$ 的直流分量;第二项 $A_1 \cos(\omega_0 t + \varphi_1)$ 称为周期信号 $f(t)$ 的基波分量或一次谐波,它的角频率与周期信号 $f(t)$ 相同,A_1 是基波振幅,φ_1 是基波初相角;第三项 $A_2 \cos(2\omega_0 t + \varphi_2)$ 称为信号 $f(t)$ 的二次谐波,它的角频率是基波角频率的 2 倍,A_2 是二次谐波振幅,φ_2 是其初相角;以此类推,$A_n \cos(n\omega_0 t + \varphi_n)$ 称为 n 次谐波,A_n 为 n 次谐波振幅,φ_n 是其初相角。式(4-2-6)表明,周期信号 $f(t)$ 可分解为直流分量、基波分量和各次谐波分量之和。

【例 4-2-1】 将图 4-2-1 所示的周期方波信号 $f(t)$ 展开成三角形式的傅里叶级数。

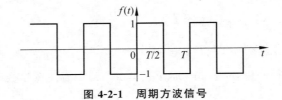

图 4-2-1　周期方波信号

解:根据式(4-2-3)~式(4-2-5),有

$$a_0 = \frac{1}{T} \int_0^T f(t) \mathrm{d}t = 0$$

$$a_n = \frac{2}{T} \int_0^T f(t) \cos n\omega_0 t \, \mathrm{d}t$$

$$= \frac{2}{T} \int_0^{\frac{T}{2}} (1) \cos n\omega_0 t \, \mathrm{d}t + \frac{2}{T} \int_{\frac{T}{2}}^{T} (-1) \cos n\omega_0 t \, \mathrm{d}t$$

$$= \frac{2}{T} \frac{1}{n\omega_0} (\sin n\omega_0 t) \Big|_0^{\frac{T}{2}} + \frac{2}{T} \frac{1}{n\omega_0} (-\sin n\omega_0 t) \Big|_{\frac{T}{2}}^{T}$$

又 $\omega_0 = \dfrac{2\pi}{T}$,得

$$a_n = 0$$

$$b_n = \frac{2}{T} \int_0^T f(t) \sin n\omega_0 t \, \mathrm{d}t$$

$$= \frac{2}{T} \int_0^{\frac{T}{2}} (1) \sin n\omega_0 t \, \mathrm{d}t + \frac{2}{T} \int_{\frac{T}{2}}^{T} (-1) \sin n\omega_0 t \, \mathrm{d}t$$

$$= \frac{2}{T} \frac{1}{n\omega_0}(-\cos n\omega_0 t)\Big|_0^{\frac{T}{2}} + \frac{2}{T} \frac{1}{n\omega_0}\cos n\omega_0 t\Big|_{\frac{T}{2}}^{T}$$

$$= \frac{2}{n\pi}(1-\cos n\pi)$$

$$= \begin{cases} 0, & n=2,4,6,\cdots \\ \dfrac{4}{n\pi}, & n=1,3,5,\cdots \end{cases}$$

所以

$$f(t) = \frac{4}{\pi}\left(\sin\omega_0 t + \frac{1}{3}\sin 3\omega_0 t + \frac{1}{5}\sin 5\omega_0 t + \cdots + \frac{1}{n}\sin n\omega_0 t + \cdots\right),$$

$$n=1,3,5,\cdots$$

一般地,傅里叶级数表示任意周期信号需要无限多项才能完全逼近。实际应用中常常采用有限项级数代替无限项级数。对于例 4-2-1,图 4-2-2 画出了周期 $T=2\pi$ 时该方波的合成图。图 4-2-2(a)取 $f(t)$ 的前一项,图 4-2-2(b)取前两项,图 4-2-2(c)取前 3 项,图 4-2-2(d)取前 10 项。由图 4-2-2 可得出以下结论:

(1) 傅里叶级数的项数取得越多,即包含谐波分量越多,波形越逼近原信号 $f(t)$,则误差越小,如图 4-2-2 中虚线所示。当项数为无穷时,波形即等于 $f(t)$。

(2) 当信号 $f(t)$ 是脉冲信号时,其高频分量主要影响脉冲的跳变沿,而低频分量主要影响脉冲的顶部。所以,$f(t)$ 波形变化越剧烈,所包含的高频分量越丰富;变化越缓慢,所包含的低频分量越丰富。

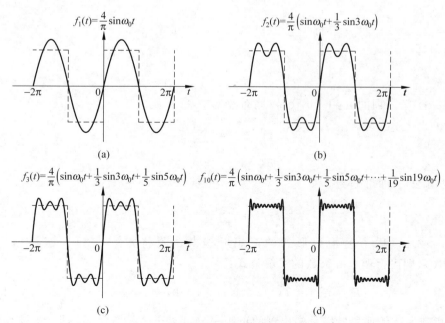

图 4-2-2 有限项傅里叶级数和的波形

（3）当信号 $f(t)$ 中任一频谱分量的幅度或相位发生相对变化时，输出波形一般要发生失真。

（4）在 $f(t)$ 不连续点附近，随着包含谐波次数的增加，有限项级数波形出现的尖峰逐渐靠近不连续点，但是该尖峰的值趋于一个常数，大约等于总跳变值的 9%，并从不连续点开始衰减振荡。这种现象称为吉布斯(Gibbs)现象。

2. 复指数形式的傅里叶级数

三角函数与复指数函数有着密切的关系，根据欧拉公式，有

$$
\begin{cases}
\sin n\omega_0 t = \dfrac{1}{2\mathrm{j}}(\mathrm{e}^{\mathrm{j}n\omega_0 t} - \mathrm{e}^{-\mathrm{j}n\omega_0 t}) \\[2mm]
\cos n\omega_0 t = \dfrac{1}{2}(\mathrm{e}^{\mathrm{j}n\omega_0 t} + \mathrm{e}^{-\mathrm{j}n\omega_0 t})
\end{cases}
\tag{4-2-8}
$$

将式(4-2-8)代入式(4-2-2)，得

$$
f(t) = a_0 + \sum_{n=1}^{\infty}\left(\frac{a_n - \mathrm{j}b_n}{2}\mathrm{e}^{\mathrm{j}n\omega_0 t} + \frac{a_n + \mathrm{j}b_n}{2}\mathrm{e}^{-\mathrm{j}n\omega_0 t}\right)
$$

$$
= F_0 + \sum_{n=1}^{\infty}(F_n \mathrm{e}^{\mathrm{j}n\omega_0 t} + F_{-n}\mathrm{e}^{-\mathrm{j}n\omega_0 t})
\tag{4-2-9}
$$

其中，

$$
\begin{cases}
F_0 = a_0 \\[2mm]
F_n = \dfrac{1}{2}(a_n - \mathrm{j}b_n) = |F_n|\,\mathrm{e}^{\mathrm{j}\theta_n} \\[2mm]
F_{-n} = \dfrac{1}{2}(a_n + \mathrm{j}b_n) = |F_{-n}|\,\mathrm{e}^{\mathrm{j}\theta_{-n}}
\end{cases}
\tag{4-2-10}
$$

易知

$$
|F_n| = |F_{-n}|, \quad \theta_{-n} = -\theta_n
\tag{4-2-11}
$$

将式(4-2-9)第三项的 n 用 $-n$ 代替，同时改变求和限，则有

$$
\sum_{n=1}^{\infty} F_{-n}\mathrm{e}^{-\mathrm{j}n\omega_0 t} = \sum_{n=-1}^{-\infty} F_n \mathrm{e}^{\mathrm{j}n\omega_0 t}
$$

又

$$
F_0 = F_n \mathrm{e}^{\mathrm{j}n\omega_0 t}\big|_{n=0}
$$

于是，式(4-2-9)即可变为

$$
f(t) = \sum_{n=-\infty}^{\infty} F_n \mathrm{e}^{\mathrm{j}n\omega_0 t}
\tag{4-2-12}
$$

式(4-2-12)称为复指数形式的傅里叶级数。若将式(4-2-3)～式(4-2-5)代入式(4-2-10)，即可得傅里叶级数的求解公式：

$$
F_n = \frac{1}{T}\int_{-\frac{T}{2}}^{\frac{T}{2}} f(t)\mathrm{e}^{-\mathrm{j}n\omega_0 t}\,\mathrm{d}t \quad n = 0, \pm 1, \pm 2, \cdots
\tag{4-2-13}
$$

复指数形式的傅里叶级数中出现的负频率分量只是一种数学表达形式，没有确切的物理含义。实际上，复指数形式的傅里叶级数的正、负频率分量总是共轭成对地出现，一对共轭的正、负频率分量之和才能构成一个物理上的谐波分量，即

$$F_n \mathrm{e}^{\mathrm{j}n\omega_0 t} + F_{-n} \mathrm{e}^{-\mathrm{j}n\omega_0 t} = |F_n| \mathrm{e}^{\mathrm{j}\theta_n} \mathrm{e}^{\mathrm{j}n\omega_0 t} + |F_n| \mathrm{e}^{-\mathrm{j}\theta_n} \mathrm{e}^{-\mathrm{j}n\omega_0 t}$$
$$= 2|F_n| \cos(n\omega_0 t + \theta_n) \tag{4-2-14}$$

将式(4-2-9)和式(4-2-14)与式(4-2-6)进行对比,易得三角形式的傅里叶级数和复指数形式的傅里叶级数的关系:

- 当 $n=0$ 时,有 $F_0 = a_0$。
- 当 $n>0$ 时,有

$$|F_n| = \frac{1}{2} A_n = \frac{1}{2} \sqrt{a_n^2 + b_n^2} \tag{4-2-15}$$

$$\theta_n = \varphi_n = \arctan \frac{-b_n}{a_n} \tag{4-2-16}$$

- $n<0$ 的情况只在复指数形式的傅里叶级数中出现,计算方法如式(4-2-10)与式(4-2-11)。

由上可知,三角形式的傅里叶级数和复指数形式的傅里叶级数实质上是同一级数的两种不同表现形式。三角形式的傅里叶级数物理含义比较明确,复指数形式的傅里叶级数表示式比三角形式的傅里叶级数表示式紧凑,便于运算。今后将经常用到复指数形式的傅里叶级数。

【例 4-2-2】 将图 4-2-3 所示的周期矩形脉冲 $f(t)$ 展开为复指数形式的傅里叶级数。设脉冲幅度为 A,脉宽为 τ,重复周期为 T,角频率为 $\omega_0 = \dfrac{2\pi}{T}$。

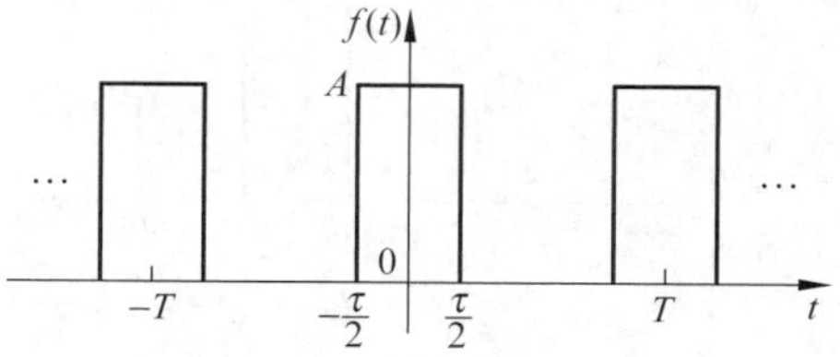

图 4-2-3 周期矩形脉冲

解:该信号在一个周期内 $\left(-\dfrac{T}{2} \leqslant t \leqslant \dfrac{T}{2}\right)$ 的表达式为

$$f(t) = A\left[u\left(t + \frac{\tau}{2}\right) - u\left(t - \frac{\tau}{2}\right)\right]$$

由式(4-2-13),有

$$F_n = \frac{1}{T} \int_{-\frac{T}{2}}^{\frac{T}{2}} f(t) \mathrm{e}^{-\mathrm{j}n\omega_0 t} \mathrm{d}t = \frac{1}{T} \int_{-\frac{\tau}{2}}^{\frac{\tau}{2}} A \mathrm{e}^{-\mathrm{j}n\omega_0 t} \mathrm{d}t = \frac{A\tau}{T} \frac{\sin \dfrac{n\omega_0 \tau}{2}}{\dfrac{n\omega_0 \tau}{2}} = \frac{A\tau}{T} \mathrm{Sa}\left(\frac{n\omega_0 \tau}{2}\right)$$

故

$$f(t) = \sum_{n=-\infty}^{\infty} F_n \mathrm{e}^{\mathrm{j}n\omega_0 t} = \frac{A\tau}{T} \sum_{n=-\infty}^{\infty} \mathrm{Sa}\left(\frac{n\omega_0 \tau}{2}\right) \mathrm{e}^{\mathrm{j}n\omega_0 t}$$

4.2.2 周期信号的频谱

由式(4-2-6)和式(4-2-12)可知,周期信号可以分解为各次谐波频率分量之和。在三角形式的傅里叶级数中,分量的形式为 $A_n \cos(n\omega_0 t + \varphi_n)$;在复指数形式的傅里叶级数中,分量的形式为 $F_n \mathrm{e}^{\mathrm{j}n\omega_0 t}$,且 $F_n \mathrm{e}^{\mathrm{j}n\omega_0 t}$ 与 $F_{-n} \mathrm{e}^{-\mathrm{j}n\omega_0 t}$ 成对出现。傅里叶系数 A_n 或 $|F_n|$ 反映了不同谐波分量的幅度,φ_n 或 θ_n 反映了不同谐波分量的相位。将 A_n、φ_n 或 $|F_n|$、θ_n 用以 ω 为横轴、以 ω_0 为单位的图形画出来,称为周期信号的频谱图,可以清楚地看出

频率分量的幅度与相位的相对信息。

1. 周期信号的单边谱和双边谱

对于周期信号 $f(t)$,其傅里叶级数为

$$f(t) = A_0 + A_1\cos(\omega_0 t + \varphi_1) + A_2\cos(2\omega_0 t + \varphi_2)$$
$$= F_0 + F_{-1}e^{-j\omega_0 t} + F_1 e^{j\omega_0 t} + F_{-2}e^{-j2\omega_0 t} + F_2 e^{j2\omega_0 t}$$

其中,$F_0 = A_0$,$F_1 = \dfrac{A_1}{2}e^{j\varphi_1}$,$F_{-1} = \dfrac{A_1}{2}e^{-j\varphi_1}$,$F_2 = \dfrac{A_2}{2}e^{j\varphi_2}$,$F_{-2} = \dfrac{A_2}{2}e^{-j\varphi_2}$。

对应于三角形式的傅里叶级数,幅度 A_n 和相位 φ_n 随角频率 $n\omega_0$ 变化的图形分别如图 4-2-4(a)、(b)所示。图中一条线代表某一频率分量的幅度或相位值,称为谱线。称图 4-2-4(a)为幅度频谱,简称幅度谱;称图 4-2-4(b)为相位频谱,简称相位谱。由于各分量的角频率恒为非负,因而幅度谱与相位谱是单边的,称为单边谱。

对应于复指数形式的傅里叶级数,幅度 $|F_n|$ 和相位 θ_n 随角频率 $n\omega_0$ 变化的图形分别如图 4-2-4(c)、(d)所示。由于各分量的角频率有正有负($-\infty < n < \infty$),所以幅度谱与相位谱均为双边谱。同时,由于 $|F_n|$ 是 $n\omega_0$ 的偶函数,θ_n 是 $n\omega_0$ 的奇函数,所以在双边频谱图中,幅度谱呈偶对称而相位谱呈奇对称。

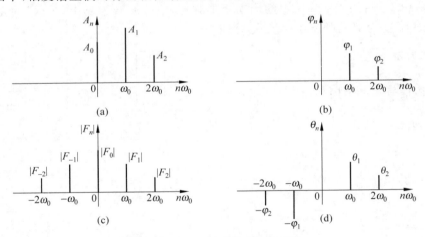

图 4-2-4　$f(t)$ 的幅度谱与相位谱

下面对例 4-2-2 中的周期矩形脉冲 $f(t)$ 的频谱进行详细分析,其复指数形式的傅里叶系数为

$$F_n = \frac{A\tau}{T}\text{Sa}\left(\frac{n\omega_0\tau}{2}\right) \tag{4-2-17}$$

根据式(4-2-17),$f(t)$ 的双边幅度谱和相位谱分别如图 4-2-5(a)、(b)所示。

从图 4-2-5 可知,周期矩形脉冲 $f(t)$ 频谱分量的相位为 0 或 $\pm\pi$。若把相位为 0 的分量的幅度看作正值,把相位为 $\pm\pi$ 的分量的幅度看作负值,那么,周期矩形脉冲的幅度谱和相位谱可以合起来,则图 4-2-5 转换为图 4-2-6,可称为频谱图。

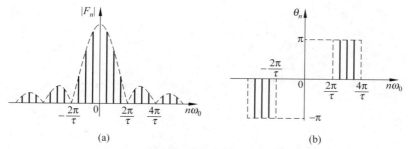

图 4-2-5　周期矩形脉冲的双边幅度谱和相位谱

由上可知,周期信号频谱具有以下特点:

(1) 离散性。谱线在频率轴上是离散的,这种频谱称为离散频谱。

(2) 谐波性。谱线在频率轴上等间距分布,且在频率轴上的位置是 ω_0 的整数倍。

(3) 收敛性。谱线随 $n \to \pm\infty$ 而衰减到 0。

在图 4-2-6 中,连接各谱线顶点的曲线称为谱线包络线,它反映了各分量的幅度变化情况,按抽样函数 $\mathrm{Sa}(x)$ 的规律变化,如图中虚线所示。如果

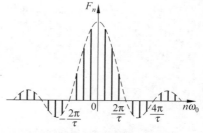

图 4-2-6　周期矩形脉冲的频谱图

将谱线包络线看成一个个起伏的山峰和山谷,则其中最高的峰称为主峰。图 4-2-6 中主峰高度为 $F_0 = \dfrac{A\tau}{T}$,主峰宽度为 $-\dfrac{2\pi}{\tau} \sim \dfrac{2\pi}{\tau}$,通常把包含主要谐波分量的 $0 \sim \dfrac{2\pi}{\tau}$ 这段频率范围称为周期矩形脉冲信号的有效频带宽度或带宽,记作 B,即周期矩形脉冲频带宽度为

$$B_\omega = \frac{2\pi}{\tau} \text{ 或 } B_f = \frac{1}{\tau}$$

显然,频带宽度 B 只与脉宽 τ 有关系,而且成反比。下面进一步讨论不同脉冲宽度 τ 和不同周期 T 的情况下周期矩形脉冲频谱的变化规律。

(1) 当周期矩形脉冲的幅度 A 和周期 T 保持不变时脉冲宽度 τ 变化的情况。

图 4-2-7 给出了当脉冲宽度 τ 分别为 $\dfrac{T}{2}$、$\dfrac{T}{4}$ 和 $\dfrac{T}{8}$ 时的频谱。可以看出,若 τ 减小,则主峰高度 $\dfrac{A\tau}{T}$ 减小,各条谱线高度也相应地减小;第一个零交点 $\pm\dfrac{2\pi}{\tau}$ 增大,即频带宽度增大;谱线间隔 $\omega_0 = \dfrac{2\pi}{T}$ 不变,因而主峰内包含的谱线数目增多。若 τ 增大,则情况相反。

周期矩形脉冲的有效频带宽度与脉冲宽度成反比是一个十分重要的关系。当 τ 增大到 $\tau = T$ 时,则 $F_n = A\mathrm{Sa}(n\pi)$,只有 $F_0 = A$。也就是说,只有一条谱线在 $n\omega_0 = 0$ 处,其高度为 A;其余谱线因高度为 0 而消失。这是因为,当 $\tau = T$ 时,周期矩形脉冲信号已转换为直流信号,其频谱必然只含有直流分量。

(2) 当周期矩形脉冲的幅度 A 和脉冲宽度 τ 保持不变时周期 T 变化的情况。

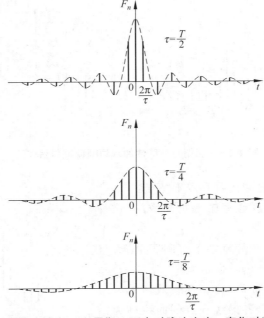

图 4-2-7　当脉冲幅度 A 和周期 T 不变时脉冲宽度 τ 变化对频谱的影响

图 4-2-8 给出了当 T 分别为 2τ、4τ 和 8τ 时的频谱。可以看出,若 T 增大,则主峰高度 $\dfrac{A\tau}{T}$ 减小,各条谱线高度也相应地减小;第一个零交点 $\pm\dfrac{2\pi}{\tau}$ 不变,主峰宽度不变;各条谱线间隔 $\omega_0=\dfrac{2\pi}{T}$ 减小,谱线变密。若 T 减小,则情况相反。当 $T\to\infty$ 时,周期信号转换

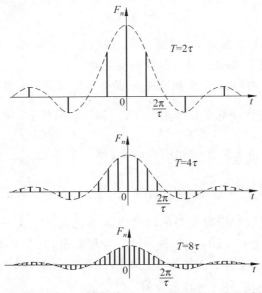

图 4-2-8　当脉冲幅度 A 和脉冲宽度 τ 不变时周期 T 变化对频谱的影响

为非周期信号,则各条谱线高度趋于 0,但谱线包络线的形状没有改变;各条谱线间隔也趋于 0,此时,离散谱线变为连续谱线。

2. 周期信号的功率谱

为了了解周期信号功率在各次谐波中的分布情况,下面讨论周期信号的功率谱。周期信号 $f(t)$ 在 1Ω 电阻上消耗的平均功率为

$$p = \frac{1}{T}\int_{-\frac{T}{2}}^{\frac{T}{2}} f^2(t)\,\mathrm{d}t \tag{4-2-18}$$

其中,T 为周期信号的周期。

周期信号的平均功率既可以用式(4-2-18)在时域中计算,也可以在频域中进行计算。周期信号 $f(t)$ 复指数形式的傅里叶级数为

$$f(t) = \sum_{n=-\infty}^{\infty} F_n \mathrm{e}^{\mathrm{j}n\omega_0 t} \tag{4-2-19}$$

其中,$F_n = \frac{1}{T}\int_{-\frac{T}{2}}^{\frac{T}{2}} f(t)\mathrm{e}^{-\mathrm{j}n\omega_0 t}\,\mathrm{d}t$。 将式(4-2-19)代入式(4-2-18),得

$$\begin{aligned} p &= \frac{1}{T}\int_{-\frac{T}{2}}^{\frac{T}{2}} f^2(t)\,\mathrm{d}t = \frac{1}{T}\int_{-\frac{T}{2}}^{\frac{T}{2}} f(t)\left[\sum_{n=-\infty}^{\infty} F_n \mathrm{e}^{\mathrm{j}n\omega_0 t}\right]\mathrm{d}t \\ &= \sum_{n=-\infty}^{\infty} F_n \left[\frac{1}{T}\int_{-\frac{T}{2}}^{\frac{T}{2}} f(t)\mathrm{e}^{\mathrm{j}n\omega_0 t}\,\mathrm{d}t\right] \end{aligned} \tag{4-2-20}$$

由于 $F_n = \frac{1}{T}\int_{-\frac{T}{2}}^{\frac{T}{2}} f(t)\mathrm{e}^{-\mathrm{j}n\omega_0 t}\,\mathrm{d}t$,则

$$F_{-n} = \frac{1}{T}\int_{-\frac{T}{2}}^{\frac{T}{2}} f(t)\mathrm{e}^{\mathrm{j}n\omega_0 t}\,\mathrm{d}t$$

$$F_n F_{-n} = |F_n|^2$$

于是,式(4-2-20)变为

$$p = \frac{1}{T}\int_{-\frac{T}{2}}^{\frac{T}{2}} f^2(t)\,\mathrm{d}t = \sum_{n=-\infty}^{\infty} F_n F_{-n} = \sum_{n=-\infty}^{\infty} |F_n|^2 \tag{4-2-21}$$

式(4-2-21)称为周期信号的帕塞瓦尔(Parseval)定理。式(4-2-21)表明,周期信号的平均功率完全可以在频域中用复指数形式的傅里叶系数 F_n 确定。

式(4-2-21)还可以写成

$$p = \sum_{n=-\infty}^{\infty} F_n F_{-n} = F_0^2 + 2\sum_{n=1}^{\infty} |F_n|^2 = A_0^2 + \frac{1}{2}\sum_{n=1}^{\infty} A_n^2 \tag{4-2-22}$$

式(4-2-22)右边两项分别是周期信号的直流分量和各次谐波分量在 1Ω 电阻上消耗的平均功率。因此,它表明了周期信号在时域中的平均功率等于频域中的直流分量和各次谐波分量的平均功率之和。帕塞瓦尔定理诠释了时域和频域的能量守恒。将 $|F_n|^2$ 与 $n\omega_0\,(-\infty<n<\infty)$ 的关系画出,即得到周期信号的功率频谱,简称功率谱。显然,周期信号的功率谱也是离散频谱。由于 $|F_n|$ 一般随着 n 增加而减小,因此,周期信号的功率主要集中在低频部分。通过功率谱可以获得各平均功率分量的分布情况,并确定在周期信

号的有效频带宽度内谐波分量所具有的平均功率与整个周期信号的平均功率之比。

4.3　傅里叶变换

前面讨论了周期信号的傅里叶级数，并得到了它的离散频谱。本节将利用傅里叶分析方法导出非周期信号的傅里叶变换，并通过一些常用信号的傅里叶变换进一步理解其物理含义。

4.3.1　傅里叶变换的定义

1. 非周期信号傅里叶变换的导出

设周期信号 $f_T(t)$ 和非周期信号 $f(t)$ 分别如图 4-3-1(a)、(b)所示，其中，$f_T(t)$ 为 $f(t)$ 每隔 T 秒的周期延拓，且周期 T 应选得足够大，使得 $f(t)$ 形状的脉冲之间没有重叠。如果令 T 趋于无穷大，则周期信号将经过无穷大的间隔才重复出现，即 $T \to \infty$ 时，有

$$\lim_{T \to \infty} f_T(t) = f(t) \tag{4-3-1}$$

因此，当 $T \to \infty$ 时，周期信号变为非周期信号，则可用 $f_T(t)$ 的傅里叶级数表示 $f(t)$。

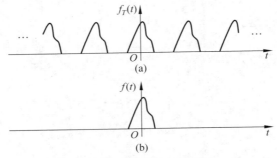

图 4-3-1　周期信号与非周期信号

由 4.2.2 节对周期性矩形脉冲极限过程的讨论可知，当周期 T 增大时，基波频率 $\omega_0 = \dfrac{2\pi}{T}$ 变小，谱线变密，频谱幅度变小，但谱线包络线的形状保持不变。在周期 T 趋于无穷大的极限情况下，其谱线间隔与幅度都将会趋于无穷小。这样，原来由许多谱线组成的周期信号的离散频谱就会连成一片，形成非周期信号的连续频谱。此时，讨论傅里叶级数已经没有实际意义。为了表述非周期信号的频谱特性，引入频谱密度函数的概念，即

$$T \cdot F_n = \frac{2\pi F_n}{\omega_0} = \frac{F_n}{f_0} = \int_{-\frac{T}{2}}^{\frac{T}{2}} f(t) \mathrm{e}^{-\mathrm{j}n\omega_0 t}\, \mathrm{d}t \tag{4-3-2}$$

其中，$\dfrac{F_n}{\omega_0}$ 或 $\dfrac{F_n}{f_0}$ 表示单位频带上的频谱值，即频谱密度。对式(4-3-2)取极限 $T \to \infty$，各变量将相应改为

$$\begin{cases} T \to \infty \\ \omega_0 = \dfrac{2\pi}{T} \to \Delta\omega \to \mathrm{d}\omega \\ n\omega_0 \to n\Delta\omega \to \omega \end{cases}$$

此时,虽然 $F_n \to 0$,但 $T \cdot F_n$ 趋于一个有限函数,记作 $F(\omega)$,即

$$F(\omega) = \lim_{T \to \infty} T \cdot F_n = \lim_{T \to \infty} \frac{2\pi F_n}{\omega_0}$$

$$= \lim_{T \to \infty} \int_{-\frac{T}{2}}^{\frac{T}{2}} f(t) \mathrm{e}^{-\mathrm{j}n\omega_0 t} \mathrm{d}t = \int_{-\infty}^{\infty} f(t) \mathrm{e}^{-\mathrm{j}\omega t} \mathrm{d}t \qquad (4\text{-}3\text{-}3)$$

T 趋于无穷大时,谱线间隔 ω_0 或者 f_0 也趋于 0。所以,$F(\omega)$ 可以理解为信号在 ω 处的频谱密度函数,简称为频谱函数,在与周期信号频谱不发生混淆的情况下也称为频谱。这就是傅里叶变换的物理意义。

若已知 $F(\omega)$,下面推导 $f(t)$。根据复指数形式的傅里叶级数的知识,易知

$$f_T(t) = \sum_{n=-\infty}^{\infty} F_n \mathrm{e}^{\mathrm{j}n\omega_0 t} = \sum_{n=-\infty}^{\infty} \frac{2\pi F_n}{\omega_0} \cdot \frac{\omega_0}{2\pi} \mathrm{e}^{\mathrm{j}n\omega_0 t} = \frac{1}{2\pi} \sum_{n=-\infty}^{\infty} \frac{2\pi F_n}{\omega_0} \omega_0 \mathrm{e}^{\mathrm{j}n\omega_0 t}$$

当 $T \to \infty$ 时,$\omega_0 \to \Delta\omega \to 0$,用 $\mathrm{d}\omega$ 表示,离散变量 $n\Delta\omega$ 变成连续变量 ω,同时求和符号改成积分,即

$$f(t) = \lim_{T \to \infty} f_T(t) = \lim_{T \to \infty} \frac{1}{2\pi} \sum_{n=-\infty}^{\infty} \frac{2\pi F_n}{\omega_0} \omega_0 \mathrm{e}^{\mathrm{j}n\omega_0 t}$$

$$= \lim_{\Delta\omega \to 0} \frac{1}{2\pi} \sum_{n=-\infty}^{\infty} \frac{2\pi F_n}{\Delta\omega} \mathrm{e}^{\mathrm{j}n\Delta\omega t} \Delta\omega$$

$$= \frac{1}{2\pi} \int_{-\infty}^{\infty} F(\omega) \mathrm{e}^{\mathrm{j}\omega t} \mathrm{d}\omega \qquad (4\text{-}3\text{-}4)$$

式(4-3-3)和式(4-3-4)称为傅里叶变换对。其中,式(4-3-3)称为傅里叶正变换,简称傅氏变换,并记为

$$F(\omega) = \mathcal{F}[f(t)] = \int_{-\infty}^{\infty} f(t) \mathrm{e}^{-\mathrm{j}\omega t} \mathrm{d}t$$

或

$$f(t) \xleftrightarrow{\mathcal{F}} F(\omega)$$

而式(4-3-4)称为傅里叶反变换,简称傅氏反变换,并记为

$$f(t) = \mathcal{F}^{-1}[F(\omega)] = \frac{1}{2\pi} \int_{-\infty}^{\infty} F(\omega) \mathrm{e}^{\mathrm{j}\omega t} \mathrm{d}\omega$$

或

$$F(\omega) \xleftarrow{\mathcal{F}^{-1}} f(t)$$

$F(\omega)$ 一般为复函数,可以写成

$$F(\omega) = |F(\omega)| \mathrm{e}^{\mathrm{j}\varphi(\omega)} \qquad (4\text{-}3\text{-}5)$$

其中,$|F(\omega)|$ 是 $F(\omega)$ 的模,表示各频率分量之间的幅度关系;$\varphi(\omega)$ 是 $F(\omega)$ 的相位函数,表示各频率分量之间的相位关系。$|F(\omega)|$ 与 $\varphi(\omega)$ 画成的曲线分别称为信号的幅度频谱和相位频谱,它们都是频率 ω 的连续函数,其形状与对应的周期信号的谱线包络线相同,反映了信号在不同频率上的分布。

与周期信号一样,非周期信号的傅里叶变换仍应满足类似于傅里叶级数的狄利克雷

条件。不同之处仅仅在于非周期信号的傅里叶变换时间范围从一个周期扩展为无限区间。傅里叶变换存在的充分条件是在无限区间内满足绝对可积条件,即

$$\int_{-\infty}^{\infty} | f(t) | \, dt < \infty \qquad (4\text{-}3\text{-}6)$$

常用能量信号满足绝对可积条件,均存在傅里叶变换。而很多功率信号,如周期信号、阶跃信号、符号函数等,虽然不满足绝对可积条件,但引入广义函数 $\delta(t)$ 概念后,仍可以求出傅里叶变换。这样,就可以将傅里叶级数和傅里叶变换结合在一起,使周期信号与非周期信号的分析统一起来。

2. 傅里叶级数与傅里叶变换的关系

根据上述讨论,可以证明,周期信号 $f_T(t)$ 的傅里叶级数系数 F_n 可以用 $f_T(t)$ 在一个周期内信号 $f(t)$ 的傅里叶变换表示。即,若 $f_T(t)$ 的傅里叶级数系数为 F_n,且

$$f(t) \xleftarrow{\mathscr{F}} F(\omega), f(t) = \begin{cases} f_T(t), & -\dfrac{T}{2} \leqslant t \leqslant \dfrac{T}{2} \\ 0, & \text{其他} \end{cases}$$

则

$$F_n = \left.\frac{F(\omega)}{T}\right|_{\omega = n\omega_0} \qquad (4\text{-}3\text{-}7)$$

证明:

$$F_n = \frac{1}{T}\int_{-\frac{T}{2}}^{\frac{T}{2}} f_T(t) e^{-jn\omega_0 t} \, dt = \frac{1}{T}\int_{-\frac{T}{2}}^{\frac{T}{2}} f(t) e^{-jn\omega_0 t} \, dt$$

$$= \frac{1}{T}\int_{-\infty}^{\infty} f(t) e^{-jn\omega_0 t} \, dt = \left.\frac{1}{T}F(\omega)\right|_{\omega = n\omega_0}$$

得证。

4.3.2 常用信号的傅里叶变换

下面介绍几种常用非周期信号的频谱,包括几种典型非周期信号的频谱和冲激信号与阶跃信号的频谱。

1. 单边指数信号

单边指数信号的表示式为 $f(t) = A e^{-at} u(t)$,其中,$a > 0$。其傅里叶变换为

$$F(\omega) = \int_{-\infty}^{\infty} f(t) e^{-j\omega t} \, dt = \int_{-\infty}^{\infty} A e^{-at} u(t) e^{-j\omega t} \, dt = A\int_{0}^{\infty} e^{-at} e^{-j\omega t} \, dt$$

$$= \left.\frac{A e^{-(a+j\omega)t}}{-(a+j\omega)}\right|_{0}^{\infty} = \frac{A}{a+j\omega} \qquad (4\text{-}3\text{-}8)$$

$$| F(\omega) | = \frac{A}{\sqrt{a^2 + \omega^2}}$$

$$\varphi(\omega) = -\arctan\frac{\omega}{a}$$

单边指数信号的波形 $f(t)$,其幅度谱 $| F(\omega) |$ 和相位谱 $\varphi(\omega)$ 分别如图 4-3-2(a)、(b)

和(c)所示。

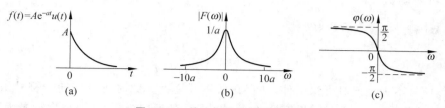

图 4-3-2　单边指数信号及其频谱

单边指数信号也有一个重要的参数,即衰减因子 $a>0$。对图 4-3-2(b)所示的幅度谱,一般认为幅度谱下降到 0.1 倍最大值时的宽度为信号的有效带宽,所以单边指数信号的有效带宽是

$$B_\omega = 10a$$

a 越小,说明信号衰减越慢,信号的时间范围越宽,频带就越窄;a 越大,说明信号衰减越快,信号的时间范围越窄,频带就越宽。这说明同一个结论,即脉冲的脉宽和有效带宽成反比。这个结论可以推广到任何信号波形,而且从后面介绍的傅里叶变换的尺度变换性质可以更清楚地看到这一重要关系。

需要指出,对于 $a<0$ 的情况,$f(t)$ 是指数增长信号,由于不满足绝对可积条件,故不存在傅里叶变换。

2. 双边指数信号

双边指数信号的表示式为 $f(t)=\mathrm{e}^{-a|t|}$,其中,$a>0$。其傅里叶变换为

$$\begin{aligned}
F(\omega) &= \int_{-\infty}^{\infty} f(t)\mathrm{e}^{-\mathrm{j}\omega t}\,\mathrm{d}t = \int_{-\infty}^{\infty} \mathrm{e}^{-a|t|}\,\mathrm{e}^{-\mathrm{j}\omega t}\,\mathrm{d}t = \int_{-\infty}^{0} \mathrm{e}^{at}\,\mathrm{e}^{-\mathrm{j}\omega t}\,\mathrm{d}t + \int_{0}^{\infty} \mathrm{e}^{-at}\,\mathrm{e}^{-\mathrm{j}\omega t}\,\mathrm{d}t \\
&= \int_{-\infty}^{0} \mathrm{e}^{(a-\mathrm{j}\omega)t}\,\mathrm{d}t + \int_{0}^{\infty} \mathrm{e}^{-(a+\mathrm{j}\omega)t}\,\mathrm{d}t \\
&= \frac{1}{a-\mathrm{j}\omega} + \frac{1}{a+\mathrm{j}\omega} \\
&= \frac{2a}{a^2+\omega^2}
\end{aligned}$$

$$\begin{aligned}
&|F(\omega)| = \frac{2a}{a^2+\omega^2} \\
&\varphi(\omega) = 0
\end{aligned}$$

双边指数信号的波形 $f(t)$ 及其频谱分别如图 4-3-3(a)、(b)所示。

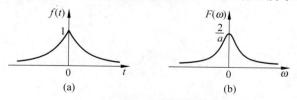

图 4-3-3　双边指数信号及其频谱

3. 符号函数

符号函数 $\mathrm{Sgn}(t)$ 定义为

$$f(t) = \mathrm{Sgn}(t) = \begin{cases} +1, & t > 0 \\ -1, & t < 0 \end{cases}$$

显然,该信号不满足绝对可积条件,却存在傅里叶变换。此时可以借助于符号函数与双边指数函数相乘,先求得此乘积信号 $f_1(t)$ 的频谱,然后取极限,从而得出符号函数 $f(t)$ 的频谱。

由于
$$f_1(t) = \mathrm{e}^{-a|t|} \mathrm{Sgn}(t), a > 0$$

$$F_1(\omega) = \int_{-\infty}^{\infty} f_1(t) \mathrm{e}^{-j\omega t}\, dt = \int_{-\infty}^{0} (-\mathrm{e}^{at})\mathrm{e}^{-j\omega t}\, dt + \int_{0}^{\infty} \mathrm{e}^{-at}\mathrm{e}^{-j\omega t}\, dt = \frac{-2j\omega}{a^2 + \omega^2}$$

所以
$$F(\omega) = \lim_{a \to 0} F_1(\omega) = \lim_{a \to 0} \frac{-2j\omega}{a^2 + \omega^2} = \frac{2}{j\omega} \qquad (4\text{-}3\text{-}10)$$

$$|F(\omega)| = \frac{2}{|\omega|}$$

$$\varphi(\omega) = \begin{cases} -\dfrac{\pi}{2}, & \omega > 0 \\[2mm] \dfrac{\pi}{2}, & \omega < 0 \end{cases}$$

符号函数 $\mathrm{Sgn}(t)$ 的波形及其幅度谱和相位谱分别如图 4-3-4(a)、(b)、(c)所示。

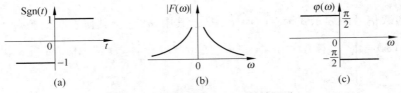

图 4-3-4 符号函数 $\mathrm{Sgn}(t)$ 及其频谱

4. 矩形脉冲

矩形脉冲 $f(t)$ 的表示式为

$$f(t) = AG_\tau(t) = A\left[u\left(t + \frac{\tau}{2}\right) - u\left(t - \frac{\tau}{2}\right)\right] = \begin{cases} A, & |t| < \dfrac{\tau}{2} \\[2mm] 0, & |t| > \dfrac{\tau}{2} \end{cases}$$

其傅里叶变换为

$$F(\omega) = \int_{-\infty}^{\infty} f(t) \mathrm{e}^{-j\omega t}\, dt = \int_{-\frac{\tau}{2}}^{\frac{\tau}{2}} A \mathrm{e}^{-j\omega t}\, dt = \frac{A \mathrm{e}^{-j\omega t}}{-j\omega}\Bigg|_{-\frac{\tau}{2}}^{\frac{\tau}{2}} = \frac{A}{j\omega}\left(\mathrm{e}^{j\omega\frac{\tau}{2}} - \mathrm{e}^{-j\omega\frac{\tau}{2}}\right) = A\tau\,\frac{\sin\frac{\omega\tau}{2}}{\frac{\omega\tau}{2}}$$

$$= A\tau \mathrm{Sa}\left(\frac{\omega\tau}{2}\right) \tag{4-3-11}$$

$$|F(\omega)| = A\tau \left| \frac{\sin\dfrac{\omega\tau}{2}}{\dfrac{\omega\tau}{2}} \right| = A\tau \left| \mathrm{Sa}\left(\frac{\omega\tau}{2}\right) \right|$$

$$\varphi(\omega) = \begin{cases} 0, & \mathrm{Sa}\left(\dfrac{\omega\tau}{2}\right) > 0 \\[3mm] \pm\pi, & \mathrm{Sa}\left(\dfrac{\omega\tau}{2}\right) < 0 \end{cases}$$

因为 $F(\omega)$ 是实函数,通常用一条 $F(\omega)$ 曲线同时表示幅度谱 $|F(\omega)|$ 和相位谱 $\varphi(\omega)$。因此,矩形脉冲及其频谱分别如图 4-3-5(a)和(b)所示。

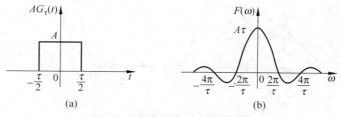

图 4-3-5　矩形脉冲及其频谱

由图 4-3-5 可见,矩形脉冲的频谱按照抽样函数的规律变化,分布在无限宽的频率范围上,但是大部分信号的能量集中在低频部分。一般认为矩形脉冲的有效带宽是原点到第一个零点的宽度,即矩形脉冲的有效带宽为

$$B_\omega = \frac{2\pi}{\tau} \text{ 或 } B_f = \frac{1}{\tau} \tag{4-3-12}$$

可见,矩形脉冲的脉冲宽度和有效带宽成反比。

5. 三角形脉冲

三角形脉冲的表示式为

$$f(t) = \begin{cases} A\left(1 - \dfrac{|t|}{\tau}\right), & |t| \leqslant \tau \\[3mm] 0, & |t| > \tau \end{cases}$$

其傅里叶变换为

$$F(\omega) = \int_{-\infty}^{\infty} f(t)\mathrm{e}^{-\mathrm{j}\omega t}\,\mathrm{d}t = \int_{-\infty}^{\infty} A\left(1 - \frac{|t|}{\tau}\right)\mathrm{e}^{-\mathrm{j}\omega t}\,\mathrm{d}t$$

$$= A\int_{-\infty}^{0}\left(1 + \frac{t}{\tau}\right)\mathrm{e}^{-\mathrm{j}\omega t}\,\mathrm{d}t + A\int_{0}^{\infty}\left(1 - \frac{t}{\tau}\right)\mathrm{e}^{-\mathrm{j}\omega t}\,\mathrm{d}t$$

$$= A\int_{-\tau}^{0}\left(1 + \frac{t}{\tau}\right)\mathrm{e}^{-\mathrm{j}\omega t}\,\mathrm{d}t + A\int_{0}^{\tau}\left(1 - \frac{t}{\tau}\right)\mathrm{e}^{-\mathrm{j}\omega t}\,\mathrm{d}t$$

对上式第一项作变量替换,令 $t = -x$,得

$$A\int_{-\tau}^{0}\left(1+\frac{t}{\tau}\right)\mathrm{e}^{-\mathrm{j}\omega t}\,\mathrm{d}t=-A\int_{\tau}^{0}\left(1-\frac{x}{\tau}\right)\mathrm{e}^{\mathrm{j}\omega x}\,\mathrm{d}x=A\int_{0}^{\tau}\left(1-\frac{x}{\tau}\right)\mathrm{e}^{\mathrm{j}\omega x}\,\mathrm{d}x=A\int_{0}^{\tau}\left(1-\frac{t}{\tau}\right)\mathrm{e}^{\mathrm{j}\omega t}\,\mathrm{d}t$$

因此

$$F(\omega)=A\int_{0}^{\tau}\left(1-\frac{t}{\tau}\right)\mathrm{e}^{\mathrm{j}\omega t}\,\mathrm{d}t+A\int_{0}^{\tau}\left(1-\frac{t}{\tau}\right)\mathrm{e}^{-\mathrm{j}\omega t}\,\mathrm{d}t=A\int_{0}^{\tau}\left(1-\frac{t}{\tau}\right)(\mathrm{e}^{\mathrm{j}\omega t}+\mathrm{e}^{-\mathrm{j}\omega t})\,\mathrm{d}t$$

$$=2A\int_{0}^{\tau}\left(1-\frac{t}{\tau}\right)\cos\omega t\,\mathrm{d}t=2A\left[\frac{1}{\omega}\sin\omega t-\frac{1}{\tau}\left(\frac{1}{\omega^{2}}\cos\omega t+\frac{1}{\omega}t\sin\omega t\right)\right]\Bigg|_{0}^{\tau}$$

$$=\frac{2A}{\omega^{2}\tau}(1-\cos\omega\tau)=\frac{4A}{\omega^{2}\tau}\sin^{2}\frac{\omega\tau}{2}=A\tau\mathrm{Sa}^{2}\left(\frac{\omega\tau}{2}\right) \tag{4-3-13}$$

其相位频谱为零。三角形脉冲及其频谱分别如图 4-3-6(a)、(b)所示。

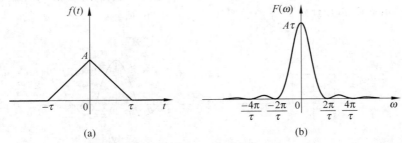

图 4-3-6　三角形脉冲及其频谱

6. 高斯脉冲

高斯脉冲又称钟形脉冲，表示式为

$$f(t)=A\mathrm{e}^{-\left(\frac{t}{\tau}\right)^{2}},\quad -\infty<t<\infty$$

其傅里叶变换为

$$F(\omega)=\int_{-\infty}^{\infty}f(t)\mathrm{e}^{-\mathrm{j}\omega t}\,\mathrm{d}t=\int_{-\infty}^{\infty}A\mathrm{e}^{-\left(\frac{t}{\tau}\right)^{2}}\mathrm{e}^{-\mathrm{j}\omega t}\,\mathrm{d}t=\int_{-\infty}^{\infty}A\mathrm{e}^{-\left(\frac{t}{\tau}\right)^{2}}(\cos\omega t-\mathrm{j}\sin\omega t)\,\mathrm{d}t$$

$$=2A\int_{0}^{\infty}\mathrm{e}^{-\left(\frac{t}{\tau}\right)^{2}}\cos\omega t\,\mathrm{d}t=\sqrt{\pi}A\tau\mathrm{e}^{-\left(\frac{\omega\tau}{2}\right)^{2}} \tag{4-3-14}$$

其相位频谱为零。高斯脉冲及其频谱分别如图 4-3-7(a)、(b)所示。

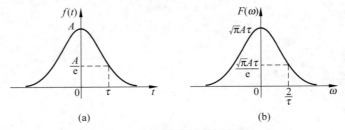

图 4-3-7　高斯脉冲及其频谱

可见，高斯脉冲的波形与频谱具有相同的形状，均为钟形。

7. 单位冲激信号

根据狄拉克函数 $\delta(t)$ 的定义,可得单位冲激信号的傅里叶变换为

$$F(\omega)=\int_{-\infty}^{\infty}\delta(t)\mathrm{e}^{-\mathrm{j}\omega t}\,\mathrm{d}t=1 \tag{4-3-15}$$

单位冲激信号及其频谱分别如图 4-3-8(a)、(b)所示。可见,单位冲激信号的频谱在整个频率范围内均为 1,也就是说,在时域中变化异常剧烈的冲激信号包含幅度相等的所有频率分量。这种频谱常常被称为均匀频谱或白色谱。

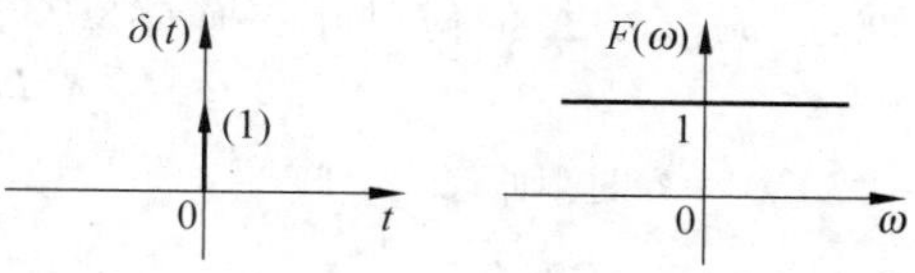

如果应用广义极限的概念以及矩形脉冲信号及其频谱可以得到相同结果。在 1.4 节

图 4-3-8　单位冲激信号及其频谱

中已知单位冲激信号 $\delta(t)$ 是幅度为 $\dfrac{1}{\tau}$、脉宽为 τ 的矩形脉冲在 $\tau\to 0$ 时的广义极限,即

$$\delta(t)=\lim_{\tau\to 0}\frac{1}{\tau}G_{\tau}(t)$$

又根据式(4-3-11)知,矩形脉冲的傅里叶变换为

$$\mathcal{F}\left[G_{\tau}(t)\right]=\tau\mathrm{Sa}\left(\frac{\omega\tau}{2}\right)$$

因而

$$\mathcal{F}\left[\frac{1}{\tau}G_{\tau}(t)\right]=\mathrm{Sa}\left(\frac{\omega\tau}{2}\right)$$

所以

$$\mathcal{F}\left[\delta(t)\right]=\lim_{\tau\to 0}\mathrm{Sa}\left(\frac{\omega\tau}{2}\right)=1$$

结果与式(4-3-15)相同。

8. 直流信号

直流信号不满足绝对可积条件,可采用取极限的方法导出其傅里叶变换。前面已经求得矩形脉冲的傅里叶变换,当脉冲宽度 $\tau\to\infty$ 时,矩形脉冲便趋于一个直流信号。因此,直流信号的傅里叶变换为矩形脉冲在 $\tau\to\infty$ 时的傅里叶变换。

根据前面的探讨,矩形脉冲的傅里叶变换为

$$F(\omega)=A\tau\,\frac{\sin\dfrac{\omega\tau}{2}}{\dfrac{\omega\tau}{2}}$$

两边取极限,直流信号的傅里叶变换为

$$\lim_{\tau\to\infty}F(\omega)=\lim_{\tau\to\infty}A\tau\,\frac{\sin\dfrac{\omega\tau}{2}}{\dfrac{\omega\tau}{2}}=2\pi A\,\lim_{\tau\to\infty}\frac{\sin\dfrac{\omega\tau}{2}}{\pi\omega}$$

令 $k=\dfrac{\tau}{2}$,上式变为

$$\lim_{k\to\infty}F(\omega)=2\pi A\lim_{k\to\infty}\frac{\sin k\omega}{\pi\omega}$$

由 1.4 节可知,冲激信号可以由抽样函数取极限得到,即

$$\delta(\omega)=\lim_{k\to\infty}\frac{\sin k\omega}{\pi\omega}$$

故

$$\lim_{k\to\infty}F(\omega)=2\pi A\delta(\omega)$$

因此,直流信号 A 的傅里叶变换对为

$$A\overset{\mathscr{F}}{\longleftrightarrow}2\pi A\delta(\omega) \tag{4-3-16}$$

当 $A=1$ 时,则有

$$1\overset{\mathscr{F}}{\longleftrightarrow}2\pi\delta(\omega) \tag{4-3-17}$$

图 4-3-9(a)和(b)分别画出了直流信号及其频谱。

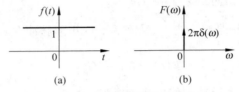

图 4-3-9　直流信号及其频谱

可见,直流信号在时域中为恒定值,在频域中只包含 $\omega=0$ 的频率分量。同时,由于傅里叶变换是频谱密度函数,因此,直流信号在 $\omega=0$ 处频谱密度为无穷大。

9. 单位阶跃信号

利用符号函数和直流信号的傅里叶变换,可以导出单位阶跃信号 $u(t)$ 的傅里叶变换。单位阶跃信号可表示为

$$u(t)=\frac{1}{2}+\frac{1}{2}\mathrm{Sgn}(t)$$

两边进行傅里叶变换,得

$$u(t)=\frac{1}{2}+\frac{1}{2}\mathrm{Sgn}(t)\overset{\mathscr{F}}{\longleftrightarrow}\pi\delta(\omega)+\frac{1}{j\omega} \tag{4-3-18}$$

单位阶跃信号及其频谱分别如图 4-3-10(a)、(b)所示。

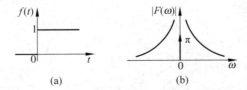

图 4-3-10　单位阶跃信号及其频谱

从频谱上观察,单位阶跃信号 $u(t)$ 的频谱在 $\omega=0$ 点存在一个冲激信号,表明 $u(t)$ 含有直流分量;此外,其频谱还包含了其他频率分量,因为 $u(t)$ 在 $t=0$ 处有跳变。

4.4 傅里叶变换的基本性质

傅里叶变换建立了信号时域和频域之间的对应关系。任一信号都可以在时域和频域进行描述，其在时域所呈现的特性也会在频域中表现出来。为了进一步揭示信号在时域和频域的内在联系，也为了更简便地求解信号的傅里叶正、反变换，本节将详细叙述傅里叶变换的性质及其相应的物理意义。

4.4.1　线性性质

若 $f_1(t) \xleftrightarrow{\mathscr{F}} F_1(\omega)$，$f_2(t) \xleftrightarrow{\mathscr{F}} F_2(\omega)$，且 a、b 均为常数，则

$$a f_1(t) + b f_2(t) \xleftrightarrow{\mathscr{F}} a F_1(\omega) + b F_2(\omega) \tag{4-4-1}$$

由傅里叶变换定义很容易证明上述结论，并且还可以推广到任意多个信号的线性组合。

显然，傅里叶变换是一种线性运算，满足齐次性和叠加性。在求单位阶跃信号的傅里叶变换时，其实已经用到了线性性质。

4.4.2　共轭对称性

若 $f(t)$ 是实时间函数，且 $f(t) \xleftrightarrow{\mathscr{F}} F(\omega)$，则

$$F(-\omega) = F^*(\omega) \tag{4-4-2}$$

其中，* 表示复数共轭，称 $F(\omega)$ 具有共轭对称性。

证明：因为

$$F(\omega) = \int_{-\infty}^{\infty} f(t) \mathrm{e}^{-\mathrm{j}\omega t} \, \mathrm{d}t = \int_{-\infty}^{\infty} f(t) \cos\omega t \, \mathrm{d}t - \mathrm{j} \int_{-\infty}^{\infty} f(t) \sin\omega t \, \mathrm{d}t$$

令

$$R(\omega) = \int_{-\infty}^{\infty} f(t) \cos\omega t \, \mathrm{d}t, \quad X(\omega) = -\int_{-\infty}^{\infty} f(t) \sin\omega t \, \mathrm{d}t$$

即

$$F(\omega) = R(\omega) + \mathrm{j} X(\omega)$$

显然，$R(\omega)$ 为偶函数，$X(\omega)$ 为奇函数，即

$$R(\omega) = R(-\omega), \quad X(\omega) = -X(-\omega)$$

故

$$F(-\omega) = F^*(\omega)$$

若 $f(t)$ 为实偶函数，即 $f(t) = f(-t)$，此时，$X(\omega) = 0$，则

$$F(\omega) = R(\omega) = 2 \int_{0}^{\infty} f(t) \cos\omega t \, \mathrm{d}t$$

可见，若 $f(t)$ 是实偶函数，则 $F(\omega)$ 必为 ω 的实偶函数。

若 $f(t)$ 为实奇函数，即 $f(t) = -f(-t)$，此时，$R(\omega) = 0$，则

$$F(\omega) = \mathrm{j} X(\omega) = -2\mathrm{j} \int_{0}^{\infty} f(t) \sin\omega t \, \mathrm{d}t$$

可见，若 $f(t)$ 是实奇函数，则 $F(\omega)$ 必为 ω 的虚奇函数。

4.4.3　对称性

若 $f(t) \xleftrightarrow{\mathscr{F}} F(\omega)$，则

$$F(t) \xleftrightarrow{\mathscr{F}} 2\pi f(-\omega) \qquad\qquad (4\text{-}4\text{-}3)$$

证明：因为

$$f(t) = \frac{1}{2\pi} \int_{-\infty}^{\infty} F(\omega) e^{j\omega t} \, d\omega$$

所以

$$2\pi f(t) = \int_{-\infty}^{\infty} F(\omega) e^{j\omega t} \, d\omega$$

将自变量 t 更换为 $-t$，可得

$$2\pi f(-t) = \int_{-\infty}^{\infty} F(\omega) e^{-j\omega t} \, d\omega$$

再将自变量 t 与 ω 互换，得到

$$2\pi f(-\omega) = \int_{-\infty}^{\infty} F(t) e^{-j\omega t} \, dt$$

即

$$F(t) \xleftrightarrow{\mathscr{F}} 2\pi f(-\omega)$$

若 $f(t)$ 为实偶函数，即 $f(t) = f(-t)$，相应地，$f(\omega) = f(-\omega)$，则式(4-4-3)简化为

$$F(t) \xleftrightarrow{\mathscr{F}} 2\pi f(\omega) \qquad\qquad (4\text{-}4\text{-}4)$$

对称性说明，若 $f(t)$ 的傅里叶变换为 $F(\omega)$，则形状为 $F(t)$ 的时域信号所对应的傅里叶变换就是 $2\pi f(-\omega)$。若 $f(t)$ 是实偶函数，则该信号时域与频域完全对称。利用对称性，可以方便地求得某些信号的傅里叶变换或者反变换。例如，由 $\delta(t) \xleftrightarrow{\mathscr{F}} 1$，根据式(4-4-4)可得 $1 \xleftrightarrow{\mathscr{F}} 2\pi\delta(\omega)$。

【**例 4-4-1**】　求抽样函数 $\mathrm{Sa}(t) = \dfrac{\sin t}{t}$ 的傅里叶变换。

解：直接用傅里叶变换的定义求解本例将很麻烦，而利用对称性求解则方便很多。

设脉宽为 τ、幅度为 1 的矩形脉冲为 $G_\tau(t)$，由式(4-3-11)得其傅里叶变换为 $\tau\mathrm{Sa}\left(\dfrac{\omega\tau}{2}\right)$，

即

$$G_\tau(t) \xleftrightarrow{\mathscr{F}} \tau\mathrm{Sa}\left(\frac{\omega\tau}{2}\right)$$

取 $\tau = 2$，利用线性性质易得

$$\frac{1}{2}G_2(t) \xleftrightarrow{\mathscr{F}} \mathrm{Sa}(\omega)$$

矩形脉冲信号为偶函数，利用式(4-4-4)可得

$$\mathrm{Sa}(t) \xleftrightarrow{\mathscr{F}} \pi G_2(\omega)$$

图 4-4-1 给出了矩形脉冲信号与抽样函数及其傅里叶变换对的图形，说明了对称性质。

由图 4-4-1 可以看出，若时间为矩形脉冲信号，则频谱为抽样函数，而抽样函数

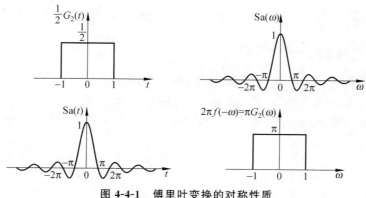

图 4-4-1　傅里叶变换的对称性质

$Sa(t)$ 的频谱是高度为 π、宽度为 2 的矩形函数。两个傅里叶变换具有明显的对称性。

4.4.4　尺度变换性质

若 $f(t) \xleftrightarrow{\mathscr{F}} F(\omega)$，$a$ 为任意常数，且 $a \neq 0$，则

$$f(at) \xleftrightarrow{\mathscr{F}} \frac{1}{|a|}F\left(\frac{\omega}{a}\right) \tag{4-4-5}$$

证明：$f(at)$ 的傅里叶变换为

$$\mathscr{F}[f(at)] = \int_{-\infty}^{\infty} f(at)\mathrm{e}^{-\mathrm{j}\omega t}\,\mathrm{d}t$$

变量代换，令

$$x = at，且\ \mathrm{d}x = a\,\mathrm{d}t$$

若 $a > 0$，则

$$\mathscr{F}[f(at)] = \int_{-\infty}^{\infty} f(x)\mathrm{e}^{-\mathrm{j}\omega\frac{x}{a}}\frac{1}{a}\,\mathrm{d}x = \frac{1}{a}\int_{-\infty}^{\infty} f(x)\mathrm{e}^{-\mathrm{j}\frac{\omega}{a}x}\,\mathrm{d}x = \frac{1}{a}F\left(\frac{\omega}{a}\right)$$

若 $a < 0$，则

$$\mathscr{F}[f(at)] = -\frac{1}{a}F\left(\frac{\omega}{a}\right)$$

综合上述两种情况，得

$$f(at) \xleftrightarrow{\mathscr{F}} \frac{1}{|a|}F\left(\frac{\omega}{a}\right)$$

对于 $a = -1$ 的特殊情况，可得

$$f(-t) \xleftrightarrow{\mathscr{F}} F(-\omega) \tag{4-4-6}$$

信号 $f(at)$ 表示信号 $f(t)$ 沿时间轴压缩（$a > 1$）或者扩展（$a < 1$），而 $F\left(\dfrac{\omega}{a}\right)$ 则表示 $f(t)$ 的傅里叶变换 $F(\omega)$ 沿频率轴扩展（$a > 1$）或者压缩（$a < 1$）。因此，尺度变换性质表明，在某个域内的压缩必然会带来另一个域的扩展。

图 4-4-2 给出了矩形脉冲信号及其傅里叶变换，说明了尺度变换性质。可见，脉冲

宽度由 τ 减小为 $\dfrac{\tau}{2}$ 时,对应的频谱 $F(\omega)$ 则沿频率轴扩展为原来的两倍,而成为 $\dfrac{1}{2}F\left(\dfrac{\omega}{2}\right)$,表现为频带由 $\dfrac{2\pi}{\tau}$ 增大为 $\dfrac{4\pi}{\tau}$。

尺度变换性质揭示了时域与频域之间的重要物理关系。信号在时域中的扩展等效于在频域中的压缩。这意味着,一个窄脉冲占有的等效带宽比一个宽脉冲占有的等效带宽要宽得多。在通信系统中,时域波形与其频谱这种矛盾关系是一个重要考虑因素。

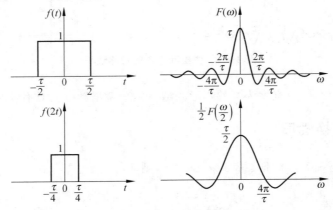

图 4-4-2　傅里叶变换的尺度变换性质

4.4.5　时移性质

若 $f(t)\overset{\mathscr{F}}{\longleftrightarrow}F(\omega)$,$t_0$ 为一实常数,则

$$f(t-t_0)\overset{\mathscr{F}}{\longleftrightarrow}F(\omega)\mathrm{e}^{-\mathrm{j}\omega t_0} \tag{4-4-7}$$

证明:因为

$$\mathscr{F}[f(t-t_0)]=\int_{-\infty}^{\infty}f(t-t_0)\mathrm{e}^{-\mathrm{j}\omega t}\,\mathrm{d}t$$

变量代换,令 $t-t_0=x$,有

$$\mathscr{F}[f(t-t_0)]=\int_{-\infty}^{\infty}f(x)\mathrm{e}^{-\mathrm{j}\omega(x+t_0)}\,\mathrm{d}x=\int_{-\infty}^{\infty}f(x)\mathrm{e}^{-\mathrm{j}\omega x}\,\mathrm{e}^{-\mathrm{j}\omega t_0}\,\mathrm{d}x$$

$$=\mathrm{e}^{-\mathrm{j}\omega t_0}\int_{-\infty}^{\infty}f(x)\mathrm{e}^{-\mathrm{j}\omega x}\,\mathrm{d}x=F(\omega)\mathrm{e}^{-\mathrm{j}\omega t_0}$$

时移性质表明,信号在时域中的时移 t_0 对应于其频谱产生了附加相移,即相位频谱变化 $-\omega t_0$,而幅度频谱则保持不变。

时移性质的物理意义可以这样来解释。一个信号产生的时间延时会在频谱中产生一个线性相移。例如,信号 $f(t)$ 可看作是由傅里叶分量合成的,这些分量都是具有一定幅度和相位的正弦信号。延时信号 $f(t-t_0)$ 能用相同频率的正弦分量合成,其中,每一分量都延时了 t_0 秒,而它们的幅度仍然保持不变。因此,$f(t-t_0)$ 与 $f(t)$ 的幅度谱相同。然而,每个正弦分量的延时 t_0 都会改变其相位。例如,正弦分量 $\cos\omega t$ 延时 t_0 后相

位发生变化,即

$$\cos\omega(t-t_0)=\cos(\omega t-\omega t_0)$$

显然,一个频率为 ω 的正弦分量延时 t_0 对其相位影响就是滞后 ωt_0。这是一个 ω 的线性函数,意味着较高的频率分量必须按比例产生较大的相移以实现所有分量在时间上都有

相同的延时。图 4-4-3 用两个正弦分量描述了这个结果,图 4-4-3(b)信号分量的频率是图 4-4-3(a)信号分量的频率的 2 倍,若延时 t_0 给图 4-4-3(a)的信号分量带来 $\frac{\pi}{2}$ 的相移,则给图 4-4-3(b)的信号分量带来 π 的相移。这个原理是很重要的,在 4.6 节关于信号无失真传输和滤波的应用中还会再次遇到。

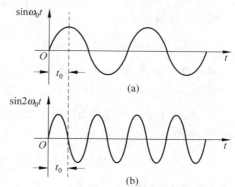

图 4-4-3　信号延时和相位变化的关系

可以证明,如果信号既有尺度变换又有时移,设 $f(t)\overset{\mathscr{F}}{\longleftrightarrow}F(\omega)$,$a$ 与 t_0 均为实常数,且 $a\neq0$,则

$$f(at-t_0)\overset{\mathscr{F}}{\longleftrightarrow}\frac{1}{|a|}F\left(\frac{\omega}{a}\right)e^{-j\omega\frac{t_0}{a}} \tag{4-4-8}$$

显然,尺度变换性质和时移性质是式(4-4-8)的两种特殊情况。

【**例 4-4-2**】　求图 4-4-4(a)所示 3 个矩形脉冲信号 $f(t)$ 的频谱 $F(\omega)$。

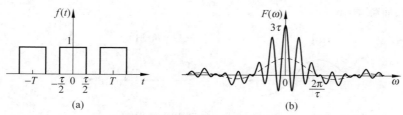

图 4-4-4　3 个矩形脉冲信号及其频谱

解:令 $f_0(t)$ 表示单矩形脉冲信号,则

$$f(t)=f_0(t+T)+f_0(t)+f_0(t-T)$$

因 $f_0(t)$ 的频谱 $F_0(\omega)$ 为

$$F_0(\omega)=\tau\mathrm{Sa}\left(\frac{\omega\tau}{2}\right)$$

根据线性性质及时移性质,得

$$F(\omega)=F_0(\omega)e^{j\omega T}+F_0(\omega)+F_0(\omega)e^{-j\omega T}=F_0(\omega)(e^{j\omega T}+1+e^{-j\omega T})$$

$$=\tau\mathrm{Sa}\left(\frac{\omega\tau}{2}\right)(1+2\cos\omega T)$$

其频谱图如图 4-4-4(b)所示。

4.4.6　频移性质

若 $f(t) \xleftrightarrow{\mathscr{F}} F(\omega)$，则

$$f(t)\mathrm{e}^{\mathrm{j}\omega_0 t} \xleftrightarrow{\mathscr{F}} F(\omega - \omega_0) \tag{4-4-9}$$

证明： 根据定义

$$\mathscr{F}[f(t)\mathrm{e}^{\mathrm{j}\omega_0 t}] = \int_{-\infty}^{\infty} f(t)\mathrm{e}^{\mathrm{j}\omega_0 t}\,\mathrm{e}^{-\mathrm{j}\omega t}\,\mathrm{d}t = \int_{-\infty}^{\infty} f(t)\mathrm{e}^{-\mathrm{j}(\omega-\omega_0)t}\,\mathrm{d}t = F(\omega - \omega_0)$$

频移性质表明，$f(t)$ 在时域中乘以 $\mathrm{e}^{\mathrm{j}\omega_0 t}$，对应于 $F(\omega)$ 在频域中右移 ω_0。也就是说，$f(t)$ 乘以 $\mathrm{e}^{\mathrm{j}\omega_0 t}$ 可使其整个频谱 $F(\omega)$ 搬移 ω_0。

$\mathrm{e}^{\mathrm{j}\omega_0 t}$ 是一个不可产生的信号，因此，实际中频移是依靠 $f(t)$ 在时域中乘以正弦信号实现的。即

$$f(t)\cos\omega_0 t = \frac{1}{2}\left[f(t)\mathrm{e}^{\mathrm{j}\omega_0 t} + f(t)\mathrm{e}^{-\mathrm{j}\omega_0 t}\right]$$

由线性性质和频移性质，得

$$f(t)\cos\omega_0 t \xleftrightarrow{\mathscr{F}} \frac{1}{2}\left[F(\omega - \omega_0) + F(\omega + \omega_0)\right] \tag{4-4-10}$$

可见，时域中 $f(t)$ 乘以频率为 ω_0 的正弦信号，等效于 $f(t)$ 的频谱 $F(\omega)$ 一分为二，沿频率轴向左和向右各平移 ω_0。设 $f(t)$ 的频谱在 $(-\omega_\mathrm{m}, \omega_\mathrm{m})$ 范围内，则频谱搬移过程如图 4-4-5 所示。这个过程实质上是 $f(t)$ 对正弦信号的幅度进行调制，这种调制类型称为幅度调制，简称调幅。

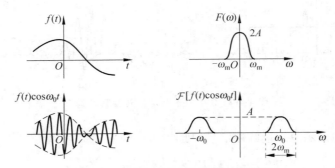

图 4-4-5　调幅信号及其频谱搬移过程

【例 4-4-3】 求出并画出矩形脉冲调幅信号 $f(t) = AG_\tau(t)\cos\omega_0 t$ 的频谱。其中，$G_\tau(t)$ 表示幅度为 1、脉宽为 τ 的矩形脉冲。

解： 矩形脉冲 $G_\tau(t)$ 的频谱 $G(\omega)$ 为

$$G(\omega) = \tau \mathrm{Sa}\left(\frac{\omega\tau}{2}\right)$$

根据频移性质，有

$$f(t) = AG_\tau(t)\cos\omega_0 t \xleftrightarrow{\mathscr{F}} \frac{1}{2}A\left[G(\omega - \omega_0) + G(\omega + \omega_0)\right]$$

$$= \frac{1}{2} A\tau \left[\mathrm{Sa}(\omega - \omega_0)\frac{\tau}{2} + \mathrm{Sa}(\omega + \omega_0)\frac{\tau}{2} \right]$$

矩形脉冲调幅信号及其频谱分别如图 4-4-6(a)、(b)所示。

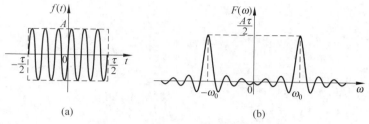

(a) 　　　　　　　　　　 (b)

图 **4-4-6**　矩形脉冲调幅信号及其频谱

4.4.7　时域卷积定理

时域卷积定理表述如下：

若 $f_1(t) \overset{\mathscr{F}}{\longleftrightarrow} F_1(\omega)$，$f_2(t) \overset{\mathscr{F}}{\longleftrightarrow} F_2(\omega)$，则

$$f_1(t) * f_2(t) \overset{\mathscr{F}}{\longleftrightarrow} F_1(\omega)F_2(\omega) \tag{4-4-11}$$

证明：

$$f_1(t) * f_2(t) \overset{\mathscr{F}}{\longleftrightarrow} \int_{-\infty}^{\infty} \left[\int_{-\infty}^{\infty} f_1(\tau) f_2(t-\tau)\mathrm{d}\tau \right] \mathrm{e}^{-\mathrm{j}\omega t}\,\mathrm{d}t$$

$$= \int_{-\infty}^{\infty} f_1(\tau) \left[\int_{-\infty}^{\infty} f_2(t-\tau)\mathrm{e}^{-\mathrm{j}\omega t}\,\mathrm{d}t \right]\mathrm{d}\tau$$

由时移性质[式(4-4-7)]可知

$$\int_{-\infty}^{\infty} f_2(t-\tau)\mathrm{e}^{-\mathrm{j}\omega t}\,\mathrm{d}t = F_2(\omega)\mathrm{e}^{-\mathrm{j}\omega\tau}$$

所以

$$f_1(t) * f_2(t) \overset{\mathscr{F}}{\longleftrightarrow} \int_{-\infty}^{\infty} f_1(\tau)F_2(\omega)\mathrm{e}^{-\mathrm{j}\omega\tau}\,\mathrm{d}\tau = F_2(\omega)\int_{-\infty}^{\infty} f_1(\tau)\mathrm{e}^{-\mathrm{j}\omega\tau}\,\mathrm{d}\tau = F_1(\omega)F_2(\omega)$$

因此，时域中两个函数的卷积对应于频域中它们的频谱的乘积。

在频域分析法中，时域卷积定理是研究 LTI 系统响应和滤波的基础。设 $H(\omega)$ 是单位冲激响应 $h(t)$ 的傅里叶变换，即

$$h(t) \overset{\mathscr{F}}{\longleftrightarrow} H(\omega)$$

将时域卷积定理用于求系统零状态响应 $y(t) = x(t) * h(t)$，假定 $x(t)$ 的傅里叶变换为 $X(\omega)$，可得系统零状态响应的傅里叶变换为

$$Y(\omega) = X(\omega)H(\omega) \tag{4-4-12}$$

4.6 节将对时域卷积定理在系统频域分析中的应用做进一步介绍。

4.4.8　频域卷积定理

频域卷积定理表述如下：

若 $f_1(t) \overset{\mathcal{F}}{\longleftrightarrow} F_1(\omega)$，$f_2(t) \overset{\mathcal{F}}{\longleftrightarrow} F_2(\omega)$，则

$$f_1(t)f_2(t) \overset{\mathcal{F}}{\longleftrightarrow} \frac{1}{2\pi}F_1(\omega) * F_2(\omega) \tag{4-4-13}$$

证明：

$$\mathcal{F}^{-1}\left[\frac{1}{2\pi}F_1(\omega) * F_2(\omega)\right] = \left(\frac{1}{2\pi}\right)^2 \int_{-\infty}^{\infty} e^{j\omega t}\left[\int_{-\infty}^{\infty} F_1(u)F_2(\omega-u)\,du\right]d\omega$$

令 $x = \omega - u$，得

$$\mathcal{F}^{-1}\left[\frac{1}{2\pi}F_1(\omega) * F_2(\omega)\right] = \left(\frac{1}{2\pi}\right)^2 \int_{-\infty}^{\infty} e^{j(x+u)t}\left[\int_{-\infty}^{\infty} F_1(u)F_2(x)\,du\right]dx$$

$$= \left(\frac{1}{2\pi}\right)^2 \int_{-\infty}^{\infty} e^{jxt}\,e^{jut}\left[\int_{-\infty}^{\infty} F_1(u)F_2(x)\,du\right]dx$$

$$= \left(\frac{1}{2\pi}\right)^2 \int_{-\infty}^{\infty} F_2(x)e^{jxt}\,dx\int_{-\infty}^{\infty} F_1(u)e^{jut}\,du = f_1(t)f_2(t)$$

频域卷积定理说明，两个时间函数在时域上相乘，其频谱为它们各自频谱的卷积再乘以 $\dfrac{1}{2\pi}$。显然，时域卷积与频域卷积定理是对称的，这是由傅里叶变换的对称性所决定的。另外，频域卷积定理可以理解为用一个信号去调制另一信号的振幅，因此也称为调制定理。该定理在频域分析法中用途广泛，是研究调制、解调和抽样系统的基础。

4.4.9　时域微分性质

若 $f(t) \overset{\mathcal{F}}{\longleftrightarrow} F(\omega)$，则

$$\frac{df(t)}{dt} \overset{\mathcal{F}}{\longleftrightarrow} j\omega F(\omega) \tag{4-4-14}$$

$$\frac{d^n f(t)}{dt^n} \overset{\mathcal{F}}{\longleftrightarrow} (j\omega)^n F(\omega) \tag{4-4-15}$$

证明： 由傅里叶反变换定义，得

$$f(t) = \frac{1}{2\pi}\int_{-\infty}^{\infty} F(\omega)e^{j\omega t}\,d\omega$$

两边对 t 求导：

$$\frac{df(t)}{dt} = \frac{1}{2\pi}\int_{-\infty}^{\infty} j\omega F(\omega)e^{j\omega t}\,d\omega$$

则

$$\frac{df(t)}{dt} \overset{\mathcal{F}}{\longleftrightarrow} j\omega F(\omega)$$

同理，可推广到时域求 n 阶导数的情况：

$$\frac{d^n f(t)}{dt^n} \overset{\mathcal{F}}{\longleftrightarrow} (j\omega)^n F(\omega)$$

时域微分性质将时域中的微分运算转换为频域中的乘积运算，在频域分析法中常利用这一性质分析微分方程描述的 LTI 系统。

【例 4-4-4】 利用时域微分性质求图 4-4-7(a)所示信号的傅里叶变换。

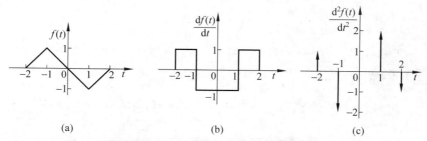

图 4-4-7　利用时域微分性质求分段线性信号的傅里叶变换

解：将 $f(t)$ 连续微分两次,分别如图 4-4-7(b)、(c)所示。可得

$$\frac{\mathrm{d}^2 f(t)}{\mathrm{d}t^2} = \delta(t+2) - 2\delta(t+1) + 2\delta(t-1) - \delta(t-2)$$

由时域微分性质,有

$$\frac{\mathrm{d}^2 f(t)}{\mathrm{d}t^2} \stackrel{\mathcal{F}}{\longleftrightarrow} (\mathrm{j}\omega)^2 F(\omega) = -\omega^2 F(\omega)$$

另根据时移性质,得

$$\delta(t-\tau) \stackrel{\mathcal{F}}{\longleftrightarrow} \mathrm{e}^{-\mathrm{j}\omega\tau}$$

所以

$$\delta(t+2) - 2\delta(t+1) + 2\delta(t-1) - \delta(t-2) \stackrel{\mathcal{F}}{\longleftrightarrow} (\mathrm{e}^{\mathrm{j}2\omega} - 2\mathrm{e}^{\mathrm{j}\omega} + 2\mathrm{e}^{-\mathrm{j}\omega} - \mathrm{e}^{-\mathrm{j}2\omega})$$
$$= 2\mathrm{j}(\sin 2\omega - 2\sin\omega)$$

即

$$-\omega^2 F(\omega) = 2\mathrm{j}(\sin 2\omega - 2\sin\omega)$$

因此,得

$$F(\omega) = \frac{1}{\omega^2} 2\mathrm{j}(2\sin\omega - \sin 2\omega)$$

时域微分性质适合求解由分段直线构成的信号的傅里叶变换。例如,已知信号 $f(t)$,当 $|t| \to \infty$ 时,$f(t) \to 0$,此时,采用时域微分性质能很方便地求解出 $f(t)$ 的傅里叶变换。这种信号通过求导会产生冲激信号和时移的冲激信号,因此,凭借观察易得其傅里叶变换。但是,应用时域微分性质求取类似例 4-4-4 中信号的傅里叶变换时需特别小心。假设在信号 $f(t)$ 上添加一个直流分量,会发现该信号的一阶导数和二阶导数都不发生改变,仍为图 4-4-7(b)和(c)中的波形。因为对函数求导将丢失信号的直流分量信息,如果不考虑信号的直流分量将会导致错误的结果。因此,需将信号分解为直流分量和非直流分量分别处理,其中取出的直流分量单独求傅里叶变换,非直流分量采用前面所述的微分性质,把二者变换的结果加起来。

4.4.10　时域积分性质

若 $f(t) \stackrel{\mathcal{F}}{\longleftrightarrow} F(\omega)$,则

$$\int_{-\infty}^{t} f(\lambda)\mathrm{d}\lambda \stackrel{\mathcal{F}}{\longleftrightarrow} \pi F(0)\delta(\omega) + \frac{1}{\mathrm{j}\omega}F(\omega) \tag{4-4-16}$$

证明：由阶跃信号性质可知

$$u(t-\lambda)=\begin{cases}1,t\geqslant\lambda\\0,t<\lambda\end{cases}$$

所以 $\displaystyle\int_{-\infty}^{t}f(\lambda)\mathrm{d}\lambda=\int_{-\infty}^{t}f(\lambda)u(t-\lambda)\mathrm{d}\lambda=\int_{-\infty}^{\infty}f(\lambda)u(t-\lambda)\mathrm{d}\lambda=f(t)*u(t)$

根据时域卷积定理,有

$$f(t)*u(t)\xleftrightarrow{\mathscr{F}}F(\omega)\left[\pi\delta(\omega)+\frac{1}{\mathrm{j}\omega}\right]=\pi F(0)\delta(\omega)+\frac{1}{\mathrm{j}\omega}F(\omega)$$

即 $$\int_{-\infty}^{t}f(\lambda)\mathrm{d}\lambda\xleftrightarrow{\mathscr{F}}\pi F(0)\delta(\omega)+\frac{1}{\mathrm{j}\omega}F(\omega)$$

【**例 4-4-5**】 已知截平斜变信号如图 4-4-8(a)所示,求它的频谱 $F(\omega)$。

解: $f(t)$可表示为

$$f(t)=\frac{t}{\tau}\left[u(t)-u(t-\tau)\right]+u(t-\tau)$$

对 $f(t)$取一阶导数,得

$$\frac{\mathrm{d}f(t)}{\mathrm{d}t}=\frac{1}{\tau}\left[u(t)-u(t-\tau)\right]$$

波形如图 4-4-8(b)所示。$f(t)$可以看成是由图 4-4-8(b)所示的矩形脉冲积分得到的。

根据矩形脉冲的频谱与时移性质,$f_1(t)=\dfrac{\mathrm{d}f(t)}{\mathrm{d}t}$ 的频谱为

$$F_1(\omega)=\mathrm{Sa}\left(\frac{\omega\tau}{2}\right)\mathrm{e}^{-\mathrm{j}\omega\frac{\tau}{2}}$$

注意到 $F_1(0)=1\neq0$,根据时域积分性质[式(4-4-16)],可得

$$F(\omega)=\pi F_1(0)\delta(\omega)+\frac{F_1(\omega)}{\mathrm{j}\omega}=\pi\delta(\omega)+\frac{1}{\mathrm{j}\omega}\mathrm{Sa}\left(\frac{\omega\tau}{2}\right)\mathrm{e}^{-\mathrm{j}\omega\frac{\tau}{2}}$$

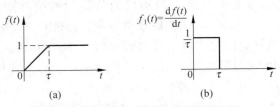

图 4-4-8 傅里叶变换的积分性质示例

与例 4-4-4 比较,从图 4-4-7(a)、图 4-4-8(a)的信号波形可以看出,图 4-4-7(a)所示的信号频谱是不含直流分量的频谱部分 $\pi F(0)\delta(\omega)$,而图 4-4-8(a)所示的信号明显含有直流分量。因此,对于分段直线信号,若包含直流信号,则其傅里叶变换应包含 $\pi F(0)\delta(\omega)$ 部分。

4.4.11 频域微分性质

若 $f(t)\xleftrightarrow{\mathscr{F}}F(\omega)$,则

$$(-\mathrm{j}t)f(t) \xleftrightarrow{\mathscr{F}} \frac{\mathrm{d}F(\omega)}{\mathrm{d}\omega} \qquad (4\text{-}4\text{-}17)$$

证明：由傅里叶变换定义

$$F(\omega) = \int_{-\infty}^{\infty} f(t)\mathrm{e}^{-\mathrm{j}\omega t}\,\mathrm{d}t$$

两边对 ω 求导，得

$$\frac{\mathrm{d}F(\omega)}{\mathrm{d}\omega} = \int_{-\infty}^{\infty} f(t)\mathrm{e}^{-\mathrm{j}\omega t}(-\mathrm{j}t)\,\mathrm{d}t = \int_{-\infty}^{\infty}(-\mathrm{j}t)f(t)\mathrm{e}^{-\mathrm{j}\omega t}\,\mathrm{d}t$$

则

$$(-\mathrm{j}t)f(t) \xleftrightarrow{\mathscr{F}} \frac{\mathrm{d}F(\omega)}{\mathrm{d}\omega}$$

同理，推广可得

$$(-\mathrm{j}t)^n f(t) \xleftrightarrow{\mathscr{F}} \frac{\mathrm{d}^n F(\omega)}{\mathrm{d}\omega^n}$$

利用频域微分性质可以求得一些在通常意义下不易求得的变换关系。例如，已知 $1 \xleftrightarrow{\mathscr{F}} 2\pi\delta(\omega)$，利用频域微分性质可求 t 的傅里叶变换，即

$$-\mathrm{j}t \xleftrightarrow{\mathscr{F}} 2\pi\delta'(\omega)$$

从而

$$t \xleftrightarrow{\mathscr{F}} 2\mathrm{j}\pi\delta'(\omega) \qquad (4\text{-}4\text{-}18)$$

可进一步推广，得

$$(-\mathrm{j}t)^n \xleftrightarrow{\mathscr{F}} 2\pi\delta^{(n)}(\omega) \qquad (4\text{-}4\text{-}19)$$

已知 $u(t) \xleftrightarrow{\mathscr{F}} \pi\delta(\omega) + \dfrac{1}{\mathrm{j}\omega}$，利用频域微分性质，可得

$$tu(t) \xleftrightarrow{\mathscr{F}} \mathrm{j}\pi\delta'(\omega) - \frac{1}{\omega^2} \qquad (4\text{-}4\text{-}20)$$

已知 $\mathrm{Sgn}(t) \xleftrightarrow{\mathscr{F}} \dfrac{2}{\mathrm{j}\omega}$，由于 $|t| = t\,\mathrm{Sgn}(t)$，利用频域微分性质，可得

$$|t| \xleftrightarrow{\mathscr{F}} -\frac{2}{\omega^2} \qquad (4\text{-}4\text{-}21)$$

4.4.12　频域积分性质

若 $f(t) \xleftrightarrow{\mathscr{F}} F(\omega)$，则

$$\pi f(0)\delta(t) + \mathrm{j}\,\frac{f(t)}{t} \xleftrightarrow{\mathscr{F}} \int_{-\infty}^{\omega} F(\Omega)\,\mathrm{d}\Omega \qquad (4\text{-}4\text{-}22)$$

证明：因为

$$\int_{-\infty}^{\omega} F(\Omega)\,\mathrm{d}\Omega = F(\omega) * u(\omega)$$

式中 $u(\omega)$ 是 ω 的阶跃信号，利用频域卷积定理，可得

$$\int_{-\infty}^{\omega} F(\Omega)\,\mathrm{d}\Omega = F(\omega) * u(\omega) \xleftrightarrow{\mathscr{F}^{-1}} 2\pi f(t) \cdot F^{-1}[u(\omega)]$$

由于 $u(t) \xleftrightarrow{\mathscr{F}} \pi\delta(\omega) + \dfrac{1}{\mathrm{j}\omega}$

利用对称性,可得

$$\pi\delta(t) + \frac{1}{\mathrm{j}t} \overset{\mathscr{F}}{\longleftrightarrow} 2\pi u(-\omega)$$

$$\pi\delta(t) - \frac{1}{\mathrm{j}t} \overset{\mathscr{F}}{\longleftrightarrow} 2\pi u(\omega)$$

整理,得

$$\frac{1}{2}\delta(t) + \frac{\mathrm{j}}{2\pi t} \overset{\mathscr{F}}{\longleftrightarrow} u(\omega)$$

因此,有

$$2\pi f(t) \cdot \mathscr{F}^{-1}[u(\omega)] = 2\pi f(t) \cdot \frac{1}{2}\delta(t) + 2\pi f(t) \cdot \frac{\mathrm{j}}{2\pi t}$$

$$= \pi f(0)\delta(t) + \mathrm{j}\frac{f(t)}{t} \overset{\mathscr{F}}{\longleftrightarrow} \int_{-\infty}^{\omega} F(\Omega)\mathrm{d}\Omega$$

4.4.13　非周期信号的能量谱

非周期信号的能量是有限的,而平均功率等于 0。所以,非周期信号是能量信号,它只有能量频谱而没有功率频谱。

对于非周期信号 $f(t)$,有

$$f(t) = \frac{1}{2\pi}\int_{-\infty}^{\infty} F(\omega)\mathrm{e}^{\mathrm{j}\omega t}\,\mathrm{d}\omega$$

$$\int_{-\infty}^{\infty} f^2(t)\mathrm{d}t = \int_{-\infty}^{\infty} f(t)\left[\frac{1}{2\pi}\int_{-\infty}^{\infty} F(\omega)\mathrm{e}^{\mathrm{j}\omega t}\,\mathrm{d}\omega\right]\mathrm{d}t = \frac{1}{2\pi}\int_{-\infty}^{\infty} F(\omega)\left[\int_{-\infty}^{\infty} f(t)\mathrm{e}^{\mathrm{j}\omega t}\,\mathrm{d}t\right]\mathrm{d}\omega$$

$$= \frac{1}{2\pi}\int_{-\infty}^{\infty} F(\omega)F(-\omega)\mathrm{d}\omega = \frac{1}{2\pi}\int_{-\infty}^{\infty} |F(\omega)|^2\,\mathrm{d}\omega$$

$$= \frac{1}{\pi}\int_{0}^{\infty} |F(\omega)|^2\,\mathrm{d}\omega \tag{4-4-23}$$

式(4-4-23)称为非周期信号的能量公式或帕塞瓦尔(Parseval)公式,说明在时域中求得的信号能量和在频域中求得的信号能量相等。

为便于查阅,表 4-4-1 列出了傅里叶变换的基本性质。

表 4-4-1　傅里叶变换的基本性质

序号	性　　质	时域 $f(t) \overset{\mathscr{F}}{\longleftrightarrow}$ 频域 $F(\omega)$
1	线性性质	$af_1(t) + bf_2(t) \overset{\mathscr{F}}{\longleftrightarrow} aF_1(\omega) + bF_2(\omega)$
2	共轭对称性	$F(-\omega) = F^*(\omega)$
3	对称性	$F(t) \overset{\mathscr{F}}{\longleftrightarrow} 2\pi f(-\omega)$
4	尺度变换性质	$f(at) \overset{\mathscr{F}}{\longleftrightarrow} \frac{1}{|a|}F\left(\frac{\omega}{a}\right), a \neq 0$

续表

序号	性　　质	时域 $f(t) \overset{\mathscr{F}}{\longleftrightarrow}$ 频域 $F(\omega)$
5	时移性质	$f(t-t_0) \overset{\mathscr{F}}{\longleftrightarrow} F(\omega)\mathrm{e}^{-\mathrm{j}\omega t_0}$ $f(at-t_0) \overset{\mathscr{F}}{\longleftrightarrow} \dfrac{1}{\|a\|}F\left(\dfrac{\omega}{a}\right)\mathrm{e}^{-\mathrm{j}\omega\frac{t_0}{a}}, a \neq 0$
6	频移性质	$f(t)\mathrm{e}^{\mathrm{j}\omega_0 t} \overset{\mathscr{F}}{\longleftrightarrow} F(\omega-\omega_0)$ $f(t)\cos\omega_0 t \overset{\mathscr{F}}{\longleftrightarrow} \dfrac{1}{2}[F(\omega+\omega_0)+F(\omega-\omega_0)]$ $f(t)\sin\omega_0 t \overset{\mathscr{F}}{\longleftrightarrow} \dfrac{\mathrm{j}}{2}[F(\omega+\omega_0)-F(\omega-\omega_0)]$
7	时域卷积定理	$f_1(t) * f_2(t) \overset{\mathscr{F}}{\longleftrightarrow} F_1(\omega)F_2(\omega)$
8	频域卷积定理	$f_1(t)f_2(t) \overset{\mathscr{F}}{\longleftrightarrow} \dfrac{1}{2\pi}F_1(\omega) * F_2(\omega)$
9	时域微分性质	$\dfrac{\mathrm{d}f(t)}{\mathrm{d}t} \overset{\mathscr{F}}{\longleftrightarrow} \mathrm{j}\omega F(\omega)$ $\dfrac{\mathrm{d}^n f(t)}{\mathrm{d}t^n} \overset{\mathscr{F}}{\longleftrightarrow} (\mathrm{j}\omega)^n F(\omega)$
10	时域积分性质	$\displaystyle\int_{-\infty}^{t} f(\lambda)\mathrm{d}\lambda \overset{\mathscr{F}}{\longleftrightarrow} \pi F(0)\delta(\omega)+\dfrac{1}{\mathrm{j}\omega}F(\omega)$
11	频域微分性质	$(-\mathrm{j}t)f(t) \overset{\mathscr{F}}{\longleftrightarrow} \dfrac{\mathrm{d}F(\omega)}{\mathrm{d}\omega}$ $(-\mathrm{j}t)^n f(t) \overset{\mathscr{F}}{\longleftrightarrow} \dfrac{\mathrm{d}^n F(\omega)}{\mathrm{d}\omega^n}$
12	频域积分性质	$\pi f(0)\delta(t)+\mathrm{j}\dfrac{f(t)}{t} \overset{\mathscr{F}}{\longleftrightarrow} \displaystyle\int_{-\infty}^{\omega} F(\Omega)\mathrm{d}\Omega$
13	能量公式	$\displaystyle\int_{-\infty}^{\infty} f^2(t)\mathrm{d}t = \dfrac{1}{2\pi}\int_{-\infty}^{\infty} \|F(\omega)\|^2\mathrm{d}\omega = \dfrac{1}{\pi}\int_{0}^{\infty} \|F(\omega)\|^2\mathrm{d}\omega$

4.5　周期信号的傅里叶变换

　　在前面的讨论中,通过把非周期信号看成周期信号取周期 $T \to \infty$ 的极限,从而导出了频谱密度函数的概念,将傅里叶级数演变为傅里叶变换,由周期信号的离散谱过渡到非周期信号的连续谱。本节将周期信号与非周期信号的分析方法统一到傅里叶变换上来,研究周期信号傅里叶变换的特点以及它与傅里叶级数之间的联系。

　　前面已经指出,周期信号不满足绝对可积条件,按理不存在傅里叶变换,但若允许冲激信号的存在,则在某种意义下周期信号也存在傅里叶变换。通过分析,可以看到周期信号的傅里叶变换是由一串频域上的冲激信号组成的,这些冲激信号的强度正比于傅里叶级数的系数。

4.5.1 复指数信号和正余弦信号的傅里叶变换

周期信号展开成傅里叶级数可以看成一系列在频域上离散的复指数分量或正余弦三角函数分量的叠加。因此,本节先分析复指数信号和正余弦信号的傅里叶变换。

已知直流信号的傅里叶变换为 $1 \overset{\mathscr{F}}{\longleftrightarrow} 2\pi\delta(\omega)$,根据频移性质可以得到复指数信号的傅里叶变换:

$$e^{j\omega_0 t} \overset{\mathscr{F}}{\longleftrightarrow} 2\pi\delta(\omega - \omega_0) \tag{4-5-1}$$

利用欧拉公式可以得到正余弦信号的傅里叶变换:

$$\cos\omega_0 t \overset{\mathscr{F}}{\longleftrightarrow} \pi\left[\delta(\omega + \omega_0) + \delta(\omega - \omega_0)\right] \tag{4-5-2}$$

$$\sin\omega_0 t \overset{\mathscr{F}}{\longleftrightarrow} j\pi\left[\delta(\omega + \omega_0) - \delta(\omega - \omega_0)\right] \tag{4-5-3}$$

可见,复指数信号、余弦、正弦信号的频谱只包含位于 $\pm\omega_0$ 处的冲激信号,分别如图 4-5-1(a)、(b)、(c)所示。

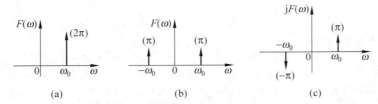

图 4-5-1   复指数、余弦、正弦信号的频谱

4.5.2 一般周期信号的傅里叶变换

一般周期信号可以展开成复指数信号 $e^{jn\omega t}$ 形式的傅里叶级数,而复指数信号的傅里叶变换已在式(4-5-1)中求得。所以,利用傅里叶变换线性性质可以求出一般周期信号的傅里叶变换。设 $f(t)$ 是以 T 为周期的周期信号,则其傅里叶级数展开为

$$f(t) = \sum_{n=-\infty}^{\infty} F_n e^{jn\omega_0 t}$$

其中,$\omega_0 = \dfrac{2\pi}{T}$,$F_n = \dfrac{1}{T}\displaystyle\int_{-\frac{T}{2}}^{\frac{T}{2}} f(t)e^{-jn\omega_0 t}\,\mathrm{d}t$。

根据式(4-5-1)和傅里叶变换线性性质,可得

$$f(t) = \sum_{n=-\infty}^{\infty} F_n e^{jn\omega_0 t} \overset{\mathscr{F}}{\longleftrightarrow} 2\pi \sum_{n=-\infty}^{\infty} F_n\delta(\omega - n\omega_0) \tag{4-5-4}$$

式(4-5-4)表明,周期信号的傅里叶变换由无穷多个冲激信号组成,这些冲激信号位于信号的各谐波角频率 $n\omega_0$ 处,其强度为傅里叶系数 F_n 乘以 2π。

【例 4-5-1】 已知单位冲激序列 $\delta_T(t)$ 可表示为

$$\delta_T(t) = \sum_{n=-\infty}^{\infty} \delta(t - nT)$$

其中,T 为周期,且 $T = \dfrac{2\pi}{\omega_0}$,如图 4-5-2(a)所示。求其傅里叶变换。

解：对周期信号 $\delta_T(t)$ 进行傅里叶级数展开，得

$$\delta_T(t) = \sum_{n=-\infty}^{\infty} F_n \mathrm{e}^{\mathrm{j} n \omega_0 t}$$

其中，

$$F_n = \frac{1}{T} \int_{-\frac{T}{2}}^{\frac{T}{2}} \delta_T(t) \mathrm{e}^{-\mathrm{j} n \omega_0 t} \mathrm{d}t = \frac{1}{T} \int_{-\frac{T}{2}}^{\frac{T}{2}} \delta(t) \mathrm{e}^{-\mathrm{j} n \omega_0 t} \mathrm{d}t = \frac{1}{T}$$

因此，有

$$\delta_T(t) = \frac{1}{T} \sum_{n=-\infty}^{\infty} \mathrm{e}^{\mathrm{j} n \omega_0 t}$$

其傅里叶变换为

$$\delta_T(t) \xleftrightarrow{\mathscr{F}} 2\pi \frac{1}{T} \sum_{n=-\infty}^{\infty} \delta(\omega - n\omega_0) = \omega_0 \sum_{n=-\infty}^{\infty} \delta(\omega - n\omega_0) \qquad (4\text{-}5\text{-}5)$$

由此可见，周期为 T 的单位冲激序列 $\delta_T(t)$ 的傅里叶变换是一个在频域中周期为 ω_0、强度为 ω_0 的冲激序列，如图 4-5-2(b)所示。

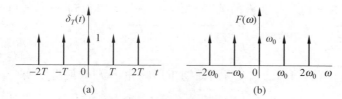

图 4-5-2　单位冲激序列及其傅里叶变换

4.5.3　傅里叶级数系数与傅里叶变换的关系

由式(4-5-4)可以看出，周期信号傅里叶变换的频谱是离散的冲激谱。而在 4.2.2 节中周期信号采用傅里叶级数频谱表示时，其频谱也是离散谱，但是幅度有限。由于傅里叶变换反映的是频谱密度的概念，周期信号在其各谐波频率点上具有有限幅度，因而其频谱密度趋于无穷大，从而变成冲激信号。这也说明了傅里叶级数是傅里叶变换的一种特例。

已知周期信号 $f(t)$ 的傅里叶级数系数 F_n 为

$$F_n = \frac{1}{T} \int_{-\frac{T}{2}}^{\frac{T}{2}} f(t) \mathrm{e}^{-\mathrm{j} n \omega_0 t} \mathrm{d}t \qquad (4\text{-}5\text{-}6)$$

从周期信号 $f(t)$ 中截取一个周期得到单脉冲信号 $f_0(t)$，即

$$f_0(t) = \begin{cases} f(t), & -\dfrac{T}{2} \leqslant t \leqslant \dfrac{T}{2} \\ 0, & \text{其他} \end{cases}$$

$f_0(t)$ 的傅里叶变换 $F_0(\omega)$ 为

$$F_0(\omega) = \int_{-\infty}^{\infty} f_0(t) \mathrm{e}^{-\mathrm{j}\omega t} \mathrm{d}t = \int_{-\frac{T}{2}}^{\frac{T}{2}} f(t) \mathrm{e}^{-\mathrm{j}\omega t} \mathrm{d}t \qquad (4\text{-}5\text{-}7)$$

比较式(4-5-6)和式(4-5-7)，得

$$F_n = \frac{F_0(\omega)}{T}\bigg|_{\omega=n\omega_0} = \frac{F_0(n\omega_0)}{T} \qquad (4\text{-}5\text{-}8)$$

式(4-5-8)说明了周期信号傅里叶级数系数和单脉冲信号傅里叶变换之间的关系,也提供了一种求周期信号傅里叶级数系数的方法,即可以利用傅里叶变换的性质求出单脉冲信号的傅里叶变换,再利用式(4-5-8)求周期信号傅里叶级数系数。

根据式(4-5-8)和式(4-5-4),单脉冲信号与周期化后的周期信号的傅里叶变换之间的关系为

$$F(\omega) = 2\pi \sum_{n=-\infty}^{\infty} F_n \delta(\omega - n\omega_0) = \frac{2\pi}{T}\sum_{n=-\infty}^{\infty} F_0(n\omega_0)\delta(\omega - n\omega_0) \qquad (4\text{-}5\text{-}9)$$

【例 4-5-2】 求图 4-5-3(b)所示幅度为 E、脉宽为 τ、周期为 T 的周期矩形脉冲 $f(t)$ 的傅里叶变换。

解:设 $f_0(t)$ 为周期矩形脉冲 $f(t)$ 的一个周期,如图 4-5-3(a)所示。易知

$$f_0(t) \overset{\mathscr{F}}{\longleftrightarrow} F_0(\omega) = E\tau \mathrm{Sa}\left(\frac{\omega\tau}{2}\right)$$

由傅里叶级数系数与傅里叶变换的关系[式(4-5-8)],可以得到 $f(t)$ 傅里叶级数系数:

$$F_n = \frac{1}{T}F_0(\omega)\bigg|_{\omega=n\omega_0} = \frac{E\tau}{T}\mathrm{Sa}\left(\frac{n\omega_0\tau}{2}\right)$$

其中,$\omega_0 = \dfrac{2\pi}{T}$。再由式(4-5-9)可得到周期矩形脉冲 $f(t)$ 的傅里叶变换:

$$F(\omega) = 2\pi \sum_{n=-\infty}^{\infty} F_n \delta(\omega - n\omega_0) = E\tau\omega_0 \sum_{n=-\infty}^{\infty} \mathrm{Sa}\left(\frac{n\omega_0\tau}{2}\right)\delta(\omega - n\omega_0) \qquad (4\text{-}5\text{-}10)$$

可见,单脉冲信号的频谱是连续频谱,而周期化后信号的傅里叶级数频谱是离散频谱,周期化后信号的傅里叶变换则是由间隔为 ω_0 的冲激信号组成的离散频谱,其冲激强度的包络线形状与单脉冲信号频谱形状相同,如图 4-5-3 所示。

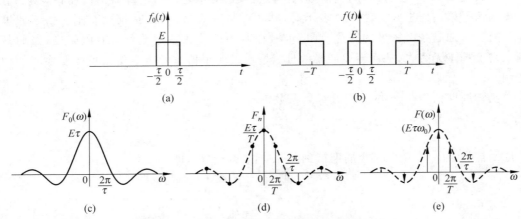

图 4-5-3 周期矩形脉冲的傅里叶级数和傅里叶变换

4.6 连续时间系统的频域分析

前面讨论了信号的傅里叶变换,本节将以傅里叶分析为基础,讨论激励、系统与响应三者在频域中的关系。信号作用于线性系统在频域中求解零状态响应的方法称为系统的频域分析法,也称为傅里叶分析法。

4.6.1 系统的频率响应

一个连续 LTI 系统的数学模型可以用常系数线性微分方程描述,即

$$a_n \frac{\mathrm{d}^n y}{\mathrm{d}t^n} + \cdots + a_1 \frac{\mathrm{d}y}{\mathrm{d}t} + a_0 y(t) = b_m \frac{\mathrm{d}^m x}{\mathrm{d}t^m} + \cdots + b_1 \frac{\mathrm{d}x}{\mathrm{d}t} + b_0 x(t) \qquad (4\text{-}6\text{-}1)$$

其中,$x(t)$ 和 $y(t)$ 分别表示系统的激励和响应。

对式(4-6-1)两边进行傅里叶变换,并根据傅里叶变换的时域微分特性,得

$$\big[a_n (\mathrm{j}\omega)^n + \cdots + a_1(\mathrm{j}\omega) + a_0\big]Y(\omega)$$
$$= \big[b_m (\mathrm{j}\omega)^m + \cdots + b_1(\mathrm{j}\omega) + b_0\big]X(\omega) \qquad (4\text{-}6\text{-}2)$$

其中,$X(\omega)$ 和 $Y(\omega)$ 分别为系统的激励和响应的傅里叶变换。可见,通过傅里叶变换可以将常系数微分方程转换成激励和响应的代数方程。于是,系统响应的傅里叶变换为

$$Y(\omega) = \frac{b_m (\mathrm{j}\omega)^m + b_{m-1} (\mathrm{j}\omega)^{m-1} + \cdots + b_1(\mathrm{j}\omega) + b_0}{a_n (\mathrm{j}\omega)^n + a_{n-1} (\mathrm{j}\omega)^{n-1} + \cdots + a_1(\mathrm{j}\omega) + a_0} X(\omega)$$
$$= H(\omega)X(\omega) \qquad (4\text{-}6\text{-}3)$$

其中,函数 $H(\omega)$ 定义为

$$H(\omega) = \frac{Y(\omega)}{X(\omega)} = \frac{b_m (\mathrm{j}\omega)^m + b_{m-1}(\mathrm{j}\omega)^{m-1} + \cdots + b_1(\mathrm{j}\omega) + b_0}{a_n (\mathrm{j}\omega)^n + a_{n-1}(\mathrm{j}\omega)^{n-1} + \cdots + a_1(\mathrm{j}\omega) + a_0} \qquad (4\text{-}6\text{-}4)$$

$H(\omega)$ 是两个 $\mathrm{j}\omega$ 的多项式之比,其中,分母与分子多项式的系数分别是微分方程左边与右边相应项的系数。$H(\omega)$ 定义为系统在零状态条件下响应与激励的频谱之比,称为该系统的系统函数,也称为频率响应特性,简称频率响应。一般系统频率响应 $H(\omega)$ 是 ω 的复函数,可以表示为

$$H(\omega) = \big| H(\omega) \big| \mathrm{e}^{\mathrm{j}\varphi(\omega)} \qquad (4\text{-}6\text{-}5)$$

易知,$\big| H(\omega) \big|$ 是 ω 的偶函数,$\varphi(\omega)$ 是 ω 的奇函数。$\big| H(\omega) \big|$ 称为系统的幅频响应特性,简称为幅频响应或幅频特性;$\varphi(\omega)$ 称为系统的相频响应特性,简称相频响应或相频特性。

系统的频率响应 $H(\omega)$ 描述了系统零状态响应的傅里叶变换与激励的傅里叶变换之间的关系。由式(4-6-4)可以看出,系统频率响应 $H(\omega)$ 只与系统本身的特性有关,与激励无关,因此,它是表征系统特性的一个重要函数。

当系统的激励信号 $x(t)$ 为冲激信号 $\delta(t)$ 时,其傅里叶变换 $X(\omega) = \mathcal{F}[\delta(t)] = 1$,系统的零状态响应 $y(t)$ 即为冲激响应 $h(t)$。根据式(4-6-3),可得

$$Y(\omega) = H(\omega)X(\omega) = H(\omega)$$

故
$$H(\omega) = \mathcal{F}[h(t)] \qquad (4\text{-}6\text{-}6)$$

式(4-6-6)表明,系统的频率响应 $H(\omega)$ 是系统冲激响应 $h(t)$ 的傅里叶变换,它们分别从频域和时域两个方面表征了同一个系统的特性。

为了进一步理解系统频率响应 $H(\omega)$ 的物理意义,下面讨论 LTI 系统在正弦信号 $\cos(\omega t+\theta)(-\infty<t<\infty)$ 或复指数信号 $e^{j\omega t}(-\infty<t<\infty)$ 激励下的响应。由于信号在 $t=-\infty$ 时作用于系统,因此,所求的零状态响应也是稳态响应。

当系统的激励为复指数信号 $e^{j\omega t}(-\infty<t<\infty)$ 时,系统响应由卷积积分可得:

$$y(t)=\int_{-\infty}^{\infty}e^{j\omega(t-\tau)}h(\tau)d\tau=e^{j\omega t}\int_{-\infty}^{\infty}e^{-j\omega\tau}h(\tau)d\tau$$
$$=e^{j\omega t}H(\omega)=|H(\omega)|e^{j\omega t+j\varphi(\omega)} \tag{4-6-7}$$

式(4-6-7)说明,当一个复指数信号 $e^{j\omega t}$ 作用于 LTI 系统时,其稳态响应仍为同频率的复指数信号,不同的是响应比激励多乘了一个复函数 $H(\omega)$,即幅度乘上了 $|H(\omega)|$,相位移动了 $\varphi(\omega)$。

当系统的激励为正弦信号 $\cos(\omega t+\theta)(-\infty<t<\infty)$ 时,根据欧拉公式有

$$\cos(\omega t+\theta)=\frac{1}{2}(e^{j\theta}e^{j\omega t}+e^{-j\theta}e^{-j\omega t})$$

依据式(4-6-7)及 $|H(\omega)|$、$\varphi(\omega)$ 的奇偶性,可求得系统响应为

$$y(t)=\frac{1}{2}(e^{j\theta}e^{j\omega t}|H(\omega)|e^{j\varphi(\omega)}+e^{-j\theta}e^{-j\omega t}|H(\omega)|e^{-j\varphi(\omega)})$$
$$=|H(\omega)|\cos[\omega t+\theta+\varphi(\omega)] \tag{4-6-8}$$

从式(4-6-8)更易理解系统频率响应的物理含义。如果系统输入信号是正弦信号,那么系统的正弦稳态响应 $y(t)$ 仍为同频率的正弦信号,但是幅度和相位有了变化,幅度乘上了 $|H(\omega)|$,相位移动了 $\varphi(\omega)$。若某一频率点上 $H(\omega)=0$,那么,该频率的输入信号在输出端不会有对应频率的输出。因此,系统的频率响应描述了系统对频率的一种选择作用。

以上分析给工程上测量系统频率响应提供了理论依据,即利用信号发生器产生幅度恒为1的正弦信号作为输入,并且改变正弦信号的频率,通过测量输出信号的幅度随着频率的变化就可以得到系统的幅频特性,而通过测量输出信号与输入信号过零点的时间差可以推算出两者的相位差,该相位差随频率的变化而变化,称为系统的相频特性。

4.6.2 系统频域分析

在时域分析中,通常采用卷积积分求系统的零状态响应,即将输入 $x(t)$ 表示成冲激信号分量之和,将系统对各个冲激信号分量的响应相加所得到的零状态响应 $y(t)$ 即为卷积积分;而在频域分析中,输入信号表示成指数或正弦分量之和,将系统对各个指数或正弦分量的响应相加所得到的响应即为傅里叶积分。后者的分析方法称为系统的傅里叶分析法或频域分析法。

需要说明,在系统频域分析中,如果激励信号在 $t=0$ 时刻加入,那么对应的响应指的是系统的零状态响应。若激励信号的定义区间是 $(-\infty,\infty)$,而一般认为 $t=-\infty$ 时系统的初始储能为 0,因而,响应也是指系统的零状态响应或系统的正弦稳态响应;或者说由

于无法表示 $t=-\infty$ 时系统的初始储能,频域分析也就无法求得其零输入响应。

频域分析法主要用来分析系统的频率响应特性或者信号的频谱,也可以用来求系统在任意激励信号作用下的零状态响应或者正弦稳态响应。频率响应可以根据它的各种定义进行计算。

【例 4-6-1】 已知一个零状态 LTI 系统由下列微分方程表示:

$$\frac{d^3 y}{dt^3} + 10\frac{d^2 y}{dt^2} + 8\frac{dy}{dt} + 5y(t) = 13\frac{dx}{dt} + 7x(t)$$

求该系统的频率响应。

解: 对上式两边进行傅里叶变换,得

$$[(j\omega)^3 + 10(j\omega)^2 + 8(j\omega) + 5]Y(\omega) = [13(j\omega) + 7]X(\omega)$$

所以频率响应为

$$H(\omega) = \frac{Y(\omega)}{X(\omega)} = \frac{13j\omega + 7}{(j\omega)^3 + 10(j\omega)^2 + 8j\omega + 5} = \frac{13j\omega + 7}{-j\omega^3 - 10\omega^2 + 8j\omega + 5}$$

【例 4-6-2】 图 4-6-1 所示的 RC 电路,若激励信号 $x(t)$ 为单位阶跃信号 $u(t)$,求系统的频率响应特性和电容电压 $y(t)$ 的零状态响应。

解: 电路系统的频率响应可以采用电路分析中的相量法求解,R、L、C 的复阻抗分别为 R、$j\omega L$、$\frac{1}{j\omega C}$,$H(\omega)$ 即为输出信号相量与输入信号的相量之比。

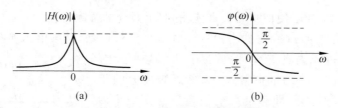

图 4-6-1　RC 电路

根据分压原理得到频率响应特性,即

$$H(\omega) = \frac{Y(\omega)}{X(\omega)} = \frac{\frac{1}{j\omega C}}{R + \frac{1}{j\omega C}} = \frac{\frac{1}{RC}}{j\omega + \frac{1}{RC}} = \frac{\alpha}{j\omega + \alpha}$$

其中,$\alpha = \frac{1}{RC}$。

因此,幅频响应为 $|H(\omega)| = \frac{|\alpha|}{\sqrt{\omega^2 + \alpha^2}}$,相频响应为 $\varphi(\omega) = -\arctan\frac{\omega}{\alpha}$,幅频特性和相频特性分别如图 4-6-2(a)、(b)所示。

图 4-6-2　RC 电路的幅频特性和相频特性

电容电压 $y(t)$ 的零状态响应的傅里叶变换为

$$Y(\omega) = X(\omega)H(\omega) = \left[\pi\delta(\omega) + \frac{1}{j\omega}\right]\frac{\alpha}{j\omega + \alpha} = \frac{\alpha\pi}{j\omega + \alpha}\delta(\omega) + \frac{\alpha}{j\omega(j\omega + \alpha)}$$

利用冲激信号的抽样性质,并将第二项展开,得

$$Y(\omega) = \left[\pi\delta(\omega) + \frac{1}{j\omega} \right] - \frac{1}{j\omega + \alpha}$$

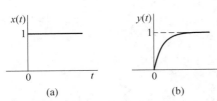

(a)　　　　　　(b)

图 4-6-3　RC 电路的激励和零状态响应

求上式的傅里叶反变换,得

$$y(t) = u(t) - e^{-\alpha t}u(t) = (1 - e^{-\alpha t})u(t)$$

图 4-6-3(a)和(b)分别给出了激励和零状态响应的波形。可以看出,由于频率响应 $H(\omega)$ 抑制了 $u(t)$ 的高频成分,使得输出在原来跳变的地方变化缓慢了。

需要说明的是,求系统的零状态响应,傅里叶分析法远不如第 5 章要介绍的拉普拉斯变换法方便,所以实际上很少用傅里叶分析法求系统的零状态响应。

4.6.3　无失真传输

有些应用场合,如在通信信道中信号的放大或者传输等,都要求输出波形与输入波形形状上相同,这样就要求放大器或者通信信道引起的失真最小。因此,确定一个对输入信号不产生失真的传输系统具有一定的实际意义。所谓信号无失真传输是指系统的输出信号与输入信号相比只有幅度大小和出现时间先后的不同,而没有波形形状的改变。因此,在无失真传输中,输入 $x(t)$ 和输出 $y(t)$ 满足

$$y(t) = Kx(t - t_\mathrm{d}) \tag{4-6-9}$$

其中,K 为常数,t_d 为延时,即输出信号的幅度是输入信号的 K 倍,且比输入信号延迟了 t_d。式(4-6-9)在频域中可表示为

$$Y(\omega) = KX(\omega)e^{-j\omega t_\mathrm{d}}$$

因此,无失真传输系统的频率响应特性为

$$H(\omega) = Ke^{-j\omega t_\mathrm{d}} \tag{4-6-10}$$

其幅频特性和相频特性为

$$\begin{cases} |H(\omega)| = K \\ \varphi(\omega) = -\omega t_\mathrm{d} \end{cases}$$

以上分析表明,为了使信号无失真传输,要求系统的幅频特性 $|H(\omega)|$ 在整个频带内为一个常数,相频特性 $\varphi(\omega)$ 是斜率为 $-t_\mathrm{d}$ 的 ω 的线性函数,其频谱图如图 4-6-4 所示。

输入信号通过无失真传输系统,为了使信号的所有频率分量延时为同一个时间间隔 t_d,显然高频成分的相位变化要大于低频部分,即满足系统相频特性是频率 ω 的线性函数。定义该延时为群延时,即相频特性的斜率为

$$t_\mathrm{d} = -\frac{\mathrm{d}\varphi(\omega)}{\mathrm{d}\omega} \tag{4-6-11}$$

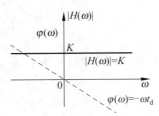

图 4-6-4　无失真传输系统的幅频特性和相频特性

式(4-6-11)表明,无失真传输系统的群延时为一个与频

率无关的常数,故没有相位失真。

式(4-6-10)是信号无失真传输的理想条件。在实际工程中,根据信号传输系统的要求,例如,对于传输频带受限信号,只要在信号占有的频带范围内系统的幅频特性和相频特性满足条件即可。

【例 4-6-3】　已知一个模拟滤波器的幅频和相频特性,如图 4-6-5 所示。对于下列给定的信号,通过该滤波器后,波形是否发生失真? 如果失真,是幅度失真还是相位失真,抑或两者兼而有之?

(1) $x_1(t) = \cos 20t + \cos 60t$。

(2) $x_2(t) = \cos 20t + \cos 140t$。

(3) $x_3(t) = \cos 20t + \cos 220t$。

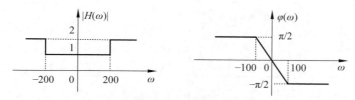

图 4-6-5　模拟滤波器的幅频特性和相频特性

解:(1) 因为 $x_1(t) = \cos 20t + \cos 60t$,其频率分别为 20rad/s、60rad/s。从图 4-6-5 中可以看出,在 $|\omega| \leqslant 100$rad/s 范围以内,该滤波器为无失真传输系统,幅频响应为 $|H(\omega)| = 1$,相频响应为 $\varphi(\omega) = \dfrac{-\dfrac{\pi}{2}}{100}\omega = -\dfrac{\pi}{200}\omega$。所以 $\varphi(20) = -\dfrac{\pi}{10}$,$\varphi(60) = -\dfrac{3\pi}{10}$,因此稳态输出为

$$y_{ss1}(t) = \cos\left(20t - \frac{\pi}{10}\right) + \cos\left(60t - \frac{3\pi}{10}\right) = \cos\left[20\left(t - \frac{\pi}{200}\right)\right] + \cos\left[60\left(t - \frac{\pi}{200}\right)\right]$$

输出信号只是输入信号的一个延时,不存在失真,如图 4-6-6 (a)所示。

(2) 因为 $x_2(t) = \cos 20t + \cos 140t$,从图 4-6-5 可以看出,$\omega = 140$rad/s 时,相移 $\varphi(140) = -\dfrac{\pi}{2}$,因此稳态输出为

$$y_{ss2}(t) = \cos\left(20t - \frac{\pi}{10}\right) + \cos\left(140t - \frac{\pi}{2}\right) = \cos\left[20\left(t - \frac{\pi}{200}\right)\right] + \cos\left[140\left(t - \frac{\pi}{280}\right)\right]$$

显然,输出信号不是输入信号的一个延时,存在失真,是相位失真,如图 4-6-6 (b)所示。

(3) 因为 $x_3(t) = \cos 20t + \cos 220t$,从图 4-6-5 可以看出,$\omega = 220$rad/s 时,幅频特性为 $|H(220)| = 2$,相移 $\varphi(220) = -\dfrac{\pi}{2}$,因此稳态输出为

$$y_{ss3}(t) = \cos\left(20t - \frac{\pi}{10}\right) + 2\cos\left(220t - \frac{\pi}{2}\right) = \cos\left[20\left(t - \frac{\pi}{200}\right)\right] + 2\cos\left[220\left(t - \frac{\pi}{440}\right)\right]$$

显然,输出信号不是输入信号的一个延时,存在失真,同时有相位失真和幅度失真,如图 4-6-6 (c)所示。

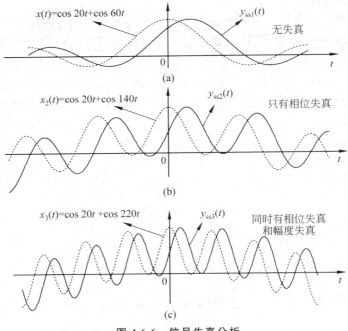

图 4-6-6　信号失真分析

【例 4-6-4】　已知两个电路如图 4-6-7(a)和(b)所示,求这两个电路的频率响应 $H(\omega)$。若使电路为无失真传输系统,元件参数应满足何条件?

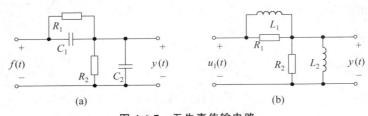

图 4-6-7　无失真传输电路

解：图 4-6-7(a)所示的系统无失真传输时,系统频率响应应满足 $H(\omega)=K\mathrm{e}^{-\mathrm{j}\omega t_0}$,而系统频率响应为

$$H(\omega)=\cfrac{\cfrac{R_2}{1+\mathrm{j}\omega C_2 R_2}}{\cfrac{R_1}{1+\mathrm{j}\omega C_1 R_1}+\cfrac{R_2}{1+\mathrm{j}\omega C_2 R_2}}=\cfrac{C_1}{C_1+C_2}\cdot\cfrac{\mathrm{j}\omega+\cfrac{1}{C_1 R_1}}{\mathrm{j}\omega+\cfrac{R_1+R_2}{R_1 R_2(C_1+C_2)}}$$

所以无失真条件为 $\cfrac{1}{C_1 R_1}=\cfrac{R_1+R_2}{R_1 R_2(C_1+C_2)}$,即 $C_1 R_1=C_2 R_2$。此时有

$$H(\omega)=\frac{R_2}{R_1+R_2}=\frac{C_1}{C_2+C_1}$$

图 4-6-7(b)所示的系统频率响应为

$$H(\omega)=\dfrac{\dfrac{j\omega R_2 L_2}{R_2+j\omega L_2}}{\dfrac{j\omega R_1 L_1}{R_1+j\omega L_1}+\dfrac{j\omega R_2 L_2}{R_2+j\omega L_2}}=\dfrac{R_2}{R_1+R_2}\cdot\dfrac{j\omega+\dfrac{R_1}{L_1}}{j\omega+\dfrac{R_1 R_2 (L_1+L_2)}{L_2 L_1 (R_1+R_2)}}$$

所以无失真条件为 $\dfrac{R_1}{L_1}=\dfrac{R_1 R_2 (L_1+L_2)}{L_2 L_1 (R_1+R_2)}$，即 $R_1 L_2=R_2 L_1$。此时有

$$H(\omega)=\dfrac{L_2}{L_1+L_2}=\dfrac{R_2}{R_1+R_2}$$

4.6.4　理想低通滤波器

理想滤波器在某个频带内能实现无失真传输,而在其余的频段上则完全抑制信号。能够使信号通过的频率范围称为通带,阻止信号通过的频率范围称为阻带。如果信号和噪声占据不同的频率范围,则可以设计相应的滤波器将信号从噪声中提取出来。图 4-6-8(a)、(b)、(c)、(d)分别为理想低通滤波器、理想高通滤波器、理想带通滤波器、理想带阻滤波器的频率响应特性。这些滤波器是理想的,因为在各个频带内其幅频特性是严格常数,并且从通带到阻带或从阻带到通带的过渡频带宽度是 0。理想滤波器都是物理上不可实现的,只能任意逼近。然而理想滤波器的概念对分析线性系统非常有帮助,可以大大简化其数学描述过程。

下面以理想低通滤波器为例研究理想滤波器的特性。根据图 4-6-8(a)所示的理想低通滤波器的频率响应特性可知,低于某一频率 ω_c 的信号无失真传输,而阻止高于 ω_c 的信号通过,其中,ω_c 称为截止频率,通带为 $|\omega|\leqslant\omega_c$,而阻带为 $|\omega|>\omega_c$。设系统延时为 t_d,则理想低通滤波器的频率响应表达式为

$$H(\omega)=\begin{cases}e^{-j\omega t_d}, & |\omega|\leqslant\omega_c\\ 0, & |\omega|>\omega_c\end{cases} \tag{4-6-12}$$

根据式(4-6-6),系统冲激响应 $h(t)$ 是系统频率响应特性 $H(\omega)$ 的傅里叶反变换。利用傅里叶变换的对称性质和时移性质,理想低通滤波器的冲激响应为

$$h(t)=\dfrac{\omega_c}{\pi}\mathrm{Sa}[\omega_c(t-t_d)] \tag{4-6-13}$$

其波形如图 4-6-9(a)所示。

从图 4-6-9(a)可知,理想低通滤波器的激励与响应相比,激励信号是冲激信号 $\delta(t)$,而响应波形产生了很大的失真。这是因为理想低通滤波器是带限系统,而冲激信号的频带是无穷大的,冲激信号进入理想低通滤波器后,一部分高频信号被抑制了,只有在截止频率以内的低频信号允许通过。另外还可以看到,激励信号是在 $t=0$ 时刻加上的,而响应信号是在激励信号加上之前(即 $t<0$ 时)就开始了。因此,理想低通滤波器是一个非因果系统,是物理上不可实现的。同理,可以证明其余 3 种理想滤波器也是物理上不可实现的。

对于一个物理上可实现的系统,其冲激响应 $h(t)$ 在 $t<0$ 时必须为 0,即 $h(t)$ 必须是因果的。从频域特性来看,这个条件等效于著名的佩利-维纳(Paley-Weiner)准则。该准

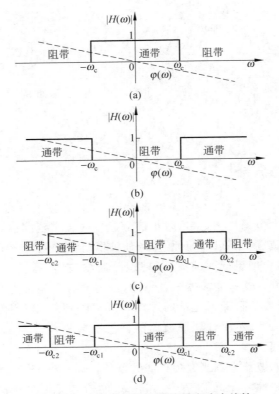

图 4-6-8 4 种理想滤波器的频率响应特性

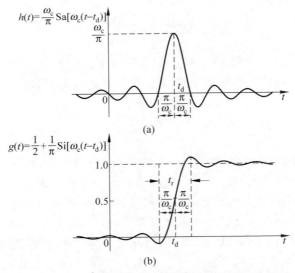

图 4-6-9 理想低通滤波器的冲激响应和阶跃响应

则给出了幅频响应为 $|H(\omega)|$ 的系统物理上可实现的必要条件，即

$$\int_{-\infty}^{\infty} \frac{\big|\ln|H(\omega)|\big|}{1+\omega^2}\mathrm{d}\omega < \infty \tag{4-6-14}$$

同时，$|H(\omega)|$ 必须平方可积，即

$$\int_{-\infty}^{\infty} |H(\omega)|^2 \mathrm{d}\omega < \infty \tag{4-6-15}$$

不满足该准则的系统，对应的冲激响应就是非因果的，物理上是不可实现的。

佩利-维纳准则只给出了幅频特性的要求，而对相频特性却没给出约束。该准则只是系统物理上可实现的必要条件，而不是充分条件。当 $|H(\omega)|$ 满足该准则时，则可寻找适当的相位函数 $\varphi(\omega)$，与 $|H(\omega)|$ 共同构成一个物理上可实现的频率响应。

由于阶跃响应是冲激响应的积分，因此，理想低通滤波器的阶跃响应为

$$g(t) = \int_{-\infty}^{t} \frac{\omega_{\mathrm{c}}}{\pi} \mathrm{Sa}[\omega_{\mathrm{c}}(\tau - t_{\mathrm{d}})]\mathrm{d}\tau = \frac{1}{\pi}\int_{-\infty}^{t} \frac{\sin[\omega_{\mathrm{c}}(\tau - t_{\mathrm{d}})]}{\omega_{\mathrm{c}}(\tau - t_{\mathrm{d}})}\omega_{\mathrm{c}}\mathrm{d}\tau$$

$$= \frac{1}{\pi}\int_{-\infty}^{\omega_{\mathrm{c}}(t-t_{\mathrm{d}})} \frac{\sin[\omega_{\mathrm{c}}(\tau - t_{\mathrm{d}})]}{\omega_{\mathrm{c}}(\tau - t_{\mathrm{d}})}\mathrm{d}[\omega_{\mathrm{c}}(\tau - t_{\mathrm{d}})]$$

令 $x = \omega_{\mathrm{c}}(\tau - t_{\mathrm{d}})$，则上式化为

$$g(t) = \frac{1}{\pi}\int_{-\infty}^{\omega_{\mathrm{c}}(t-t_{\mathrm{d}})} \frac{\sin x}{x}\mathrm{d}x = \frac{1}{\pi}\int_{-\infty}^{0} \frac{\sin x}{x}\mathrm{d}x + \frac{1}{\pi}\int_{0}^{\omega_{\mathrm{c}}(t-t_{\mathrm{d}})} \frac{\sin x}{x}\mathrm{d}x$$

$$= \frac{1}{2} + \frac{1}{\pi}\int_{0}^{\omega_{\mathrm{c}}(t-t_{\mathrm{d}})} \frac{\sin x}{x}\mathrm{d}x$$

其中，$\int_{-\infty}^{0} \frac{\sin x}{x}\mathrm{d}x = \frac{\pi}{2}$。

函数 $\frac{\sin x}{x}$ 的定积分通常称为正弦积分，用符号 $\mathrm{Si}(t)$ 表示，即

$$\mathrm{Si}(t) = \int_{0}^{t} \frac{\sin x}{x}\mathrm{d}x$$

其函数值可从专门的正弦积分函数表中查到。因此，理想低通滤波器的阶跃响应可以写为

$$g(t) = \frac{1}{2} + \frac{1}{\pi}\mathrm{Si}[\omega_{\mathrm{c}}(t - t_{\mathrm{d}})] \tag{4-6-16}$$

其波形如图 4-6-9(b)所示。由图可见，理想低通滤波器的阶跃响应波形并不像阶跃信号波形那样陡直上升，而是斜升的，这表明阶跃响应的建立需要一段时间；同时波形中出现了冲激振荡，即吉布斯现象，这也是由于理想低通滤波器是带限系统所导致的。阶跃响应也违背了因果性。

阶跃响应的上升时间 t_{r} 通常定义为阶跃响应从最小值上升到最大值所需的时间。上升时间是反映系统快速性的一个重要指标，由图 4-6-9(b)可以得到

$$t_{\mathrm{r}} = \frac{2\pi}{\omega_{\mathrm{c}}} \tag{4-6-17}$$

式(4-6-17)说明，阶跃响应的上升时间与理想低通滤波器的截止频率成反比。

必须指出，虽然理想低通滤波器是物理上不可实现的，但是在工程实际中常常利用

其基本原理构造传输特性接近理想滤波器频率响应特性的系统。

4.7 连续时间信号的抽样及重建

4.7.1 信号的抽样过程

所谓信号抽样(也称为取样或采样),就是利用抽样脉冲序列 $p(t)$ 从连续信号 $f(t)$ 中抽取一系列离散样值,通过抽样过程得到的离散样值信号称为抽样信号,用 $f_s(t)$ 表示,如图 4-7-1(a)所示。抽样过程还可以看成抽样脉冲序列 $p(t)$ 被连续信号 $f(t)$ 调幅的过程,如图 4-7-1(b)所示。因此,抽样信号 $f_s(t)$ 可表示为

$$f_s(t) = f(t)p(t) \tag{4-7-1}$$

在信号分析中,通常将信号 $\mathrm{Sa}(t)$ 称为抽样函数,它与这里所指的抽样信号完全不同,但抽样函数名称的由来与抽样过程是密切相关的,在后面的分析过程中可以看到这一点。

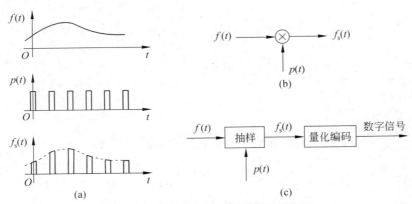

图 4-7-1 连续信号抽样过程及抽样原理

图 4-7-1(c)说明了连续时间信号经抽样后再经过量化和编码即成为数字信号,这种连续时间信号及系统的数字化处理过程已经得到了广泛的应用。数字化过程带来了两个重要问题:一是抽样信号 $f_s(t)$ 的频谱是怎样的,抽样信号与原连续信号 $f(t)$ 的频谱之间有什么关系;二是连续信号被抽样后是否保留了原信号 $f(t)$ 的全部信息,即在什么条件下可从抽样信号 $f_s(t)$ 中无失真地重建原连续信号 $f(t)$。

4.7.2 抽样信号的频谱

一般来说,抽样脉冲序列 $p(t)$ 为周期信号,T_s 为抽样脉冲序列的周期,$\omega_s = \dfrac{2\pi}{T_s}$ 为抽样角频率。由式(4-5-4)可得 $p(t)$ 的频谱 $P(\omega)$:

$$P(\omega) = \mathcal{F}[p(t)] = 2\pi \sum_{n=-\infty}^{\infty} P_n \delta(\omega - n\omega_s) \tag{4-7-2}$$

其中,

$$P_n = \frac{1}{T_s} \int_{-\frac{T}{2}}^{\frac{T}{2}} p(t) \mathrm{e}^{-jn\omega_s t} \mathrm{d}t \tag{4-7-3}$$

根据频域卷积定理,抽样信号 $f_s(t)$ 的频谱 $F_s(\omega)$ 为

$$F_s(\omega) = \mathcal{F}[f_s(t)] = \mathcal{F}[f(t)p(t)] = \frac{1}{2\pi} F(\omega) * P(\omega)$$

$$= \frac{1}{2\pi} F(\omega) * 2\pi \sum_{n=-\infty}^{\infty} P_n \delta(\omega - n\omega_s) = \sum_{n=-\infty}^{\infty} P_n F(\omega - n\omega_s) \tag{4-7-4}$$

式(4-7-4)表明,连续信号 $f(t)$ 在时域被 $p(t)$ 抽样后,其频谱 $F_s(\omega)$ 是由连续信号 $f(t)$ 的频谱 $F(\omega)$ 以抽样角频率 ω_s 为间隔周期性地延拓,频谱幅度由抽样脉冲序列 $p(t)$ 的傅里叶系数 P_n 加权。可见,信号在时域抽样(离散化)相当于频域周期化。

1. 冲激抽样

若抽样脉冲是冲激序列 $\delta_T(t)$,即

$$\delta_T(t) = \sum_{n=-\infty}^{\infty} \delta(t - nT_s)$$

则这种抽样称为冲激抽样或理想抽样,其傅里叶变换已由式(4-5-5)给出,即

$$\mathcal{F}[\delta_T(t)] = \omega_0 \sum_{n=-\infty}^{\infty} \delta(\omega - n\omega_0)$$

其频谱如图 4-7-2(e)所示。

$f(t)$ 经过抽样后,得

$$f_s(t) = f(t) \cdot \delta_T(t) = \sum_{n=-\infty}^{\infty} f(t)\delta(t - nT_s) = \sum_{n=-\infty}^{\infty} f(nT_s)\delta(t - nT_s) \tag{4-7-5}$$

在这种情况下,抽样信号是由一系列冲激信号构成的,每个冲激信号的间隔为 T_s,而强度等于连续信号的抽样值 $f(nT_s)$,如图 4-7-2(c)所示。$f_s(t)$ 的频谱可以利用频域卷积定理求得,即

$$\mathcal{F}[f_s(t)] = \mathcal{F}[f(t) \cdot \delta_T(t)] = \frac{1}{2\pi} F(\omega) * \omega_0 \sum_{n=-\infty}^{\infty} \delta(\omega - n\omega_0)$$

$$= \frac{1}{T_s} \sum_{n=-\infty}^{\infty} F(\omega - n\omega_s) \tag{4-7-6}$$

其频谱如图 4-7-2(f)所示。

从图 4-7-2(f)可以看出,冲激抽样后信号的频谱是原信号频谱以 ω_s 为周期等幅地重复而来的。

2. 周期矩形脉冲抽样

若抽样脉冲 $p(t)$ 是周期矩形脉冲,则这种抽样称为矩形脉冲抽样,也称为自然抽样。$p(t)$ 可写成

$$p(t) = \sum_{n=-\infty}^{\infty} G_\tau(t - nT_s) \tag{4-7-7}$$

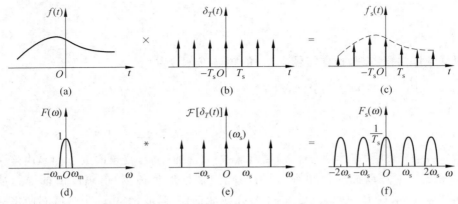

图 4-7-2　冲激序列抽样信号及其频谱

其中，$G_\tau(t)$ 是高度为 1、脉宽为 τ 的矩形脉冲。根据例 4-5-2，周期矩形脉冲的傅里叶变换为

$$P(\omega) = \mathcal{F}[p(t)] = \tau\omega_s \sum_{n=-\infty}^{\infty} \mathrm{Sa}\left(\frac{n\omega_s\tau}{2}\right)\delta(\omega - n\omega_s) \qquad (4\text{-}7\text{-}8)$$

由式(4-7-1)可知，$f(t)$ 经过抽样后得到 $f_s(t)$，即

$$f_s(t) = f(t) \cdot p(t) \qquad (4\text{-}7\text{-}9)$$

在这种情况下，抽样信号是由一系列矩形脉冲信号构成的，每个矩形脉冲的间隔为 T_s，而矩形脉冲的幅度随原连续信号幅度而变化。在这种抽样情况下，抽样信号 $f_s(t)$ 的脉冲顶部不是平的，这种抽样称为自然抽样，如图 4-7-3(a)所示。

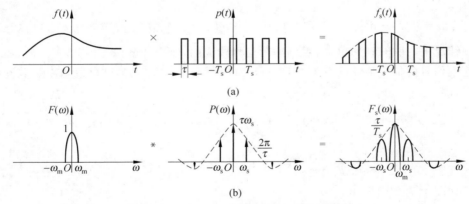

图 4-7-3　周期矩形脉冲抽样信号及其频谱

根据频域卷积定理，抽样后信号 $f_s(t)$ 的频谱为

$$\begin{aligned}
F_s(\omega) &= \mathcal{F}[f_s(t)] = \mathcal{F}[f(t) \cdot p(t)] \\
&= \frac{1}{2\pi} F(\omega) * \tau\omega_s \sum_{n=-\infty}^{\infty} \mathrm{Sa}\left(\frac{n\omega_s\tau}{2}\right)\delta(\omega - n\omega_s) \\
&= \frac{\tau}{T_s} \sum_{n=-\infty}^{\infty} \mathrm{Sa}\left(\frac{n\omega_s\tau}{2}\right) F(\omega - n\omega_s) \qquad (4\text{-}7\text{-}10)
\end{aligned}$$

式(4-7-10)表明,在周期矩形脉冲抽样情况下,抽样信号频谱也是周期性重复的,但在重复过程中,幅度不再是等幅的,而是随着 $\dfrac{\tau}{T_s}\mathrm{Sa}\left(\dfrac{\omega\tau}{2}\right)$ 变化的,其频谱如图 4-7-3(b)所示。

冲激抽样和矩形脉冲抽样是两种典型的抽样。在实际应用中通常采用矩形脉冲抽样。但为了便于问题分析,当脉宽较窄时,往往可以将矩形脉冲抽样近似为冲激抽样。

4.7.3　抽样定理

1. 时域抽样定理

时域抽样定理表述如下:一个频谱在区间$(-\omega_m,\omega_m)$以外为 0 的有限频带信号 $f(t)$ 可唯一地由其在均匀时间间隔 $T_s\left(T_s\leqslant\dfrac{1}{2f_m}\right)$ 上的抽样值 $f(nT_s)$ 所确定。

以冲激抽样为例说明时域抽样定理。连续信号及其频谱如图 4-7-4(a)所示。假定信号 $f(t)$ 的频谱在$(-\omega_m,\omega_m)$范围内,若以间隔 T_s 对 $f(t)$ 进行抽样,抽样信号 $f_s(t)$ 的频谱 $F_s(\omega)$ 以 ω_s 为周期重复,即信号在时域抽样(离散化)相当于频域周期化。

当抽样频率较高且满足时域抽样定理,即 $\omega_s\geqslant2\omega_m$ 时,各重复的频谱才不会相互重叠,如图 4-7-4(b)所示。可以看出,抽样信号 $f_s(t)$ 保留了原连续信号 $f(t)$ 的全部信息,$f(t)$ 完全可以由 $f_s(t)$ 恢复。当抽样频率较低,即 $\omega_s<2\omega_m$ 时,原连续信号频谱在周期性重复过程中将相互重叠,如图 4-7-4(c)所示。这样就无法从抽样信号中恢复原连续信号。频谱重叠的这种现象也称为频谱混叠现象。

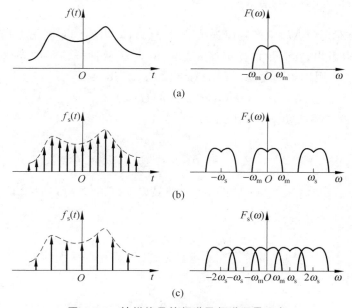

图 4-7-4　抽样信号的频谱及频谱混叠现象

时域抽样定理表明,为了能从抽样信号 $f_s(t)$ 不失真地完全恢复原信号 $f(t)$,必须满足两个条件:

(1) 信号 $f(t)$ 必须是频带受限信号,其频谱在 $|\omega| > \omega_m$ 时为 0。

(2) 抽样频率不能过低,必须 $\omega_s \geqslant 2\omega_m$(或 $f_s \geqslant 2f_m$),或者说抽样间隔不能太大,必须 $T_s \leqslant \dfrac{1}{2f_m}$。

若不满足这两个条件,则抽样信号 $f_s(t)$ 将会出现频谱混叠现象。

通常把满足时域抽样定理要求的最低抽样频率 $f_s = 2f_m$ 称为奈奎斯特频率,把最大允许的抽样间隔 $T_s = \dfrac{1}{f_s} = \dfrac{1}{2f_m}$ 称为奈奎斯特间隔。

2. 频域抽样定理

根据时域与频域的对称性,可以由时域抽样定理直接推导出频域抽样定理。

频域抽样定理表述如下:一个时间受限的信号 $f(t)$,如果时间只占据 $(-t_m, t_m)$ 的范围,则信号 $f(t)$ 可以用等间隔的频率抽样值 $F(n\omega_0)$ 唯一地表示,抽样间隔为 ω_0,它必须满足条件 $T_0 \geqslant 2t_m$,其中,$T_0 = \dfrac{2\pi}{\omega_0}$。

可见,信号在频率域抽样(离散化)等效于在时间域周期化。在周期信号的傅里叶变换分析中,其实已经获得了这个结论,不过没有从频域抽样的角度认识,而是从信号周期化的角度认识的。

4.7.4　连续时间信号的重建

如何从抽样信号 $f_s(t)$ 中恢复原连续信号 $f(t)$,即为连续时间信号的重建问题。由图 4-7-5(b)可以看出,在满足抽样定理的条件下,为了从抽样信号的频谱 $F_s(\omega)$ 中无失真地选出 $F(\omega)$,可用理想低通滤波器 $H(\omega)$ 与 $F_s(\omega)$ 相乘,即

$$F(\omega) = F_s(\omega)H(\omega) \tag{4-7-11}$$

其中,理想低通滤波器的频率响应特性为

$$H(\omega) = \begin{cases} T_s, & |\omega| \leqslant \omega_c \\ 0, & |\omega| > \omega_c \end{cases}$$

选择 $\dfrac{\omega_s}{2} > \omega_c \geqslant \omega_m$,则式(4-7-11)中的 $F(\omega)$ 即是原连续信号 $f(t)$ 的频谱。

该理想低通滤波器的冲激响应为

$$h(t) = T_s \frac{\omega_c}{\pi} \mathrm{Sa}(\omega_c t) \tag{4-7-12}$$

采用冲激抽样,则

$$f_s(t) = \sum_{n=-\infty}^{\infty} f(t)\delta(t-nT_s) = \sum_{n=-\infty}^{\infty} f(nT_s)\delta(t-nT_s)$$

根据式(4-7-11),用理想低通滤波器 $H(\omega)$ 与 $F_s(\omega)$ 相乘,即在时域上 $h(t)$ 与 $f_s(t)$ 卷

积,所以有

$$f(t) = f_s(t) * h(t) = T_s \frac{\omega_c}{\pi} \sum_{n=-\infty}^{\infty} f(nT_s) \mathrm{Sa}[\omega_c(t - nT_s)] \qquad (4\text{-}7\text{-}13)$$

式(4-7-13)表明,连续信号 $f(t)$ 可以展开成 Sa 函数的无穷级数,级数的系数等于抽样值 $f(nT_s)$,即在抽样信号 $f_s(t)$ 的每个样点处画出一个峰值为 $f(nT_s)$ 的 Sa 函数波形,其合成的信号就是原连续信号 $f(t)$,如图 4-7-5(c)所示。由此也可以看出,在满足抽样定理 $\omega_s \geqslant 2\omega_m$ 的条件下,只要知道原连续信号的各抽样值,就能唯一地确定原信号。

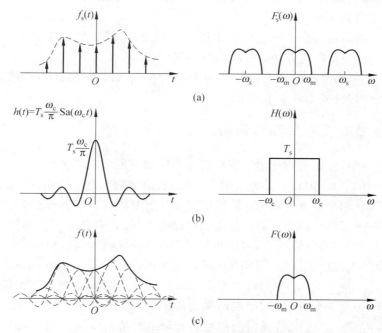

图 4-7-5　抽样信号通过理想低通滤波器重建原连续信号

在实际工程中要做到完全不失真地恢复原连续信号是不可能的,主要原因有以下几方面:

(1) 在有限时间内存在的信号,其频谱理论上是无限宽的。若忽略其占有频带之外的频率分量,也可以视为带限信号。因此,一般可在信号被抽样之前,首先通过某低通滤波器,使得信号为带限的,这个滤波器就是防混叠低通滤波器。

(2) 实际中的抽样不可能是理想的冲激抽样,也不会是自然抽样,而一般是平顶的矩形脉冲抽样。因此,抽样信号的频谱在周期化过程中就不会是 $F(\omega)$ 的完全重复,而是由 $P(\omega)$ 加权后的频谱。解决这个问题的办法是在低通滤波器之前加一个补偿低通滤波器,该滤波器的频率响应为 $1/P(\omega)$。

(3) 要从抽样信号中恢复原连续信号,必须用理想低通滤波器,而理想低通滤波器在物理上是不可实现的,工程中只能逼近理想低通滤波器的特性。

4.8　正弦幅度调制与频分复用

所谓调制就是用一个信号去控制另一个信号的某个参数，产生已调信号。其中，控制信号称为调制信号，一般是携带了信息的信号；被控制信号称为载波。解调则是相反的过程，即从已调信号中恢复出原信号。调制和解调是通信技术中最重要的技术之一，在几乎所有实际通信系统中，信号从发送端到接收端，为实现有效、可靠和远距离的信号传输，都需要调制和解调。

另外，为了提高通信设备有效性和传输信道利用率，经常采用的主要手段之一就是多路复用，即在同一个信道内同时传输多路不同信号。

本节利用信号与系统的理论和方法，从频谱分析手段简要介绍正弦幅度调制和解调以及多路复用中频分复用的基本原理。

4.8.1　正弦幅度调制与同步解调

在通信系统中，经常需要使用与原始信号不同的频率范围传输信号。例如，语音/音频信号通常具有 $0 \sim 22$ kHz 的信息。通常，使用其原始频率范围传输这样的信号是不切实际的，因为存在两个因素的限制：干扰和天线长度制约。由于许多信号是通过无线电波广播的，需要确保任意两个发射机使用的频段都不同，以避免干扰。此外，在通过电磁波（例如无线电波）传输的情况下，对于传输较低频率的信号而言，所需的天线长度不切实际地大。由于上述原因，通常需要在传输之前更改与信号相关联的频率范围。在接下来的内容中，考虑通过正弦幅度调制的方案实现这一点。

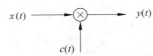

图 4-8-1　连续时间信号幅度
调制的基本模型

幅度调制是傅里叶变换的频域卷积性质的直接应用。连续时间信号幅度调制的基本模型如图 4-8-1 所示。$x(t)$ 为调制信号，$c(t)$ 为载波信号，两者相乘的输出 $y(t) = x(t)c(t)$ 为已调信号。若模型中载波信号 $c(t)$ 是连续时间的正弦信号，称为正弦幅度调制。

连续时间正弦幅度调制和同步解调原理如图 4-8-2 所示。其中调制信号 $x(t)$ 通常为实的低频带限信号，即 $X(\omega) = 0$，$|\omega| < \omega_{\mathrm{m}}$，载波信号 $c(t)$ 为高频信号，调制器的输出为

$$y(t) = x(t)\cos\omega_0 t \tag{4-8-1}$$

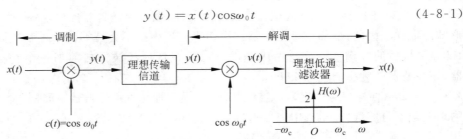

图 4-8-2　连续时间正弦幅度调制和同步解调原理

它的频谱 $Y(\omega)$ 可利用傅里叶变换的卷积性质或频移性质求出,即

$$Y(\omega) = \frac{1}{2\pi} X(\omega) * \pi [\delta(\omega + \omega_0) + \delta(\omega - \omega_0)]$$

$$= \frac{1}{2} [X(\omega + \omega_0) + X(\omega - \omega_0)] \tag{4-8-2}$$

图 4-8-3 给出了连续时间正弦幅度调制信号及其频谱。由图 4-8-3 可知,用高频的正弦载波 $\cos\omega_0 t$ 进行幅度调制,就是把低频调制信号频谱 $X(\omega)$ 一分为二,分别向左和向右搬移 ω_0,在搬移过程中幅度谱的形式并未改变,从而得到高频已调信号 $y(t)$。所以正弦波幅度调制过程就是频谱搬移过程。只要 $\omega_0 > \omega_m$,已调信号 $Y(\omega)$ 就不会发生频谱混叠。假设传输信道是一个频率范围为 $(\omega_0 - \omega_m, \omega_0 + \omega_m)$ 的理想带通信道,就可以无失真地传输已调信号 $y(t)$。

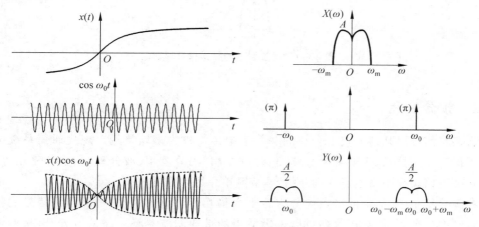

图 4-8-3　连续时间正弦幅度调制信号及其频谱

解调的任务就是从已调信号中恢复原信号 $x(t)$。图 4-8-2 的右半部分为在接收端实现解调的原理,利用三角恒等式有

$$v(t) = x(t) \cos^2\omega_0 t = \frac{1}{2} x(t)(1 + \cos 2\omega_0 t) \tag{4-8-3}$$

它的频谱 $V(\omega)$ 为

$$V(\omega) = \frac{1}{2} X(\omega) + \frac{1}{4} [X(\omega + 2\omega_0) + X(\omega - 2\omega_0)] \tag{4-8-4}$$

实际上,对式(4-8-1)进行傅里叶变换并利用频移性质也能得到同样的结果。再利用一个理想低通滤波器就可完全恢复出原信号。只要低通滤波器的截止频率 ω_c 满足条件 $\omega_m \leqslant \omega_c \leqslant 2\omega_0 - \omega_m$,如图 4-8-4 所示。这种解调方式称为同步解调,因为这种解调方式需要在接收端产生与发送端频率相同的本地载波,这将使接收机复杂化。由图 4-8-4 可见,解调过程也是频谱搬移过程。

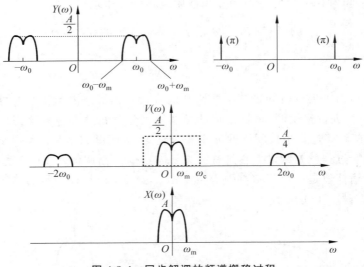

图 4-8-4 同步解调的频谱搬移过程

4.8.2 频分复用

将多路信号以某种方式汇合在同一信道中传输称为多路复用。现代通信系统中普遍采用信道复用技术，主要有频分复用、时分复用、码分复用、波分复用、空分复用等，这些在有关通信课程中将会有详细介绍，本节简单介绍频分复用。

在频分复用中，信道的带宽被分为若干个相互不重叠的频段，每路信源信号的频谱搬移至其中一个频段，在接收端可以采用适当的带通滤波器将多路信号分开，从而恢复出需要的信号。

频分复用系统发送端原理及信号频谱如图 4-8-5 所示。在发送端，系统将各路信号

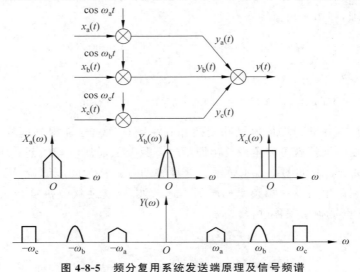

图 4-8-5 频分复用系统发送端原理及信号频谱

的频谱搬移到各不相同的频率范围,使它们互不重叠,搬移过程中可以用各种调制技术,例如 4.8.1 节介绍的正弦幅度调制。这样就可用一条信道传输多路信号,达到了信道复用的目的。频分复用系统接收端的原理如图 4-8-6 所示。在接收端,利用各个带通滤波器将各路信号分离,再经解调即可还原各路原始信号。解调过程中信号的频谱同 4.8.1 节介绍的解调过程一样,在此不再赘述。

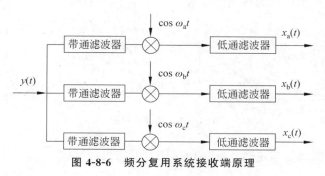

图 4-8-6　频分复用系统接收端原理

习　　题

4-1　已知连续时间周期信号 $f(t)=2+\cos\frac{2}{3}\pi t+4\sin\frac{5}{3}\pi t$,将其表示成复指数傅里叶级数形式,求 F_n,并画出双边幅度谱和相位谱。

4-2　设有如图 4-9-1 所示的信号,求复指数形式和三角函数形式的傅里叶级数。

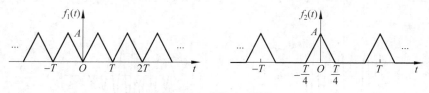

图 4-9-1　题 4-2 用图

4-3　设有如图 4-9-2 所示的周期矩形脉冲作用于 RL 电路,试求电流 $i(t)$ 的前 5 次谐波。

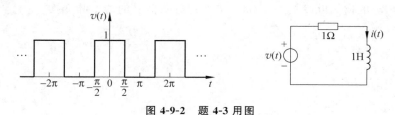

图 4-9-2　题 4-3 用图

4-4　已知信号如图 4-9-3 所示,设其频谱函数为 $F(\omega)$,不通过求 $F(\omega)$ 而求下列各值,并解释结果的物理意义。

(1) $F(0)$。

(2) $\displaystyle\int_{-\infty}^{\infty} F(\omega)\,\mathrm{d}\omega$。

(3) $\displaystyle\int_{-\infty}^{\infty} |F(\omega)|^2\,\mathrm{d}\omega$。

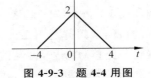

图 4-9-3　题 4-4 用图

4-5　求图 4-9-4 所示信号的傅里叶变换。

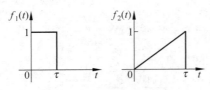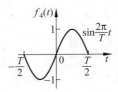

图 4-9-4　题 4-5 用图

4-6　利用傅里叶变换性质求图 4-9-5 所示信号的傅里叶变换。

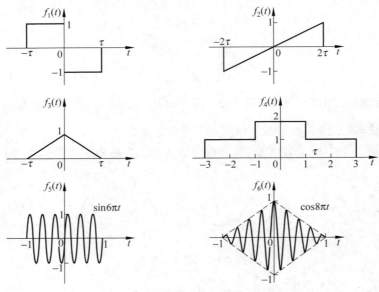

图 4-9-5　题 4-6 用图

4-7　已知 $f(t)$ 的傅里叶变换为 $F(\omega)$，求下列时间信号的傅里叶变换。

(1) $tf(2t)$。

(2) $(t-2)f(t)$。

(3) $t\,\dfrac{\mathrm{d}f(t)}{\mathrm{d}t}$。

(4) $f(1-t)$。

(5) $(1-t)f(1-t)$。

(6) $f(2t+5)$。

(7) $e^{-j\omega_0 t}\dfrac{df(t)}{dt}$。

(8) $\displaystyle\int_{-\infty}^{t+5} f(\tau)d\tau$。

4-8　利用对称性质求下列信号的傅里叶变换。

(1) $f(t)=\dfrac{\sin 2\pi(t-2)}{\pi(t-2)}$。

(2) $f(t)=\dfrac{2\alpha}{\alpha^2+t^2}$。

(3) $f(t)=\left(\dfrac{\sin 2\pi t}{2\pi t}\right)^2$。

4-9　求下列各傅里叶变换的原函数。

(1) $F(\omega)=\delta(\omega+\omega_c)-\delta(\omega-\omega_c)$。

(2) $F(\omega)=\tau Sa\left(\dfrac{\omega\tau}{2}\right)$。

(3) $F(\omega)=\dfrac{1}{(\alpha+j\omega)^2}$。

(4) $F(\omega)=-\dfrac{2}{\omega^2}$。

4-10　图 4-9-6 所示的余弦脉冲信号为

$$f(t)=\begin{cases}\dfrac{1}{2}(1+\cos\pi t), & |t|\leqslant 1\\[2mm] 0, & |t|>1\end{cases}$$

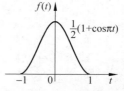

图 4-9-6　题 4-10 用图

试用下列方法分别求其频谱。

(1) 利用傅里叶变换的定义。

(2) 利用微分、积分性质。

(3) 依据 $f(t)=G_2(t)\left(\dfrac{1}{2}+\dfrac{1}{2}\cos\pi t\right)$，利用傅里叶变换的线性性质和频域卷积性质。

4-11　利用傅里叶变换的性质求图 4-9-7 所示的两个信号的傅里叶反变换 $f(t)$。

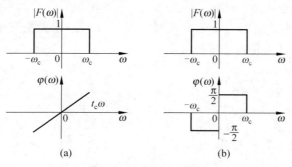

图 4-9-7　题 4-11 用图

4-12 试用时域微分、积分性质求图 4-9-8 中波形信号的频谱函数。

4-13 利用频域卷积定理,由 $\cos\omega_c t$ 的频谱函数及 $u(t)$ 的频谱函数导出图 4-9-9 所示信号 $\cos(\omega_c t)u(t)$ 的频谱。

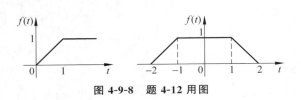

图 4-9-8   题 4-12 用图

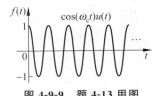

图 4-9-9   题 4-13 用图

4-14 已知图 4-9-10 所示的三角波信号 $f(t)$。

（1）求出其频谱 $F(\omega)$。

（2）$f_s(t)$ 是对 $f(t)$ 以等间隔 $\dfrac{T}{8}$ 进行抽样所得信号,分析并画出其频谱图 $F_s(\omega)$。

（3）将 $f(t)$ 以周期 T 进行周期延拓构成周期信号 $f_p(t)$,画出对 $f_p(t)$ 以等间隔 $\dfrac{T}{8}$ 进行抽样所得信号 $f_{ps}(t)$ 的波形和频谱 $F_{ps}(\omega)$。

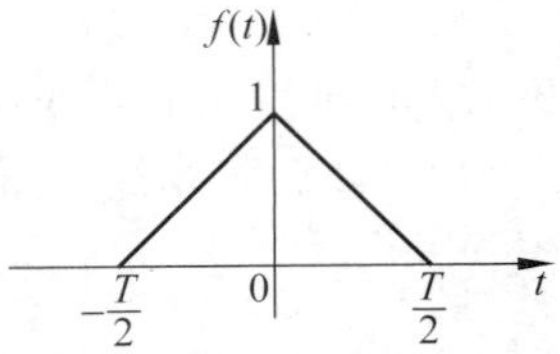

图 4-9-10   题 4-14 用图

4-15 设系统频率响应特性为

$$H(\omega)=\frac{1-\mathrm{j}\omega}{1+\mathrm{j}\omega}$$

试求其单位冲激响应、阶跃响应以及当激励信号为 $x(t)=\mathrm{e}^{-2t}u(t)$ 时的零状态响应。

4-16 设系统频率响应特性为

$$H(\omega)=\frac{2\mathrm{j}\omega+3}{-\omega^2+3\mathrm{j}\omega+2}$$

试求其单位冲激响应及当激励信号为 $x(t)=\mathrm{e}^{-\frac{3}{2}t}u(t)$ 时的零状态响应。

4-17 在图 4-9-11 所示的电路中,系统的频率响应 $H(\omega)=\dfrac{V(\omega)}{I(\omega)}$。为了系统无失真地传输信号,试确定 R_1 和 R_2 的值。

4-18 图 4-9-12 所示的电路为宽带分压器。为了使电压能无失真地传输,电路元件参数 R_1、R_2、C_1、C_2 应满足何种关系?

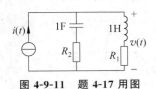

图 4-9-11   题 4-17 用图

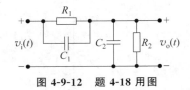

图 4-9-12   题 4-18 用图

4-19 在如图 4-9-13 所示的调幅系统中,当信号 $f(t)$、$s(t)$ 输入到乘法器后,其输出为

$y(t) = f(t) \cdot s(t)$，若 $s(t) = \cos 200t$，$f(t) = 5 +$
$2\cos 10t + 3\cos 20t$，试画出输出 $y(t)$ 的频谱图。

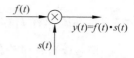

图 4-9-13　题 4-19 用图

4-20　在如图 4-9-14(a)所示的系统中，当信号 $f(t)$、$s(t)$ 输入
到乘法器，再经过带通滤波器后的输出为 $y(t)$。如果带
通滤波器的频率响应 $|H(\omega)|$ 如图 4-20(b)所示，其相
频特性 $\varphi(\omega) = 0$，若输入信号为

$$f(t) = \frac{\sin 2\pi t}{2\pi t}, \quad s(t) = \cos 1000t$$

试求输出信号 $y(t)$。

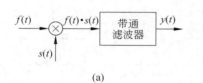
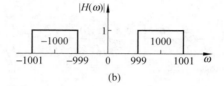

图 4-9-14　题 4-20 用图

4-21　图 4-9-15(a)所示为抑制载波振幅调制的接收系统。低通滤波器的频率响应
$|H(\omega)|$ 如图 4-9-15(b)所示，其相频特性 $\varphi(\omega) = 0$。若输入信号为

$$f(t) = \frac{\sin t}{\pi t}\cos 1000t, \quad s(t) = \cos 1000t$$

试求输出信号 $y(t)$。

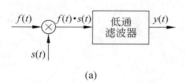
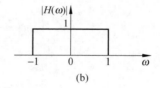

图 4-9-15　题 4-21 用图

4-22　设 $f_1(t) = \cos(2\pi 50t)$ 和 $f_2(t) = \cos(2\pi 350t)$ 均按周期 $T_s = \dfrac{1}{400}$s 抽样。判断哪
个信号可不失真地恢复原信号，并画出均匀冲激抽样信号 $f_s(t)$ 的波形及频谱图。

4-23　确定下列信号的奈奎斯特频率与奈奎斯特间隔。

(1) $Sa(100t)$。

(2) $Sa^2(80t)$。

(3) $Sa(100t) + Sa(50t)$。

(4) $Sa(100t) + Sa^2(80t)$。

4-24　某 LTI 系统的频率响应为 $H(\omega) = \begin{cases} 1, & |\omega| \leqslant 6 \\ 0, & |\omega| > 6 \end{cases}$，若激励信号为 $x(t) = \dfrac{\sin 2t}{t}\cos 6t$，
求该系统的零状态输出 $y(t)$。

4-25 若系统函数 $H(\omega)=\dfrac{1}{j\omega+1}$,激励为周期信号 $x(t)=\sin t+\sin 3t$,求系统的稳态响应 $y(t)$,并讨论信号经过系统是否引起了失真。

4-26 已知加到图 4-9-16(a)所示系统的信号 $f(t)$ 为带限信号,其频谱 $F(\omega)$ 及低通滤波器的频率响应 $H(\omega)$ 如图 4-9-16(b)所示,又知 $\omega_m=\omega_0=\omega_c$。

(1) 画出信号 $x(t)$ 和 $y(t)$ 的频谱。

(2) 判断 $y(t)$ 较 $f(t)$ 有否失真,为什么?

(3) 能否认为 $y(t)$ 恢复出 $f(t)$? 若不能,则说明理由;若能,则给出一种从 $y(t)$ 恢复出 $f(t)$ 的方法。

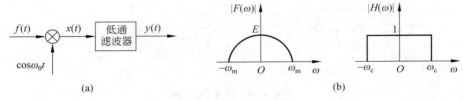

图 4-9-16 题 4-26 用图

第5章

连续时间信号与系统的复频域分析

5.1 引　　言

傅里叶变换提供了一套在时域和频域中处理信号的强有力工具。信号的某些特性在频域中反而比在时域中更容易确定。但仍有一部分信号不存在傅里叶变换,因而无法使用频域分析法。而且傅里叶反变换求解比较复杂,即从频域到时域的转换比较复杂。本章介绍一种新的变换域方法,即拉普拉斯变换(Laplace Transform,LT),简称拉氏变换。该变换将时域映射到复频域,为连续时间信号与系统的分析提供了比傅里叶变换更为广泛的特性描述。

本章从傅里叶变换入手,介绍拉普拉斯变换的定义,详细描述利用拉普拉斯变换进行连续时间信号与系统的复频域分析,并针对实际应用介绍系统函数及其特性,最后描述系统的复频域方框图和流图的表示。

5.2 拉普拉斯变换

5.2.1 从傅里叶变换到拉普拉斯变换

在信号的频域分析中,如果信号满足狄利克雷条件,那么信号的傅里叶变换就一定存在。某些特殊信号,如单位阶跃信号、斜坡信号等,虽然不满足狄利克雷条件,但是借助广义函数仍然可以求出傅里叶变换,只是变换式中包含冲激信号。一部分常见信号,如单边指数增长信号,不满足狄利克雷条件,因此,傅里叶变换并不存在。对于此类信号,如果想定性了解其频域特性,是不能直接进行傅里叶变换的。但是,如果将这类增长型信号乘以一个指数衰减因子 $e^{-\sigma t}$,当 σ 满足一定条件,使 $f(t)e^{-\sigma t}$ 成为指数衰减信号时,就可以对相乘后的信号进行傅里叶变换。本节从另一个角度说明信号的特性。

信号 $f(t)e^{-\sigma t}$ 的傅里叶变换为

$$\mathcal{F}[f(t)e^{-\sigma t}] = \int_{-\infty}^{\infty} f(t)e^{-\sigma t}\,e^{-j\omega t}\,dt = \int_{-\infty}^{\infty} f(t)e^{-(\sigma+j\omega)t}\,dt$$

令 $s = \sigma + j\omega$,上式可以写成

$$\mathcal{F}[f(t)\mathrm{e}^{-\sigma t}] = \int_{-\infty}^{\infty} f(t)\mathrm{e}^{-st}\,\mathrm{d}t$$

用 $F(s)$ 表示上式,得

$$F(s) = \int_{-\infty}^{\infty} f(t)\mathrm{e}^{-st}\,\mathrm{d}t \tag{5-2-1}$$

式(5-2-1)称为信号 $f(t)$ 的拉普拉斯正变换,表示为

$$\mathcal{L}[f(t)] = F(s) = \int_{-\infty}^{\infty} f(t)\mathrm{e}^{-st}\,\mathrm{d}t \tag{5-2-2}$$

信号 $f(t)\mathrm{e}^{-\sigma t}$ 的傅里叶反变换为

$$f(t)\mathrm{e}^{-\sigma t} = \mathcal{F}^{-1}[F(\sigma+\mathrm{j}\omega)] = \frac{1}{2\pi}\int_{-\infty}^{+\infty} F(\sigma+\mathrm{j}\omega)\mathrm{e}^{\mathrm{j}\omega t}\,\mathrm{d}\omega$$

两边同乘 $\mathrm{e}^{\sigma t}$,得

$$f(t) = \frac{1}{2\pi}\int_{-\infty}^{\infty} F(\sigma+\mathrm{j}\omega)\mathrm{e}^{(\sigma+\mathrm{j}\omega)t}\,\mathrm{d}\omega \tag{5-2-3}$$

同样,令 $s=\sigma+\mathrm{j}\omega$,可得 $\mathrm{d}\omega=\mathrm{d}s/\mathrm{j}$。当 $\omega=\pm\infty$ 时,$s=\sigma\pm\mathrm{j}\infty$,代入式(5-2-3),得

$$f(t) = \frac{1}{2\pi\mathrm{j}}\int_{\sigma-\mathrm{j}\infty}^{\sigma+\mathrm{j}\infty} F(s)\mathrm{e}^{st}\,\mathrm{d}s \tag{5-2-4}$$

式(5-2-4)称为信号 $f(t)$ 的拉普拉斯反变换,表示为

$$f(t) = \mathcal{L}^{-1}[F(s)] = \frac{1}{2\pi\mathrm{j}}\int_{\sigma-\mathrm{j}\infty}^{\sigma+\mathrm{j}\infty} F(s)\mathrm{e}^{st}\,\mathrm{d}s \tag{5-2-5}$$

将式(5-2-2)和式(5-2-5)合起来就是一对拉普拉斯变换对,简称拉氏变换对,表示为

$$\mathcal{L}[f(t)] = F(s)$$
$$\mathcal{L}^{-1}[F(s)] = f(t)$$

或者

$$f(t) \overset{\mathcal{L}}{\longleftrightarrow} F(s)$$

从上述傅里叶变换推导出拉普拉斯变换的过程中可以看出,$f(t)$ 的拉普拉斯变换 $F(s)$ 即为 $f(t)\mathrm{e}^{-\sigma t}$ 的傅里叶变换 $F(\sigma+\mathrm{j}\omega)$。换句话说,将不满足绝对可积条件的信号 $f(t)$ 乘以 $\mathrm{e}^{-\sigma t}$ 之后如果满足绝对可积条件,则可对乘积信号进行傅里叶变换,该傅里叶变换也称为广义傅里叶变换,即双边拉普拉斯变换。因此,拉普拉斯变换的引入扩大了信号变换的范围。

拉普拉斯变换与傅里叶变换的基本差别在于:傅里叶变换将时域函数 $f(t)$ 变换为频域函数 $F(\omega)$,或作相反的变换,这里时域变量 t 和频域变量 ω 都是实数;而拉普拉斯变换则是将时域函数 $f(t)$ 变换为复频域函数 $F(s)$,或作相反的变换,这里时域变量 t 是实数,复频域变量 s 是复数。概括地说,傅里叶变换建立了时域和频域间的联系,而拉普拉斯变换则建立了时域与复频域间的联系。

5.2.2 单边拉普拉斯变换

实际工程应用中遇到的信号一般是因果信号,即当 $t<0$ 时,$f(t)=0$;或者信号虽然不是因果信号,但是问题的讨论只需考虑 $t\geqslant 0$ 的情况。因此,拉普拉斯变换式(5-2-2)

可以变为

$$F(s) = \mathcal{L}\left[f(t)\right] = \int_{0_-}^{\infty} f(t)\mathrm{e}^{-st}\,\mathrm{d}t \tag{5-2-6}$$

为以示区别,式(5-2-2)称为双边拉普拉斯变换,式(5-2-6)称为单边拉普拉斯变换。无论单边还是双边拉普拉斯变换,它的反变换都是式(5-2-5)。

式(5-2-6)中积分下限选取 0_- 的目的是在复频域分析 0 时刻时包含冲激信号。单边拉普拉斯变换对可以表示成

$$\mathcal{L}\left[f(t)\right] = F(s) = \int_{0_-}^{\infty} f(t)\mathrm{e}^{-st}\,\mathrm{d}t \tag{5-2-7}$$

$$\mathcal{L}^{-1}\left[F(s)\right] = f(t) = \frac{1}{2\pi\mathrm{j}}\int_{\sigma-\mathrm{j}\infty}^{\sigma+\mathrm{j}\infty} F(s)\mathrm{e}^{st}\,\mathrm{d}s \tag{5-2-8}$$

除了特别说明,一般积分下限 0_- 简写成 0,含义相同。如无特别说明,本章所讲拉普拉斯变换均是指单边拉普拉斯变换。

5.2.3　单边拉普拉斯变换的收敛域

从前面的分析可以看出,拉普拉斯变换是将信号 $f(t)$ 乘以指数衰减因子 $\mathrm{e}^{-\sigma t}$,当乘积 $f(t)\mathrm{e}^{-\sigma t}$ 满足绝对可积条件时对其进行傅里叶变换所得。即当函数 $f(t)\mathrm{e}^{-\sigma t}$ 满足绝对可积条件时,信号 $f(t)$ 的拉普拉斯变换才存在。因此,σ 的取值范围有一定的限制。对于单边信号 $f(t)$,当 $t\rightarrow\infty$ 时,如果存在一个值 σ_0,使得 $\sigma>\sigma_0$ 时函数 $f(t)\mathrm{e}^{-\sigma t}$ 的极限为 0,则 $f(t)\mathrm{e}^{-\sigma t}$ 在 $\sigma>\sigma_0$ 时的全部范围内满足绝对可积条件。此时,信号 $f(t)$ 的拉普拉斯变换存在。通常将拉普拉斯变换存在的 σ 取值范围称为拉普拉斯变换的收敛域(Region Of Convergence,ROC)。而 σ 为复变量 s 的实部,在复频域平面上通常以 σ 为横坐标,以 $\mathrm{j}\omega$ 为纵坐标,通过 σ_0 值点作垂直于 σ 轴的一条直线,满足所有 $\sigma>\sigma_0$ 的 σ 取值范围即是收敛域;σ_0 值点称为收敛坐标;通过 σ_0 值点作的垂直于 σ 轴的直线称为收敛轴。单边拉普拉斯变换的收敛域如图 5-2-1 所示。

下面对不同时域信号 $f(t)$ 的拉普拉斯变换的收敛域举例加以说明。

(1) 如果 $f(t)$ 是有限持续期的,则其拉普拉斯变换 $F(s)$ 的收敛域是整个 s 平面,如图 5-2-2 所示。

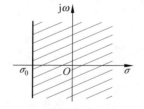
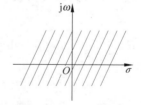

图 5-2-1　单边拉普拉斯变换的收敛域　　**图 5-2-2　有限持续期信号的拉普拉斯变换的收敛域**

【例 5-2-1】　求单位冲激信号 $\delta(t)$ 的拉普拉斯变换及其收敛域。

解:

$$\mathcal{L}\left[\delta(t)\right] = \int_{-\infty}^{\infty} \delta(t)\mathrm{e}^{-st}\,\mathrm{d}t = \mathrm{e}^{-st}\big|_{t=0} = \mathrm{e}^{-s(0)} = 1 \tag{5-2-9}$$

显然,$\delta(t)$的拉普拉斯变换独立于复变量 s。因此,对所有复变量 s,收敛域为整个 s 平面。即

$$\delta(t) \overset{\mathcal{L}}{\longleftrightarrow} 1$$

(2) 如果 $f(t)$ 是右边信号,则其拉普拉斯变换 $F(s)$ 的收敛域为 $\mathrm{Re}[s]=\sigma>\sigma_0$,如图 5-2-3 所示。其中,$\sigma_0$ 为某一实数。

【例 5-2-2】 求因果实指数信号 $f(t)=A\mathrm{e}^{at}u(t)$ 的拉普拉斯变换及其收敛域。

解:

$$F(s)=\int_{-\infty}^{\infty}f(t)\mathrm{e}^{-st}\mathrm{d}t=\int_{-\infty}^{\infty}A\mathrm{e}^{at}u(t)\cdot\mathrm{e}^{-st}\mathrm{d}t$$

$$=A\int_{0}^{\infty}\mathrm{e}^{(a-s)t}\mathrm{d}t=A\cdot\frac{\mathrm{e}^{(a-s)t}}{a-s}\bigg|_{0}^{\infty}=\frac{A}{s-a}, \quad \mathrm{Re}[s]>a$$

即

$$A\mathrm{e}^{at}u(t) \overset{\mathcal{L}}{\longleftrightarrow} \frac{A}{s-a}, \quad \mathrm{Re}[s]>a \tag{5-2-10}$$

【例 5-2-3】 求阶跃信号 $f(t)=Au(t)$ 的拉普拉斯变换及其收敛域。

解: 利用例 5-2-2 的结果,令 $a=0$,得

$$Au(t) \overset{\mathcal{L}}{\longleftrightarrow} \frac{A}{s}, \quad \mathrm{Re}[s]>0 \tag{5-2-11}$$

(3) 如果 $f(t)$ 是左边信号,则其拉普拉斯变换 $F(s)$ 的收敛域为 $\mathrm{Re}[s]=\sigma<\sigma_0$,如图 5-2-4 所示。其中,$\sigma_0$ 为某一实数。

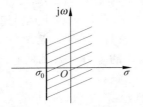   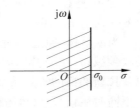

图 5-2-3　右边信号的拉普拉斯变换的收敛域　　图 5-2-4　左边信号的拉普拉斯变换的收敛域

【例 5-2-4】 求反因果实指数信号 $f(t)=A\mathrm{e}^{at}u(-t)$ 的拉普拉斯变换及其收敛域。

解:

$$F(s)=\int_{-\infty}^{\infty}f(t)\mathrm{e}^{-st}\mathrm{d}t=\int_{-\infty}^{\infty}A\mathrm{e}^{at}u(-t)\cdot\mathrm{e}^{-st}\mathrm{d}t$$

$$=A\int_{-\infty}^{0}\mathrm{e}^{(a-s)t}\mathrm{d}t=A\cdot\frac{\mathrm{e}^{(a-s)t}}{a-s}\bigg|_{-\infty}^{0}=-\frac{A}{s-a}, \quad \mathrm{Re}[s]<a$$

即

$$A\mathrm{e}^{at}u(-t) \overset{\mathcal{L}}{\longleftrightarrow} -\frac{A}{s-a}, \quad \mathrm{Re}[s]<a$$

当 $a=0$ 时,有

$$Au(-t) \overset{\mathcal{L}}{\longleftrightarrow} -\frac{A}{s}, \quad \mathrm{Re}[s]<0$$

（4）如果 $f(t)$ 是双边信号，则其拉普拉斯变换 $F(s)$ 的收敛域为 $\sigma_1 < \mathrm{Re}[s] < \sigma_2$，其中，$\sigma_1$ 和 σ_2 均为实数，且 $\sigma_1 < \sigma_2$。

【例 5-2-5】 求双边实指数信号 $f(t) = \mathrm{e}^{-b|t|}$（$b > 0$）的拉普拉斯变换及其收敛域。

解：

$$f(t) = \mathrm{e}^{-b|t|} = \mathrm{e}^{-bt}u(t) + \mathrm{e}^{bt}u(-t)$$

显然，$f(t)$ 由因果实指数信号 $\mathrm{e}^{-bt}u(t)$ 和反因果实指数信号 $\mathrm{e}^{bt}u(-t)$ 组成，称 $f(t)$ 为非因果信号。

因为

$$\mathrm{e}^{-bt}u(t) \overset{\mathcal{L}}{\longleftrightarrow} \frac{1}{s+b}, \quad \mathrm{Re}[s] > -b$$

$$\mathrm{e}^{bt}u(-t) \overset{\mathcal{L}}{\longleftrightarrow} -\frac{1}{s-b}, \quad \mathrm{Re}[s] < b$$

所以，当 $b > 0$ 时，有

$$\mathrm{e}^{-b|t|} \overset{\mathcal{L}}{\longleftrightarrow} \frac{1}{s+b} - \frac{1}{s-b}, \quad -b < \mathrm{Re}[s] < b$$

其收敛域如图 5-2-5 所示。

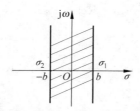

图 5-2-5　双边实指数信号的拉普拉斯变换的收敛域

（5）$F(s)$ 的收敛域之内不含极点，收敛域的边界由极点限定，或延伸到无穷远。

综上所述，可以得出以下结论：右边信号的收敛域在 s 平面上最右极点的右边；左边信号的收敛域在 s 平面上最左极点的左边；双边信号的收敛域在平行于虚轴的一个带状区域之内。

【例 5-2-6】 设拉普拉斯变换为 $F(s) = \dfrac{1}{(s+1)(s+2)}$，绘出其可能的收敛域。

解： $F(s) = \dfrac{1}{(s+1)(s+2)}$ 存在 3 种收敛域情况，如图 5-2-6 所示。

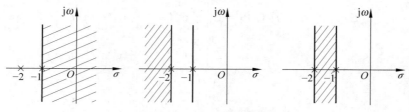

图 5-2-6　$F(s)$ 的收敛域

5.2.4 典型信号的拉普拉斯变换

利用式(5-2-1),可以求出任意信号的拉普拉斯变换。

1. 复指数信号 $A e^{(a+j\omega_0)t} u(t)$

根据

$$A e^{at} u(t) \stackrel{\mathcal{L}}{\longleftrightarrow} \frac{A}{s-a}, \quad \text{Re}[s] > a$$

得

$$A e^{(a+j\omega_0)t} u(t) \stackrel{\mathcal{L}}{\longleftrightarrow} \frac{A}{s-a-j\omega_0}, \quad \text{Re}[s] > a \qquad (5\text{-}2\text{-}12)$$

2. 正弦信号 $A \sin\omega_0 t u(t)$

$$\mathcal{L}[A\sin\omega_0 t u(t)] = \mathcal{L}\left[\frac{A}{2j}(e^{j\omega_0 t} - e^{-j\omega_0 t})u(t)\right] = \frac{A}{2j}\left(\frac{1}{s-j\omega_0} - \frac{1}{s+j\omega_0}\right)$$

$$= \frac{A\omega_0}{s^2 + \omega_0^2}, \quad \text{Re}[s] > 0$$

即

$$A\sin\omega_0 t u(t) \stackrel{\mathcal{L}}{\longleftrightarrow} \frac{A\omega_0}{s^2 + \omega_0^2}, \quad \text{Re}[s] > 0 \qquad (5\text{-}2\text{-}13)$$

3. 余弦信号 $A \cos\omega_0 t u(t)$

$$\mathcal{L}[A\cos\omega_0 t u(t)] = \mathcal{L}\left[\frac{A}{2}(e^{j\omega_0 t} + e^{-j\omega_0 t})u(t)\right] = \frac{A}{2}\left(\frac{1}{s-j\omega_0} + \frac{1}{s+j\omega_0}\right)$$

$$= \frac{As}{s^2 + \omega_0^2}, \quad \text{Re}[s] > 0$$

即

$$A\cos\omega_0 t u(t) \stackrel{\mathcal{L}}{\longleftrightarrow} \frac{As}{s^2 + \omega_0^2}, \quad \text{Re}[s] > 0 \qquad (5\text{-}2\text{-}14)$$

4. 余弦衰减信号 $A e^{at} \cos\omega_0 t u(t)$

$$\mathcal{L}[A e^{at}\cos\omega_0 t u(t)] = \mathcal{L}\left[\frac{A}{2}e^{at}(e^{j\omega_0 t} + e^{-j\omega_0 t})u(t)\right]$$

$$= \mathcal{L}\left[\frac{A}{2}(e^{(a+j\omega_0)t} + e^{(a-j\omega_0)t})u(t)\right]$$

$$= \frac{A}{2}\left(\frac{1}{s-(a+j\omega_0)} + \frac{1}{s-(a-j\omega_0)}\right)$$

$$= \frac{A(s-a)}{(s-a)^2 + \omega_0^2}, \quad \text{Re}[s] > a$$

即

$$A e^{at} \cos\omega_0 t u(t) \overset{\mathcal{L}}{\longleftrightarrow} \frac{A(s-a)}{(s-a)^2 + \omega_0^2}, \quad \mathrm{Re}[s] > a \tag{5-2-15}$$

5. 幂指数信号 $At^n u(t)$（n 为正整数）

$$
\begin{aligned}
\mathcal{L}[At^n u(t)] &= \int_{-\infty}^{\infty} At^n u(t) e^{-st}\,\mathrm{d}t = \int_0^{\infty} At^n e^{-st}\,\mathrm{d}t \\
&= \int_0^{\infty} At^n \left(-\frac{1}{s}\right) \mathrm{d}e^{-st} \\
&= -\frac{A}{s} \left(t^n e^{-st}\Big|_0^{\infty} - \int_0^{\infty} e^{-st} n \cdot t^{n-1}\,\mathrm{d}t \right) \\
&= \frac{An}{s} \int_0^{\infty} t^{n-1} e^{-st}\,\mathrm{d}t \\
&= \frac{An}{s} \mathcal{L}[t^{n-1}u(t)], \quad \mathrm{Re}[s] > 0
\end{aligned}
$$

依此类推,得

$$\mathcal{L}[At^n u(t)] = \frac{An}{s} \cdot \frac{n-1}{s} \cdot \frac{n-2}{s} \cdots \frac{2}{s} \cdot \frac{1}{s} \cdot \frac{1}{s} = \frac{An!}{s^{n+1}}$$

即

$$\mathcal{L}[At^n u(t)] = \frac{An!}{s^{n+1}}, \quad \mathrm{Re}[s] > 0 \tag{5-2-16}$$

当 $n=1$ 时,斜坡信号 $Atu(t)$ 的拉普拉斯变换为

$$\mathcal{L}[Atu(t)] = \frac{A}{s^2}, \quad \mathrm{Re}[s] > 0 \tag{5-2-17}$$

6. 反因果余弦衰减信号 $A e^{at} \cos\omega_0 t u(-t)$

$$
\begin{aligned}
\mathcal{L}[A e^{at} \cos\omega_0 t u(-t)] &= \mathcal{L}\left[\frac{A}{2} e^{at} (e^{j\omega_0 t} + e^{-j\omega_0 t}) u(-t) \right] \\
&= \frac{A}{2} \mathcal{L}[(e^{(a+j\omega_0)t} + e^{(a-j\omega_0)t}) u(-t)]
\end{aligned}
$$

根据 $A e^{at} u(-t) \overset{\mathcal{L}}{\longleftrightarrow} \dfrac{-A}{s-a}, \mathrm{Re}[s] < a$,有

$$
\begin{aligned}
\mathcal{L}[A e^{at} \cos\omega_0 t u(-t)] &= \frac{A}{2}\left[\frac{-1}{s-(a+j\omega_0)} + \frac{-1}{s-(a-j\omega_0)} \right] \\
&= \frac{-A(s-a)}{(s-a)^2 + \omega_0^2}, \quad \mathrm{Re}[s] < a
\end{aligned}
$$

即

$$A e^{at} \cos\omega_0 t u(-t) \overset{\mathcal{L}}{\longleftrightarrow} \frac{-A(s-a)}{(s-a)^2 + \omega_0^2}, \quad \mathrm{Re}[s] < a \tag{5-2-18}$$

表 5-2-1 列出了典型信号的拉普拉斯变换对及其收敛域。

表 5-2-1 典型信号的拉普拉斯变换对

序号	单边信号 $f(t),t>0$	$F(s)=\mathcal{L}[f(t)]$	ROC
1	$\delta(t)$	1	整个 s 平面
2	$\delta^{(n)}(t)$	$s^n (n=1,2,3,\cdots)$	整个 s 平面
3	$u(t)$	$\dfrac{1}{s}$	$\mathrm{Re}[s]>0$
4	$t^n u(t)$	$\dfrac{n!}{s^{n+1}}$	$\mathrm{Re}[s]>0$
5	$e^{-\alpha t}u(t)$	$\dfrac{1}{s+\alpha}$	$\mathrm{Re}[s]>-\alpha$
6	$\sin\omega_0 t u(t)$	$\dfrac{\omega_0}{s^2+\omega_0^2}$	$\mathrm{Re}[s]>0$
7	$\cos\omega_0 t u(t)$	$\dfrac{s}{s^2+\omega_0^2}$	$\mathrm{Re}[s]>0$
8	$e^{-\alpha t}\sin\omega_0 t u(t)$	$\dfrac{\omega_0}{(s+\alpha)^2+\omega_0^2}$	$\mathrm{Re}[s]>-\alpha$
9	$e^{-\alpha t}\cos\omega_0 t u(t)$	$\dfrac{s+\alpha}{(s+\alpha)^2+\omega_0^2}$	$\mathrm{Re}[s]>-\alpha$
10	$t e^{-\alpha t}u(t)$	$\dfrac{1}{(s+\alpha)^2}$	$\mathrm{Re}[s]>-\alpha$
11	$t^n e^{-\alpha t}u(t)$	$\dfrac{n!}{(s+\alpha)^{n+1}}$	$\mathrm{Re}[s]>-\alpha$
12	$t\sin\omega_0 t u(t)$	$\dfrac{2\omega_0 s}{(s^2+\omega_0^2)^2}$	$\mathrm{Re}[s]>0$
13	$t\cos\omega_0 t u(t)$	$\dfrac{s^2-\omega_0^2}{(s^2+\omega_0^2)^2}$	$\mathrm{Re}[s]>0$

5.3 拉普拉斯变换的性质

拉普拉斯变换建立了时域与复频域之间的关系。由于拉普拉斯变换是广义的傅里叶变换,因此,这两种变换的性质在很多方面是相似的,而且利用其性质可使时域函数的拉普拉斯变换及拉普拉斯反变换的求取更为方便简捷。但在进行拉普拉斯变换时,其收敛域不可忽略。下面介绍拉普拉斯变换的性质,其中类同于傅里叶变换的性质不予证明。

5.3.1 线性性质

设

$$f_1(t) \overset{\mathcal{L}}{\longleftrightarrow} F_1(s), \quad \mathrm{Re}[s]>\sigma_1$$

$$f_2(t) \overset{\mathcal{L}}{\longleftrightarrow} F_2(s), \quad \mathrm{Re}[s]>\sigma_2$$

则

$$af_1(t) + bf_2(t) \xleftrightarrow{\mathcal{L}} aF_1(s) + bF_2(s), \mathrm{Re}[s] > \max(\sigma_1, \sigma_2) \qquad (5\text{-}3\text{-}1)$$

其中，a、b 均为常数，$\mathrm{Re}[s] > \max(\sigma_1, \sigma_2)$ 表示 $F_1(s)$ 与 $F_2(s)$ 收敛域的交集。

需要指出的是，两个信号经过线性运算后，其拉普拉斯变换的收敛域有时会超出这些交集。下面举例说明。

【例 5-3-1】 已知

$$f_1(t) \xleftrightarrow{\mathcal{L}} F_1(s) = \frac{1}{s+1}, \quad \mathrm{Re}[s] > -1$$

$$f_2(t) \xleftrightarrow{\mathcal{L}} F_2(s) = \frac{1}{(s+1)(s+2)}, \quad \mathrm{Re}[s] > -1$$

求 $f_1(t) - f_2(t)$ 的拉普拉斯变换 $F(s)$。

解：$F_1(s)$、$F_2(s)$ 的收敛域分别如图 5-3-1(a)、(b) 所示。

$$F(s) = F_1(s) - F_2(s) = \frac{1}{s+1} - \frac{1}{(s+1)(s+2)}$$

$$= \frac{s+1}{(s+1)(s+2)} = \frac{1}{s+2}, \quad \mathrm{Re}[s] > -2$$

其收敛域如图 5-3-1(c) 所示。

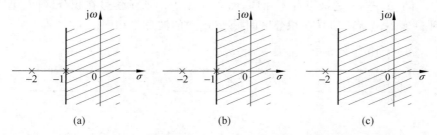

图 5-3-1　$F_1(s)$、$F_2(s)$ 和 $F_1(s) - F_2(s)$ 的收敛域

信号 $f_1(t)$ 与 $f_2(t)$ 线性组合后，在 $s = -1$ 的极点被 $s = -1$ 的零点所抵消；而收敛域总是由极点或者无限远点确定。因此，信号线性组合后的收敛域向左延伸，说明如遇零点和极点相抵消，线性运算后的收敛域将扩大。

5.3.2　尺度变换性质

设

$$f(t) \xleftrightarrow{\mathcal{L}} F(s), a > 0, \quad \mathrm{Re}[s] > \sigma_0$$

则

$$f(at) \xleftrightarrow{\mathcal{L}} \frac{1}{a} F\left(\frac{s}{a}\right), \quad \mathrm{Re}[s] > a\sigma_0 \qquad (5\text{-}3\text{-}2)$$

证明：当 $a > 0$ 时，有

$$\mathcal{L}[f(at)] = \int_{-\infty}^{\infty} f(at) \mathrm{e}^{-st} \mathrm{d}t = \int_{-\infty}^{\infty} f(\tau) \mathrm{e}^{-\frac{s\tau}{a}} \mathrm{d}\left(\frac{\tau}{a}\right)$$

$$= \frac{1}{a} \int_{-\infty}^{\infty} f(\tau) \mathrm{e}^{-\frac{s}{a}\tau} \mathrm{d}\tau = \frac{1}{a} F\left(\frac{s}{a}\right), \quad \mathrm{Re}[s] > a\sigma_0$$

其中，$a>0$ 确保了 $f(at)$ 是因果信号。

【例 5-3-2】 求信号 $f(t)=\delta(at)$ 的拉普拉斯变换，其中，$a>0$。

解：因为 $\delta(t) \overset{\mathcal{L}}{\longleftrightarrow} 1$，所以有 $\delta(at) \overset{\mathcal{L}}{\longleftrightarrow} 1/a$。

5.3.3 时域平移性质

设

$$f(t) \overset{\mathcal{L}}{\longleftrightarrow} F(s), \quad \mathrm{Re}[s] > \sigma_0$$

则

$$f(t-t_0)u(t-t_0) \overset{\mathcal{L}}{\longleftrightarrow} F(s)\mathrm{e}^{-st_0}, t_0 \geqslant 0, \quad \mathrm{Re}[s] > \sigma_0 \qquad (5\text{-}3\text{-}3)$$

需要说明的是，单边拉普拉斯变换之所以要限定 $t_0 \geqslant 0$ 以及 $f(t-t_0)u(t-t_0)$，是因为单边拉普拉斯变换的积分区间是 $[0,+\infty)$。当信号 $f(t)$ 在时间轴上移动时，有可能使积分区间的信号发生变化，因此，要加以限定，使移动后的信号波形与原始信号 $f(t)$ 的波形形状相同。例如，信号 $f(t)$ 如图 5-3-2(a)所示，在 $t_0>0$ 时向右移动 t_0 个单位，如图 5-3-2(b)所示。很明显看到，对于单边拉普拉斯变换来说，图 5-3-2(a)和(b)所示信号在积分区间 $[0,+\infty)$ 的波形并不相同，而图 5-3-2(a)所示信号在积分区间 $[0,+\infty)$ 的波形和图 5-3-2(c)所示信号在积分区间 $[t_0,+\infty)$ 的波形是相同的。

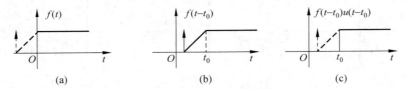

图 5-3-2 拉普拉斯变换时域平移特性在积分区间的变化

【例 5-3-3】 已知 $f(t) \overset{\mathcal{L}}{\longleftrightarrow} F(s)$，$\mathrm{Re}[s]>\sigma_0$，$a>0$，求 $\mathcal{L}[f(at-t_0)]u(at-t_0)$。

解：由于 $f(t) \overset{\mathcal{L}}{\longleftrightarrow} F(s)$，$\mathrm{Re}[s]>\sigma_0$，其中，$a>0$，根据尺度变换性质和时域平移性质，得

$$f(t-t_0) \overset{\mathcal{L}}{\longleftrightarrow} F(s)\mathrm{e}^{-st_0}, \quad \mathrm{Re}[s] > \sigma_0$$

$$f(at-t_0) \overset{\mathcal{L}}{\longleftrightarrow} \frac{1}{a} F\left(\frac{s}{a}\right) \mathrm{e}^{-s\frac{t_0}{a}}, \quad \mathrm{Re}[s] > a\sigma_0$$

另一种方法为

$$f(at) \overset{\mathcal{L}}{\longleftrightarrow} \frac{1}{a} F\left(\frac{s}{a}\right), \quad \mathrm{Re}[s] > a\sigma_0$$

$$f(at-t_0) = f\left[a\left(t-\frac{t_0}{a}\right)\right] \overset{\mathcal{L}}{\longleftrightarrow} \frac{1}{a} F\left(\frac{s}{a}\right) \mathrm{e}^{-s\frac{t_0}{a}}, \quad \mathrm{Re}[s] > a\sigma_0$$

【例 5-3-4】 分别求 $f_1(t)=tu(t)$、$f_2(t)=t-t_0$、$f_3(t)=(t-t_0)u(t)$、$f_4(t)=tu(t-t_0)$ 和 $f_5(t)=(t-t_0)u(t-t_0)$ 的拉普拉斯变换。

解：信号 $f_1(t)$、$f_2(t)$、$f_3(t)$、$f_4(t)$、$f_5(t)$ 的波形分别如图 5-3-3(a)、(b)、(c)、 （d）、（e）所示。其中，只有信号 $f_5(t)$ 可以直接使用时域平移性质。

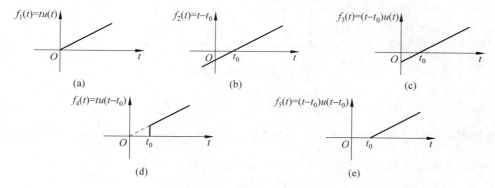

图 5-3-3　5 种信号的波形

它们的拉普拉斯变换分别为

$$F_1(s) = \mathcal{L}[tu(t)] = \frac{1}{s^2}$$

$$F_2(s) = \mathcal{L}[t - t_0] = \frac{1}{s^2} - \frac{1}{s}t_0 = \frac{1 - st_0}{s^2}$$

$$F_3(s) = \mathcal{L}[(t - t_0)u(t)] = F_2(s) = \frac{1 - st_0}{s^2}$$

$$F_4(s) = \mathcal{L}[tu(t - t_0)] = \mathcal{L}[(t - t_0)u(t - t_0) + t_0 u(t - t_0)]$$

$$= F_5(s) + \frac{t_0}{s}e^{-st_0} = \frac{st_0 + 1}{s^2}e^{-st_0}$$

$$F_5(s) = \mathcal{L}[(t - t_0)u(t - t_0)] = \frac{1}{s^2}e^{-st_0}$$

时域平移性质的一个重要应用是求单边周期信号的拉普拉斯变换。设单边周期信号 $f_T(t)$ 从 $t=0$ 时刻开始，周期为 T，第一周期（$0 \sim T$）的信号波形由 $f_1(t)$ 描述，则单边周期信号可以表示为

$$f(t) = f_T(t)u(t)$$
$$= f_1(t)u(t) + f_1(t - T)u(t - T) + f_1(t - 2T)u(t - 2T) + \cdots$$

即

$$f(t) = \sum_{k=0}^{\infty} f_1(t - kT)u(t - kT)$$

设 $f_1(t) \overset{\mathcal{L}}{\longleftrightarrow} F_1(s)$，收敛域为整个实数域，根据时域平移性质，有

$$F(s) = F_1(s) + F_1(s)e^{-Ts} + F_1(s)e^{-2Ts} + \cdots$$

$$= F_1(s)(1 + e^{-Ts} + e^{-2Ts} + \cdots)$$

$$= \frac{1}{1 - e^{-Ts}}F_1(s) \tag{5-3-4}$$

根据式（5-3-4）可以很方便地求单边周期信号的拉普拉斯变换。

【例 5-3-5】 求如图 5-3-4 所示的单边周期方波的拉普拉斯变换。

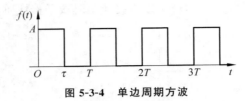

图 5-3-4　单边周期方波

解： 图 5-3-4 所示方波可以看作是第一个周期脉冲 $f_1(t) = A(u(t) - u(t-\tau))$ 以 T 为周期拓展的结果，而 $\mathcal{L}[f_1(t)] = \mathcal{L}\{A[u(t) - u(t-\tau)]\} = A\left(\dfrac{1}{s} - \dfrac{1}{s}\mathrm{e}^{-s\tau}\right)$，故根据式（5-3-4）单边周期矩形脉冲序列的拉普拉斯变换，得

$$F(s) = \frac{1}{1 - \mathrm{e}^{-Ts}}F_1(s) = \frac{A(1 - \mathrm{e}^{-s\tau})}{s(1 - \mathrm{e}^{-Ts})}$$

5.3.4　复频域平移性质

设

$$f(t) \overset{\mathcal{L}}{\longleftrightarrow} F(s), \quad \mathrm{Re}[s] > \sigma_0$$

则

$$\mathrm{e}^{s_0 t} f(t) \overset{\mathcal{L}}{\longleftrightarrow} F(s - s_0), \mathrm{Re}[s] > \sigma_0 + \mathrm{Re}[s_0] \tag{5-3-5}$$

【例 5-3-6】 求 $A\mathrm{e}^{at}\sin(\omega_0 t + \tau)u(t)$ 的拉普拉斯变换。

解： 因为

$$A\sin(\omega_0 t + \tau)u(t) = A(\sin\omega_0 t\cos\tau + \cos\omega_0 t\sin\tau)u(t)$$
$$= A\sin\omega_0 t\cos\tau u(t) + A\cos\omega_0 t\sin\tau u(t)$$

$$\sin\omega_0 t u(t) \overset{\mathcal{L}}{\longleftrightarrow} \frac{\omega_0}{s^2 + \omega_0^2}$$

$$\cos\omega_0 t u(t) \overset{\mathcal{L}}{\longleftrightarrow} \frac{s}{s^2 + \omega_0^2}$$

所以

$$A\sin(\omega_0 t + \tau)u(t) \overset{\mathcal{L}}{\longleftrightarrow} \frac{A\omega_0\cos\tau}{s^2 + \omega_0^2} + \frac{As\sin\tau}{s^2 + \omega_0^2}$$

故

$$A\mathrm{e}^{at}\sin(\omega_0 t + \tau)u(t) \overset{\mathcal{L}}{\longleftrightarrow} \frac{A(s-a)\sin\tau}{(s-a)^2 + \omega_0^2} + \frac{A\omega_0\cos\tau}{(s-a)^2 + \omega_0^2}, \quad \mathrm{Re}[s] > a$$

5.3.5　时域卷积性质

设

$$f_1(t) \overset{\mathcal{L}}{\longleftrightarrow} F_1(s), \quad \mathrm{Re}[s] > \sigma_1$$
$$f_2(t) \overset{\mathcal{L}}{\longleftrightarrow} F_2(s), \quad \mathrm{Re}[s] > \sigma_2$$

则

$$f_1(t) * f_2(t) \overset{\mathcal{L}}{\longleftrightarrow} F_1(s)F_2(s), \quad \mathrm{Re}[s] > \max(\sigma_1, \sigma_2) \tag{5-3-6}$$

与拉普拉斯变换的线性性质一样，$F_1(s)F_2(s)$ 的收敛域至少为 $F_1(s)$ 的收敛域与 $F_2(s)$ 的收敛域的交集。拉普拉斯变换的卷积性质将时域函数的卷积运算转化为复频域中的代数乘积运算，这在 LTI 系统的分析中起着很重要的作用。

【**例 5-3-7**】　利用卷积性质求 $f(t) = tu(t)$ 的拉普拉斯变换。

解：根据第 2 章常见函数的时域卷积可知，单边斜坡信号可看作单位阶跃信号与其自身的卷积，即 $f(t) = tu(t) = u(t) * u(t)$。

根据常见函数的拉普拉斯变换，有

$$u(t) \overset{\mathcal{L}}{\longleftrightarrow} \frac{1}{s}$$

根据拉普拉斯变换的卷积性质，得

$$f(t) = tu(t) = u(t) * u(t) \overset{\mathcal{L}}{\longleftrightarrow} \frac{1}{s^2}$$

5.3.6　时域微分性质

设

$$f(t) \overset{\mathcal{L}}{\longleftrightarrow} F(s), \quad \mathrm{Re}[s] > \sigma_0$$

则

$$\frac{\mathrm{d}f(t)}{\mathrm{d}t} \overset{\mathcal{L}}{\longleftrightarrow} sF(s) - f(0_-), \quad \mathrm{Re}[s] > \sigma_0 \tag{5-3-7}$$

证明：根据单边拉普拉斯变换的定义，有

$$\mathcal{L}\left[\frac{\mathrm{d}f(t)}{\mathrm{d}t}\right] = \int_{0_-}^{\infty} \frac{\mathrm{d}f(t)}{\mathrm{d}t} \mathrm{e}^{-st} \mathrm{d}t = \int_{0_-}^{\infty} \mathrm{e}^{-st} \mathrm{d}f(t)$$

$$= \mathrm{e}^{-st} f(t) \Big|_{0_-}^{\infty} - \int_{0_-}^{\infty} f(t) \cdot (-s\mathrm{e}^{-st}) \mathrm{d}t$$

$$= -f(0_-) + sF(s)$$

时域微分性质可推广到高阶导数情况，即

$$\mathcal{L}\left[\frac{\mathrm{d}^2 f(t)}{\mathrm{d}t^2}\right] = \mathcal{L}\left[\frac{\mathrm{d}f'(t)}{\mathrm{d}t}\right] = -f'(0_-) + s[sF(s) - f(0_-)]$$

$$= s^2 F(s) - sf(0_-) - f'(0_-)$$

$$\mathcal{L}\left[\frac{\mathrm{d}^n f(t)}{\mathrm{d}t^n}\right] = s^n F(s) - s^{n-1} f(0_-) - s^{n-2} f'(0_-) - \cdots - f^{(n-1)}(0_-) \tag{5-3-8}$$

【**例 5-3-8**】　已知 $tu(t) \overset{\mathcal{L}}{\longleftrightarrow} \dfrac{1}{s^2}$，试利用时域微分性质求 $u(t)$、$\delta(t)$、$\delta'(t)$ 的拉普拉斯变换。

解：$tu(t)$、$u(t)$、$\delta(t)$、$\delta'(t)$ 依次是求一阶导数的关系，所以根据时域微分关系，得

$$\mathcal{L}[u(t)] = \mathcal{L}[[tu(t)]'] = s \times \frac{1}{s^2} - tu(t)\Big|_{t=0_-} = \frac{1}{s}$$

$$\mathcal{L}[\delta(t)] = \mathcal{L}[[u(t)]'] = s \times \frac{1}{s} - u(t)\Big|_{t=0_-} = 1$$

$$\mathcal{L}[\delta'(t)] = \mathcal{L}[[\delta(t)]'] = s \times 1 - \delta(t)|_{t=0_-} = s$$

5.3.7 复频域微分性质

设

$$f(t) \xleftrightarrow{\mathcal{L}} F(s), \quad \mathrm{Re}[s] > \sigma_0$$

则

$$-tf(t) \xleftrightarrow{\mathcal{L}} \frac{\mathrm{d}F(s)}{\mathrm{d}s}, \quad \mathrm{Re}[s] > \sigma_0 \qquad (5\text{-}3\text{-}9)$$

复频域微分性质可推广到高阶导数情况，即

$$(-t)^n f(t) \xleftrightarrow{\mathcal{L}} \frac{\mathrm{d}^n F(s)}{\mathrm{d}s^n}, \quad \mathrm{Re}[s] > \sigma_0 \qquad (5\text{-}3\text{-}10)$$

【例 5-3-9】 求 $f(t) = t^2 u(t-1)$ 的拉普拉斯变换。

解：因为

$$u(t) \xleftrightarrow{\mathcal{L}} \frac{1}{s}, \quad \mathrm{Re}[s] > 0$$

$$u(t-1) \xleftrightarrow{\mathcal{L}} \frac{1}{s}\mathrm{e}^{-s}, \quad \mathrm{Re}[s] > 0$$

所以

$$t^2 u(t-1) \xleftrightarrow{\mathcal{L}} \frac{\mathrm{d}^2}{\mathrm{d}s^2}\left(\frac{1}{s}\mathrm{e}^{-s}\right) = \mathrm{e}^{-s}\left(\frac{2}{s^3} + \frac{2}{s^2} + \frac{1}{s}\right), \quad \mathrm{Re}[s] > 0$$

另一种求解方法为

$$f(t) = t^2 u(t-1) = (t-1+1)^2 u(t-1)$$
$$= (t-1)^2 u(t-1) + 2(t-1)u(t-1) + u(t-1)$$

则

$$t^2 u(t-1) \xleftrightarrow{\mathcal{L}} \mathrm{e}^{-s}\left(\frac{2}{s^3} + \frac{2}{s^2} + \frac{1}{s}\right), \quad \mathrm{Re}[s] > 0$$

5.3.8 时域积分性质

设

$$f(t) \xleftrightarrow{\mathcal{L}} F(s)$$

则

$$\int_{-\infty}^{t} f(\tau)\mathrm{d}\tau \xleftrightarrow{\mathcal{L}} \frac{1}{s}F(s) + \frac{f^{(-1)}(0)}{s} \qquad (5\text{-}3\text{-}11)$$

其中，$f^{(-1)}(0) = \displaystyle\int_{-\infty}^{0_-} f(\tau)\mathrm{d}\tau$。

【例 5-3-10】 已知 $\mathcal{L}[\cos t u(t)] = \dfrac{s}{s^2+1}$，求 $\mathcal{L}[\sin t u(t)]$。

解：根据余弦信号与正弦信号的关系，可知 $\sin t u(t) = \displaystyle\int_{-\infty}^{t} \cos \tau u(\tau)\mathrm{d}\tau$，根据拉普拉

斯变换的时域积分性质,得

$$\mathcal{L}\left[\sin t u(t)\right]=\frac{1}{s}\cdot\frac{s}{s^2+1}=\frac{1}{s^2+1}$$

【例 5-3-11】 求如图 5-3-5(a)所示信号 $f(t)$ 的拉普拉斯变换。

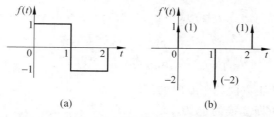

(a)　　　　　　　(b)

图 5-3-5　例 5-3-11 的信号及其拉普拉斯变换

解:根据波形,信号 $f(t)$ 的表示式为

$$f(t)=u(t)-2u(t-1)+u(t-2)$$

对信号 $f(t)$ 求导,得

$$f'(t)=\delta(t)-2\delta(t-1)+\delta(t-2)$$

波形如图 5-3-5(b)所示。

对 $f'(t)$ 求拉普拉斯变换,得

$$\mathcal{L}\left[f'(t)\right]=(1-\mathrm{e}^{-s})^2$$

根据时域积分性质,得

$$\mathcal{L}\left[f(t)\right]=\mathcal{L}\left[\int_{-\infty}^{t}f'(\tau)\mathrm{d}\tau\right]=\frac{F(s)}{s}+\frac{f^{-1}(0)}{s}=\frac{1}{s}(1-\mathrm{e}^{-s})^2$$

5.3.9　复频域积分性质

设

$$f(t)\overset{\mathcal{L}}{\longleftrightarrow}F(s)$$

则

$$\frac{f(t)}{t}\overset{\mathcal{L}}{\longleftrightarrow}\int_{s}^{\infty}F(\lambda)\mathrm{d}\lambda \tag{5-3-12}$$

【例 5-3-12】 求 $\int_{0_-}^{t}\frac{\sin x}{x}\mathrm{d}x$ 的拉普拉斯变换。

解:根据常见函数的拉普拉斯变换,有

$$\sin t\overset{\mathcal{L}}{\longleftrightarrow}\frac{1}{s^2+1}$$

根据复频域积分性质,得

$$\frac{\sin t}{t}\overset{\mathcal{L}}{\longleftrightarrow}\int_{s}^{\infty}\frac{1}{\eta^2+1}\mathrm{d}\eta=\arctan s\Big|_{s}^{\infty}=\frac{\pi}{2}-\arctan s=\arctan\frac{1}{s}$$

根据时域积分性质,得

$$\int_0^t \frac{\sin x}{x}\,\mathrm{d}x \xleftrightarrow{\mathcal{L}} \frac{1}{s}\arctan\frac{1}{s}$$

5.3.10 初值定理

设 $f(t)\xleftrightarrow{\mathcal{L}}F(s)$，$f(t)$ 在 $t=0$ 点不包含冲激信号及其各阶导数，且 $\lim\limits_{s\to\infty}sF(s)$ 存在，则 $f(t)$ 的初值为

$$f(0_+)=\lim_{t\to 0+}f(t)=\lim_{s\to\infty}sF(s) \tag{5-3-13}$$

其中，$f(0_+)$ 为 $f(t)$ 从正方向趋于 0 时的值。

证明：根据拉普拉斯变换的定义，知

$$\mathcal{L}\left[\frac{\mathrm{d}f(t)}{\mathrm{d}t}\right]=\int_{0_-}^{\infty}\frac{\mathrm{d}f(t)}{\mathrm{d}t}\mathrm{e}^{-st}\,\mathrm{d}t=\int_{0_-}^{0_+}\frac{\mathrm{d}f(t)}{\mathrm{d}t}\mathrm{e}^{-st}\,\mathrm{d}t+\int_{0_+}^{\infty}\frac{\mathrm{d}f(t)}{\mathrm{d}t}\mathrm{e}^{-st}\,\mathrm{d}t$$

$$=\int_{0_-}^{0_+}\frac{\mathrm{d}f(t)}{\mathrm{d}t}\,\mathrm{d}t+\int_{0_+}^{\infty}\frac{\mathrm{d}f(t)}{\mathrm{d}t}\mathrm{e}^{-st}\,\mathrm{d}t=f(0_+)-f(0_-)+\int_{0_+}^{\infty}\frac{\mathrm{d}f(t)}{\mathrm{d}t}\mathrm{e}^{-st}\,\mathrm{d}t$$

而由时域微分性质，有

$$\mathcal{L}\left[\frac{\mathrm{d}f(t)}{\mathrm{d}t}\right]=sF(s)-f(0_-)$$

对比可得

$$sF(s)-f(0_-)=f(0_+)-f(0_-)+\int_{0_+}^{\infty}\frac{\mathrm{d}f(t)}{\mathrm{d}t}\mathrm{e}^{-st}\,\mathrm{d}t$$

即

$$sF(s)=f(0_+)+\int_{0_+}^{\infty}\frac{\mathrm{d}f(t)}{\mathrm{d}t}\mathrm{e}^{-st}\,\mathrm{d}t$$

两边取极限，令 $s\to\infty$，得

$$\lim_{s\to\infty}sF(s)=f(0_+)+\int_{0_+}^{\infty}\frac{\mathrm{d}f(t)}{\mathrm{d}t}\left(\lim_{s\to\infty}\mathrm{e}^{-st}\right)\mathrm{d}t=f(0_+)$$

【例 5-3-13】 已知 $F(s)=\dfrac{s-2}{s(s+2)}$，利用初值定理确定 $f(0_+)$。

解：

$$f(0_+)=\lim_{s\to\infty}sF(s)=\lim_{s\to\infty}s\cdot\frac{s-2}{s(s+2)}=1$$

【例 5-3-14】 已知 $F(s)=\dfrac{s-2}{s+2}$，求 $f(0_+)$。

解：如果直接套用初值定理，有

$$f(0_+)=\lim_{s\to\infty}sF(s)=\lim_{s\to\infty}s\cdot\frac{s-2}{s+2}=\infty$$

如果对 $F(s)$ 求拉普拉斯反变换，有

$$f(t)=\delta(t)-4\mathrm{e}^{-2t}u(t)$$

可得

$$f(0_+) = \lim_{t \to 0+} \left[\delta(t) - 4\mathrm{e}^{-2t}u(t) \right] = -4$$

显然，二者的结果并不一致，原因就在于函数 $f(t)$ 在零点处包含了冲激信号。对于这种情况，如果仍用初值定理求解，就必须将 $F(s)$ 转换成真分式。即，如果 $f(t) \overset{\mathcal{L}}{\longleftrightarrow} F(s) = A + F_1(s)$，其中，$F_1(s)$ 为真分式，则

$$f(0_+) = \lim_{s \to \infty} s F_1(s) \tag{5-3-14}$$

例 5-3-13 中的 $F(s)$ 为假分式，化简后可得

$$F(s) = \frac{s-2}{s+2} = 1 - \frac{4}{s+2} = A + F_1(s)$$

根据式(5-3-14)，得

$$f(0_+) = \lim_{s \to \infty} s F_1(s) = \lim_{s \to \infty} s \cdot \frac{-4}{s+2} = -4$$

5.3.11　终值定理

设 $t < 0$ 时，$f(t) = 0$，$sF(s)$ 的极点有负实部，则 $f(t)$ 的终值为

$$f(\infty) = \lim_{t \to \infty} f(t) = \lim_{s \to 0} s F(s) \tag{5-3-15}$$

证明：由初值定理的证明，有

$$sF(s) = f(0_+) + \int_{0+}^{\infty} \frac{\mathrm{d}f(t)}{\mathrm{d}t} \mathrm{e}^{-st} \mathrm{d}t$$

两边取极限，令 $s \to 0$，得

$$\lim_{s \to 0} sF(s) = f(0_+) + \int_{0+}^{\infty} \frac{\mathrm{d}f(t)}{\mathrm{d}t} \lim_{s \to 0} \mathrm{e}^{-st} \mathrm{d}t = f(0_+) + \int_{0+}^{\infty} \frac{\mathrm{d}f(t)}{\mathrm{d}t} \mathrm{d}t$$
$$= f(0_+) + \lim_{t \to \infty} f(t) - f(0_+)$$
$$= \lim_{t \to \infty} f(t)$$

【例 5-3-15】　利用初值定理和终值定理，求信号 $f(t) = \mathrm{e}^{-t} \cos t u(t)$ 的初值和终值。

解：由于 $\cos t u(t) \overset{\mathcal{L}}{\longleftrightarrow} \dfrac{s}{s^2 + 1}$，根据复频域平移性质，有

$$F(s) = \mathcal{L}[f(t)] = \frac{s+1}{(s+1)^2 + 1}$$

由初值定理，得

$$f(0_+) = \lim_{s \to \infty} sF(s) = \lim_{s \to \infty} \frac{s(s+1)}{(s+1)^2 + 1} = 1$$

由终值定理，得

$$f(\infty) = \lim_{s \to 0} sF(s) = \lim_{s \to 0} \frac{s(s+1)}{(s+1)^2 + 1} = 0$$

【例 5-3-16】　求下列信号的初值和终值。

(1) $F_1(s) = \dfrac{8}{s^2 + 26s + 169}$。

(2) $V_2(s) = \dfrac{2s^3 + 10}{s^3(s+1)}$。

解:(1)初值为

$$f_1(0_+)=\lim_{s\to\infty}sF_1(s)=\lim_{s\to\infty}\frac{8s}{s^2+26s+169}=0$$

因为 $sF_1(s)$ 的极点 $s=-13$ 具有负实部,所以终值为

$$f(\infty)=\lim_{s\to0}sF_1(s)=\lim_{s\to0}\frac{8s}{s^2+26s+169}=0$$

(2)初值为

$$v(0_+)=\lim_{s\to\infty}sV_2(s)=\lim_{s\to\infty}\frac{s(2s^3+10)}{s^3(s+1)}=2$$

因为 $sV_2(s)$ 有重极点,为 $s=0$,并不具有负实部,因此不能应用终值定理。

表 5-3-1 列出了拉普拉斯变换的性质。

表 5-3-1　拉普拉斯变换的性质

序号	名　称	结　论
1	线性性质	$af_1(t)+bf_2(t)\overset{\mathcal{L}}{\longleftrightarrow}aF_1(s)+bF_2(s)$
2	尺度变换性质	$f(at)\overset{\mathcal{L}}{\longleftrightarrow}\frac{1}{a}F\left(\frac{s}{a}\right),a>0$
3	时域平移性质	$f(t-t_0)u(t-t_0)\overset{\mathcal{L}}{\longleftrightarrow}F(s)e^{-st_0},t_0>0$
4	复频域平移性质	$e^{s_0t}f(t)\overset{\mathcal{L}}{\longleftrightarrow}F(s-s_0)$
5	时域卷积性质	$f_1(t)*f_2(t)\overset{\mathcal{L}}{\longleftrightarrow}F_1(s)F_2(s)$
6	时域微分性质	$\frac{df(t)}{dt}\overset{\mathcal{L}}{\longleftrightarrow}sF(s)-f(0_-)$
7	复频域微分性质	$-tf(t)\overset{\mathcal{L}}{\longleftrightarrow}\frac{dF(s)}{ds},(-t)^nf(t)\overset{\mathcal{L}}{\longleftrightarrow}\frac{d^nF(s)}{ds^n}$
8	时域积分性质	$\int_{-\infty}^{t}f(\tau)d\tau\overset{\mathcal{L}}{\longleftrightarrow}\frac{1}{s}F(s)+\frac{1}{s}\int_{-\infty}^{0}f(\tau)d\tau$
9	复频域积分性质	$\frac{f(t)}{t}\overset{\mathcal{L}}{\longleftrightarrow}\int_{s}^{\infty}F(\lambda)d\lambda$
10	初值定理	$f(0_+)=\lim_{t\to0_+}f(t)=\lim_{s\to\infty}sF(s)$
11	终值定理	$f(\infty)=\lim_{t\to\infty}f(t)=\lim_{s\to0}sF(s)$

5.4　拉普拉斯反变换

在系统分析中,经常需要从信号的拉普拉斯变换式 $F(s)$ 求信号的时间函数 $f(t)$,即求取拉普拉斯反变换。从前面的定义可知,$F(s)$ 的拉普拉斯反变换为

$$f(t)=\frac{1}{2\pi j}\int_{\sigma-j\infty}^{\sigma+j\infty}F(s)e^{st}ds$$

这种方法涉及 s 平面的围线积分,计算比较复杂。在具体工程应用中,大部分信号的拉

普拉斯变换式是有理分式。对于有理分式的拉普拉斯反变换可以用部分分式展开法求解。部分分式展开法的基本思路类似于傅里叶反变换的部分分式展开法。首先,将变换式分解成许多简单的分式之和的形式,并分别求各分式对应的时域信号;然后,将各分式对应的时域信号叠加,即得到原信号的拉普拉斯反变换。

常见的拉普拉斯变换 $F(s)$ 是 s 的有理式,可以表示为

$$F(s) = \frac{B(s)}{A(s)} = \frac{b_m s^m + b_{m-1} s^{m-1} + \cdots + b_1 s + b_0}{a_n s^n + a_{n-1} s^{n-1} + \cdots + a_1 s + a_0} \tag{5-4-1}$$

其中,$B(s)$ 与 $A(s)$ 分别为 $F(s)$ 的分子多项式和分母多项式,$a_n, a_{n-1}, \cdots, a_0$ 和 $b_n,$ $b_{n-1}, \cdots, b_0$ 均为实数,m、n 分别为 $B(s)$ 和 $A(s)$ 的阶次。当 $\dfrac{B(s)}{A(s)}$ 为真分式时,可用部分分式展开法求拉普拉斯反变换;当 $\dfrac{B(s)}{A(s)}$ 为假分式时,先将其展开成真分式,对真分式可用部分分式展开法求拉普拉斯反变换。下面对 $F(s)$ 分母多项式 $A(s)=0$ 的根的情况进行分析。

5.4.1 分母多项式包含单实根

当分母多项式 $A(s)=0$ 包含单实根时,$F(s)$ 可分解为

$$F(s) = \frac{B(s)}{A(s)} = \frac{b_m s^m + b_{m-1} s^{m-1} + \cdots + b_1 s + b_0}{a_n (s - p_1)(s - p_2) \cdots (s - p_n)}$$

$$= \frac{c_1}{s - p_1} + \frac{c_2}{s - p_2} + \cdots + \frac{c_i}{s - p_i} + \cdots + \frac{c_n}{s - p_n} \tag{5-4-2}$$

式(5-4-2)两边乘以 $(s - p_i)$,得

$$(s - p_i)F(s) = c_1 \frac{s - p_i}{s - p_1} + c_2 \frac{s - p_i}{s - p_2} + \cdots + c_n \frac{s - p_i}{s - p_n}$$

将 $s = p_i$ 代入上式,可求得系数 c_i,即

$$c_i = (s - p_i)F(s)\big|_{s = p_i} \tag{5-4-3}$$

则 $F(s)$ 的拉普拉斯反变换为

$$f(t) = (c_1 e^{p_1 t} + c_2 e^{p_2 t} + \cdots + c_n e^{p_n t})u(t) \tag{5-4-4}$$

【例 5-4-1】 已知拉普拉斯变换式 $F(s) = \dfrac{s}{s^2 + 3s + 2}$,求它的时域信号 $f(t)$。

解:首先将 $F(s)$ 化成真分式之和的形式,并进行部分分式展开,得

$$F(s) = \frac{s}{s^2 + 3s + 2} = \frac{s}{(s+1)(s+2)} = \frac{c_1}{s+1} + \frac{c_2}{s+2}$$

求解待定系数,得

$$c_1 = (s - p_1)F(s)\big|_{s = p_1} = (s+1) \times \frac{s}{(s+1)(s+2)}\bigg|_{s=-1} = -1$$

$$c_2 = (s - p_2)F(s)\big|_{s = p_2} = (s+2) \times \frac{s}{(s+1)(s+2)}\bigg|_{s=-2} = 2$$

则

$$F(s) = -\frac{1}{s+1} + \frac{2}{s+2}$$

根据 $e^{-\alpha t}u(t) \xleftrightarrow{\mathscr{L}} \dfrac{1}{s+\alpha}$,得

$$f(t) = (-e^{-t} + 2e^{-2t})u(t)$$

5.4.2　分母多项式包含共轭复根

当分母多项式 $A(s)=0$ 包含共轭复根时,如果 $A(s)=0$ 有共轭复根,那么 $F(s)$ 可表示为

$$F(s) = \frac{c_1}{s-p_1} + \frac{c_2}{s-p_2} + \cdots + \frac{q_1}{s-r_1} + \frac{q_1^*}{s-r_1^*} +$$
$$\frac{q_2}{s-r_2} + \frac{q_2^*}{s-r_2^*} + \cdots \tag{5-4-5}$$

其中,p_i 为单实根,c_i 为实数;r_i、r_i^* 为共轭复根,q_i、q_i^* 为共轭复数。

对于分母多项式 $A(s)=0$ 中的共轭复根为单重根的情况,可以用两种方法求解:一种方法是将共轭复根看作两个不同的单根,按照式(5-4-2)、式(5-4-3)的方法求解共轭复根的系数;另一种方法是对共轭复根的分式进行配方,尽可能使共轭复根的表达式和正弦函数或者正弦衰减函数的拉普拉斯变换式相同,再进行拉普拉斯反变换。一般来说,第二种方法比第一种方法更简单。

【例 5-4-2】 已知拉普拉斯变换式 $F(s) = \dfrac{s}{s^2+2s+5}$,求其拉普拉斯反变换 $f(t)$。

解:解法一,将共轭复根看作两个不同的单根。

对 $F(s)$ 进行变换,得

$$F(s) = \frac{q}{s+1+2\mathrm{j}} + \frac{q^*}{s+1-2\mathrm{j}}$$

根据式(5-4-3),有

$$q = (s+1+2\mathrm{j})F(s)\big|_{s=-1-2\mathrm{j}} = \frac{4s+8}{s+1-2\mathrm{j}}\bigg|_{s=-1-2\mathrm{j}} = \frac{1}{2} - \frac{\mathrm{j}}{4}$$

得

$$F(s) = \frac{\dfrac{1}{2} - \dfrac{1}{4}\mathrm{j}}{s+1+2\mathrm{j}} + \frac{\dfrac{1}{2} + \dfrac{1}{4}\mathrm{j}}{s+1-2\mathrm{j}}$$

即

$$f(t) = e^{-t}\left(\cos 2t - \frac{1}{2}\sin 2t\right)u(t)$$

解法二,配方法。

因为 s^2+2s+5 很明显包含复根,根据常用函数的拉普拉斯变换对,可知

$$e^{-\alpha t}\sin\omega_0 t u(t) \xleftrightarrow{\mathscr{L}} \frac{\omega_0}{(s+\alpha)^2+\omega_0^2}$$

$$e^{-at}\cos\omega_0 t u(t) \xleftrightarrow{\mathcal{L}} \frac{s+\alpha}{(s+\alpha)^2+\omega_0^2}$$

故用配方法对 $F(s)$ 进行分解,得

$$F(s)=\frac{A(s+1)}{s^2+2s+5}+\frac{B}{s^2+2s+5}$$

用待定系数法确定 A、B,即 $A=1$,$B=-1$。因此,

$$\frac{s}{s^2+2s+5}=\frac{s+1}{(s+1)^2+4}-\frac{2}{(s+1)^2+4}\times\frac{1}{2}$$

$$\frac{s+1}{(s+1)^2+4} \xleftrightarrow{\mathcal{L}} e^{-t}\cos 2t\, u(t)$$

$$\frac{2}{(s+1)^2+4} \xleftrightarrow{\mathcal{L}} e^{-t}\sin 2t\, u(t)$$

所以,当 $\mathrm{Re}[s]>0$ 时,

$$f(t)=e^{-t}\left(\cos 2t-\frac{1}{2}\sin 2t\right)u(t)$$

5.4.3　分母多项式包含重根

当分母多项式 $A(s)=0$ 有 $i-1$ 个单根、一个 k 重根时,$F(s)$ 可表示为

$$F(s)=\frac{B(s)}{A(s)}=\frac{b_m s^m+b_{m-1}s^{m-1}+\cdots+b_1 s+b_0}{a_n(s-p_1)(s-p_2)\cdots(s-p_{i-1})(s-p_i)^k}$$

$$=\frac{c_1}{s-p_1}+\frac{c_2}{s-p_2}+\cdots+\frac{c_{i-1}}{s-p_{i-1}}+\frac{z_0}{(s-p_i)^k}+\frac{z_1}{(s-p_i)^{k-1}}+\cdots+$$

$$\frac{z_r}{(s-p_i)^{k-r}}\cdots+\frac{z_{k-1}}{s-p_i} \tag{5-4-6}$$

其中,系数 c_1、c_2、c_{i-1} 按式(5-4-3)求解;z_0,z_1,$\cdots$,z_r 的求解为

$$z_0=(s-p_i)^k F(s)\big|_{s=p_i}$$

$$z_1=\frac{\mathrm{d}}{\mathrm{d}s}[(s-p_i)^k F(s)]\big|_{s=p_i}$$

$$z_2=\frac{1}{2!}\cdot\frac{\mathrm{d}^2}{\mathrm{d}s^2}[(s-p_i)^k F(s)]\big|_{s=p_i}$$

$$\vdots$$

$$z_r=\frac{1}{r!}\cdot\frac{\mathrm{d}^r}{\mathrm{d}s^r}[(s-p_i)^k F(s)]\big|_{s=p_i}$$

根据常用拉普拉斯变换对,有

$$\frac{1}{(s-p_i)^k} \xleftrightarrow{\mathcal{L}} \frac{1}{(k-1)!}t^{k-1}e^{p_i t}u(t)$$

可以求得原函数。

【例 5-4-3】 已知拉普拉斯反变换为 $F(s)=\dfrac{s+4}{(s+1)(s+2)^3}$,$\mathrm{Re}[s]>-1$,求时域信

号 $f(t)$。

解：

$$F(s) = \frac{c_1}{s+1} + \frac{z_0}{(s+2)^3} + \frac{z_1}{(s+2)^2} + \frac{z_2}{s+2}$$

其中，

$$c_1 = (s+1)F(s)\big|_{s=-1} = \frac{s+4}{(s+2)^3}\bigg|_{s=-1} = 3$$

$$z_0 = (s+2)^3 F(s)\big|_{s=-2} = \frac{s+4}{s+1}\bigg|_{s=-2} = -2$$

$$z_1 = \frac{\mathrm{d}}{\mathrm{d}s}[(s+2)^3 F(s)]\big|_{s=-2} = \frac{-3}{(s+1)^2}\bigg|_{s=-2} = -3$$

$$z_2 = \frac{1}{2} \cdot \frac{\mathrm{d}^2}{\mathrm{d}s^2}[(s+2)^3 F(s)]\big|_{s=-2} = \frac{1}{2} \cdot \frac{6}{(s+1)^3}\bigg|_{s=-2} = -3$$

所以

$$F(s) = \frac{3}{s+1} - \frac{2}{(s+2)^3} - \frac{3}{(s+2)^2} - \frac{3}{s+2}$$

当 $\mathrm{Re}[s] > -1$ 时，有

$$\frac{3}{s+1} \overset{\mathcal{L}}{\longleftrightarrow} 3\mathrm{e}^{-t}u(t)$$

$$-\frac{2}{(s+2)^3} \overset{\mathcal{L}}{\longleftrightarrow} -t^2 \mathrm{e}^{-2t}u(t)$$

$$-\frac{3}{(s+2)^2} \overset{\mathcal{L}}{\longleftrightarrow} -3t\mathrm{e}^{-2t}u(t)$$

$$-\frac{3}{s+2} \overset{\mathcal{L}}{\longleftrightarrow} -3\mathrm{e}^{-2t}u(t)$$

则

$$f(t) = [3\mathrm{e}^{-t} - t^2 \mathrm{e}^{-2t} - 3t\mathrm{e}^{-2t} - 3\mathrm{e}^{-2t}]u(t)$$

前面讨论了 $m<n$ 的情况。如果 $m \geqslant n$，则采用长除法，将 $F(s)$ 转换为

$$F(s) = \frac{B(s)}{A(s)} = B_0 + B_1 s + B_2 s^2 + \cdots + B_{m-n}s^{m-n} + \frac{B_1(s)}{A(s)}$$

其中，$B_1(s)$ 的阶次低于 $A(s)$ 的阶次。求上述假分式的拉普拉斯反变换时，真分式 $\dfrac{B_1(s)}{A(s)}$ 可用部分分式展开法求解，其余部分的拉普拉斯反变换均为冲激信号及其各阶导数。

【例 5-4-4】 已知拉普拉斯变换式 $F(s) = \dfrac{s^3 + 8s^2 + 14s + 9}{s^3 + 6s^2 + 11s + 6}$，求它的时域信号 $f(t)$。

解：首先对 $F(s)$ 进行长除，得

$$F(s) = \frac{s^3 + 8s^2 + 14s + 9}{s^3 + 6s^2 + 11s + 6} = 1 + \frac{2s^2 + 3s + 3}{s^3 + 6s^2 + 11s + 6}$$

令 $F_1(s) = \dfrac{2s^2 + 3s + 3}{s^3 + 6s^2 + 11s + 6}$，将 $F_1(s)$ 化成真分式之和的形式，并进行部分分式展开，得

$$F_1(s) = \frac{2s^2 + 3s + 3}{(s+1)(s+2)(s+3)} = \frac{k_1}{s+1} + \frac{k_2}{s+2} + \frac{k_3}{s+3}$$

求解待定系数后,得

$$F_1(s) = \frac{1}{s+1} + \frac{-5}{s+2} + \frac{6}{s+3}$$

所以

$$F(s) = 1 + F_1(s) = 1 + \frac{1}{s+1} + \frac{-5}{s+2} + \frac{6}{s+3}$$

根据 $e^{-at}u(t) \overset{\mathscr{L}}{\longleftrightarrow} \frac{1}{s+\alpha}, \delta(t) \overset{\mathscr{L}}{\longleftrightarrow} 1$,可知

$$f(t) = \delta(t) + (e^{-t} - 5e^{-2t} + 6e^{-3t})u(t)$$

5.5　连续时间系统的复频域分析

拉普拉斯变换分析法作为强有力的数学工具在复频域分析中有着极其重要的作用。在分析非零初始条件的系统时,初始条件可自动代入,能很方便地解得零输入响应、零状态响应和完全响应。在电路分析中,根据元件特性方程及基尔霍夫定律,将电路变成 s 域模型,从而易求变换电路的代数解。下面分别探讨拉普拉斯变换分析法在这两方面的应用。

5.5.1　常系数线性微分方程的复频域求解法

对于实际的连续系统,尤其是以实际物理量描述的系统,都是可以用微分方程描述的因果系统。在第 2 章时域分析过程中提到,对于 LTI 因果系统,系统的输出可以描述成 $y(t) = y_{zi}(t) + y_{zs}(t)$,其中,$y_{zi}(t)$ 与外加激励无关,仅仅取决于非零起始条件;$y_{zs}(t)$ 则仅仅由外加激励决定。根据单边拉普拉斯变换的时域微分性质,可以将线性微分方程转换为复频域方程。同时,系统的初始状态在变换过程中自动代入,这样求解零输入响应、零状态响应和完全响应就非常方便快捷。

设 LTI 系统常系数微分方程的一般形式为

$$a_n \frac{\mathrm{d}^n y(t)}{\mathrm{d}t^n} + a_{n-1} \frac{\mathrm{d}^{n-1} y(t)}{\mathrm{d}t^{n-1}} + \cdots + a_1 \frac{\mathrm{d}y(t)}{\mathrm{d}t} + a_0 y(t)$$

$$= b_m \frac{\mathrm{d}^m x(t)}{\mathrm{d}t^m} + b_{m-1} \frac{\mathrm{d}^{m-1} x(t)}{\mathrm{d}t^{m-1}} + \cdots + b_1 \frac{\mathrm{d}x(t)}{\mathrm{d}t} + b_0 x(t) \tag{5-5-1}$$

假定 $x(t)$ 为因果信号,即 $t < 0$ 时,$x(t) = 0$,则 $x(0_-) = x^{(n)}(0_-) = \cdots = x^{(n-1)}(0_-) = 0$。对式(5-5-1)两边进行拉普拉斯变换,根据拉普拉斯变换的时域微分性质,得

$$a_n[s^n Y(s) - s^{n-1} y(0_-) - \cdots - y^{(n-1)}(0_-)] + \cdots +$$

$$a_2[s^2 Y(s) - s y(0_-) - y^{(1)}(0_-)] + a_1[s Y(s) - y(0_-)] + a_0 Y(s)$$

$$= b_m s^m X(s) + \cdots + b_2 s^2 X(s) + b_1 s X(s) + b_0 X(s) \tag{5-5-2}$$

其中,$y^{(n-1)}(0_-) = \frac{\mathrm{d}^{n-1}}{\mathrm{d}t^{n-1}} y(t) \big|_{t=0_-}$,为系统的 n 个初始状态。整理式(5-5-2),得

$$\sum_{i=0}^{n} a_i \left[s^i Y(s) - \sum_{k=0}^{i-1} s^{i-1-k} y^{(k)}(0_-) \right] = \sum_{j=0}^{m} b_j s^j X(s)$$

整理后,有

$$Y(s) = \frac{\sum_{i=0}^{n} a_i \sum_{k=0}^{i-1} s^{i-1-k} y^{(k)}(0_-)}{\sum_{i=0}^{n} a_i s^i} + \frac{\sum_{j=0}^{m} b_j s^j X(s)}{\sum_{i=0}^{n} a_i s^i} \tag{5-5-3}$$

式(5-5-3)表示系统响应由两部分组成,一部分是由系统的初始状态产生的零输入响应,另一部分是由激励产生的零状态响应。

零输入响应的 s 域表达式为

$$Y_{zi}(s) = \frac{\sum_{i=0}^{n} a_i \sum_{k=0}^{i-1} s^{i-1-k} y^{(k)}(0_-)}{\sum_{i=0}^{n} a_i s^i} \tag{5-5-4}$$

零状态响应的 s 域表达式为

$$Y_{zs}(s) = \frac{\sum_{j=0}^{m} b_j s^j X(s)}{\sum_{i=0}^{n} a_i s^i} \tag{5-5-5}$$

对式(5-5-4)、式(5-5-5)求拉普拉斯反变换即得零输入响应和零状态响应的时域表达式。

【例 5-5-1】　已知系统微分方程为 $y''(t)+2y'(t)+y(t)=x'(t)$,其中,$x(t)=e^{-t}u(t)$,初始状态为 $y(0_-)=1,y'(0_-)=2$,求完全响应 $y(t)$、零输入响应 $y_{zi}(t)$ 和零状态响应 $y_{zs}(t)$。

解：对方程左右两边同时进行拉普拉斯变换,得

$$s^2 Y(s) - s y(0_-) - y'(0_-) + 2[sY(s) - y(0_-)] + Y(s) = sX(s)$$

(1) 求零输入响应 $y_{zi}(t)$。

令输入信号 $x(t)=0$,即 $X(s)=0$,将初始条件 $y(0_-)=1$、$y'(0_-)=2$ 代入方程,得

$$(s^2 + 2s + 1)Y_{zi}(s) = s + 4$$

$$Y_{zi}(s) = \frac{s+4}{s^2+2s+1} = \frac{3}{(s+1)^2} + \frac{1}{s+1}$$

所以

$$y_{zi}(t) = (3t+1)e^{-t}u(t)$$

(2) 求零状态响应 $y_{zs}(t)$。

对输入信号求拉普拉斯变换,得

$$X(s) = \mathcal{L}[x(t)] = \mathcal{L}[e^{-t}u(t)] = \frac{1}{s+1}$$

将 $X(s) = \frac{1}{s+1}$、$y(0_-)=0$、$y'(0_-)=0$ 代入方程,得

$$(s^2 + 2s + 1)Y_{zs}(s) = \frac{s}{s+1}$$

整理,得

$$Y_{zs}(s) = \frac{s}{(s+1)^3} = -\frac{1}{(s+1)^3} + \frac{1}{(s+1)^2}$$

所以

$$y_{zs}(t) = \left(t e^{-t} - \frac{1}{2}t^2 e^{-t}\right)u(t)$$

(3) 求完全响应。

完全响应为

$$y(t) = y_{zi}(t) + y_{zs}(t) = \left(4t - \frac{1}{2}t^2 + 1\right)e^{-t}u(t)$$

5.5.2 电路的复频域模型

在电路的复频域求解法中,可以用拉普拉斯变换分析法将电路的时域模型转换为复频域模型,使复杂的微积分方程转换为代数方程,求出响应。

电路元件电阻、电感、电容的时域伏安特性及其频域伏安关系分别为

$$u_R(t) = Ri_R(t) \overset{\mathcal{L}}{\longleftrightarrow} U_R(s) = RI_R(s) \tag{5-5-6}$$

$$u_L(t) = L\frac{di_L(t)}{dt} \overset{\mathcal{L}}{\longleftrightarrow} U_L(s) = sLI_L(s) - Li_L(0_-) \tag{5-5-7}$$

$$u_C(t) = \frac{1}{C}\int_{-\infty}^{t} i_C(\tau)d\tau \overset{\mathcal{L}}{\longleftrightarrow} U_C(s) = \frac{1}{sC}I_C(s) + \frac{1}{s}u_C(0_-) \tag{5-5-8}$$

根据式(5-5-6)、式(5-5-7)与式(5-5-8),可以画出电阻、电感、电容元件的复频域模型,表达式中由初始状态 $i_L(0_-)$ 和 $u_C(0_-)$ 引起的项用串联电压源表示,如表 5-5-1 所示。

表 5-5-1 电阻、电感、电容元件的复频域模型

元件	串联形式的 s 域模型	并联形式的 s 域模型
电阻		
电感		
电容		

电路元件 R、L、C 的时域伏安特性的表示形式并不唯一，还可以表示为

$$i_R(t) = \frac{1}{R}u_R(t) \overset{\mathcal{L}}{\longleftrightarrow} I_R(s) = \frac{1}{R}U_R(s) \tag{5-5-9}$$

$$i_L(t) = \frac{1}{L}\int_{-\infty}^{t} u_L(\tau)\mathrm{d}\tau \overset{\mathcal{L}}{\longleftrightarrow} I_L(s) = \frac{1}{sL}U_L(s) + \frac{1}{s}i_L(0_-) \tag{5-5-10}$$

$$i_C(t) = C\frac{\mathrm{d}u_C(t)}{\mathrm{d}t} \overset{\mathcal{L}}{\longleftrightarrow} I_C(s) = sCU_C(s) - Cu_C(0_-) \tag{5-5-11}$$

与式(5-5-9)、式(5-5-10)与式(5-5-11)对应的电阻、电感、电容元件的复频域模型如表 5-5-1 所示。表达式中由初始状态 $i_L(0_-)$ 和 $u_C(0_-)$ 引起的项用并联电流源表示。

基尔霍夫电压定律和基尔霍夫电流定律的时域描述和复频域表达式分别为

$$\sum u(t) = 0 \overset{\mathcal{L}}{\longleftrightarrow} \sum U(s) = 0$$

$$\sum i(t) = 0 \overset{\mathcal{L}}{\longleftrightarrow} \sum I(s) = 0$$

将电路中每一元件都用它的复频域模型代替，电源均用拉普拉斯变换代替，即得电路的 s 域模型。在 s 域模型中元件上的电压和电流是代数关系，即将时域中的微分方程转换成了复频域中的代数方程。根据代数式求出响应的复频域表达式，对表达式进行拉普拉斯反变换即得响应的时域表达式。

【例 5-5-2】 应用 s 域模型分析法求一般二阶电路的阶跃响应。已知电源电压 $u_S(t) = 10u(t)$，如图 5-5-1(a)所示，求 $u_R(t)$ 和 $i(t)$。

解： 本例是一般直流二阶电路求阶跃响应，即零状态响应。建立复频域模型时，初始状态为 0，电感元件和电容元件的复频域模型中没有附加电压源。复频域分析计算的步骤是，首先画出时域电路的复频域模型，然后应用节点分析法求出待求量的象函数，并将其展开为部分分式，最后利用拉普拉斯反变换求解时域响应。

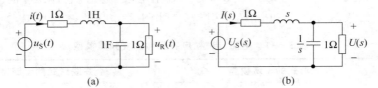

图 5-5-1 例 5-5-2 电路和复频域模型

(1) 画出时域电路的复频域模型，如图 5-5-1(b)所示。电压源 $u_S(t)$ 的电压象函数为 $U_S(s) = \dfrac{10}{s}$，复频域感抗 $Z_L(s) = s$，复频域容抗 $Z_C = \dfrac{1}{s}$。

(2) 求电压 $u_R(t)$。应用节点分析法，列出节点方程，即

$$\left(\frac{1}{s+1} + s + 1\right)U(s) = \frac{\dfrac{10}{s}}{s+1}$$

整理，得

$$(s^2 + 2s + 2)U(s) = \frac{10}{s}$$

即

$$U(s) = \frac{10}{s(s^2+2s+2)} = \frac{A}{s} + \frac{Bs+C}{s^2+2s+2}$$

用配方法求系数,对上述表达式右边通分：

$$\frac{A}{s} + \frac{Bs+C}{s^2+2s+2} = \frac{(A+B)s^2 + (2A+C)s + 2A}{s(s^2+2s+2)}$$

根据对应项系数相等的原则有

$$A + B = 0$$
$$2A + C = 0$$
$$2A = 10$$

求得 $A=5, B=-5, C=-10$。则

$$U(s) = \frac{10}{s(s^2+2s+2)} = \frac{5}{s} - \frac{5s+10}{s^2+2s+2} = \frac{5}{s} - \frac{5(s+1)+5}{(s+1)^2+1}$$

$$= \frac{5}{s} - \frac{5(s+1)}{(s+1)^2+1} - \frac{5}{(s+1)^2+1}$$

进行拉普拉斯反变换,得

$$u_R(t) = \mathcal{L}^{-1}[U(s)] = (5 - 5e^{-t}\cos t - 5e^{-t}\sin t)u(t)$$

（3）求 $i(t)$。电路的复频域阻抗为

$$Z(s) = s + 1 + \frac{1}{s+1}$$

故

$$I(s) = \frac{U_S(s)}{Z(s)} = \frac{\dfrac{10}{s}}{s+1+\dfrac{1}{s+1}} = \frac{10(s+1)}{s(s^2+2s+2)}$$

$$= \frac{5}{s} - \frac{5(s+1)-5}{(s+1)^2+1} = \frac{5}{s} - \frac{5(s+1)}{(s+1)^2+1} + \frac{5}{(s+1)^2+1}$$

进行拉普拉斯反变换,得

$$i(t) = \mathcal{L}^{-1}[I(s)] = (5 - 5e^{-t}\cos t + 5e^{-t}\sin t)u(t)$$

【例 5-5-3】 如图 5-5-2(a)所示电路,$u_S(t) = e^{-4t}u(t)$,$u_C(0_-) = -2\text{V}$,$i_L(0_-) = 0$。用复频域模型分析法求电阻元件两端电压 $u_R(t)$。

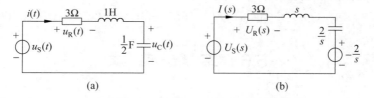

图 5-5-2　例 5-5-3 电路和复频域模型

解：本例是非直流激励二阶电路的分析。其关键在于画出复频域模型,利用激励函

数查表得出它的象函数，同时要确定电感元件和电容元件由于初始状态产生的附加电压源或附加电流源的参考方向。画出 s 域模型后，进行分析计算。

（1）画出复频域模型，如图 5-5-2(b) 所示。其中，电源象函数 $U_S(s) = \dfrac{1}{s+4}$。由于 $u_C(0_-) = -2\text{V}$，故电容元件 s 域模型的附加电压源电压为 $-\dfrac{2}{s}$；又因 $i_L(0_-) = 0$，故电感元件的 s 域模型中电压源电压为 0。

（2）KVL 方程为

$$\left(s + 3 + \frac{2}{s}\right)I(s) = \frac{1}{s+4} + \frac{2}{s}$$

上式等号两边乘以 s，得

$$(s^2 + 3s + 2)I(s) = \frac{3s+8}{s+4}$$

移项，得

$$I(s) = \frac{3s+8}{(s^2+3s+2)(s+4)}$$

故待求电阻元件两端的电压象函数为

$$U_R(s) = 3I(s) = \frac{9s+24}{(s^2+3s+2)(s+4)} = \frac{9s+24}{(s+1)(s+2)(s+4)}$$
$$= \frac{K_1}{s+1} + \frac{K_2}{s+2} + \frac{K_3}{s+4}$$

待定系数为

$$K_1 = (s+1)U_R(s)\big|_{s=-1} = \frac{9s+24}{(s+2)(s+4)}\Big|_{s=-1} = 5$$

$$K_2 = (s+2)U_R(s)\big|_{s=-2} = \frac{9s+24}{(s+1)(s+4)}\Big|_{s=-2} = -3$$

$$K_3 = (s+4)U_R(s)\big|_{s=-4} = \frac{9s+24}{(s+1)(s+2)}\Big|_{s=-4} = -2$$

所以

$$U_R(s) = \frac{5}{s+1} - \frac{3}{s+2} - \frac{2}{s+4}$$

（3）进行拉普拉斯反变换，得

$$u_R(t) = \mathcal{L}^{-1}[U_R(s)] = (5e^{-t} - 3e^{-2t} - 2e^{-4t})u(t)$$

5.6　系统函数

系统函数是描述系统特性的重要参数。在拉普拉斯变换中，通过研究系统函数的零极点分布可以了解系统的时域和复频域特性。

5.6.1　系统函数的定义

连续时间系统函数 $H(s)$ 定义为系统零状态响应的拉普拉斯变换与系统激励的拉普拉斯变换之比,即

$$H(s) = \frac{Y_{zs}(s)}{X(s)} \tag{5-6-1}$$

由定义可知,系统函数仅仅取决于系统本身的特性,与系统激励无关。

在时域分析中,系统的零状态响应表示为

$$y_{zs}(t) = x(t) * h(t)$$

根据拉普拉斯变换的时域卷积性质,得

$$y_{zs}(t) = x(t) * h(t) \xleftarrow{\mathcal{L}} Y_{zs}(s) = X(s)\,\mathcal{L}[h(t)]$$

因此

$$H(s) = \mathcal{L}[h(t)] \tag{5-6-2}$$

式(5-6-2)为系统函数的又一种定义,即系统函数为系统的单位冲激响应 $h(t)$ 的拉普拉斯变换。

在第 2 章中讲到,LTI 系统可以用微分方程描述,也可以用冲激响应描述。而系统函数则在变换域将这两种描述结合起来,不仅更简便地将系统的零状态响应和系统的激励联系在一起,而且通过系统函数零极点分析还可以得到系统的基本特征。

5.6.2　系统函数与微分方程

已知系统的微分方程描述为

$$a_n \frac{\mathrm{d}^n y(t)}{\mathrm{d}t^n} + a_{n-1} \frac{\mathrm{d}^{n-1} y(t)}{\mathrm{d}t^{n-1}} + \cdots + a_1 \frac{\mathrm{d}y(t)}{\mathrm{d}t} + a_0 y(t)$$

$$= b_m \frac{\mathrm{d}^m x(t)}{\mathrm{d}t^m} + b_{m-1} \frac{\mathrm{d}^{m-1} x(t)}{\mathrm{d}t^{m-1}} + \cdots + b_1 \frac{\mathrm{d}x(t)}{\mathrm{d}t} + b_0 x(t)$$

根据系统函数定义,得

$$H(s) = \frac{Y_{zs}(s)}{X(s)} = \frac{b_m s^m + b_{m-1} s^{m-1} + \cdots + b_1 s + b_0}{a_n s^n + a_{n-1} s^{n-1} + \cdots + a_1 s + a_0} \tag{5-6-3}$$

由式(5-6-3)可知,系统函数是一个与微分方程相关联的有理分式,系统函数的分母由微分方程中响应项的系数确定,而系统函数的分子由微分方程中激励项的系数确定。换句话说,系统函数与微分方程表示可以相互转换,已知系统的微分方程可以求得系统函数,已知系统函数同样也可以列写出系统的微分方程。

【例 5-6-1】 已知系统微分方程为 $\dfrac{\mathrm{d}^2 r(t)}{\mathrm{d}t^2} + 5 \dfrac{\mathrm{d}r(t)}{\mathrm{d}t} + 6r(t) = 2 \dfrac{\mathrm{d}^2 e(t)}{\mathrm{d}t^2} + 6 \dfrac{\mathrm{d}e(t)}{\mathrm{d}t}$,激励信号为 $e(t) = (1 + \mathrm{e}^{-t})u(t)$,求系统函数和冲激响应。

解:在零状态条件下,对微分方程的左右两边同时进行拉普拉斯变换,得

$$s^2 R(s) + 5sR(s) + 6R(s) = 2s^2 E(s) + 6sE(s)$$

则

$$H(s) = \frac{R(s)}{E(s)} = \frac{2s}{s+2} = 2 - \frac{4}{s+2}$$

对 $H(s)$ 进行拉普拉斯反变换,得冲激响应为

$$h(t) = 2\delta(t) - 4e^{-2t}u(t)$$

【例 5-6-2】　低通滤波器的微分方程描述为

$$\frac{d^3 y(t)}{dt^3} + 1.024\frac{d^2 y(t)}{dt^2} + 1.047\frac{dy(t)}{dt} + 0.539y(t) = 0.306\frac{d^2 x(t)}{dt^2} + 0.539x(t)$$

其中,$x(t)$ 表示滤波器的输入电压,$y(t)$ 表示输出。

（1）求该滤波器的系统函数。

（2）确定该滤波器的零极点。

（3）求单位冲激响应 $h(t)$。

解：（1）该滤波器的系统函数 $H(s)$ 为

$$H(s) = \frac{Y(s)}{X(s)} = \frac{0.306s^2 + 0.539}{s^3 + 1.024s^2 + 1.047s + 0.539}$$

（2）令 $0.306s^2 + 0.539 = 0$,得零点 $s_{1,2} = \pm j1.327$。令 $s^3 + 1.024s^2 + 1.047s + 0.539 = 0$,得极点 $s_{1,2,3} = -0.667, -0.179 \pm j0.881$。

（3）因为

$$H(s) = \frac{0.665}{s+0.667} + \frac{0.184e^{-j2.937}}{s+0.179-j0.881} + \frac{0.184e^{j2.937}}{s+0.179+j0.881}, \quad \mathrm{Re}[s] > -0.179$$

所以

$$h(t) = \left[0.665e^{-0.667t} + 0.368e^{-0.179t}\cos(0.881t - 2.927)\right]u(t)$$

5.6.3　系统函数与电路

如果给定具体电路,电路中储能元件的初始储能为 0;将电阻、电感、电容元件的阻抗分别用 R、sL、$\dfrac{1}{sC}$ 表示;同时,根据 s 域元件的约束特性和网络约束特性,通过列写 s 域代数方程即可求得系统函数。

【例 5-6-3】　求图 5-6-1(a)所示电路的系统函数 $H_{21}(s) = \dfrac{I_2(s)}{U_1(s)}$。

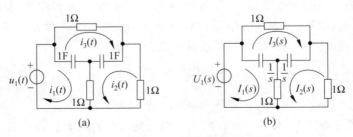

图 5-6-1　例 5-6-3 电路及其 s 域模型

解：令电路中储能元件的初始储能为 0，将电阻、电感、电容元件的阻抗分别用 R、sL、$\dfrac{1}{sC}$ 表示，画出图 5-6-1(a)所示电路的 s 域模型，如图 5-6-1(b)所示。根据图 5-6-1(b)，列写回路的 s 域方程，得

$$\begin{cases} \left(\dfrac{1}{s}+1\right)I_1(s)+I_2(s)-\dfrac{1}{s}I_3(s)=U_1(s) \\[2mm] I_1(s)+\left(\dfrac{1}{s}+2\right)I_2(s)+\dfrac{1}{s}I_3(s)=0 \\[2mm] -\dfrac{1}{s}I_1(s)+\dfrac{1}{s}I_2(s)+\left(\dfrac{2}{s}+1\right)I_3(s)=0 \end{cases}$$

解方程，消去 $I_1(s)$，得

$$\begin{cases} (s^2+3s+1)I_3(s)+(2s+1)I_2(s)=s^2U_1(s) \\[2mm] I_2(s)+I_3(s)=-U_1(s) \end{cases}$$

消去 $I_3(s)$，得

$$I_2(s)=-\frac{s^2+2s+1}{s^2+5s+2}U_1(s)$$

则

$$H_{21}(s)=\frac{I_2(s)}{U_1(s)}=-\frac{s^2+2s+1}{s^2+5s+2}$$

5.6.4　系统函数与信号流图

信号流图是由美国麻省理工学院 Mason 教授提出的。1950 年，Mason 教授在他的博士毕业论文中研究了一种算法，该算法用于求解信号流图输入点和输出点之间的系统函数，被称为 Mason 公式。

线性连续系统的信号流图用点和有向线段组成的线图表示系统的输入输出关系。在信号流图中，用点表示信号，用有向线段表示信号的传输方向与传输关系，一般称为支路。每条支路相当于一个乘法器。每个点可以有不同方向的输入和不同方向的输出。信号流图中信号的表示及其传输的具体规则如图 5-6-2 所示。在图 5-6-2 中，写在有向线段旁边的函数 $H_i(s)$ 表示系统函数，也称为传输函数。

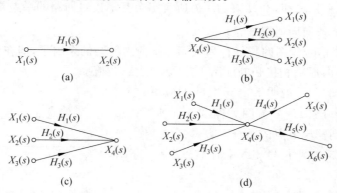

图 5-6-2　信号流图中各信号的定义

在图 5-6-2(a)中，有 $X_2(s) = X_1(s)H_1(s)$。

在图 5-6-2(b)中，有 $X_1(s) = X_4(s)H_1(s)$，$X_2(s) = X_4(s)H_2(s)$，$X_3(s) = X_4(s)H_3(s)$。

在图 5-6-2(c)中，有 $X_4(s) = X_1(s)H_1(s) + X_2(s)H_2(s) + X_3(s)H_3(s)$。

在图 5-6-2(d)中，有 $X_4(s) = X_1(s)H_1(s) + X_2(s)H_2(s) + X_3(s)H_3(s)$，$X_5(s) = X_4(s)H_4(s)$，$X_6(s) = X_4(s)H_5(s)$。

关于信号流图，有如下常用术语：

（1）节点：信号流图中表示信号的点称为节点。

（2）支路：连接两个节点的有向线段称为支路。支路旁边的函数称为支路增益或传输函数。

（3）源点与汇点：仅有输出支路的节点称为源点，仅有输入支路的节点称为汇点。

（4）通路：从一个节点出发，沿支路传输方向连续经过支路和节点到达另一节点所经过的路径称为通路。

（5）开路：一条通路与经过它的任一节点只相遇一次，该通路称为开路。

（6）环路（回路）：如果通路的起点和终点为同一节点，并且与经过的其余节点只相遇一次，则该通路称为环路或回路。

（7）前向通路：从输入节点到输出节点的通路。前向通路经过任一节点不多于一次。

（8）不接触环路：环路之间没有公共节点。

Mason 公式为

$$H(s) = \frac{Y(s)}{X(s)} = \frac{\sum_{k=1}^{M} P_k(s)\Delta_k(s)}{\Delta(s)} \tag{5-6-4}$$

其中：

- $H(s)$ 为从输入节点到输出节点的系统函数。
- 系统信号流图的特征行列式 $\Delta(s) = 1 - \sum L_a + \sum L_b L_c - \sum L_d L_e L_f + \cdots$，$\sum L_a$ 为系统流图中所有单独回路的增益之和，$\sum L_b L_c$ 为所有两个互不接触回路的增益乘积之和，$\sum L_d L_e L_f$ 为所有三个互不接触回路的增益乘积之和。
- P_k 为第 k 条前向通路增益。
- Δ_k 为系统信号流图的特征行列式第 k 条前向通路的余因子，即在信号流图中把与第 k 条前向通路相接触的回路去除以后的 $\Delta(s)$ 值。

下面用具体的例子说明 Mason 公式的应用。

【例 5-6-4】 已知信号流图如图 5-6-3 所示，求输入节点到输出节点的系统函数。

解：根据图 5-6-3，信号流图中有 4 个单独回路，即

$X_1 \rightarrow X_2 \rightarrow X_1$ 回路：$L_1 = -G_1 H_1$。

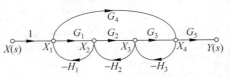

图 5-6-3　例 5-6-4 系统信号流图

$X_2 \rightarrow X_3 \rightarrow X_2$ 回路：$L_2 = -G_2 H_2$。

$X_3 \rightarrow X_4 \rightarrow X_3$ 回路：$L_3 = -G_3 H_3$。

$X_1 \rightarrow X_4 \rightarrow X_3 \rightarrow X_2 \rightarrow X_1$ 回路：$L_4 = -H_1 H_2 H_3 G_4$。

两两不接触回路有一对：$X_1 \rightarrow X_2 \rightarrow X_1$ 回路和 $X_3 \rightarrow X_4 \rightarrow X_3$ 回路，其增益乘积为 $L_1 L_3 = G_1 H_1 G_3 H_3$。

没有三个以上互不接触回路。

所以，Mason 公式特征式为

$$\Delta(s) = 1 - \sum L_a + \sum L_b L_c - \sum L_d L_e L_f + \cdots$$
$$= 1 + (G_1 H_1 + G_2 H_2 + G_3 H_3 + H_1 H_2 H_3 G_4) + G_1 G_3 H_1 H_3$$

从输入节点到输出节点之间有两条前向通路：

对于前向通路 $X(s) \rightarrow X_1 \rightarrow X_2 \rightarrow X_3 \rightarrow X_4 \rightarrow Y(s)$，其增益为 $P_1 = G_1 G_2 G_3 G_5$，由于每一条回路都与这条前向通路相接触，因此，$\Delta_1 = 1$。

对于前向通路 $X(s) \rightarrow X_1 \rightarrow X_4 \rightarrow Y(s)$，其增益为 $P_2 = G_4 G_5$，与该前向通路不接触的回路有 $X_2 \rightarrow X_3 \rightarrow X_2$，所以，$\Delta_2 = 1 - \sum_j L_j = 1 + G_2 H_2$。

故系统函数为

$$H(s) = \frac{P_1 \Delta_1 + P_2 \Delta_2}{\Delta}$$
$$= \frac{G_1 G_2 G_3 G_5 + G_4 G_5 (1 + G_2 H_2)}{1 + (G_1 H_1 + G_2 H_2 + G_3 H_3 + H_1 H_2 H_3 G_4) + G_1 G_3 H_1 H_3}$$

【例 5-6-5】 已知信号流图如图 5-6-4 所示，求系统函数。

解：由图 5-6-4 知，系统有 4 个单独回路，分别为

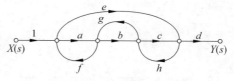

图 5-6-4　例 5-6-5 系统信号流图

$L_1 = af$，　$L_2 = bg$，　$L_3 = ch$，　$L_4 = ehgf$

其回路之和为

$$\sum L_a = L_1 + L_2 + L_3 + L_4 = af + bg + ch + ehgf$$

只有 L_1 与 L_3 回路互不接触，所以，两两互不接触回路的增益乘积为

$$L_1 L_3 = afch$$

于是，特征式为

$$\Delta(s) = 1 - af - bg - ch - ehgf + afch$$

有两条前向通路，分别为

$$P_1 = abcd，　P_2 = ed$$

第一条前向通路与所有回路都接触，第二条前向通路与回路 $L_2 = bg$ 不接触，因此

$$\Delta_1 = 1，　\Delta_2 = 1 - bg$$

故系统的总增益（即系统函数）为

$$H(s) = \frac{1}{\Delta(s)}(P_1 \Delta_1 + P_2 \Delta_2) = \frac{abcd + ed(1 - bg)}{1 - af - bg - ch - ehgf + afch}$$

5.7   系统函数的零极点分析

5.7.1   系统函数的零极点定义

系统函数可以表示为

$$H(s)=\frac{K(s-z_1)(s-z_2)\cdots(s-z_m)}{(s-p_1)(s-p_2)\cdots(s-p_n)}=K\frac{\prod\limits_{j=1}^{m}(s-z_j)}{\prod\limits_{k=1}^{n}(s-p_k)} \tag{5-7-1}$$

其中,K 为比例因子。使 $H(s)$ 为 0 的 s 值称为系统函数的零点,而使 $H(s)$ 为无穷大的 s 值称为系统函数的极点。式(5-7-1)中 $z_1,z_2,\cdots,z_m$ 是系统函数的零点,$p_1,p_2,\cdots,p_n$ 是系统函数的极点。将系统函数的零点和极点的位置表示在 s 平面上的图形称为系统的零极点图。其中,零点用○表示,极点用×表示。若具有多重零点或极点,则应在○或×旁标出其重数。图 5-7-1 画出了一个系统函数 $H(s)$ 的零极点图。假设 $n \geqslant m$,因此,有 $n-m$ 个零点在无穷远处。

【例 5-7-1】   已知系统函数为 $H(s)=\dfrac{2(s+2)}{(s+1)^2(s^2+1)}$,画出系统函数的零极点图。

解:由系统函数可知,其零极点分别为

$$z_1=-2, \quad p_1=p_2=-1, \quad p_3=\mathrm{j}, \quad p_4=-\mathrm{j}$$

其零极点图如图 5-7-2 所示。

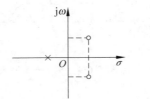

图 5-7-1   系统的零极点图

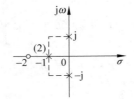

图 5-7-2   例 5-7-1 零极点图

研究系统函数零极点有以下意义:

(1)从系统函数的极点分布可以确定系统的冲激响应模式,从而可以了解系统的稳定性。

(2)从系统函数零极点可以确定系统的频率响应。

5.7.2   系统函数零极点与冲激响应波形间的关系

由系统函数零极点的定义可知,系统函数零极点在 s 平面上的位置只有 3 种可能,即在虚轴左边(称为左半平面)、虚轴右边(称为右半平面)以及 $j\omega$ 轴上。

系统函数 $H(s)$ 的拉普拉斯反变换就是冲激响应 $h(t)$,即

$$\mathcal{L}^{-1}\big[H(s)\big]=h(t)$$

当 $H(s)$ 的极点发生变化时，$h(t)$ 随之发生变化。下面分几种情况加以讨论。

(1) 若 $H(s)$ 的极点位于 s 平面的正实轴，如 $H_1(s)=\dfrac{1}{s-a}(a>0)$，则 $h_1(t)=\mathrm{e}^{at}u(t)$，冲激响应模式为指数增长函数。

(2) 若 $H(s)$ 的极点位于 s 平面的负实轴，如 $H_2(s)=\dfrac{1}{s+a}(a>0)$，则 $h_2(t)=\mathrm{e}^{-at}u(t)$，冲激响应模式为指数衰减函数。

(3) 若 $H(s)$ 的极点位于 s 平面的原点，如 $H_3(s)=\dfrac{1}{s}$，则 $h_3(t)=u(t)$，冲激响应模式为单位阶跃信号。

(4) 若 $H(s)$ 的极点为 s 右半平面的共轭极点，如 $H_4(s)=\dfrac{\omega_0}{(s-a)^2+\omega_0^2}(a>0)$，则 $h_4(t)=\mathrm{e}^{at}\sin\omega_0 t u(t)$，冲激响应模式为增幅振荡。

(5) 若 $H(s)$ 的极点为 s 左半平面的共轭极点，如 $H_5(s)=\dfrac{\omega_0}{(s+a)^2+\omega_0^2}(a>0)$，则 $h_5(t)=\mathrm{e}^{-at}\sin\omega_0 t u(t)$，冲激响应模式为减幅振荡。

(6) 若 $H(s)$ 的极点位于 s 平面的虚轴，如 $H_6(s)=\dfrac{\omega_0}{s^2+\omega_0^2}$，则 $h_6(t)=\sin\omega_0 t u(t)$，冲激响应模式为等幅振荡。

以上分析结果如图 5-7-3 所示，这里 $H(s)$ 均为单极点。若 $H(s)$ 为 n 重极点，则冲激响应模式中含有 t^{n-1} 因子。例如，$H(s)=\dfrac{1}{s^2}$，该函数在原点处有二重极点，则 $h(t)=tu(t)$ 为斜坡信号；$H(s)=\dfrac{2\omega_0 s}{(s^2+\omega_0^2)^2}$，该函数在虚轴上有二重共轭极点，则 $h(t)=t\sin\omega_0 t u(t)$ 为线性增长振荡。

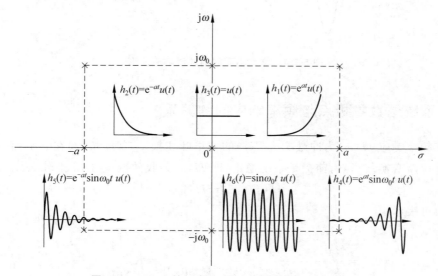

图 5-7-3 $H(s)$ 的极点分布与冲激响应模式的关系

综上所述，若 $H(s)$ 的极点位于 s 左半平面，则冲激响应模式为指数衰减或减幅振荡；若 $H(s)$ 的极点位于 s 右半平面，则冲激响应模式为指数增长或增幅振荡；若 $H(s)$ 的单极点位于虚轴（包括原点），则冲激响应模式为等幅振荡或单位阶跃信号；若位于虚轴（包括原点）的极点为 n 重极点（$n \geqslant 2$），则冲激响应模式为增长形式。

以上分析了 $H(s)$ 极点分布与冲激响应的对应关系。$H(s)$ 的零点则只影响冲激响应的幅度和相位，对冲激响应模式没有影响。下面举例加以说明。

【例 5-7-2】 已知系统函数 $H_1(s) = \dfrac{s+3}{(s+3)^2 + 3^2}$，$H_2(s) = \dfrac{s-6}{(s+3)^2 + 3^2}$，求 $h_1(t)$ 和 $h_2(t)$。

解：$H_1(s)$ 和 $H_2(s)$ 两个系统函数的极点相同，但零点不同。有

$$h_1(t) = \mathcal{L}^{-1}[H_1(s)] = e^{-3t}\cos 3t\, u(t)$$

$$h_2(t) = \mathcal{L}^{-1}[H_2(s)] = e^{-3t}\cos 3t\, u(t) - 3e^{-3t}\sin 3t\, u(t)$$

$$= e^{-3t}(\cos 3t + \sin 3t)u(t) = e^{-3t}\sqrt{2}\sin(3t + 45°)u(t)$$

因此，$h_1(t)$ 与 $h_2(t)$ 响应模式均为减幅振荡，但是响应幅度和相位不同，如图 5-7-4 所示。

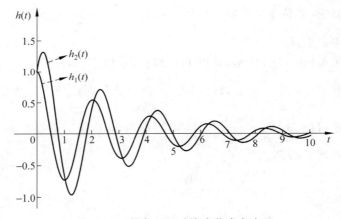

图 5-7-4   零点不同时的冲激响应波形

5.7.3   系统函数零极点与频率响应间的关系

系统频率响应 $H(\omega)$ 为冲激响应 $h(t)$ 的傅里叶变换，它等于 $h(t)$ 在 s 平面 $j\omega$ 虚轴上的拉普拉斯变换。当然，前提是系统稳定，即 $H(s)$ 的收敛域包含 $j\omega$ 虚轴，表示为

$$H(s)\big|_{s=j\omega} = H(j\omega) \tag{5-7-2}$$

系统函数可表示为

$$H(s) = \frac{K(s-z_1)(s-z_2)\cdots(s-z_m)}{(s-p_1)(s-p_2)\cdots(s-p_n)} = K\frac{\displaystyle\prod_{j=1}^{m}(s-z_j)}{\displaystyle\prod_{k=1}^{n}(s-p_k)}$$

令 $s = j\omega$，得

$$H(j\omega) = K \frac{\prod\limits_{j=1}^{m}(j\omega - z_j)}{\prod\limits_{k=1}^{n}(j\omega - p_k)} \tag{5-7-3}$$

因此，系统函数与系统的频率响应得到统一。系统的频率响应取决于系统的零极点。根据系统的零极点分布可以描绘出频率响应的特性曲线。下面介绍由向量法定性地绘制系统频率响应曲线的方法。

复数可以用向量法表示。在复平面中，复数 $a + jb$ 和 $c + jd$ 可以分别用如图 5-7-5 所示的有向线段 OA、OB 表示。根据向量的减法运算可知，BA 为向量 OA 与 OB 之差。向量 BA 的极坐标表示形式为 $Me^{j\theta}$。其中，M 为向量的模；θ 为向量的幅角，表示向量与实轴之间的逆时针夹角。

在式(5-7-3)中，因子 $j\omega - z_j$ 和 $j\omega - p_k$ 可以分别用 z_j、p_k 指向 $j\omega$ 轴的向量表示，如图 5-7-6 所示。其极坐标表示形式分别为

$$j\omega - z_j = N_j e^{j\phi_j}$$
$$j\omega - p_k = M_K e^{j\theta_K}$$

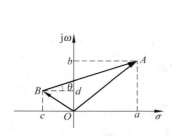

图 5-7-5 向量法

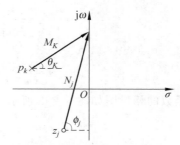

图 5-7-6 系统函数的向量表示

代入式(5-7-3)，系统的频率特性为

$$H(j\omega) = K \frac{\prod\limits_{j=1}^{m}(j\omega - z_j)}{\prod\limits_{k=1}^{n}(j\omega - p_k)} = K \frac{N_1 N_2 \cdots N_m}{M_1 M_2 \cdots M_n} e^{j[(\phi_1 + \phi_2 + \cdots + \phi_m) - (\theta_1 + \theta_2 + \cdots + \theta_n)]}$$

$$= |H(j\omega)| e^{j\varphi(\omega)} \tag{5-7-4}$$

其中，

$$|H(j\omega)| = K \frac{N_1 N_2 \cdots N_m}{M_1 M_2 \cdots M_n} \tag{5-7-5}$$

$$\varphi(\omega) = (\phi_1 + \phi_2 + \cdots + \phi_m) - (\theta_1 + \theta_2 + \cdots + \theta_n) \tag{5-7-6}$$

式(5-7-5)与式(5-7-6)表示，系统频率响应的幅频特性为系统的零点向量之积的模与系统的极点向量之积的模的比值，系统的相频特性为零点向量的幅角之和减去极点

向量的幅角之和。

很明显,当频率发生变化,或者说当 ω 点从 $-\infty$ 沿虚轴运动并逐渐趋向于 $+\infty$ 时,零点向量和极点向量的模和幅角都要相应地发生变化。根据这种变化趋势即可大致画出系统的幅频特性和相频特性曲线。根据傅里叶变换中所讲的物理可实现系统的幅频特性为偶对称、相频特性为奇对称的性质,在定性绘制频率响应特性曲线时,可大致绘出 ω 点从 0 沿虚轴运动并逐渐趋向于 $+\infty$ 的过程。

【例 5-7-3】 已知 $H(s)=\dfrac{s}{s^2+2\alpha s+\omega_0^2}$,$\alpha>0$,$\omega_0^2>\alpha^2$,粗略画出其幅频和相频特性曲线。

解:零点为 $z_1=0$;极点为 $p_{1,2}=-\alpha\pm j\sqrt{\omega_0^2-\alpha^2}=-\alpha\pm j\beta$,其中,$\beta=\sqrt{\omega_0^2-\alpha^2}>0$。根据式(5-7-2),得

$$H(j\omega)=H(s)\big|_{s=j\omega}=\frac{j\omega}{(j\omega-p_1)(j\omega-p_2)}$$

其零极点图如图 5-7-7 所示。

令 $j\omega=N_1 e^{j\phi_1}$,$j\omega-p_1=M_1 e^{j\theta_1}$,$j\omega-p_2=M_2 e^{j\theta_2}$,根据式(5-7-4),$H(j\omega)$ 可表示为

$$H(j\omega)=\frac{N_1}{M_1 M_2}e^{j(\phi_1-\theta_1-\theta_2)}=|H(j\omega)|e^{j\varphi(\omega)}$$

相频为

$$|H(j\omega)|=\frac{N_1}{M_1 M_2}$$

幅频为

$$\varphi(\omega)=\phi_1-(\theta_1+\theta_2)$$

系统函数的相量图如图 5-7-8 所示。

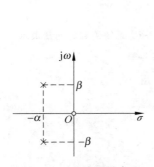

图 5-7-7 系统零极点图

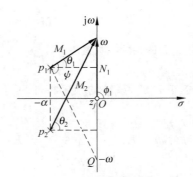

图 5-7-8 系统函数的相量图

为画出频率响应特性曲线,需要研究零极点对应向量之间满足的关系。取虚轴上任意一点 ω,设 $\omega>0$,则 $N_1=\omega$,$\phi_1=\dfrac{\pi}{2}$。在虚轴上 $-\omega$ 处取一点 Q,根据几何知识,有

$$p_1Q=p_2\omega=M_2$$

三角形 $p_1 Q \omega$ 的面积为

$$s_{p_1 Q \omega} = \frac{1}{2} \times 2 \omega \alpha$$

即

$$s_{p_1 Q \omega} = \frac{1}{2} p_1 \omega (p_1 Q \sin \psi) = \frac{1}{2} M_1 M_2 \sin \psi$$

比较上两式,得

$$M_1 M_2 \sin \psi = 2 \omega \alpha$$

即

$$M_1 M_2 = \frac{2 \omega \alpha}{\sin \psi}$$

同理,根据几何关系,得 $\psi = \theta_1 + \theta_2$。因此,该系统函数的幅频特性和相频特性分别表示为

$$|H(j\omega)| = \frac{N_1}{M_1 M_2} = \frac{\sin \psi}{2 \alpha}$$

$$\varphi(\omega) = \frac{\pi}{2} - \psi$$

根据以上两式,可画出系统的频率响应特性曲线。

当 $\omega = 0$ 时,由图 5-7-9 可知,$\theta_1 = -\theta_2$,故

$$\psi = \theta_1 + \theta_2 = 0$$

因此

$$|H(j\omega)| = \frac{N_1}{M_1 M_2} = \frac{\sin \psi}{2 \alpha} = 0$$

$$\varphi(\omega) = \frac{\pi}{2} - \psi = \frac{\pi}{2}$$

当 ω 点从 0 开始沿虚轴运动并逐渐趋于 ω_0 时,相量图如图 5-7-10 所示。N_1 逐渐增大,M_1 逐渐减小,M_2 逐渐增大,此时,角 ψ 也逐渐增大。因此,$|H(j\omega)|$ 增大,$\varphi(\omega)$ 减小。

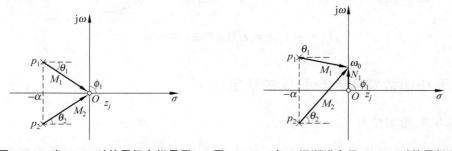

图 5-7-9　当 $\omega = 0$ 时的零极点相量图　　图 5-7-10　当 ω 逐渐增大且 $\omega < \omega_0$ 时的零极点相量图

当 $\omega = \omega_0$ 时,相量图如图 5-7-11 所示。此时,$\psi = \frac{\pi}{2}$,因此,$|H(j\omega)| = \frac{1}{2\alpha}$,$\varphi(\omega) = 0$。

当 ω 点从 ω_0 点沿虚轴向上运动时,相量图如图 5-7-12 所示。此时,$\psi > \frac{\pi}{2}$,因此,

$|H(j\omega)|$减小,$\varphi(\omega)$为负相位,继续减小。

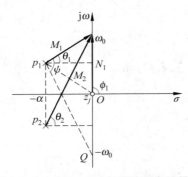

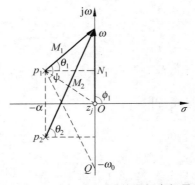

图 5-7-11   当 $\omega = \omega_0$ 时的零极点相量图   图 5-7-12   当 $\omega > \omega_0$ 时的零极点相量图

当 $\omega \to +\infty$ 时,$\psi = \theta_1 + \theta_2 \to 0$,有

$$|H(j\omega)| = \frac{N_1}{M_1 M_2} = \frac{\sin\psi}{2\alpha} = 0$$

$$\varphi(\omega) = \frac{\pi}{2} - \psi = -\frac{\pi}{2}$$

系统的频率响应特性曲线如图 5-7-13 所示,可知系统呈现带通特性。

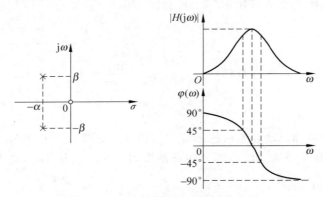

图 5-7-13   系统的频率响应特性曲线

5.7.4   系统函数零极点与系统的稳定性

1. 系统的稳定性定义

系统的稳定性是指如果系统的任一输入有界,由该输入引起的系统响应也是有界的,那么该系统是一个稳定系统。对于 LTI 因果系统而言,从时域判断其是否为稳定系统,只要判断该系统的冲激响应 $h(t)$ 是否绝对可积,即可判定系统的稳定性。

对于 LTI 因果系统,如果

$$\int_{-\infty}^{+\infty} |h(\tau)| d\tau < \infty \tag{5-7-7}$$

则该系统为稳定系统。

判断系统的稳定性时,利用积分式判断比较麻烦,从系统函数角度考虑较为方便,即根据系统函数的零极点分布判断系统的稳定性。

由 5.7.2 节讨论可知,当系统函数 $H(s)$ 为真分式,即分子多项式的阶数小于分母多项式的阶数时,可以分以下几种情况判断系统稳定性:

(1) 若 $H(s)$ 的极点位于 s 左半平面,则冲激响应模式为指数衰减或减幅振荡。此时,式(5-7-7)肯定成立,因此系统稳定。

(2) 若 $H(s)$ 的极点位于 s 右半平面,则冲激响应模式为指数增长或增幅振荡。此时式(5-7-7)肯定不成立,因此系统不稳定。

(3) 若 $H(s)$ 的单极点位于虚轴(包括原点),则冲激响应模式为等幅振荡或单位阶跃信号。此时,系统处于稳定与不稳定之间,称临界稳定。通常将其归为不稳定。

(4) 若 $H(s)$ 位于虚轴(包括原点)的极点为 n 重极点$(n \geqslant 2)$,则冲激响应模式为增长形式。此时,式(5-7-7)肯定不成立,因此系统不稳定。

当系统函数 $H(s)$ 为假分式,即分子多项式的阶数大于分母多项式的阶数时,系统函数中将出现 s、s^2 等项,与系统函数相对应的冲激响应将出现 $\delta'(t)$、$\delta''(t)$ 等冲激信号的微分项,这些冲激信号微分项的幅度值是无界的。因此,冲激响应不满足绝对可积条件,即当系统函数为假分式时,该系统不稳定。

综上所述,从 s 域判断 LTI 因果系统的稳定条件如下:

(1) 系统函数 $H(s)$ 的分子多项式的阶数小于分母多项式的阶数。

(2) 系统函数 $H(s)$ 的所有极点全部位于 s 域的左半平面。

【**例 5-7-4**】 已知系统函数为

$$H(s) = \frac{s}{(s+1)(s+2)}$$

确定系统的稳定性。

解:该系统的极点 $s_1 = -1$ 与 $s_2 = -2$ 均在虚轴之左,说明系统稳定。

2. 霍尔维茨判断法

设 n 阶连续 LTI 系统的系统函数为

$$H(s) = \frac{B(s)}{A(s)} = \frac{b_m s^m + b_{m-1} s^{m-1} + \cdots + b_1 s + b_0}{a_n s^n + a_{n-1} s^{n-1} + \cdots + a_1 s + a_0}$$

其中,$m \leqslant n$,$a_i(i=0,1,2,\cdots,n)$ 与 $b_j(j=0,1,2,\cdots,m)$ 均为实常数。

稳定系统的极点应位于 s 平面的左半平面。因此,$A(s)=0$ 根的实部应为负值,对应以下两种情况:

(1) 实数根,其因式为 $s+a$,且 $a>0$。

(2) 共轭复根,其因式为 $(s+\alpha+j\beta)(s+\alpha-j\beta) = s^2 + 2\alpha s + \alpha^2 + \beta^2$。

要保证 α、$\alpha^2 + \beta^2$ 为实数,复数根只能共轭成对出现;又因为复数根的实部应该为负值,所以,α、$\alpha^2 + \beta^2$ 必须为正值。

综上所述,将 $A(s)$ 分解后,只有 $s+a$、$s^2 + 2\alpha s + \alpha^2 + \beta^2$ 两种情况,且 a、α、$\alpha^2 + \beta^2$ 均

为正值。这两类因式相乘后,得到的多项式系数必然为正值,并且系数为 0 的可能性也受到了限制。将这种 $A(s)$ 称为霍尔维茨(Hurwitz)多项式。$A(s)$ 为霍尔维茨多项式的必要条件是:$A(s)$ 的各项系数 a_i 都不等于 0,并且 a_i 全为正实数或全为负实数。若 a_i 全为负实数,可把负号归于 $H(s)$ 的分子 $B(s)$,因而该条件仍可表示为 $a_i > 0$。

显然,若 $A(s)$ 为霍尔维茨多项式,则系统是稳定的。但这只是系统稳定的必要条件而非充分条件。如果给定 $H(s)$ 表示式,由此可对系统稳定性做出初步判断。

【例 5-7-5】 已知系统函数 $H(s)$ 如下,判断该系统是否稳定。

(1) $H_1(s) = \dfrac{s^2 + 2s + 1}{s^3 - 4s^2 + 3s + 2}$。

(2) $H_2(s) = \dfrac{s^3 + s^2 + s + 1}{2s^3 + 9}$。

(3) $H_3(s) = \dfrac{s^2 + 4s + 1}{3s^3 + s^2 + 2s + 8}$。

解: (1) $A(s) = s^3 - 4s^2 + 3s + 2$,很明显分母有负系数,所以该系统不稳定。

(2) $A(s) = 2s^3 + 9$,很明显 $A(s)$ 中缺项,所以该系统不稳定。

(3) $A(s) = 3s^3 + s^2 + 2s + 8$,满足稳定系统的必要条件,但是否稳定还需进一步分解检验。对 $A(s)$ 进行分解,得

$$A(s) = 3s^3 + s^2 + 2s + 8 = (s^2 - s + 2)(3s + 4)$$

$$= \left(s - \frac{1}{2} + \frac{\sqrt{7}}{2}j\right)\left(s - \frac{1}{2} - \frac{\sqrt{7}}{2}j\right)(3s + 4)$$

可见,$A(s)$ 有一对正实部的共轭复根,所以该系统不稳定。

3. 罗斯判断法

罗斯(Routh)稳定判据是直接根据特征方程的系数判别系统稳定性的一种间接方法,而不用直接求根。它是罗斯于 1877 年首先提出的。罗斯稳定判据主要包括两部分:一部分是罗斯阵列;另一部分是罗斯准则。罗斯准则是判断系统稳定性的充分条件。

设 n 阶连续 LTI 系统的系统函数为

$$H(s) = \frac{B(s)}{A(s)} = \frac{b_m s^m + b_{m-1} s^{m-1} + \cdots + b_1 s + b_0}{a_n s^n + b_{n-1} s^{n-1} + \cdots + a_1 s + a_0}$$

其中,$m \leqslant n$,$a_i(i = 0, 1, 2, \cdots, n)$ 与 $b_j(j = 0, 1, 2, \cdots, m)$ 均为实常数。$H(s)$ 的分母多项式为 $A(s) = a_n s^n + a_{n-1} s^{n-1} + \cdots + a_1 s + a_0$,将各项系数排成罗斯阵列,即

s^n	a_n	a_{n-2}	a_{n-4}	$\cdots$
s^{n-1}	a_{n-1}	a_{n-3}	a_{n-5}	$\cdots$
s^{n-2}	x_{n-1}	x_{n-3}	x_{n-5}	$\cdots$
s^{n-3}	y_{n-1}	y_{n-3}	y_{n-5}	$\cdots$
s^{n-4}	z_{n-1}	z_{n-3}	z_{n-5}	$\cdots$
$\vdots$	$\vdots$	$\vdots$	$\vdots$	$\ddots$
s^0	γ_{n-1}	0	0	$\cdots$

其中,罗斯阵列前两行由 $A(s)$ 多项式的系数构成。第一行由最高次项系数 a_n 及逐次递减二阶的系数得到;其余排在第二行;第三行以后的系数为

$$x_{n-1}=-\frac{1}{a_{n-1}}\begin{vmatrix}a_n & a_{n-2}\\a_{n-1} & a_{n-3}\end{vmatrix}, \quad x_{n-3}=-\frac{1}{a_{n-1}}\begin{vmatrix}a_n & a_{n-4}\\a_{n-1} & a_{n-5}\end{vmatrix},\cdots$$

$$y_{n-1}=-\frac{1}{x_{n-1}}\begin{vmatrix}a_{n-1} & a_{n-3}\\x_{n-1} & x_{n-3}\end{vmatrix}, \quad y_{n-3}=-\frac{1}{x_{n-1}}\begin{vmatrix}a_{n-1} & a_{n-5}\\x_{n-1} & x_{n-5}\end{vmatrix},\cdots$$

$$z_{n-1}=-\frac{1}{y_{n-1}}\begin{vmatrix}x_{n-1} & x_{n-3}\\y_{n-1} & y_{n-3}\end{vmatrix}, \quad z_{n-3}=-\frac{1}{y_{n-1}}\begin{vmatrix}x_{n-1} & x_{n-5}\\y_{n-1} & y_{n-5}\end{vmatrix},\cdots$$

$$e_{n-1}=-\frac{1}{z_{n-1}}\begin{vmatrix}y_{n-1} & y_{n-3}\\z_{n-1} & d_{n-3}\end{vmatrix}, \quad e_{n-3}=-\frac{1}{z_{n-1}}\begin{vmatrix}y_{n-1} & y_{n-5}\\z_{n-1} & z_{n-5}\end{vmatrix},\cdots$$

$$\vdots$$

依此类推,直至最后一行只剩下一项不为 0。如果是 n 阶系统,罗斯阵列就有 $n+1$ 行。

罗斯准则如下:

(1) 罗斯阵列中首列元素同号时,其根全位于 s 左半平面,则系统为稳定的。

(2) 罗斯阵列中首列元素有变号时,则含有 s 右半平面根,根的个数为变号次数,则系统为不稳定的。即,如果第一列 $a_n,a_{n-1},x_{n-1},y_{n-1},z_{n-1},\cdots,\gamma_{n-1}$ 各系数值的符号不相同,则符号改变的次数就是方程具有正实部根的数目,且系统不稳定。

综上所述,根据 $H(s)$ 判断线性连续系统的方法是:首先根据霍尔维茨多项式的必要条件检查 $A(s)$ 的系数 $a_i(i=0,1,2,\cdots,n)$。若 a_i 中有缺项或至少一项为 0 或 a_i 的符号不完全相同,则 $A(s)$ 不是霍尔维茨多项式,故系统不稳定;若 $A(s)$ 的系数 a_i 无缺项并且符号相同,则 $A(s)$ 满足霍尔维茨多项式的必要条件。然后再利用罗斯准则判断系统是否稳定。

【例 5-7-6】 已知某因果系统的系统函数为 $H(s)=\dfrac{1}{s^3+3s^2+3s+1+k}$,为使系统稳定,$k$ 应该满足什么条件?

解: 要使系统稳定,$A(s)=s^3+3s^2+3s+1+k$ 的系数必须全部大于 0,则有

$$k+1>0$$

即 $k>-1$。

罗斯阵列为

s^3	1	3
s^2	3	$1+k$
s^1	$-\dfrac{1}{3}\begin{vmatrix}1 & 3\\3 & 1+k\end{vmatrix}=\dfrac{8-k}{3}$	
s^0	$1+k$	

要使系统稳定,有

$$\begin{cases} \dfrac{8-k}{3} > 0 \\ 1+k > 0 \end{cases}$$

故

$$8 > k > -1$$

【例 5-7-7】 对于三阶系统 $A(s)=a_3s^3+a_2s^2+a_1s+a_0$,为使系统稳定,$a_3$、$a_2$、$a_1$、$a_0$ 应该满足什么条件?

解:若 $a_3>0$,不难得出,$A(s)$ 为霍尔维茨多项式的条件为 $a_2>0$、$a_1>0$、$a_0>0$。
罗斯阵列为

$$
\begin{array}{llll}
s^3 & \qquad a_3 & \qquad a_1 \\
s^2 & \qquad a_2 & \qquad a_0 \\
s^1 & -\dfrac{1}{a_2}\begin{vmatrix} a_3 & a_1 \\ a_2 & a_0 \end{vmatrix} = \dfrac{a_1a_2-a_3a_0}{a_2} \\
s^0 & \qquad a_0
\end{array}
$$

若 $a_3>0$,要使系统稳定,根据罗斯准则,应该有 $a_2>0$,$a_0>0$,$\dfrac{a_1a_2-a_3a_0}{a_2}>0$,即
$a_3>0$,$a_2>0$,$a_0>0$,$a_1a_2>a_3a_0$。

综合以上结果,三阶系统稳定的条件为 $a_3>0$,$a_2>0$,$a_1>0$,$a_0>0$,$a_1a_2>a_3a_0$。

推论:(1)如果三阶系统最高阶系数 $a_3=1$,则该三阶系统稳定的充分必要条件为
$a_2>0$,$a_1>0$,$a_0>0$ 且 $a_1a_2>a_0$。

(2)若系统为一阶、二阶系统,系数 $a_i>0$ 就是系统稳定的充分必要条件。其中,$i=0,1,2$。

【例 5-7-8】 图 5-7-14 为放大器电路构成的系统,K 为放大倍数。

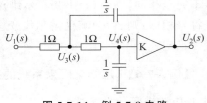

图 5-7-14 例 5-7-8 电路

(1)求系统函数 $H(s)=\dfrac{U_2(s)}{U_1(s)}$。

(2)要使该电路为稳定系统,求 K 的取值范围。

(3)求在临界稳定条件下系统的单位冲激响应 $h(t)$。

解:(1)由 s 域电路模型得到以下方程组:

$$
\begin{cases}
\dfrac{U_1(s)-U_3(s)}{1} = \dfrac{U_3(s)-0}{1+\dfrac{1}{s}} + \dfrac{U_3(s)-U_2(s)}{\dfrac{1}{s}} \\[4mm]
\dfrac{U_3(s)-0}{1+\dfrac{1}{s}} \times \dfrac{1}{s} = U_4(s) \\[4mm]
U_2(s) = KU_4(s)
\end{cases}
$$

解方程,得

$$H(s)=\dfrac{U_2(s)}{U_1(s)}=\dfrac{K}{s^2+3s-Ks+1}$$

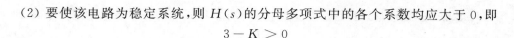

（2）要使该电路为稳定系统,则 $H(s)$ 的分母多项式中的各个系数均应大于 0,即

$$3 - K > 0$$

得

$$3 > K$$

（3）要使系统临界稳定,则 $H(s)$ 分母多项式中的系数 $3 - K$ 应该等于 0,因此 $K = 3$。

代入系统函数,得 $H(s) = \dfrac{3}{s^2 + 1}$。对 $H(s)$ 的表达式求反拉普拉斯变换,得

$$h(t) = \mathcal{L}\big[H(s)\big] = 3\sin t\, u(t)$$

【例 5-7-9】 图 5-7-15 所示电路为低通有

源滤波器,其中 $R = 1\Omega, C = 1\mathrm{F}, 1 + \dfrac{R_f}{R_1} = K$。

（1）求系统函数 $H(s) = \dfrac{U_2(s)}{U_1(s)}$。

（2）要使该电路为稳定系统,求 K 的取值

范围。

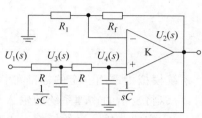

图 5-7-15　例 5-7-9 电路

（3）求在临界稳定条件下系统的单位冲激响应 $h(t)$。

解：（1）根据集成运算放大器的虚短特性知反相端和同相端电位相等,即 $U_+ = U_- = U_4$。

对反相端列方程：

$$\frac{0 - U_4(s)}{R_1} = \frac{U_4(s) - U_2(s)}{R_f}$$

计算可得

$$U_2(s) = U_4(s)\left(1 + \frac{R_1}{R_f}\right) = K U_4(s)$$

对同相端列方程：

$$\frac{U_1(s) - U_3(s)}{R} = \frac{U_3(s) - U_2(s)}{\dfrac{1}{sC}} + \frac{U_3(s) - U_4(s)}{R}$$

同时又有

$$\frac{U_3(s) - 0}{R + \dfrac{1}{sC}} \times \frac{1}{sC} = U_4(s)$$

将上述方程化简可得

$$\begin{cases} U_3(s) = U_4(s) \times (RCs + 1) \\ U_2(s) = K U_4(s) \\ U_1(s) = \dfrac{1}{K}\big[R^2 C^2 s^2 + (3 - K)RCs + 1\big]U_2(s) \end{cases}$$

代入 $R = 1\Omega, C = 1\mathrm{F}$ 得

$$H(s) = \frac{U_2(s)}{U_1(s)} = \frac{K}{s^2 + 3s - Ks + 1}$$

（2）要使该电路为稳定系统，则 $H(s)$ 的分母多项式中的各个系数均应大于 0，即

$$3 - K > 0$$

得

$$3 > K$$

（3）要使系统临界稳定，则 $H(s)$ 分母多项式中的系数 $3-K$ 应该等于 0，因此 $K = 3$。代入系统函数，得 $H(s) = \dfrac{3}{s^2+1}$。对 $H(s)$ 的表达式求反拉普拉斯变换，得

$$h(t) = \mathcal{L}[H(s)] = 3\sin t u(t)$$

5.8 系 统 模 拟

系统模拟指采用一定的标准部件，如积分器、加法器、标量乘法器等模拟实际系统；同时，可以将复杂的物理系统的输入输出特性借助数学方法描述，采用易于实现的模拟装置，进行实验分析。系统模拟可以采用微分方程模拟也可以采用系统函数模拟。系统模拟既可以用信号流图表示，也可以用系统模拟框图表示。

设某连续 LTI 系统的微分方程为

$$\frac{\mathrm{d}^2 y(t)}{\mathrm{d}t^2} + a_1 \frac{\mathrm{d}y(t)}{\mathrm{d}t} + a_0 y(t) = b_2 \frac{\mathrm{d}^2 x(t)}{\mathrm{d}t^2} + b_1 \frac{\mathrm{d}x(t)}{\mathrm{d}t} + b_0 x(t)$$

系统函数为

$$H(s) = \frac{Y(s)}{X(s)} = \frac{b_2 s^2 + b_1 s + b_0}{s^2 + a_1 s + a_0}$$

系统函数可改写为

$$H(s) = \frac{Y(s)}{X(s)} = \frac{1}{s^2 + a_1 s + a_0}(b_2 s^2 + b_1 s + b_0) = H_1(s)H_2(s)$$

其中，$H_1(s) = \dfrac{1}{s^2 + a_1 s + a_0}$，$H_2(s) = b_2 s^2 + b_1 s + b_0$。系统模拟框图如图 5-8-1 所示。

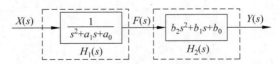

图 5-8-1　系统模拟框图

根据系统模拟框图，有

$$F(s) = X(s)H_1(s) = \frac{1}{s^2 + a_1 s + a_0}X(s)$$

$$Y(s) = F(s)H_2(s) = F(s) \times (b_2 s^2 + b_1 s + b_0)$$

子系统的微分方程为

$$f''(t) + a_1 f'(t) + a_0 f(t) = x(t) \tag{5-8-1}$$

$$b_2 f''(t) + b_1 f'(t) + b_0 f(t) = y(t) \tag{5-8-2}$$

式(5-8-1)和式(5-8-2)既可以用微分器模拟,也可以用积分器模拟。实际系统中微分器较难实现,且微分器极易受噪声干扰,误差较大。因此,一般采用积分器模拟。

假设 $f''(t)$ 已知,则对 $f''(t)$ 积分可得 $f'(t)$,对 $f'(t)$ 积分可得 $f(t)$,需采用两个积分器,模拟框图如图 5-8-2 所示。

根据式(5-8-1)知

$$f''(t) = x(t) - a_1 f'(t) - a_0 f(t) \tag{5-8-3}$$

即 $f''(t)$ 信号可以通过一个加法器得到,该加法器的输入分别是系统的输入信号 $x(t)$、$-a_1 f'(t)$ 和 $-a_0 f(t)$。其中,系数可以通过标量乘法器表示。式(5-8-3)的模拟框图如图 5-8-3 所示。

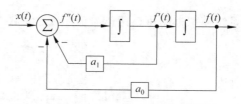

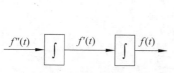

图 5-8-2 积分器级联模拟框图

图 5-8-3 式(5-8-3)的模拟框图

同样,对式(5-8-2),将信号 $f''(t)$、$f'(t)$、$f(t)$ 分别乘以系数再输入加法器,即得系统的输出 $y(t)$,其模拟框图如图 5-8-4 所示。

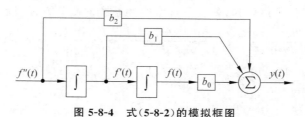

图 5-8-4 式(5-8-2)的模拟框图

将图 5-8-3 与图 5-8-4 合并即得系统的时域模拟框图,如图 5-8-5 所示。

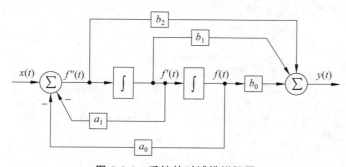

图 5-8-5 系统的时域模拟框图

根据拉普拉斯变换的性质可知,积分器的系统函数为 $\dfrac{1}{s}$。因此,根据图 5-8-5 可得系统的 s 域模拟框图,如图 5-8-6 所示。

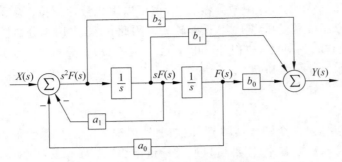

图 5-8-6　系统的 s 域模拟框图

系统模拟框图可以用信号流图表示。图 5-8-6 用信号流图表示如图 5-8-7 所示。

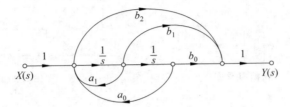

图 5-8-7　系统信号流图

根据上面的分析，推广可知，若 n 阶连续时间系统的微分方程表示为

$$a_n \frac{d^n y(t)}{dt^n} + a_{n-1} \frac{d^{n-1} y(t)}{dt^{n-1}} + \cdots + a_1 \frac{dy(t)}{dt} + a_0 y(t)$$

$$= b_m \frac{d^m x(t)}{dt^m} + b_{m-1} \frac{d^{m-1} x(t)}{dt^{m-1}} + \cdots + b_1 \frac{dx(t)}{dt} + b_0 x(t)$$

则相应的系统函数为

$$H(s) = \frac{Y_{zs}(s)}{X(s)} = \frac{b_m s^m + b_{m-1} s^{m-1} + \cdots + b_1 s + b_0}{a_n s^n + a_{n-1} s^{n-1} + \cdots + a_1 s + a_0} \tag{5-8-4}$$

该系统的模拟框图如图 5-8-8 所示。

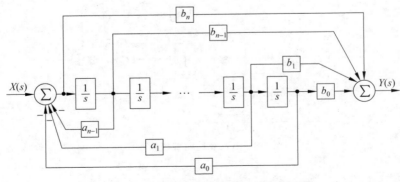

图 5-8-8　n 阶连续时间系统的模拟框图

习　　题

5-1 求下列信号的拉普拉斯变换。

(1) $3e^{-4t}$。
(2) $5\sin 2t - 3\cos 2t$。
(3) $t^5 e^{-2t}$。

(4) $e^{-4t}\cos 5t$。
(5) $(1-\cos at)e^{-bt}$。
(6) $(1+3t+5t^2)e^{-2t}$。

(7) $t^2 + 6t - 3$。
(8) $2\delta(t) - 3e^{-7t}$。
(9) $\sin^3 t$。

(10) $e^{-\alpha t} - e^{-\beta t}$。
(11) $e^{-2t}\cos^2 5t$。
(12) $e^{-\lambda t}\cos(\omega t + \varphi)$。

5-2 求下列信号的拉普拉斯变换。

(1) $\dfrac{1-e^{3t}}{t}$。
(2) $\dfrac{e^{-2t} - e^{-4t}}{t}$。
(3) $\dfrac{\sin at}{t}$。

5-3 求下列信号的拉普拉斯变换。

(1) $2\delta(t-1) - 3e^{-at}u(t)$。
(2) $te^{-(t-2)}u(t-1)$。

(3) $\delta(at+b)$。
(4) $\dfrac{\mathrm{d}}{\mathrm{d}t}[u(t) - u(t-4)]$。

(5) $\dfrac{\mathrm{d}}{\mathrm{d}t}[e^{-t}u(t)]$。
(6) $te^{\lambda t}\cos\omega_0 t\, u(t)$。

(7) $\displaystyle\int_{-\infty}^{t}[u(\tau+2) - u(\tau-2)]\mathrm{d}\tau$。
(8) $\displaystyle\int_{-\infty}^{t}e^{-\lambda(t-\tau)}\sin\omega_0\tau\,\mathrm{d}\tau$。

5-4 已知信号 $f(t)$ 的拉普拉斯变换为 $F(s)$，求下列信号的拉普拉斯变换。

(1) $e^{-\frac{t}{a}}f\left(\dfrac{t}{a}\right)$。
(2) $e^{-at}f\left(\dfrac{t}{a}\right)$。

(3) $tf(3t-8)$。
(4) $te^{-at}f(\alpha t - \beta)$。

(5) $f(at-\beta) * e^{-at}f\left(\dfrac{t}{\alpha}\right)$。
(6) $\displaystyle\int_{0}^{t}f(\alpha\tau - \beta)\mathrm{d}\tau$。

5-5 求图 5-9-1 所示信号的拉普拉斯变换。

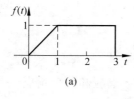
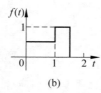
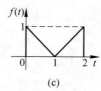

(a)　　　　　　　　(b)　　　　　　　　(c)

图 5-9-1　题 5-5 用图

5-6 求下列 $F(s)$ 的初值和终值。

(1) $\dfrac{s+6}{(s+2)(s+5)}$。
(2) $\dfrac{s+3}{(s+1)^2(s+2)}$。

(3) $\dfrac{s^2(1-e^{-2s})}{s+1}$。
(4) $\dfrac{s^2+2s+1}{s^3-s^2-s+1}$。

(5) $\dfrac{s^2+2s+1}{s^3+6s^2+6s+6}$。
(6) $\dfrac{2s^2+1}{s(s+2)}$。

5-7 已知信号 $F(s)$ 的反拉普拉斯变换为 $f(t)$,求下列各式的原函数。

(1) $F(2s)$。

(2) $F(s)\mathrm{e}^{-s}$。

(3) $F(\frac{s}{2})\mathrm{e}^{-s}$。

(4) $F'(s)$。

(5) $\dfrac{F(s)}{s}$。

(6) $sF'(s)$。

(7) $F(s)=\dfrac{1}{s^2+5s^2+4}$。

(8) $F(s)=\dfrac{s+1}{9s^2+6s+5}$。

5-8 求下列信号的原函数。

(1) $\dfrac{s}{(s^2+1)^2}$。

(2) $\dfrac{s}{(s^2-1)^2}$。

(3) $\dfrac{\mathrm{e}^{-2s}}{4s(s^2+1)}$。

(4) $\dfrac{(s^2+s+1)\mathrm{e}^{-2s}}{s^2+4}$。

(5) $\ln\dfrac{s}{s+9}$。

(6) $\dfrac{1}{s(1+\mathrm{e}^{-2s})}$。

(7) $\dfrac{1}{s(1-\mathrm{e}^{-s})}$。

(8) $\dfrac{1}{2s+3}$。

(9) $\dfrac{3s+1}{s^2+4s+3}$。

(10) $\dfrac{1}{s(s^2+4s+8)}$。

(11) $F(s)=\dfrac{1}{(s+1)^4}$。

(12) $F(s)=\dfrac{s+1}{(s^2+2s+2)^2}$。

(13) $F(s)=\dfrac{s^2+4s+4}{(s^2+4s+13)^2}$。

(14) $F(s)=\dfrac{2s+3}{s^2-2s+5}$。

(15) $F(s)=\dfrac{s+9}{s^2+5s+6}$。

(16) $F(s)=\dfrac{s+3}{s^3+4s^2+4s}$。

(17) $F(s)=\dfrac{s^2}{(s+2)(s^2+2s+2)}$。

(18) $F(s)=\dfrac{150}{(s^2+2s+5)(s^2-4s+8)}$。

(19) $F(s)=\dfrac{(2s+1)^2}{s^5}$。

(20) $F(s)=\dfrac{4s-2}{(s^2+1)^2}$。

(21) $F(s)=\dfrac{2s^2+s+5}{s^3+6s^2+11s+6}$。

(22) $F(s)=\dfrac{s+2}{(s^2+4s+5)^2}$。

5-9 由 s 域求下列系统的系统函数、零状态响应、零输入响应和完全响应。

(1) $y''(t)+2y'(t)-3y(t)=\mathrm{e}^{-t}, y(0_-)=0, y'(0_-)=1$。

(2) $y''(t)+4y'(t)+3y(t)=\mathrm{e}^{-t}, y(0_-)=y'(0_-)=1$。

(3) $y''(t)+y(t)=4\sin t+5\cos 2t, y(0_-)=-1, y'(0_-)=-2$。

(4) $y''(t)-2y'(t)+2y(t)=2\mathrm{e}^t\cos t, y(0_-)=y'(0_-)=0$。

(5) $y''(t)+3y'(t)+2y(t)=a(t-1), y(0_-)=0, y'(0_-)=1$。

(6) $y'(t)+5y(t)=10\mathrm{e}^{-3t}, y(0_-)=0$。

(7) $y''(t)+a^2y(t)=0, y(0_-)=0, y'(0_-)=a$。

(8) $y'''(t)+3y''(t)+2y'(t)=4u(t)+\delta(t), y(0_-)=1, y'(0_-)=0, y''(0_-)=1$。

（9）$y''(t)+7y'(t)+6y(t)=u(t-2)$, $y(0_-)=7$, $y'(0_-)=-3$。

（10）$y''(t)+2y'(t)+5y(t)=0$, $y(0_-)=1$, $y'(0_-)=5$。

5-10　图 5-9-2 所示的电路中 $x(t)$ 为激励，$i(t)$ 为响应。求对应的冲激响应 $h(t)$ 和阶跃响应 $g(t)$。

5-11　在如图 5-9-3 所示的 RLC 系统中，$u_{s1}(t)=2V$, $u_{s2}(t)=4V$, $C=1F$, $L=1H$, $R_1=R_2=1\Omega$。$t<0$ 时电路已达稳态，$t=0$ 时开关 S 由位置 1 接到位置 2。求 $t\geqslant 0$ 时的完全响应 $i_L(t)$、零输入响应 $i_{Lzi}(t)$ 和零状态响应 $i_{Lzs}(t)$。

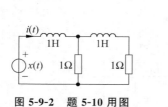

图 5-9-2　题 5-10 用图

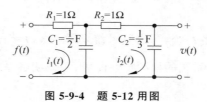

图 5-9-3　题 5-11 用图

5-12　已知电路如图 5-9-4 所示，求输入 $f(t)=\sin 2t\,u(t)$ 时的输出 $v(t)$。

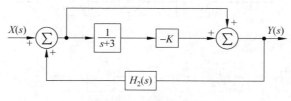

图 5-9-4　题 5-12 用图

5-13　已知系统在 $e^{-t}u(t)$ 作用下的完全响应为 $(t+1)e^{-t}u(t)$，在 $e^{-2t}u(t)$ 作用下的完全响应为 $(2e^{-t}-e^{-2t})u(t)$，求阶跃电压作用下的完全响应。

5-14　已知某系统的单位阶跃响应 $g(t)=(1-e^{-t}-te^{-t})u(t)$，在输入信号 $f(t)$ 的激励下，系统的零状态响应 $y(t)=(2-3e^{-t}+e^{-3t})u(t)$，试确定系统的输入信号 $f(t)$。

5-15　系统结构如图 5-9-5 所示，其中 $K>0$。若系统输出和输入关系为 $y(t)=2x(t)$，求 $H_2(s)$。要使 $H_2(s)$ 是一个稳定的子系统，K 的取值范围是什么？

图 5-9-5　题 5-15 用图

5-16　求图 5-9-6 所示的信号流图描述系统的系统函数 $H(s)=\dfrac{Y(s)}{X(s)}$。

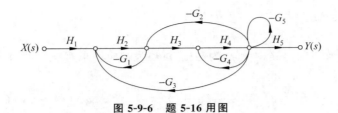

图 5-9-6   题 5-16 用图

5-17   已知图 5-9-7 所示的系统,用 Mason 公式求系统函数 $H(s) = \dfrac{Y(s)}{X(s)}$,并分析 K 值对系统稳定性的影响。

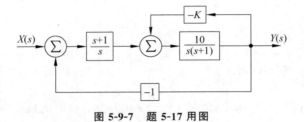

图 5-9-7   题 5-17 用图

5-18   对图 5-9-8 所示的各系统,写出其系统函数 $H(s) = \dfrac{Y(s)}{X(s)}$,并画出系统函数的零极点分布,粗略画出系统的幅频特性曲线,并说明各系统分别属于哪一种滤波器,其中,$\tau_2 > \tau_1 > 0$。

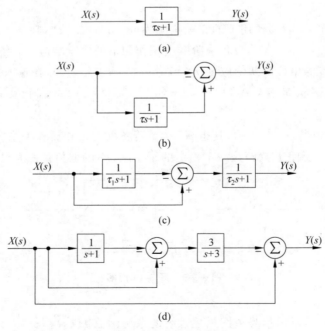

图 5-9-8   题 5-18 用图

第6章

离散时间信号与系统的 z 域分析

6.1 引 言

前面几章介绍的拉普拉斯变换、傅里叶变换等分析方法适用于连续时间信号与电阻、电感、电容等模拟器件构成的连续时间系统分析,但在实际工程应用中经常采用离散时间系统处理离散时间信号。离散时间系统在语音处理、图像处理、通信、高清晰电视、雷达、生物医学等诸多领域有广泛的应用。类似于连续时间信号与系统的分析,离散时间信号与系统也可以在变换域进行分析。本章主要介绍离散时间信号与系统 z 域分析的基本理论,包括 z 变换、z 反变换、z 变换的基本性质和定理,以及离散时间信号傅里叶变换及其性质,然后介绍离散时间系统的 z 域分析。

6.2 z 变 换

6.2.1 z 变换的定义和收敛域

1. z 变换的定义

序列 $x(n)$ 的 z 变换定义为

$$X(z) = \mathcal{Z}[x(n)] = \sum_{n=-\infty}^{\infty} x(n) z^{-n} \tag{6-2-1}$$

其中,$\mathcal{Z}[\cdot]$ 表示 z 变换算子,z 是复变量,即 $z = \alpha + j\beta = r e^{j\omega}$。

式(6-2-1)定义的是双边 z 变换。单边 z 变换定义为

$$X(z) = \mathcal{Z}[x(n)u(n)] = \sum_{n=0}^{\infty} x(n) z^{-n} \tag{6-2-2}$$

显然,对于因果序列,单边 z 变换与双边 z 变换相同。

在连续时间信号的变换域分析中,着重讨论了单边拉普拉斯变换。连续时间系统中非因果信号的应用较少。而在离散时间系统中,非因果序列有一定的应用范围。所以,本书除特别说明外,在讨论时提及的 z 变换均为双边 z 变换。

2. z 变换的收敛域

式(6-2-1)是罗朗幂级数，在复数域并不总是收敛。使式(6-2-1)收敛的 z 的取值范围称为 z 变换收敛域(Region Of Convergence，ROC)。根据罗朗幂级数的性质，z 变换的收敛域一般是某个圆环，即 $R_{x-} < |z| < R_{x+}$，如图 6-2-1 所示，阴影区表示收敛域。收敛域的内环边界可以包含原点 $z=0$，外环边界可以包含 $z=\infty$。

不同序列的双边 z 变换，其形式可以相同，但其收敛域可以不同。所以，对于双边 z 变换，一定要指出 z 变换的收敛域。

3. z 变换的零极点图

序列 $x(n)$ 的 z 变换可以表示成复变量 z 的有理函数，即

$$X(z) = \frac{P(z)}{Q(z)} = \frac{b_0 + b_1 z^{-1} + b_2 z^{-2} + \cdots + b_M z^{-M}}{a_0 + a_1 z^{-1} + a_2 z^{-2} + \cdots + a_N z^{-N}} \tag{6-2-3}$$

其中，$P(z)=0$ 的根称为 $X(z)$ 的零点，在 z 平面上用○表示；$Q(z)=0$ 的根称为 $X(z)$ 的极点，在 z 平面上用×表示。这样得到的图称为序列 $x(n)$ 在 z 平面上的零极点图。通常在零极点图中画出单位圆，以便于信号分析。例如，$X(z) = \dfrac{1-2z^{-1}}{1+4z^{-1}+3z^{-2}}$ 的零极点图如图 6-2-2 所示。

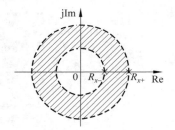

图 6-2-1　z 变换的收敛域

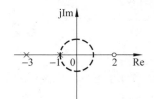

图 6-2-2　$X(z)$ 的零极点图

4. z 变换收敛域的性质

下面讨论几种常见序列的 z 变换，并给出 z 变换收敛域的性质。

【例 6-2-1】　求右边指数序列 $x(n)=a^n u(n)$ 的 z 变换。

解：

$$X(z) = \sum_{n=-\infty}^{\infty} a^n u(n) z^{-n} = \sum_{n=0}^{\infty} (az^{-1})^n$$

当 $\displaystyle\sum_{n=0}^{\infty} |az^{-1}|^n < \infty$ 时，$X(z)$ 收敛。所以，收敛域为在 $|az^{-1}| < 1$ 范围内的全部 z 值，即收敛域为 $|z| > |a|$。此时

$$X(z) = \sum_{n=0}^{\infty} (az^{-1})^n = \frac{1}{1-az^{-1}} = \frac{z}{z-a}, \quad |z| > |a|$$

上式有一个极点 $z=a$（设 $a>0$），有一个零点 $z=0$，其零极点图和收敛域如图 6-2-3 所示。

【例 6-2-2】　求左边指数序列 $x(n)=-a^n u(-n-1)$ 的 z 变换。

解：

$$X(z)=-\sum_{n=-\infty}^{\infty}a^n u(-n-1)z^{-n}=-\sum_{n=-\infty}^{-1}a^n z^{-n}$$

$$=-\sum_{n=1}^{\infty}a^{-n}z^n=1-\sum_{n=0}^{\infty}(a^{-1}z)^n$$

当 $|a^{-1}z|<1$，即 $|z|<|a|$ 时，上式收敛。则

$$X(z)=1-\frac{1}{1-a^{-1}z}=\frac{z}{z-a},\quad |z|<|a|$$

上式有一个极点 $z=a$，有一个零点 $z=0$。设 $a>0$，其零极点图和收敛域如图 6-2-4 所示。

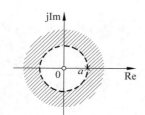

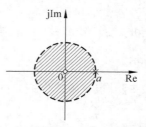

图 6-2-3　例 6-2-1 的零极点图和收敛域　　　　图 6-2-4　例 6-2-2 的零极点图和收敛域

比较例 6-2-1 和例 6-2-2，两个序列完全不同，但其双边 z 变换的代数表达式 $X(z)$ 和零极点的位置却相同，两个序列 z 变换的差异仅在于收敛域不同。所以，对于一个给定序列的 z 变换，既要给出它的代数表达式，又要给出它的收敛域。

【例 6-2-3】　已知两个指数序列的和 $x(n)=2^n u(n)+(-1)^n u(n)$，求其 z 变换。

解：

$$X(z)=\sum_{n=-\infty}^{\infty}[2^n u(n)+(-1)^n u(n)]z^{-n}=\sum_{n=0}^{\infty}2^n z^{-n}+\sum_{n=0}^{\infty}(-1)^n z^{-n}$$

$$=\sum_{n=0}^{\infty}(2z^{-1})^n+\sum_{n=0}^{\infty}(-1\cdot z^{-1})^n$$

当 $|2z^{-1}|<1$ 且 $|z^{-1}|<1$，即 $|z|>2$ 时，上式收敛。此时，

$$X(z)=\frac{1}{1-2z^{-1}}+\frac{1}{1-z^{-1}}=\frac{2z^2-3z}{z^2-3z+2},\quad |z|>2$$

上式有两个极点 $z=2$ 和 $z=1$，有两个零点 $z=0$ 和 $z=\frac{3}{2}$，其零极点图和收敛域如图 6-2-5 所示。

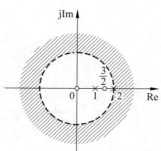

图 6-2-5　例 6-2-3 的零极点图和收敛域

由例 6-2-3 可知，序列之和的 z 变换收敛域是各序列收敛域的交集，但不包含极点。

【例 6-2-4】 求双边序列 $x(n)=(-1)^n u(n)-2^n u(-n-1)$ 的 z 变换。

解：

$$X(z)=\sum_{n=-\infty}^{\infty}\left[(-1)^n u(n)-2^n u(-n-1)\right]z^{-n}$$

$$=\sum_{n=0}^{\infty}(-1)^n u(n)z^{-n}-\sum_{n=-\infty}^{-1}2^n u(-n-1)z^{-n}$$

$$=\sum_{n=0}^{\infty}(-1)^n z^{-n}+\left(1-\sum_{n=0}^{\infty}2^{-n}z^n\right)$$

$$=\sum_{n=0}^{\infty}(-1\cdot z^{-1})^n+\left[1-\sum_{n=0}^{\infty}(2^{-1}z)^n\right]$$

当 $|-1\cdot z^{-1}|<1$ 且 $|2^{-1}z|<1$，即 $1<|z|<2$ 时，上式收敛。此时

$$X(z)=\frac{1}{1+z^{-1}}+\left(1-\frac{1}{1-\frac{z}{2}}\right)=\frac{2z^2-z}{z^2-z-2},\quad 1<|z|<2$$

上式有两个极点 $z=2$ 和 $z=-1$，有两个零点 $z=0$ 和 $z=\frac{1}{2}$，其零极点图和收敛域如图 6-2-6 所示。

【例 6-2-5】 求有限长序列 $x(n)=\begin{cases}a^n,&0\leqslant n\leqslant N-1\\0,&\text{其他}\end{cases}$ 的 z 变换。

解：

$$X(z)=\sum_{n=0}^{N-1}a^n z^{-n}=\sum_{n=0}^{N-1}(az^{-1})^n=\frac{1-(az^{-1})^N}{1-az^{-1}}=\frac{1}{z^{N-1}}\frac{z^N-a^N}{z-a}$$

收敛域取决于 $\sum_{n=0}^{N-1}|az^{-1}|^n<\infty$ 的 z 值。因为只有有限个非零项累加，所以只要 $|az^{-1}|$ 有限，$\sum_{n=0}^{N-1}|az^{-1}|^n<\infty$ 就一定成立。这就要求 $|a|<\infty$ 和 $z\neq0$。因此，假定 $|a|$ 是有限的，收敛域除了原点 $(z=0)$ 外包括整个 z 平面。设 $N=8$，a 为实数，其零极点图和收敛域如图 6-2-7 所示。分子多项式 $z^N-a^N=0$ 的 N 个根为

$$z_k=a\mathrm{e}^{\mathrm{j}(2\pi k/N)},\quad k=0,1,\cdots,N-1$$

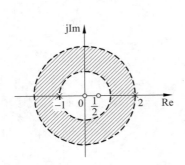

图 6-2-6　例 6-2-4 的零极点图和收敛域

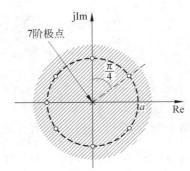

图 6-2-7　例 6-2-5 的零极点图和收敛域

$k=0$ 时,抵消了 $z=a$ 的极点,所以除了原点外没有其他极点。零点为
$$z_k = a\,\mathrm{e}^{\mathrm{j}(2\pi k/N)}, \quad k=1,2,\cdots,N-1$$
综合以上例子,z 变换收敛域的性质可归纳为以下几方面。

性质 1:收敛域是 z 平面上中心在原点的一个圆环或圆盘,即 $0\leqslant r_1 < |z| < r_2 \leqslant \infty$。

性质 2:收敛域内不包括任何极点。

性质 3:如果 $x(n)$ 是一个有限长序列,即该序列的非零值在有限区间 $-\infty < N_1 \leqslant n \leqslant N_2 < +\infty$ 中,那么,其收敛域是整个 z 平面,但 $z=0$ 和 $z=\infty$ 可能除外,如图 6-2-7 所示。如果 $N_1 \geqslant 0$,则收敛域为 $0 < |z| \leqslant \infty$;如果 $N_2 \leqslant 0$,则收敛域为 $0 \leqslant |z| < \infty$;如果 $N_1 < 0$ 且 $N_2 > 0$,则收敛域为 $0 < |z| < \infty$。

性质 4:如果 $x(n)$ 是一个右边序列,只在 $n \geqslant N_1$ 时有非零值,那么,其收敛域是从某一个圆向外部区域延伸至(可能包括)$z=\infty$,即 z 变换收敛域为 $|z| > R_{x-}$,$X(z)$ 离原点最远的极点(最大幅值极点)在半径为 R_{x-} 的圆上,如图 6-2-5 所示。如果 $N_1 \geqslant 0$,右边序列就是因果序列,其收敛域为 $R_{x-} < |z| \leqslant \infty$,包含 $z=\infty$;如果 $N_1 < 0$,右边序列属于非因果序列,其收敛域为 $R_{x-} < |z| < \infty$,不包含 $z=\infty$。

性质 5:如果 $x(n)$ 是一个左边序列,只在 $n \leqslant N_2$ 时有非零值,那么,其收敛域是从某一个圆向内部区域延伸至(可能包括)$z=0$,即 z 变换收敛域为 $|z| < R_{x+}$,$X(z)$ 离原点最近的极点(最小幅值极点)在半径为 R_{x+} 的圆上,如图 6-2-4 所示。如果 $N_2 \leqslant 0$,左边序列就是逆因果序列,其收敛域为 $0 \leqslant |z| < R_{x+}$,包含 $z=0$;如果 $N_2 > 0$,左边序列属于非逆因果序列,其收敛域为 $0 < |z| < R_{x+}$,不包含 $z=0$。

性质 6:如果 $x(n)$ 是一个双边序列,在区间 $(-\infty,\infty)$ 上有非零值,那么该序列可以看成一个逆因果序列和一个因果序列之和。其双边序列 z 变换收敛域是逆因果序列 z 变换收敛域 $0 \leqslant |z| < R_{x+}$ 与因果序列 z 变换收敛域 $R_{x-} < |z| \leqslant \infty$ 的交集,所以是一个圆环,即双边序列的 z 变换收敛域为 $R_{x-} < |z| < R_{x+}$,但不包含极点,如图 6-2-6 所示。如果 $R_{x+} \leqslant R_{x-}$,则 $X(z)$ 没有收敛域,即 z 变换实际上不存在。

设序列 $x(n)$ 的非零值定义在区间 $[N_1,N_2]$ 上,表 6-2-1 归纳了 N_1、N_2 取不同值时序列 $x(n)$ 的 z 变换收敛域。值得说明的是,任何序列的单边 z 变换收敛域与因果序列的收敛域类似,都是 $R_{x-} < |z|$。

表 6-2-1　N_1、N_2 取不同值时序列 $x(n)$ 的 z 变换收敛域

序 列 形 式	N_1、N_2 取值	序 列 图 形	z 变换收敛域
有限长序列	$N_1 \geqslant 0, N_2 > 0$		$0 < |z| \leqslant \infty$
	$N_1 < 0, N_2 \leqslant 0$		$0 \leqslant |z| < \infty$

序 列 形 式	N_1、N_2 取值	序 列 图 形	z 变换收敛域
有限长序列	$N_1 < 0, N_2 > 0$	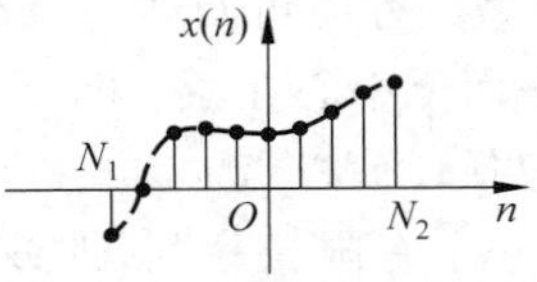	$0 < |z| < \infty$
右边序列	$N_1 < 0, N_2 = \infty$	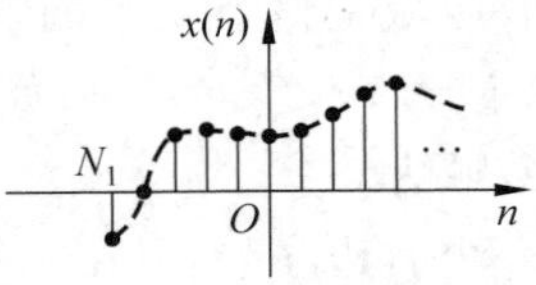	$R_{x-} < |z| < \infty$
	$N_1 \geqslant 0, N_2 = \infty$	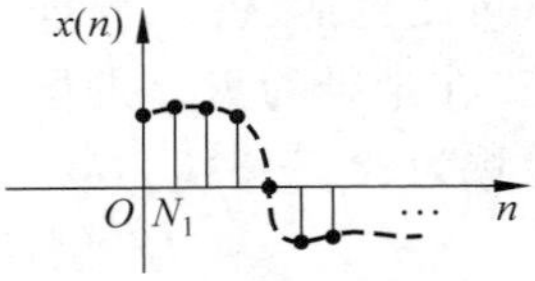	$R_{x-} < |z| \leqslant \infty$
左边序列	$N_1 = -\infty, N_2 > 0$	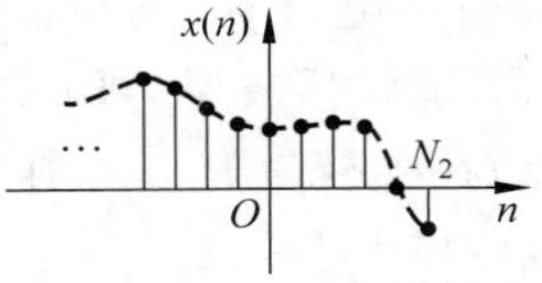	$0 < |z| < R_{x+}$
	$N_1 = -\infty, N_2 \leqslant 0$	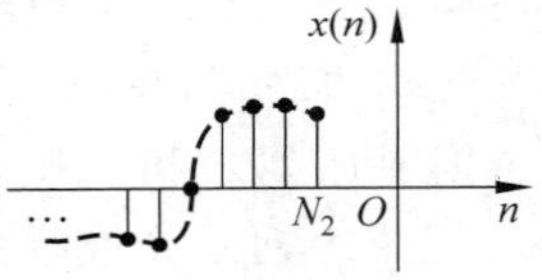	$0 \leqslant |z| < R_{x+}$
双边序列	$N_1 = -\infty, N_2 = \infty$	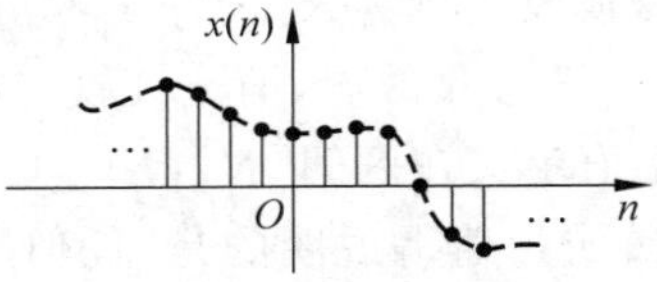	$R_{x-} < |z| < R_{x+}$

6.2.2　常用序列的 z 变换

单位抽样序列 $\delta(n)$ 的 z 变换为

$$\mathcal{Z}[\delta(n)] = \sum_{n=-\infty}^{\infty} \delta(n) z^{-n} = 1$$

其收敛域为整个 z 平面。

单位阶跃序列 $u(n)$ 的 z 变换为

$$\mathcal{Z}[u(n)] = \sum_{n=-\infty}^{\infty} u(n) z^{-n} = \sum_{n=0}^{\infty} z^{-n} = \frac{1}{1 - z^{-1}}$$

其收敛域为 $|z| > 1$。

右边指数序列 $a^n u(n)$ 的 z 变换为

$$\mathcal{Z}[a^n u(n)] = \sum_{n=-\infty}^{\infty} a^n u(n) z^{-n} = \sum_{n=0}^{\infty} a^n z^{-n} = \frac{1}{1-az^{-1}}$$

其收敛域为 $|z|>|a|$。

左边指数序列 $-a^n u(-n-1)$ 的 z 变换为

$$\mathcal{Z}[-a^n u(-n-1)] = -\sum_{n=-1}^{-\infty} a^n z^{-n} = -\sum_{n=1}^{\infty} \left(\frac{z}{a}\right)^n = \frac{-\dfrac{z}{a}}{1-\dfrac{z}{a}} = \frac{1}{1-az^{-1}}$$

其收敛域为 $|z|<|a|$。

表 6-2-2 列出了常用序列的 z 变换对。在以后的学习中将会看到，这些常用序列的 z 变换对在求已知序列的 z 变换或者给定 z 变换求序列时都是非常有用的。

表 6-2-2　常用序列的 z 变换对

序号	序　列	z 变　换	收敛域
1	$\delta(n)$	1	所有 z
2	$u(n)$	$\dfrac{1}{1-z^{-1}} = \dfrac{z}{z-1}$	$|z|>1$
3	$a^n u(n)$	$\dfrac{1}{1-az^{-1}} = \dfrac{z}{z-a}$	$|z|>|a|$
4	$-a^n u(-n-1)$	$\dfrac{1}{1-az^{-1}} = \dfrac{z}{z-a}$	$|z|<|a|$
5	$R_N(n)$	$\dfrac{1-z^{-N}}{1-z^{-1}} = \dfrac{z^N-1}{z^N-z^{N-1}}$	$|z|>0$
6	$nu(n)$	$\dfrac{z^{-1}}{(1-z^{-1})^2} = \dfrac{z}{(z-1)^2}$	$|z|>1$
7	$na^n u(n)$	$\dfrac{az^{-1}}{(1-az^{-1})^2} = \dfrac{az}{(z-a)^2}$	$|z|>|a|$
8	$e^{-j\omega_0 n} u(n)$	$\dfrac{1}{1-e^{-j\omega_0 n} z^{-1}} = \dfrac{z}{z-e^{-j\omega_0 n}}$	$|z|>1$
9	$\sin\omega_0 n u(n)$	$\dfrac{z^{-1}\sin\omega_0}{1-2z^{-1}\cos\omega_0+z^{-2}} = \dfrac{z\sin\omega_0}{z^2-2z\cos\omega_0+1}$	$|z|>1$
10	$\cos\omega_0 n u(n)$	$\dfrac{1-z^{-1}\cos\omega_0}{1-2z^{-1}\cos\omega_0+z^{-2}} = \dfrac{z^2-z\cos\omega_0}{z^2-2z\cos\omega_0+1}$	$|z|>1$
11	$(n+1)a^n u(n)$	$\dfrac{1}{(1-az^{-1})^2} = \dfrac{z^2}{(z-a)^2}$	$|z|>|a|$

6.2.3　z 变换与拉普拉斯变换的关系

第 4 章讨论了连续时间信号的理想抽样。本节利用连续时间信号理想抽样的有关理论，探讨离散时间序列的 z 变换与连续时间信号的拉普拉斯变换之间的关系。

一般来说，离散时间序列 $x(n)$ 是连续时间信号 $x_a(t)$ 经时间抽样得到的，即

$$x(n) = x_a(nT) \tag{6-2-4}$$

其中，T 是抽样周期。

设连续时间信号 $x_a(t)$ 经过理想抽样得到的抽样信号为 $\hat{x}_a(t)$，表示为

$$\hat{x}_a(t) = x_a(t) \sum_{n=-\infty}^{+\infty} \delta(t-nT) = \sum_{n=-\infty}^{+\infty} x_a(nT)\delta(t-nT) \tag{6-2-5}$$

其中，$\hat{x}_a(t)$ 仍为连续时间信号，因为 $\hat{x}_a(t)$ 在整个时间轴上有定义。同时，各抽样点的间隔为 T，没有归一化。抽样信号 $x_a(t)$ 的拉普拉斯变换为

$$\hat{X}_a(s) = \mathcal{L}[x_a(t)] = \int_{-\infty}^{+\infty} x_a(t)e^{-st}\,dt \tag{6-2-6}$$

将式(6-2-5)代入式(6-2-6)，得

$$\hat{X}_a(s) = \mathcal{L}\Big[\sum_{n=-\infty}^{+\infty} x_a(nT)\delta(t-nT)\Big] = \sum_{n=-\infty}^{+\infty} x_a(nT)\,\mathcal{L}[\delta(t-nT)]$$

$$= \sum_{n=-\infty}^{+\infty} x_a(nT)e^{-snT} \tag{6-2-7}$$

抽样所得到的离散时间序列 $x(n)$ 的 z 变换为

$$X(z) = \sum_{n=-\infty}^{+\infty} x(n)z^{-n} \tag{6-2-8}$$

将式(6-2-4)代入式(6-2-8)，有

$$X(z) = \sum_{n=-\infty}^{+\infty} x_a(nT)z^{-n} \tag{6-2-9}$$

比较式(6-2-7)和式(6-2-9)可知，当 $z = e^{sT}$ 时，抽样序列 $x(n)$ 的 z 变换就等于理想抽样信号 $\hat{x}_a(t)$ 的拉普拉斯变换，即

$$X(z)\big|_{z=e^{sT}} = X(e^{sT}) = \hat{X}_a(s) \tag{6-2-10}$$

由式(6-2-10)可以看出，z 变换与拉普拉斯变换的关系就是复变量 z 平面到复变量 s 平面的映射，其映射关系为

$$z = e^{sT}, \quad s = \frac{1}{T}\ln z \tag{6-2-11}$$

将 s 平面表示为直角坐标系，即

$$s = \sigma + j\Omega \tag{6-2-12}$$

将 z 平面表示为极坐标系，即

$$z = re^{j\omega} \tag{6-2-13}$$

将式(6-2-12)和式(6-2-13)代入式(6-2-11)，得

$$\begin{cases} r = e^{\sigma T} \\ \omega = \Omega T \end{cases} \tag{6-2-14}$$

由式(6-2-14)可知，在复变量 z 平面到复变量 s 平面的映射中，z 的模 r 只与 s 的实部 σ 相对应，而 z 的辐角 ω 只与 s 的虚部 Ω 相对应。下面详细讨论 z 平面与 s 平面各部分的映射情况。

由 $r = e^{\sigma T}$ 可知，当 $\sigma = 0$ 时，$r = 1$，即 s 平面的 $j\Omega$ 轴映射成 z 平面上的单位圆；当 $\sigma <$

0 时，$r<1$，即 s 平面的左半平面映射成 z 平面上的单位圆内部；当 $\sigma>0$ 时，$r>1$，即 s 平面的右半平面映射成 z 平面上的单位圆外部。

由 $\omega=\Omega T$ 可知，当 $\Omega=-\dfrac{\pi}{T}$ 时，$\omega=-\pi$；当 $\Omega=0$ 时，$\omega=0$；当 $\Omega=\dfrac{\pi}{T}$ 时，$\omega=\pi$。当 Ω 从 $-\dfrac{\pi}{T}$ 增加到 $\dfrac{\pi}{T}$ 时，ω 从 $-\pi$ 增加到 π，即 z 平面的辐角旋转了一周，也就是 s 平面一条宽度为 $\dfrac{2\pi}{T}$ 的水平带映射成整个 z 平面。当 Ω 继续增加一个抽样角频率 $\Omega_s=\dfrac{2\pi}{T}$，z 平面的辐角 ω 再增加 2π，或者说辐角 ω 再旋转一周，也就是 s 平面从 $\Omega=\dfrac{\pi}{T}$ 到 $\Omega=\dfrac{3\pi}{T}$ 的水平带再映射到 z 平面一次。s 平面可以分割成无限条宽度为 $\dfrac{2\pi}{T}$ 的水平带，所以，s 平面可以映射成无限多个重叠在一起的 z 平面，且 s 平面到 z 平面的映射是多值映射，如图 6-2-8 所示。以图 6-2-8 中的左半平面为例，s 平面所有水平带的左半部分映射到 z 平面的单位圆内部，右半部分将映射成单位圆外部。

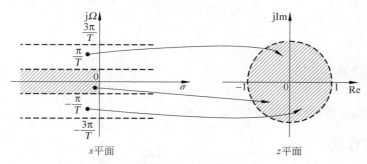

6-2-8 s 平面到 z 平面的多值映射关系

式(6-2-10)所描述的只是抽样序列 $x(n)$ 的 z 变换与理想抽样信号 $\hat{x}_a(t)$ 的拉普拉斯变换的关系。下面将推导抽样序列 $x(n)$ 的 z 变换与连续时间信号 $x_a(t)$ 的拉普拉斯变换的关系。根据第 4 章中的信号抽样理论，理想抽样信号 $\hat{x}_a(t)$ 可以表示为

$$\hat{x}_a(t)=x_a(t)p(t)=x_a(t)\sum_{n=-\infty}^{+\infty}\delta(t-nT) \tag{6-2-15}$$

其中，$p(t)=\displaystyle\sum_{n=-\infty}^{+\infty}\delta(t-nT)$ 是抽样脉冲序列，将其傅里叶级数展开为

$$p(t)=\frac{1}{T}\sum_{k=-\infty}^{+\infty}e^{jr\Omega_s t} \tag{6-2-16}$$

其中，$\Omega_s=\dfrac{2\pi}{T}$ 为抽样角频率。将式(6-2-15)代入式(6-2-6)，得

$$\hat{X}_a(s)=\mathcal{L}\left[\hat{x}_a(t)\right]=\int_{-\infty}^{+\infty}\hat{x}_a(t)e^{-st}\,\mathrm{d}t=\int_{-\infty}^{+\infty}x_a(t)p(t)e^{-st}\,\mathrm{d}t \tag{6-2-17}$$

将式(6-2-16)代入式(6-2-17)，并改变积分与求和次序，得

$$\hat{X}_{\mathrm{a}}(s) = \frac{1}{T}\sum_{k=-\infty}^{+\infty}\int_{-\infty}^{+\infty} x_{\mathrm{a}}(t)\mathrm{e}^{-(s-jk\Omega_s)t}\,\mathrm{d}t = \frac{1}{T}\sum_{k=-\infty}^{+\infty} X_{\mathrm{a}}(s-jk\Omega_s) \tag{6-2-18}$$

将式(6-2-18)代入式(6-2-10),抽样序列 $x(n)$ 的 z 变换与连续时间信号 $x_{\mathrm{a}}(t)$ 的拉普拉斯变换的关系为

$$X(z)\big|_{z=\mathrm{e}^{sT}} = \frac{1}{T}\sum_{k=-\infty}^{+\infty} X_{\mathrm{a}}(s-jk\Omega_s) = \frac{1}{T}\sum_{k=-\infty}^{+\infty} X_{\mathrm{a}}\!\left(s-j\frac{2\pi}{T}k\right) \tag{6-2-19}$$

从式(6-2-19)可以看出,由映射 $z=\mathrm{e}^{sT}$ 确定的不是连续信号 $X_{\mathrm{a}}(s)$ 与 $X(z)$ 的关系,而是 $X_{\mathrm{a}}(s)$ 的周期延拓与 $X(z)$ 的关系。

6.3 z 反 变 换

z 反变换也就是 z 变换的反变换,即由 $X(z)$ 求序列 $x(n)$。用 $\mathcal{Z}^{-1}[\,\cdot\,]$ 表示 z 反变换算子。

若

$$\mathcal{Z}[x(n)] = X(z)$$

则

$$\mathcal{Z}^{-1}[X(z)] = x(n)$$

上述关系也可描述为

$$x(n) \xleftrightarrow{\;z\;} X(z)$$

下面介绍几种常用信号的 z 反变换的求解方法。

6.3.1 幂级数法

如果 z 变换能表示成幂级数的形式,即

$$X(z) = \sum_{n=-\infty}^{\infty} x(n)z^{-n}$$

从上述表达式可以看出,$x(n)$ 是幂级数 z^{-n} 的系数。因此,若能将 $X(z)$ 按幂级数展开,就可以求得 $x(n)$。

【例 6-3-1】 求 $X(z)=\ln(1+az^{-1})$,$|a|<|z|$ 的 z 反变换。

解:$\ln(1+x)$ 的幂级数展开式为

$$\ln(1+x) = x - \frac{x^2}{2} + \frac{x^3}{3} - \frac{x^4}{4} + \cdots = \sum_{n=1}^{\infty}\frac{(-1)^{n+1}x^n}{n}$$

将 $\ln(1+az^{-1})$ 按幂级数展开:

$$\ln(1+az^{-1}) = \sum_{n=1}^{\infty}\frac{(-1)^{n+1}a^n z^{-n}}{n}$$

$X(z)$ 的收敛域为 $|a|<|z|$,所以,$x(n)$ 一定为右边序列。因此,

$$x(n) = \begin{cases} (-1)^{n+1}\dfrac{a^n}{n}, & n \geqslant 1 \\[2mm] 0, & n \leqslant 0 \end{cases}$$

　　在许多情况下，$X(z)$ 为有理函数，可用长除法将 $X(z)$ 展开成幂级数。在使用长除法将 $X(z)$ 进行幂级数展开之前，先根据 $X(z)$ 的收敛域判断 $x(n)$ 是左边序列还是右边序列。若 $x(n)$ 是左边序列，则将 $X(z)$ 展开成 z 的正幂级数；若 $x(n)$ 是右边序列，则将 $X(z)$ 展开成 z 的负幂级数。

【**例 6-3-2**】　求 $X(z)=\dfrac{1}{1-az^{-1}},|z|>|a|$ 的 z 反变换。

　　解：收敛域为 $|z|>|a|$，在圆 $|z|=|a|$ 的外面。所以，序列 $x(n)$ 是一个右边序列。同时，$\lim\limits_{z\to\infty}X(z)=1$ 是一个有限值，因此，$x(n)$ 是一个因果序列。利用长除法将 $X(z)$ 展开成 z^{-1} 的幂级数，得

$$
\begin{array}{r}
1+az^{-1}+a^2z^{-2}+\cdots \\[2pt]
1-az^{-1}\overline{)\,1\phantom{-az^{-1}}} \\
\underline{1-az^{-1}} \\
az^{-1} \qquad\cdots\cdots\text{商为}1,\ \text{余数为}az^{-1} \\
\underline{az^{-1}-a^2z^{-2}} \\
a^2z^{-2}\qquad\cdots\cdots\text{商为}az^{-1},\ \text{余数为}a^2z^{-2} \\
\vdots
\end{array}
$$

即

$$
\frac{1}{1-az^{-1}}=1+az^{-1}+a^2z^{-2}+\cdots
$$

所以

$$
x(n)=\begin{cases} a^n, & n\geqslant 0 \\ 0, & n<0 \end{cases}
$$

或

$$
x(n)=a^n u(n)
$$

下面讨论一个与例 6-3-2 形式相同，但收敛域不同的 $X(z)$ 的 z 反变换。

【**例 6-3-3**】　求 $X(z)=\dfrac{1}{1-az^{-1}},|z|<|a|$ 的 z 反变换。

　　解：$X(z)$ 的收敛域在圆 $|z|=|a|$ 的内部，且 $\lim\limits_{z\to 0}X(z)=0$ 有限。所以，序列 $x(n)$ 是逆因果序列，即当 $n>0$ 时，$x(n)=0$。利用长除法将 $X(z)$ 展开成 z 的幂级数，得

$$
\begin{array}{r}
-a^{-1}z-a^{-2}z^2+\cdots \\[2pt]
-a+z\overline{)\,z\phantom{-a^{-1}z}} \\
\underline{z-a^{-1}z^2} \\
a^{-1}z^2 \\
\underline{a^{-1}z^2-a^{-1}z^3} \\
a^{-1}z^3 \\
\vdots
\end{array}
$$

即

$$\frac{1}{1-az^{-1}} = -a^{-1}z - a^{-2}z^2 - a^{-3}z^3 - \cdots$$

所以

$$x(n) = \begin{cases} 0, & n \geqslant 0 \\ -a^n, & n < 0 \end{cases}$$

或

$$x(n) = -a^n u(-u-1)$$

幂级数法简单方便，适合用计算机求解，但一般难以得到闭式结果。

6.3.2　部分分式展开法

当 $X(z)$ 为有理函数时，其 z 反变换的另一种求解法是部分分式展开法。该方法将较复杂的有理函数 $X(z)$ 展开成较简单的部分分式之和，然后求各部分分式的 z 反变换。通常这些展开后的分式都是一些常用序列的 z 变换，可以通过查表 6-2-2 求出其 z 反变换。

如果 $X(z)$ 可以表示为 z^{-1} 的多项式之比，即

$$X(z) = \frac{B(z)}{A(z)} = \frac{\sum\limits_{i=0}^{M} b_i z^{-i}}{\sum\limits_{k=0}^{N} a_k z^{-k}} = \frac{b_0 + b_1 z^{-1} + \cdots + b_M z^{-M}}{a_0 + a_1 z^{-1} + \cdots + a_N z^{-N}} \tag{6-3-1}$$

当 $N > M$ 时，分母 $A(z)$ 的阶次高于分子 $B(z)$ 的阶次。当 $X(z)$ 只有一阶极点时，将 $X(z)$ 展开为部分分式：

$$X(z) = \frac{B(z)}{A(z)} = \frac{\sum\limits_{i=0}^{M} b_i z^{-i}}{\prod\limits_{k=0}^{N}(1 - d_k z^{-1})} = \sum_{k=1}^{N} \frac{A_k}{1 - d_k z^{-1}} \tag{6-3-2}$$

其中，$d_k (k=1,2,\cdots,N)$ 是 $X(z)$ 的极点。将式（6-3-2）两边乘以 $1-d_n z^{-1}$，并对 $z = d_n (n=1,2,\cdots,N)$ 求值。因为

$$(1 - d_n z^{-1}) \frac{A_k}{(1 - d_k z^{-1})}\bigg|_{z=d_n} = \begin{cases} A_k, & n = k \\ 0, & n \neq k \end{cases}$$

所以，A_k 的求解公式为

$$A_k = (1 - d_k z^{-1})X(z)\big|_{z=d_k} \tag{6-3-3}$$

【例 6-3-4】　求 $X(z) = \dfrac{1 - \dfrac{1}{2}z^{-1}}{1 + \dfrac{3}{4}z^{-1} + \dfrac{1}{8}z^{-2}}, |z| > \dfrac{1}{2}$ 的 z 反变换。

解：

$$X(z) = \frac{1 - \dfrac{1}{2}z^{-1}}{\left(1 + \dfrac{1}{2}z^{-1}\right)\left(1 + \dfrac{1}{4}z^{-1}\right)}$$

$X(z)$ 的收敛域为 $|z|>\dfrac{1}{2}$，且 $\lim\limits_{z\to\infty}X(z)=1$ 为有限值，所以 $x(n)$ 是因果序列。$X(z)$ 有两

个极点 $z_1=-\dfrac{1}{2}$ 和 $z_2=-\dfrac{1}{4}$，都是一阶极点。将 $X(z)$ 展开为部分分式：

$$X(z)=\dfrac{1-\dfrac{1}{2}z^{-1}}{\left(1+\dfrac{1}{2}z^{-1}\right)\left(1+\dfrac{1}{4}z^{-1}\right)}=\dfrac{A_1}{1+\dfrac{1}{2}z^{-1}}+\dfrac{A_2}{1+\dfrac{1}{4}z^{-1}}$$

其中，

$$A_1=X(z)\left(1+\dfrac{1}{2}z^{-1}\right)\Big|_{z=-\frac{1}{2}}=4$$

$$A_2=X(z)\left(1+\dfrac{1}{4}z^{-1}\right)\Big|_{z=-\frac{1}{4}}=-3$$

所以

$$X(z)=\dfrac{4}{1+\dfrac{1}{2}z^{-1}}+\dfrac{-3}{1+\dfrac{1}{4}z^{-1}}$$

收敛域为 $|z|>\dfrac{1}{2}$。

因为 $x(n)$ 是因果序列，$X(z)$ 展开的部分分式中每一项都是从最外层的极点 $z=-\dfrac{1}{2}$ 向外延伸。由表 6-2-2 和 z 变换的线性性质可得

$$x(n)=4\left(-\dfrac{1}{2}\right)^n u(n)-3\left(-\dfrac{1}{4}\right)^n u(n)=(2^{n+2}-3)\left(-\dfrac{1}{4}\right)^n u(n)$$

在式(6-3-1)中，若 $M\geqslant N$，则 $X(z)$ 可展开为

$$X(z)=B_{M-N}z^{-(M-N)}+B_{M-N-1}z^{-(M-N-1)}+\cdots+B_1z^{-1}+B_0+\sum_{k=1}^{N}\dfrac{A_k}{1-d_kz^{-1}}$$

$$=\sum_{n=0}^{M-N}B_nz^{-n}+\sum_{k=1}^{N}\dfrac{A_k}{1-d_kz^{-1}} \tag{6-3-4}$$

其中，B_n 可使用长除法求得，一直除到余因式的阶数低于分母因式的阶数为止。若 $X(z)$ 只有一阶极点，A_k 仍然可由式(6-3-3)求得。

如果式(6-3-1)中有多阶极点，且 $M\geqslant N$，应对式(6-3-4)进行修正。特别地，若 $X(z)$ 有一个 s 阶极点 $z=d_i$，而其余极点都是一阶的，则式(6-3-4)变为

$$X(z)=\sum_{n=0}^{M-N}B_nz^{-n}+\sum_{k=1,k\neq i}^{N}\dfrac{A_k}{1-d_kz^{-1}}+\sum_{m=1}^{s}\dfrac{C_m}{(1-d_iz^{-1})^m} \tag{6-3-5}$$

式(6-3-5)中，系数 B_n 和 A_k 仍可由上述方法求得，系数 C_m 的求解为

$$C_m=\dfrac{1}{(s-m)!(-d_i)^{s-m}}\left\{\dfrac{\mathrm{d}^{s-m}}{\mathrm{d}z^{s-m}}\left[(1-d_iz)^sX(z^{-1})\right]\right\}_{z=d_i^{-1}} \tag{6-3-6}$$

式(6-3-5)表示的是 $M\geqslant N$ 且 d_i 是 $X(z)$ 的一个 s 阶极点的情况下有理函数 $X(z)$ 展开成部分分式的一般形式。如果 $X(z)$ 有多个多重极点，那么对于每一个多重极点，在

$X(z)$ 的部分分式展开式中增加一个累加项,该累加项与式(6-3-5)中 $\sum\limits_{m=1}^{s} \dfrac{C_m}{(1-d_i z^{-1})^m}$ 的形式一致;如果 $X(z)$ 没有多重极点,式(6-3-5)化简为式(6-3-4)。如果 $X(z)$ 的分母多项式阶次高于分子多项式阶次($N>M$),那么式(6-3-4)和式(6-3-5)将不包含多项式 $\sum\limits_{n=0}^{M-N} B_n z^{-n}$。

【例 6-3-5】 求 $X(z)=\dfrac{1+2z^{-1}+z^{-2}}{1-\frac{3}{2}z^{-1}+\frac{1}{2}z^{-2}}$,$|z|>1$ 的 z 反变换。

解:

$$X(z)=\frac{1+2z^{-1}+z^{-2}}{1-\frac{3}{2}z^{-1}+\frac{1}{2}z^{-2}}=\frac{(1+z^{-1})^2}{\left(1-\frac{1}{2}z^{-1}\right)(1-z^{-1})}$$

$X(z)$ 的收敛域为 $|z|>1$,且 $\lim\limits_{z\to\infty}X(z)=1$ 为有限值,所以 $X(z)$ 是因果序列。$X(z)$ 有两个极点 $z_1=\frac{1}{2}$ 和 $z_2=1$,都是一阶极点,且 $X(z)$ 分子多项式的阶次与分母多项式的阶次相同,即 $M=N=2$。所以,$X(z)$ 可展开为

$$X(z)=B_0+\frac{A_1}{1-\frac{1}{2}z^{-1}}+\frac{A_2}{1-z^{-1}} \tag{6-3-7}$$

其中,B_0 可使用长除法求得,即

$$
\begin{array}{r}
2\phantom{z^{-2}+2z^{-1}+1} \\
\frac{1}{2}z^{-2}-\frac{3}{2}z^{-1}+1\overline{)z^{-2}+2z^{-1}+1} \\
z^{-2}-3z^{-1}+2 \\
\hline
5z^{-1}-1
\end{array}
$$

余因式 $5z^{-1}-1$ 的阶次为1,小于分母因式 $1-\frac{3}{2}z^{-1}+\frac{1}{2}z^{-2}$ 的阶次。所以,不必再继续除。$X(z)$ 可写为

$$X(z)=2+\frac{-1+5z^{-1}}{\left(1-\frac{1}{2}z^{-1}\right)(1-z^{-1})}$$

式(6-3-7)中的 A_1、A_2 可由式(6-3-3)计算,即

$$A_1=X(z)\left(1-\frac{1}{2}z^{-1}\right)\Big|_{z=\frac{1}{2}}=\frac{(1+z^{-1})^2}{1-z^{-1}}\Big|_{z=\frac{1}{2}}=-9$$

$$A_2=X(z)(1-z^{-1})\big|_{z=1}=\frac{(1+z^{-1})^2}{1-\frac{1}{2}z^{-1}}\Big|_{z=1}=8$$

所以

$$X(z) = 2 - \frac{9}{1 - \frac{1}{2}z^{-1}} + \frac{8}{1 - z^{-1}}$$

因为 $X(z)$ 的收敛域为 $|z| > 1$,查表 6-2-2 可知

$$2 \overset{z}{\longleftrightarrow} 2\delta(n)$$

$$\frac{1}{1 - \frac{1}{2}z^{-1}} \overset{z}{\longleftrightarrow} \left(\frac{1}{2}\right)^n u(n)$$

$$\frac{1}{1 - z^{-1}} \overset{z}{\longleftrightarrow} u(n)$$

再根据 z 变换的线性性质,得

$$\mathscr{Z}^{-1}[X(z)] = 2\delta(n) - 9\left(\frac{1}{2}\right)^n u(n) + 8u(n)$$

本例在求 A_1、A_2 时将假分式 $X(z)$ 代入式(6-3-3)计算。也可将真分式 $X_1(z) = \dfrac{-1 + 5z^{-1}}{\left(1 - \frac{1}{2}z^{-1}\right)(1 - z^{-1})}$ 代入式(6-3-3) 计算。求得的结果是相同的。

【例 6-3-6】 已知 $X(z) = \dfrac{\frac{1}{3}z^{-1}}{(1 - z^{-1})\left(1 - \frac{1}{3}z^{-1}\right)}$,求 z 反变换 $x(n)$。

解:首先将 $X(z)$ 进行部分分式展开,容易求得

$$X(z) = \frac{\frac{1}{3}z^{-1}}{(1 - z^{-1})\left(1 - \frac{1}{3}z^{-1}\right)} = \frac{\frac{1}{2}}{1 - z^{-1}} - \frac{\frac{1}{2}}{1 - \frac{1}{3}z^{-1}}$$

$X(z)$ 的收敛域没有给出,所以要分情况进行讨论。$X(z)$ 有两个极点 $z_1 = 1$ 和 $z_2 = \frac{1}{3}$,有 3 种可能的收敛域。

(1) 收敛域为 $|z| > 1$。这时 $x(n)$ 是一个因果序列,所以有

$$x(n) = \left[\frac{1}{2} - \frac{1}{2}\left(\frac{1}{3}\right)^n\right]u(n)$$

(2) 收敛域为 $|z| < \frac{1}{3}$。这时 $x(n)$ 是一个逆因果序列,所以有

$$x(n) = \left[-\frac{1}{2} + \frac{1}{2}\left(\frac{1}{3}\right)^n\right]u(-n-1)$$

(3) 收敛域为 $\frac{1}{3} < |z| < 1$。这时 $x(n)$ 是一个双边序列,其中极点 $z_1 = 1$ 对应逆因果序列部分,而极点 $z_2 = \frac{1}{3}$ 对应因果序列部分,所以有

$$x(n) = -\frac{1}{2}u(-n-1) - \frac{1}{2}\left(\frac{1}{3}\right)^n u(n)$$

6.3.3 留数定理法

本节将通过柯西积分公式导出 z 变换的留数计算公式。柯西积分公式为

$$\frac{1}{2\pi j}\oint_C z^{k-1}\mathrm{d}z=\begin{cases}1,& k=0\\0,& k\neq 0\end{cases} \tag{6-3-8}$$

其中，C 是逆时针方向环绕原点的积分围线。

z 变换定义为

$$X(z)=\sum_{n=-\infty}^{\infty}x(n)z^{-n}$$

两边同时乘以 z^{k-1}，并计算围线积分，即

$$\frac{1}{2\pi j}\oint_C X(z)z^{k-1}\mathrm{d}z=\frac{1}{2\pi j}\oint_C\sum_{n=-\infty}^{\infty}x(n)z^{-n+k-1}\mathrm{d}z \tag{6-3-9}$$

其中，C 是 $X(z)$ 收敛域内逆时针方向环绕原点的一条积分围线。如果 $\sum\limits_{n=-\infty}^{\infty}|x(n)|<\infty$ 成立，即 $x(n)$ 绝对可和，则式(6-3-9)的求和与积分可交换次序，即

$$\frac{1}{2\pi j}\oint_C X(z)z^{k-1}\mathrm{d}z=\sum_{n=-\infty}^{\infty}x(n)\frac{1}{2\pi j}\oint_C z^{-n+k-1}\mathrm{d}z \tag{6-3-10}$$

利用柯西积分公式，式(6-3-10)变为

$$\frac{1}{2\pi j}\oint_C X(z)z^{k-1}\mathrm{d}z=x(k)$$

或

$$x(n)=\frac{1}{2\pi j}\oint_C X(z)z^{n-1}\mathrm{d}z \tag{6-3-11}$$

式(6-3-11)是 z 变换的计算公式，n 为任意整数。

如果 $X(z)$ 是有理函数，则式(6-3-11)的围线积分可用留数定量计算。根据柯西留数定理，有

- $n\geqslant 0$ 时，
$$x(n)=\sum[X(z)z^{n-1}\text{在积分围线 }C\text{ 内部极点的留数}]$$

- $n<0$ 时，
$$x(n)=-\sum[X(z)z^{n-1}\text{在积分围线 }C\text{ 外部极点的留数}]-$$
$$[X(z)z^{n-1}\text{在}\infty\text{处的留数}]$$

在 z 平面上，设 $X(z)z^{n-1}$ 在积分围线 C 内部的极点集为 $\{a_k\}(k=1,2,\cdots,N)$，$X(z)z^{n-1}$ 在积分围线 C 外部的极点集为 $\{b_k\}(k=1,2,\cdots,M)$，则

$$x(n)=\sum_{k=1}^{N}\mathrm{Res}[X(z)z^{n-1},a_k],\quad n\geqslant 0 \tag{6-3-12}$$

或

$$x(n)=-\sum_{k=1}^{M}\mathrm{Res}[X(z)z^{n-1},b_k]-\mathrm{Res}[X(z)z^{n-1},\infty],\quad n<0 \tag{6-3-13}$$

其中，$\mathrm{Res}[X(z)z^{n-1},a_k]$、$\mathrm{Res}[X(z)z^{n-1},b_k]$ 和 $\mathrm{Res}[X(z)z^{n-1},\infty]$ 分别表示 $X(z)z^{n-1}$

在 a_k、b_k 和 ∞ 处的留数。

当 $X(z)z^{n-1}$ 在 $z=\infty$ 处有二阶或二阶以上零点,即 $X(z)z^{n-1}$ 分母多项式阶数比分子多项式阶数高二阶或二阶以上时,无穷远处的留数为 0。此时,式(6-3-13)变为

$$x(n)=-\sum_{k=1}^{M}\mathrm{Res}\left[X(z)z^{n-1},b_k\right],\quad n<0 \tag{6-3-14}$$

如果 $X(z)z^{n-1}$ 是 z 的有理函数,且 z_0 为 $X(z)z^{n-1}$ 的 s 阶极点,则 $X(z)z^{n-1}$ 可表示为

$$X(z)z^{n-1}=\frac{\Psi(z)}{(z-z_0)^s} \tag{6-3-15}$$

其中,$\Psi(z)$ 在 $z=z_0$ 处无极点。此时,$X(z)z^{n-1}$ 在 $z=z_0$ 处的留数为

$$\mathrm{Res}\left[X(z)z^{n-1},z_0\right]=\frac{1}{(s-1)!}\left[\frac{\mathrm{d}^{s-1}\Psi(z)}{\mathrm{d}z^{s-1}}\right]\Bigg|_{z=z_0} \tag{6-3-16}$$

当 $s=1$ 时,

$$\mathrm{Res}\left[X(z)z^{n-1},z_0\right]=\Psi(z)\big|_{z=z_0}=\Psi(z_0) \tag{6-3-17}$$

【**例 6-3-7**】　使用留数法求 $X(z)=\dfrac{1-\dfrac{1}{2}z^{-1}}{1+\dfrac{3}{4}z^{-1}+\dfrac{1}{8}z^{-2}}$,$|z|>\dfrac{1}{2}$ 的 z 反变换。

解：围线积分的被积函数为

$$X(z)z^{n-1}=\frac{z^{n-1}\left(1-\dfrac{1}{2}z^{-1}\right)}{\left(1+\dfrac{1}{2}z^{-1}\right)\left(1+\dfrac{1}{4}z^{-1}\right)}=\frac{z^n\left(z-\dfrac{1}{2}\right)}{\left(z+\dfrac{1}{2}\right)\left(z+\dfrac{1}{4}\right)}$$

积分围线 C 和 $X(z)z^{n-1}$ 的极点如图 6-3-1 所示。

当 $n\geqslant0$ 时,两个极点 $z_1=-\dfrac{1}{2}$,$z_2=-\dfrac{1}{4}$ 均包含在围线 C 内。应用式(6-3-12) 得

$$x(n)=\mathrm{Res}\left[X(z)z^{n-1},-\frac{1}{2}\right]+\mathrm{Res}\left[X(z)z^{n-1},-\frac{1}{4}\right]$$

因为 $z_1=-\dfrac{1}{2}$ 是一阶极点,应用式(6-3-17),得

$$\mathrm{Res}\left[X(z)z^{n-1},-\frac{1}{2}\right]=\Psi_1\left(-\frac{1}{2}\right)$$

$$X(z)z^{n-1}=\frac{z^n\left(z-\dfrac{1}{2}\right)}{\left(z+\dfrac{1}{2}\right)\left(z+\dfrac{1}{4}\right)}=\frac{\Psi_1(z)}{z+\dfrac{1}{2}}$$

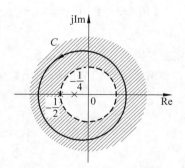

图 6-3-1　例 6-3-7 的积分围线 C
和 $X(z)z^{n-1}$ 的极点

所以,

$$\Psi_1(z)=\frac{z^n\left(z-\dfrac{1}{2}\right)}{z+\dfrac{1}{4}},\quad \Psi_1(z)\big|_{z=-\frac{1}{2}}=4\left(-\frac{1}{2}\right)^n$$

同样，$z_2 = -\dfrac{1}{4}$ 也是一阶极点，所以，

$$\mathrm{Res}\left[X(z)z^{n-1}, -\frac{1}{4}\right] = \Psi_2\left(-\frac{1}{4}\right)$$

$$X(z)z^{n-1} = \frac{z^n\left(z-\dfrac{1}{2}\right)}{\left(z+\dfrac{1}{2}\right)\left(z+\dfrac{1}{4}\right)} = \frac{\Psi_2(z)}{z+\dfrac{1}{4}}$$

所以，

$$\Psi_2(z) = \frac{z^n\left(z-\dfrac{1}{2}\right)}{z+\dfrac{1}{2}}, \quad \Psi_2(z)\mid_{z=-\frac{1}{4}} = -3\left(-\frac{1}{4}\right)^n$$

$X(z)$ 的收敛域为 $|z| > \dfrac{1}{2}$，$\lim\limits_{z\to\infty} X(z) = 1$ 是有限的，所以 $x(n)$ 是因果序列。$n < 0$ 时，$x(n) = 0$。

综合以上两种情况，$x(n)$ 可表示为

$$x(n) = \begin{cases} 4\left(-\dfrac{1}{2}\right)^n - 3\left(-\dfrac{1}{4}\right)^n, & n \geqslant 0 \\ 0, & n < 0 \end{cases}$$

或

$$x(n) = (2^{n+2} - 3)\left(-\frac{1}{4}\right)^n u(n)$$

【例 6-3-8】 已知 $X(z) = \dfrac{z\left(a-\dfrac{1}{a}\right)}{\left(z-\dfrac{1}{a}\right)(z-a)}$，$a < |z| < \dfrac{1}{a}$，其中，$0 < a < 1$，求 $X(z)$ 的 z 反变换。

解：围线积分的被积函数为

$$X(z)z^{n-1} = \frac{z^n\left(a-\dfrac{1}{a}\right)}{\left(z-\dfrac{1}{a}\right)(z-a)}$$

$X(z)z^{n-1}$ 有两个极点 $z_1 = a$，$z_2 = \dfrac{1}{a}$。积分围线 C 和 $X(z)z^{n-1}$ 的极点如图 6-3-2 所示。

$X(z)$ 的收敛域是 $a < |z| < \dfrac{1}{a}$，可以看作 $a < |z| \leqslant$

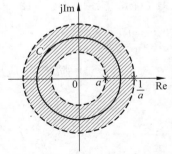

图 6-3-2   例 6-3-8 的积分围线 C 和 $X(z)z^{n-1}$ 的极点

$+\infty$ 与 $0 \leqslant |z| < \dfrac{1}{a}$ 的交集。由表 6-2-1 可知，$X(z)$ 的反变换是双边序列。收敛域 $a < |z| \leqslant +\infty$ 对应因果序列 $x_1(n)$，$n \geqslant 0$；收敛域 $0 \leqslant |z| < \dfrac{1}{a}$ 对应逆因果序列 $x_2(n)$，$n < 0$。

$X(z)$ 的反变换为 $x(n)=x_1(n)+x_2(n),n\in(-\infty,\infty)$。

（1）求解因果序列 $x_1(n),n\geqslant 0$。

积分围线 C 包含极点 $z_1=a$，且 z_1 为一阶极点。利用式（6-3-12）和式（6-3-15），得

$$x_1(n)=\mathrm{Res}\,[X(z)z^{n-1},a]=\left.\frac{z^n\left(a-\dfrac{1}{a}\right)}{z-\dfrac{1}{a}}\right|_{z=a}=a^n,\quad n\geqslant 0$$

（2）求解逆因果序列 $x_2(n),n<0$。

积分围线 C 外仅有一个一阶极点 $z_2=\dfrac{1}{a}$，且 $X(z)z^{n-1}$ 分母的阶次与分子的阶次之差为 $2-n\geqslant 2$，所以，$\mathrm{Res}\,[X(z)z^{n-1},\infty]=0$。由式（6-3-13）和式（6-3-15）得

$$x_2(n)=-\mathrm{Res}\left[X(z)z^{n-1},\frac{1}{a}\right]=\left.-\frac{z^n\left(a-\dfrac{1}{a}\right)}{z-a}\right|_{z=1/a}=a^{-n},\quad n<0$$

综合以上两种情况，得

$$x(n)=x_1(n)+x_2(n)=a^nu(n)+a^{-n}u(-u-1)$$

6.4　z 变换的性质和定理

在研究离散时间信号与系统时，z 变换的性质特别有用，将这些性质与 z 反变换的各种方法相结合，可用于求解复杂的 z 反变换。在求解常系数差分方程时，可利用 z 变换及其性质将差分方程变换为代数方程来求解。本节将讨论几个重要的 z 变换性质。

6.4.1　线性性质

设

$$\mathcal{Z}[x(n)]=X(z),\quad R_x^-<|z|<R_x^+$$
$$\mathcal{Z}[y(n)]=Y(z),\quad R_y^-<|z|<R_y^+$$

则

$$\mathcal{Z}[ax(n)+by(n)]=aX(z)+bY(z),\quad R^-<|z|<R^+ \tag{6-4-1}$$

这里需要注意线性组合 $aX(z)+bY(z)$ 的收敛域。当 $aX(z)+bY(z)$ 的极点由 $X(z)$ 和 $Y(z)$ 的全部极点组成，且没有任何零极点相互抵消时，$aX(z)+bY(z)$ 的收敛域是 $X(z)$ 和 $Y(z)$ 收敛域的重叠部分，即

$$R^-=\max[R_x^-,R_y^-],\quad R^+=\min[R_x^+,R_y^+]$$

如图 6-4-1 所示。此时，$aX(z)+bY(z)$ 的收敛域要小于 $X(z)$ 或 $Y(z)$ 的收敛域。

如果线性组合 $aX(z)+bY(z)$ 引入的某些零点抵消了极点，那么，$aX(z)+bY(z)$ 的收敛域就可能大于

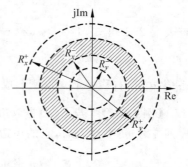

图 6-4-1　$aX(z)+bY(z)$ 的收敛域

$X(z)$ 或 $Y(z)$ 的收敛域。例如，

$$\delta(n) = a^n u(n) - a^n(n-1)$$

$\delta(n)$ 的收敛域为整个 z 平面；而 $a^n u(n)$ 和 $a^n(n-1)$ 是因果序列，它们的收敛域均为 $|z| > |a|$。$\delta(n) = a^n u(n) - a^n(n-1)$ 引入了新的零点，抵消了在 $z = a$ 处的极点，收敛域延伸到整个 z 平面。

前面在用部分分式展开法求 z 反变换时已经利用了这一性质，将 $X(z)$ 进行部分分式展开，$X(z)$ 的 z 反变换等于各部分分式 z 反变换之和。

6.4.2　序列移位性质

设

$$\mathcal{Z}[x(n)] = X(z), \quad R_x^- < |z| < R_x^+$$

则

$$\mathcal{Z}[x(n-m)] = z^{-m} X(z) \tag{6-4-2}$$

其中，$z^{-m} X(z)$ 的收敛域一般为 $R_x^- < |z| < R_x^+$，但在 $z=0$ 和 $z=\infty$ 处的收敛情况可能发生改变。

式(6-4-2)中 m 是一个整数。如果 $m>0$，序列 $x(n)$ 被右移；如果 $m<0$，序列 $x(n)$ 被左移。由于 $\mathcal{Z}[x(n-m)]$ 存在 z^{-m} 因子，它在 $z=0$ 或 $z=\infty$ 处极点的数目可能被改变。例如，$\mathcal{Z}[\delta(n)] = 1$ 的收敛域为整个 z 平面，而 $\mathcal{Z}[\delta(n-1)] = z^{-1}$ 在 $z=0$ 处不收敛；$\mathcal{Z}[\delta(n+1)] = z$ 在 $z=\infty$ 处也不收敛。在 z 反变换运算中，序列移位性质常常很有用。

【例 6-4-1】　已知 $X(z) = \dfrac{1}{z - \dfrac{1}{4}}$，$|z| > \dfrac{1}{4}$，求 $X(z)$ 的反变换 $x(n)$。

解：$X(z)$ 的 ROC 为 $|z| > \dfrac{1}{4}$，所以，$X(z)$ 所对应的 $x(n)$ 是一个右边序列。将 $X(z)$ 写成 z^{-1} 的形式，即

$$X(z) = \frac{z^{-1}}{1 - \dfrac{1}{4} z^{-1}}, |z| > \frac{1}{4}$$

$$= z^{-1} \frac{1}{1 - \dfrac{1}{4} z^{-1}}$$

查表 6-2-2 可知，$\left(\dfrac{1}{4}\right)^n u(n) \xleftrightarrow{\ z\ } \dfrac{1}{1 - \dfrac{1}{4} z^{-1}}$。根据序列移位性质可知，$X(z)$ 是序列 $\left(\dfrac{1}{4}\right)^n u(n)$ 右移一个样点所形成的新序列的 z 变换，即 $x(n) = \left(\dfrac{1}{4}\right)^{n-1} u(n-1)$。

【例 6-4-2】　若 $x(n)$ 是双边序列，其单边 z 变换表示为 $\mathcal{Z}[x(n)u(n)] = X(z)$，证明序列左移 m 个样点后，它的单边 z 变换为

$$\mathcal{Z}[x(n+m)u(n)] = z^m \left[X(z) - \sum_{k=0}^{m-1} x(k) z^{-k} \right] \tag{6-4-3}$$

其中，m 为正整数。

证明：由单边 z 变换的定义公式，得

$$\mathcal{Z}[x(n+m)u(n)]=\sum_{n=0}^{+\infty}x(n+m)z^{-n}=z^m\sum_{n=0}^{+\infty}x(n+m)z^{-(n+m)}$$

令 $k=n+m$，得

$$\mathcal{Z}[x(n+m)u(n)]=z^m\sum_{k=m}^{+\infty}x(k)z^{-k}=z^m\Big[\sum_{k=0}^{+\infty}x(k)z^{-k}-\sum_{k=0}^{m-1}x(k)z^{-k}\Big]$$

$$=z^m\Big[X(z)-\sum_{k=0}^{m-1}x(k)z^{-k}\Big]$$

类似地，可以得到序列右移的单边 z 变换：

$$\mathcal{Z}[x(n-m)u(n)]=z^{-m}\Big[X(z)+\sum_{k=-m}^{-1}x(k)z^{-k}\Big] \tag{6-4-4}$$

其中，m 为正整数。

最常用的是 $m=1$ 和 $m=2$ 的情况。$m=1$ 时，式(6-4-3)和式(6-4-4)分别变为

$$\mathcal{Z}[x(n+1)u(n)]=zX(z)-zx(0)$$

$$\mathcal{Z}[x(n-1)u(n)]=z^{-1}X(z)+x(-1)$$

$m=2$ 时，式(6-4-3)和式(6-4-4)分别变为

$$\mathcal{Z}[x(n+2)u(n)]=z^2X(z)-z^2x(0)-zx(1)$$

$$\mathcal{Z}[x(n-2)u(n)]=z^{-2}X(z)+z^{-1}x(-1)+x(-2)$$

如果 $x(n)$ 是因果序列，则式(6-4-4)中 $\sum\limits_{k=-m}^{-1}x(k)z^{-k}=0$，于是序列右移的单边 z 变换变为

$$\mathcal{Z}[x(n-m)u(n)]=z^{-m}X(z)$$

但序列左移的单边 z 变换仍为

$$\mathcal{Z}[x(n+m)u(n)]=z^m\Big[X(z)-\sum_{k=0}^{m-1}x(k)z^{-k}\Big]$$

在后面的章节中会看到利用式(6-4-3)和式(6-4-4)可以方便地求解差分方程。

6.4.3　尺度变换性质

设

$$\mathcal{Z}[x(n)]=X(z),\quad R_x^-<|z|<R_x^+$$

则

$$\mathcal{Z}[a^nx(n)]=X(a^{-1}z),\quad |a|R_x^-<|z|<|a|R_x^+ \tag{6-4-5}$$

按照这一性质，序列 $x(n)$ 乘以指数 a^n 后，其 z 变换的全部零极点的位置按尺度 a 发生了移位。如果 $X(z)$ 在 $z=z_1$ 处有极点，那么 $X(a^{-1}z)$ 在 $z=az_1$ 处一定有极点。若 a 为正实数，极点和零点在径向发生移位，也就是 z 平面的尺度发生了变化。当 $a>1$ 时，z 平面的尺度扩大了；当 $a<1$ 时，z 平面的尺度缩小了。如果 a 是幅度为 1 的复数，即 $a=\mathrm{e}^{j\omega_0}$，那么零极点的位置变化是以原点为中心在 z 平面内旋转 ω_0 的角度。

【例 6-4-3】 利用尺度变换性质求序列 $x(n) = r^n \sin\omega_0 n u(n)$ 的 z 变换。

解：依据欧拉公式，$x(n)$ 可表示为

$$x(n) = \frac{1}{2j}(re^{j\omega_0})^n u(n) - \frac{1}{2j}(re^{-j\omega_0})^n u(n)$$

查表 6-2-2，并利用尺度变换性质，得

$$\frac{1}{2j}(re^{j\omega_0})^n u(n) \xleftrightarrow{z} \frac{1}{2j}\frac{1}{1-re^{j\omega_0}z^{-1}}, \quad |z| > r$$

$$\frac{1}{2j}(re^{-j\omega_0})^n u(n) \xleftrightarrow{z} \frac{1}{2j}\frac{1}{1-re^{-j\omega_0}z^{-1}}, \quad |z| > r$$

由线性性质，得

$$\begin{aligned} X(z) &= \frac{1}{2j}\frac{1}{1-re^{j\omega_0}z^{-1}} - \frac{1}{2j}\frac{1}{1-re^{-j\omega_0}z^{-1}} \\ &= \frac{1}{2j}\frac{-re^{-j\omega_0}z^{-1}+re^{j\omega_0}z^{-1}}{1-2r\cos\omega_0 z^{-1}+r^2 z^{-2}} \\ &= \frac{rz^{-1}\sin\omega_0}{1-2r\cos\omega_0 z^{-1}+r^2 z^{-2}}, \quad |z| > r \end{aligned}$$

6.4.4 z 域微分性质

设

$$\mathcal{Z}[x(n)] = X(z), \quad R_x^- < |z| < R_x^+$$

则

$$\mathcal{Z}[nx(n)] = -z\frac{dX(z)}{dz}, \quad R_x^- < |z| < R_x^+ \tag{6-4-6}$$

下面举例说明该性质的应用。

【例 6-4-4】 已知 $X(z) = \ln(1+az^{-1})$，$|z| > |a|$，求其 z 反变换。

在例 6-3-1 中，采用了幂级数展开的方法求 $X(z)$ 的 z 反变换。本例中，采用 $X(z)$ 的微分性质和已知的 z 变换对同样可以求解 $x(n)$。

解：

$$\frac{dX(z)}{dz} = \frac{-az^{-2}}{1+az^{-1}}$$

依据微分性质，有

$$nx(n) \xleftrightarrow{z} -z\frac{dX(z)}{dz} = \frac{az^{-1}}{1+az^{-1}}, \quad |z| > |a|$$

再根据 z 变换的序列移位性质和线性性质，得

$$a(-a)^{n-1}u(n-1) \xleftrightarrow{z} \frac{az^{-1}}{1+az^{-1}}$$

所以

$$nx(n) = a(-a)^{n-1}u(n-1)$$

$$x(n) = \frac{a\,(-a)^{n-1}u(n-1)}{n}$$

6.4.5　序列反折性质

设

$$\mathcal{Z}[x(n)] = X(z), \quad R_x^- < |z| < R_x^+$$

则

$$\mathcal{Z}[x(-n)] = X\left(\frac{1}{z}\right), \quad \frac{1}{R_x^+} < |z| < \frac{1}{R_x^-} \tag{6-4-7}$$

【例 6-4-5】　求 $x(n) = a^{-n}u(-n)$ 的 z 变换。

解：$x(n)$ 是序列 $a^n u(n)$ 的时域反折，由序列反折性质可得

$$X(z) = \frac{1}{1-az} = \frac{-a^{-1}z^{-1}}{1-a^{-1}z^{-1}}, \quad |z| < |a^{-1}|$$

6.4.6　序列的复共轭

设

$$\mathcal{Z}[x(n)] = X(z), \quad R_x^- < |z| < R_x^+$$

则

$$\mathcal{Z}[x^*(n)] = X^*(z^*), \quad R_x^- < |z| < R_x^+ \tag{6-4-8}$$

以上几个性质可以由 z 变换的定义公式经简单的运算证明，请读者自行证明。

6.4.7　时域卷积定理

设

$$\mathcal{Z}[x(n)] = X(z), \quad R_x^- < |z| < R_x^+$$
$$\mathcal{Z}[y(n)] = Y(z), \quad R_y^- < |z| < R_y^+$$

若 $\psi(n) = \displaystyle\sum_{k=-\infty}^{\infty} x(k)y(n-k) = x(n) * y(n)$，即 $\psi(n)$ 是 $x(n)$ 与 $y(n)$ 的线性卷积，则

$$\Psi(z) = \mathcal{Z}[\psi(n)] = \mathcal{Z}[x(n) * y(n)] = X(z)Y(z) \tag{6-4-9}$$

$\Psi(z)$ 的收敛域是 $X(z)$ 和 $Y(z)$ 的收敛域的公共区域，即

$$\max[R_x^-, R_y^-] < |z| < \min[R_x^+, R_y^+]$$

所以，一般情况下 $\Psi(z)$ 的收敛域会比 $X(z)$ 和 $Y(z)$ 的收敛域小。但如果 $X(z)Y(z)$ 发生零极点抵消，那么，$\Psi(z) = X(z)Y(z)$ 的收敛域就可能大于 $X(z)$ 或 $Y(z)$ 的收敛域。下面证明时域卷积定理。

证明：

$$\Psi(z) = \mathcal{Z}[\psi(n)] = \mathcal{Z}[x(n) * y(n)] = \sum_{n=-\infty}^{+\infty}\left[\sum_{k=-\infty}^{\infty} x(k)y(n-k)\right]z^{-n}$$

交换求和次序，得

$$\Psi(z) = \sum_{k=-\infty}^{+\infty} \sum_{n=-\infty}^{+\infty} x(k)y(n-k)z^{-n} = \sum_{k=-\infty}^{+\infty} x(k) \sum_{n=-\infty}^{+\infty} y(n-k)z^{-n}$$

对上式作变量替换 $m=n-k$,得

$$\Psi(z) = \sum_{k=-\infty}^{+\infty} x(k) \sum_{m=-\infty}^{+\infty} y(m)z^{-(m+k)} = \sum_{k=-\infty}^{+\infty} x(k)z^{-k} \sum_{m=-\infty}^{+\infty} y(m)z^{-m}$$

当 z 位于 $X(z)$ 和 $Y(z)$ 的收敛域公共区域时,有

$$\Psi(z) = X(z)Y(z)$$

所以,$\Psi(z)$ 的收敛域为 $\max[R_x^-, R_y^-] < |z| < \min[R_x^+, R_y^+]$。

6.4.8　初值定理

设 $\mathcal{Z}[x(n)] = X(z)$,若 $x(n)$ 是因果序列,则

$$x(0) = \lim_{z \to \infty} X(z) \tag{6-4-10}$$

若 $x(n)$ 是逆因果序列,则

$$x(0) = \lim_{z \to 0} X(z) \tag{6-4-11}$$

证明:$x(n)$ 的 z 变换为 $X(z) = \sum_{n=-\infty}^{+\infty} x(n)z^{-n}$,分两种情况讨论。

(1) 若 $x(n)$ 是因果序列,则

$$X(z) = \sum_{n=-\infty}^{+\infty} x(n)z^{-n} = \sum_{n=0}^{+\infty} x(n)z^{-n}$$
$$= x(0) + x(1)z^{-1} + x(2)z^{-2} + x(3)z^{-3} + x(4)z^{-4} + \cdots$$

所以

$$\lim_{z \to \infty} X(z) = \lim_{z \to \infty} [x(0) + x(1)z^{-1} + x(2)z^{-2} + x(3)z^{-3} + x(4)z^{-4} + \cdots]$$
$$= x(0)$$

(2) 若 $x(n)$ 是逆因果序列,则

$$X(z) = \sum_{n=-\infty}^{+\infty} x(n)z^{-n} = \sum_{n=-\infty}^{0} x(n)z^{-n}$$
$$= x(0) + x(-1)z + x(-2)z^2 + x(-3)z^3 + x(-4)z^4 + \cdots$$

所以

$$\lim_{z \to 0} X(z) = \lim_{z \to 0} [x(0) + x(-1)z + x(-2)z^2 + x(-3)z^3 + x(-4)z^4 + \cdots]$$
$$= x(0)$$

6.4.9　终值定理

设 $x(n)$ 是因果序列,$\mathcal{Z}[x(n)] = X(z)$。如果 $X(z)$ 除了在 $z=1$ 处可以有一阶极点外,其他极点都在单位圆内,那么,

$$\lim_{n \to \infty} x(n) = \lim_{z \to 1} [(z-1)X(z)] \tag{6-4-12}$$

证明:利用 z 变换序列移位性质,得

$$(z-1)X(z) = zX(z) - X(z) = \mathcal{Z}[x(n+1) - x(n)]$$

$$= \sum_{n=-\infty}^{+\infty} [x(n+1) - x(n)]z^{-n}$$

由于 $x(n)$ 是因果序列,所以,

$$(z-1)X(z) = \sum_{n=-\infty}^{+\infty}[x(n+1)-x(n)]z^{-n} = \sum_{n=-1}^{+\infty}[x(n+1)-x(n)]z^{-n}$$

$$= \lim_{n\to\infty} \sum_{m=-1}^{n}[x(m+1)-x(m)]z^{-m} \tag{6-4-13}$$

$X(z)$ 除了在 $z=1$ 处可以有一阶极点外,其他极点都在单位圆内,而 $(z-1)X(z)$ 中的因式 $z-1$ 将抵消 $z=1$ 处可能存在的极点,故 $(z-1)X(z)$ 在 $1\leqslant|z|\leqslant\infty$ 上都收敛,所以,对式(6-4-13)取极限 $z\to1$,即

$$\lim_{z\to1}(z-1)X(z) = \lim_{z\to1}\lim_{n\to\infty}\sum_{m=-1}^{n}[x(m+1)-x(m)]z^{-m}$$

$$= \lim_{n\to\infty}\sum_{m=-1}^{n}[x(m+1)-x(m)]$$

$$= \lim_{n\to\infty}\{[x(0)-x(-1)]+[x(1)-x(0)]+$$

$$[x(2)-x(1)]+\cdots+[x(n+1)-x(n)]\}$$

$$= \lim_{n\to\infty}\{x(n+1)\} = \lim_{n\to\infty}x(n)$$

6.4.10　z 域复卷积定理

设

$$\omega(n) = x(n)y(n)$$

且

$$\mathcal{Z}[x(n)] = X(z), \quad R_x^- < |z| < R_x^+$$
$$\mathcal{Z}[y(n)] = Y(z), \quad R_y^- < |z| < R_y^+$$

则

$$W(z) = \mathcal{Z}[\omega(n)] = \mathcal{Z}[x(n) \cdot y(n)]$$

$$= \frac{1}{2\pi j}\oint_C X\left(\frac{z}{v}\right)Y(v)v^{-1}dv, \quad R_x^-R_y^- < |z| < R_x^+R_y^+ \tag{6-4-14}$$

其中,C 是 v 平面上 $X\left(\dfrac{z}{v}\right)$ 与 $Y(v)$ 的公共收敛域内环绕原点的一条逆时针方向闭合围线。v 平面上 $X\left(\dfrac{z}{v}\right)$ 与 $Y(v)$ 的公共收敛域满足

$$\max\left[\frac{|z|}{R_x^+}, R_y^-\right] < |v| < \min\left[\frac{|z|}{R_x^-}, R_y^+\right] \tag{6-4-15}$$

证明:

$$W(z) = \mathcal{Z}[x(n) \cdot y(n)] = \sum_{n=-\infty}^{+\infty}x(n)y(n)z^{-n}$$

将 $y(n) = \dfrac{1}{2\pi j} \oint_C Y(v) v^{n-1} \mathrm{d}v$ 代入上式，得

$$W(z) = \sum_{n=-\infty}^{+\infty} x(n) \frac{1}{2\pi j} \oint_C Y(v) v^{n-1} z^{-n} \mathrm{d}v$$

$$= \frac{1}{2\pi j} \oint_C Y(v) v^{-1} \Big[\sum_{n=-\infty}^{+\infty} x(n) \Big(\frac{z}{v}\Big)^{-n} \Big] \mathrm{d}v$$

当 $R_x^- < \Big| \dfrac{z}{v} \Big| < R_x^+$ 时，$\sum_{n=-\infty}^{+\infty} x(n) \Big(\dfrac{z}{v}\Big)^{-n}$ 收敛为 $X\Big(\dfrac{z}{v}\Big)$，所以，

$$W(z) = \frac{1}{2\pi j} \oint_C X\Big(\frac{z}{v}\Big) Y(v) v^{-1} \mathrm{d}v$$

下面确定 $W(z)$ 在 z 平面上的收敛域和 v 平面上 $X\Big(\dfrac{z}{v}\Big)$ 与 $Y(v)$ 的公共收敛域。

因为 $X(z)$ 的收敛域为 $R_x^- < |z| < R_x^+$，$Y(z)$ 的收敛域为 $R_y^- < |z| < R_y^+$，所以，$X\Big(\dfrac{z}{v}\Big)$ 和 $Y(v)$ 的收敛域分别为

$$R_x^- < \Big| \frac{z}{v} \Big| < R_x^+ \tag{6-4-16}$$

$$R_y^- < |v| < R_y^+ \tag{6-4-17}$$

合并 $X\Big(\dfrac{z}{v}\Big)$ 与 $Y(v)$ 的收敛域，抵消变量 v，得到 $W(z)$ 在 z 平面的收敛域：

$$R_x^- R_y^- < |z| < R_x^+ R_y^+$$

由式(6-4-16)可知，$X\Big(\dfrac{z}{v}\Big)$ 在 v 平面上的收敛域为 $\dfrac{|z|}{R_x^+} < |v| < \dfrac{|z|}{R_x^-}$。所以，$v$ 平面上 $X\Big(\dfrac{z}{v}\Big)$ 与 $Y(v)$ 的公共收敛域为

$$\max\Big[\frac{|z|}{R_x^+}, R_y^- \Big] < |v| < \min\Big[\frac{|z|}{R_x^-}, R_y^+ \Big]$$

另外，由于式(6-4-14)中的乘积 $x(n) \cdot y(n)$ 的因子 $x(n)$ 和 $y(n)$ 可以互换位置，可以证明

$$W(z) = \mathcal{Z}[x(n) \cdot y(n)] = \frac{1}{2\pi j} \oint_C X(v) Y\Big(\frac{z}{v}\Big) v^{-1} \mathrm{d}v \tag{6-4-18}$$

此时，积分围线 C 所在的 v 平面的收敛域为

$$\max\Big[\frac{|z|}{R_y^+}, R_x^- \Big] < |v| < \min\Big[\frac{|z|}{R_y^-}, R_x^+ \Big] \tag{6-4-19}$$

围线积分 $W(z) = \dfrac{1}{2\pi j} \oint_C X\Big(\dfrac{z}{v}\Big) Y(v) v^{-1} \mathrm{d}v$ 可用留数定理计算，即

$$W(z) = \frac{1}{2\pi j} \oint_C X\Big(\frac{z}{v}\Big) Y(v) v^{-1} \mathrm{d}v = \sum_k \mathrm{Res}\Big[X\Big(\frac{z}{v}\Big) Y(v) v^{-1}, v_k \Big] \tag{6-4-20}$$

其中，$\{v_k\}$ 是积分围线 C 所包含的 $X\Big(\dfrac{z}{v}\Big) Y(v) v^{-1}$ 的全部极点。

式(6-4-14)和式(6-4-18)也可以表示成类似于卷积积分的形式。将 z 与 v 表示为极坐标形式,即 $z = r\mathrm{e}^{\mathrm{j}\omega}$,$v = \rho\mathrm{e}^{\mathrm{j}\theta}$,令积分围线 C 是一个在收敛域内以原点为圆心的圆,则式(6-4-14)变为

$$W(r\mathrm{e}^{\mathrm{j}\omega}) = \frac{1}{2\pi\mathrm{j}} \oint_C Y(\rho\mathrm{e}^{\mathrm{j}\theta}) X\left(\frac{r}{\rho}\mathrm{e}^{\mathrm{j}(\omega-\theta)}\right) \frac{\mathrm{d}(\rho\mathrm{e}^{\mathrm{j}\theta})}{\rho\mathrm{e}^{\mathrm{j}\theta}}$$

由于积分围线 C 是圆,所以,θ 的积分区间为 $[-\pi, \pi]$,上式可表示成

$$W(r\mathrm{e}^{\mathrm{j}\omega}) = \frac{1}{2\pi} \int_{-\pi}^{\pi} Y(\rho\mathrm{e}^{\mathrm{j}\theta}) X\left(\frac{r}{\rho}\mathrm{e}^{\mathrm{j}(\omega-\theta)}\right) \mathrm{d}\theta \qquad (6\text{-}4\text{-}21)$$

式(6-4-21)与连续时间信号的卷积具有类似的形式,但积分区间为 $[-\pi, \pi]$。

【例 6-4-6】 设 $x(n) = a^n u(n)$,$y(n) = b^{n-1} u(n-1)$,求 $W(z) = \mathcal{Z}[x(n) \cdot y(n)]$。

解:

$$X(z) = \mathcal{Z}[x(n)] = \mathcal{Z}[a^n u(n)] = \frac{z}{z-a}, \quad |z| > |a|$$

$$Y(z) = \mathcal{Z}[y(n)] = \mathcal{Z}[b^{n-1} u(n-1)] = \frac{1}{z-b}, \quad |z| > |b|$$

依据 z 域复卷积定理,由式(6-4-18),得

$$W(z) = \mathcal{Z}[x(n) \cdot y(n)] = \frac{1}{2\pi\mathrm{j}} \oint_C \frac{v}{v-a} \cdot \frac{1}{\dfrac{z}{v}-b} \cdot \frac{1}{v} \mathrm{d}v$$

$$= \frac{1}{2\pi\mathrm{j}} \oint_C \frac{v}{(v-a)(z-bv)} \mathrm{d}v, \quad |z| > |ab|$$

在 v 平面上的收敛域为 $|v| > |a|$ 与 $\left|\dfrac{z}{v}\right| > |b|$ 的重叠区域,即 $|a| < |v| < \left|\dfrac{z}{b}\right|$。

在 v 平面上的收敛域内画出积分围线 C,如图 6-4-2 所示,在积分围线 C 中只有极点 $v = a$。

利用留数定理,得

$$W(z) = \frac{1}{2\pi\mathrm{j}} \oint_C \frac{v}{(v-a)(z-bv)} \mathrm{d}v$$

$$= \mathrm{Res}\left[\frac{v}{(v-a)(z-bv)}\right]\Bigg|_{v=a}$$

$$= \frac{a}{z-ab}, \quad |z| > |ab|$$

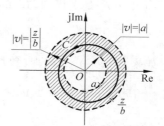

图 6-4-2　v 平面上的收敛域和极点

6.4.11　帕塞瓦尔定理

设

$$\mathcal{Z}[x(n)] = X(z), \quad R_x^- < |z| < R_x^+$$

$$\mathcal{Z}[y(n)] = Y(z), \quad R_y^- < |z| < R_y^+$$

且 $R_x^- R_y^- < 1 < R_x^+ R_y^+$,则

$$\sum_{n=-\infty}^{+\infty} x(n) y^*(n) = \frac{1}{2\pi\mathrm{j}} \oint_C X(v) Y^*\left(\frac{1}{v^*}\right) v^{-1} \mathrm{d}v \qquad (6\text{-}4\text{-}22)$$

其中,C 是 v 平面上 $X(v)$ 与 $Y^*\left(\dfrac{1}{v^*}\right)$ 公共收敛域内环绕原点的一条逆时针闭合围线。v 平面上 $X(v)$ 与 $Y^*\left(\dfrac{1}{v^*}\right)$ 的公共收敛域满足

$$\max\left[\frac{1}{R_y^+},R_x^-\right]<|v|<\min\left[\frac{1}{R_y^-},R_x^+\right] \qquad (6\text{-}4\text{-}23)$$

证明:令 $\omega(n)=x(n)y^*(n)$,利用 z 变换的复共轭性质可知,$\mathcal{Z}\left[y^*(n)\right]=Y^*(z^*)$。根据 z 变换的序列相乘性质,即由式(6-4-18)得

$$W(z)=\mathcal{Z}\left[\omega(n)\right]=\mathcal{Z}\left[x(n)\cdot y^*(n)\right]=\sum_{n=-\infty}^{+\infty}x(n)y^*(n)z^{-n}$$

$$=\frac{1}{2\pi\mathrm{j}}\oint_C X(v)Y^*\left(\frac{z^*}{v^*}\right)v^{-1}\mathrm{d}v,\quad R_x^-R_y^-<|z|<R_x^+R_y^+$$

因为 $R_x^-R_y^-<1<R_x^+R_y^+$,即 $W(z)$ 的收敛域包含单位圆,令 $z=1$,得

$$W(z)\big|_{z=1}=\sum_{n=-\infty}^{+\infty}x(n)y^*(n)z^{-n}\bigg|_{z=1}=\sum_{n=-\infty}^{+\infty}x(n)y^*(n)$$

$$=\frac{1}{2\pi\mathrm{j}}\oint_C X(v)Y^*\left(\frac{1}{v^*}\right)v^{-1}\mathrm{d}v$$

另外,$z=1$ 时,式(6-4-19)变为

$$\max\left[\frac{1}{R_y^+},R_x^-\right]<|v|<\min\left[\frac{1}{R_y^-},R_x^+\right]$$

上式确定了积分围线 C 所在 v 平面上 $X(v)$ 与 $Y^*\left(\dfrac{1}{v^*}\right)$ 的公共收敛域。

如果 $y(n)$ 是实序列,式(6-4-22)两边的共轭运算可以取消,式(6-4-22)变为

$$\sum_{n=-\infty}^{+\infty}x(n)y(n)=\frac{1}{2\pi\mathrm{j}}\oint_C X(v)Y\left(\frac{1}{v}\right)v^{-1}\mathrm{d}v \qquad (6\text{-}4\text{-}24)$$

如果 $X(z)$、$Y(z)$ 的收敛域都包含单位圆,由式(6-4-23)可知,v 平面上 $X(v)$ 与 $Y^*\left(\dfrac{1}{v^*}\right)$ 的公共收敛域也包含单位圆。此时,积分围线 C 可取为单位圆,即 $v=\mathrm{e}^{\mathrm{j}\omega}$,则式(6-4-22)变为

$$\sum_{n=-\infty}^{+\infty}x(n)y^*(n)=\frac{1}{2\pi}\int_{-\pi}^{\pi}X(\mathrm{e}^{\mathrm{j}\omega})Y^*(\mathrm{e}^{\mathrm{j}\omega})\mathrm{d}\omega \qquad (6\text{-}4\text{-}25)$$

式(6-4-25)是将在 6.5.2 节中介绍的序列及其傅里叶变换的帕塞瓦尔定理。

上面讨论的 z 变换的基本性质列于表 6-4-1 中。

6-4-1 z 变换的基本性质

序号	性质名称	表　达　式	收　敛　域
1	线性性质	$ax(n)+by(n)\overset{z}{\longleftrightarrow}aX(z)+bY(z)$	$\max[R_x^-,R_y^-]<|z|<\min[R_x^+,R_y^+]$
2	序列移位性质	$x(n-m)\overset{z}{\longleftrightarrow}z^{-m}X(z)$	$R_x^-<|z|<R_x^+$

续表

序号	性质名称	表　达　式	收　敛　域
3	尺度变换性质	$a^n x(n) \xleftrightarrow{z} X\left(\dfrac{z}{a}\right)$	$\|a\|R_x^- < \|z\| < \|a\|R_x^+$
4	z 域微分性质	$n x(n) \xleftrightarrow{z} -z\dfrac{\mathrm{d}X(z)}{\mathrm{d}z}$	$R_x^- < \|z\| < R_x^+$
5	序列反折性质	$x(-n) \xleftrightarrow{z} X\left(\dfrac{1}{z}\right)$	$\dfrac{1}{R_x^+} < \|z\| < \dfrac{1}{R_x^-}$
6	序列的复共轭	$x^*(n) \xleftrightarrow{z} X^*(z^*)$	$R_x^- < \|z\| < R_x^+$
7	时域卷积定理	$x(n) * y(n) \xleftrightarrow{z} X(z)Y(z)$	$\max[R_x^-,R_y^-] < \|z\| < \min[R_x^+,R_y^+]$
8	初值定理	$x(0) = \lim\limits_{z \to \infty} X(z)$	$x(n)$ 为因果序列
		$x(0) = \lim\limits_{z \to 0} X(z)$	$x(n)$ 为逆因果序列
9	终值定理	$x(\infty) = \lim\limits_{z \to 1}(z-1)X(z)$	$x(n)$ 为因果序列,且 $X(z)$ 除在 $z=1$ 处可以有一阶极点外,其他极点都在单位圆内
10	z 域复卷积定理	$x(n) \cdot y(n) \xleftrightarrow{z} \dfrac{1}{2\pi \mathrm{j}} \oint_c X\left(\dfrac{z}{v}\right) Y(v) v^{-1} \mathrm{d}v$	$\max[R_x^-,R_y^-] < \|z\| < \min[R_x^+,R_y^+]$
11	帕塞瓦尔定理	$\displaystyle\sum_{n=-\infty}^{\infty} x(n) \cdot y^*(n)$ $= \dfrac{1}{2\pi \mathrm{j}} \oint_c X(v) Y^*\left(\dfrac{1}{v^*}\right) v^{-1} \mathrm{d}v$	$R_x^- \cdot R_y^- < \|z\| < R_x^+ \cdot R_y^+$

6.5　离散时间信号傅里叶变换

6.5.1　离散时间信号傅里叶变换的定义

第 4 章讨论了连续时间信号的傅里叶变换,通过傅里叶变换可以在频域中研究连续时间信号的频谱特性。同样,对于离散时间信号也可以通过傅里叶变换将其转换到频域进行研究。离散时间信号 $x(n)$ 的傅里叶变换定义为

$$X(\mathrm{e}^{\mathrm{j}\omega}) = \mathcal{F}[x(n)] = \sum_{n=-\infty}^{+\infty} x(n)\mathrm{e}^{-\mathrm{j}\omega n} \tag{6-5-1}$$

其中,符号 $\mathcal{F}$ 表示傅里叶变换。由于 $\mathrm{e}^{-\mathrm{j}\omega n}$ 存在周期性,即 $\mathrm{e}^{-\mathrm{j}(\omega+2\pi)n} = \mathrm{e}^{-\mathrm{j}\omega n}$,所以,$X(\mathrm{e}^{\mathrm{j}\omega})$ 是以 ω 为变量的连续周期函数,最小周期为 2π。式(6-5-1)也可以看作周期函数 $X(\mathrm{e}^{\mathrm{j}\omega})$ 的傅里叶级数展开,其傅里叶级数系数是 $x(n)$。

$X(\mathrm{e}^{\mathrm{j}\omega})$ 的傅里叶反变换定义为

$$x(n) = \mathcal{F}^{-1}[X(\mathrm{e}^{\mathrm{j}\omega})] = \frac{1}{2\pi} \int_{-\pi}^{\pi} X(\mathrm{e}^{\mathrm{j}\omega}) \mathrm{e}^{\mathrm{j}\omega n} \mathrm{d}\omega \tag{6-5-2}$$

其中,符号 $\mathcal{F}^{-1}$ 表示取傅里叶反变换。这里要注意的是,积分只在 $X(\mathrm{e}^{\mathrm{j}\omega})$ 的一个周期内进行。

式(6-5-1)和式(6-5-2)合称为离散时间信号的傅里叶变换对。序列 $x(n)$ 与 $X(\mathrm{e}^{\mathrm{j}\omega})$

的关系可描述为

$$x(n) \xleftarrow{\quad\mathcal{F}\quad} X(\mathrm{e}^{\mathrm{j}\omega})$$

$X(\mathrm{e}^{\mathrm{j}\omega})$ 表示离散时间信号 $x(n)$ 的频谱，ω 是数字域频率。一般情况下，$X(\mathrm{e}^{\mathrm{j}\omega})$ 是以 ω 为变量的复函数，用实部与虚部的形式表示为

$$X(\mathrm{e}^{\mathrm{j}\omega}) = X_{\mathrm{R}}(\mathrm{e}^{\mathrm{j}\omega}) + \mathrm{j}X_{\mathrm{I}}(\mathrm{e}^{\mathrm{j}\omega}) \tag{6-5-3}$$

或用幅度和相位表示为

$$X(\mathrm{e}^{\mathrm{j}\omega}) = |X(\mathrm{e}^{\mathrm{j}\omega})| \mathrm{e}^{\mathrm{j}\arg[X(\mathrm{e}^{\mathrm{j}\omega})]} = X(\omega)\mathrm{e}^{\mathrm{j}\varphi(\omega)} \tag{6-5-4}$$

其中，$X(\omega) = |X(\mathrm{e}^{\mathrm{j}\omega})|$ 称为序列 $x(n)$ 的幅度谱，$\varphi(\omega) = \arg[X(\mathrm{e}^{\mathrm{j}\omega})]$ 称为序列 $x(n)$ 的相位谱，它们与 $X(\mathrm{e}^{\mathrm{j}\omega})$ 的实部与虚部的关系分别为

$$X(\omega) = |X(\mathrm{e}^{\mathrm{j}\omega})| = [X_{\mathrm{R}}^2(\mathrm{e}^{\mathrm{j}\omega}) + X_{\mathrm{I}}^2(\mathrm{e}^{\mathrm{j}\omega})]^{\frac{1}{2}} \tag{6-5-5}$$

$$\varphi(\omega) = \arg[X(\mathrm{e}^{\mathrm{j}\omega})] = \arctan\frac{X_{\mathrm{I}}(\mathrm{e}^{\mathrm{j}\omega})}{X_{\mathrm{R}}(\mathrm{e}^{\mathrm{j}\omega})} \tag{6-5-6}$$

【例 6-5-1】　求单边实指数序列 $x(n) = a^n u(n)$ 的傅里叶变换。其中，a 为实数，$0 < a < 1$。

解：根据序列的傅里叶变换定义，有

$$X(\mathrm{e}^{\mathrm{j}\omega}) = \sum_{n=0}^{+\infty} a^n \mathrm{e}^{-\mathrm{j}\omega n} = \sum_{n=0}^{+\infty} (a\mathrm{e}^{-\mathrm{j}\omega})^n \tag{6-5-7}$$

因为 $0 < a < 1$，$|a\mathrm{e}^{-\mathrm{j}\omega}| < 1$，所以式(6-5-7)收敛。故

$$X(\mathrm{e}^{\mathrm{j}\omega}) = \sum_{n=0}^{+\infty} (a\mathrm{e}^{-\mathrm{j}\omega})^n = \frac{1}{1 - a\mathrm{e}^{-\mathrm{j}\omega}}$$

幅度谱 $|X(\mathrm{e}^{\mathrm{j}\omega})|$ 为

$$|X(\mathrm{e}^{\mathrm{j}\omega})| = \left|\frac{1}{1 - a\mathrm{e}^{-\mathrm{j}\omega}}\right| = \frac{1}{(1 + a^2 - 2a\cos\omega)^{\frac{1}{2}}}$$

相位谱 $\varphi(\omega)$ 为

$$\varphi(\omega) = \arg[X(\mathrm{e}^{\mathrm{j}\omega})] = -\arctan\frac{a\sin\omega}{1 - a\cos\omega}$$

图 6-5-1 分别画出 $a = 0.5$ 时的序列 $x(n)$ 及其幅度谱和相位谱。

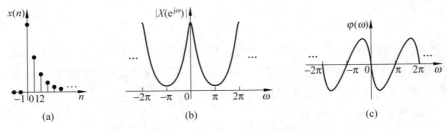

图 6-5-1　$a = 0.5$ 时的序列 $x(n)$ 及其幅度谱和相位谱

从序列的傅里叶变换定义和例 6-5-1 可知，离散时间信号 $x(n)$ 的频谱 $X(\mathrm{e}^{\mathrm{j}\omega})$ 具有如下特点：

（1）任何离散时间序列的频谱 $X(\mathrm{e}^{\mathrm{j}\omega})$ 都是频率 ω 的周期函数，周期为 2π。因此，一

般情况下,只需讨论区间 $[-\pi,\pi]$ 的频谱特性。$\omega=0$ 附近是低频段,ω 逐渐增大,$\omega=\pi$ 附近是高频段。有些情况也会讨论区间 $[0,2\pi]$ 的频谱特性,这时,区间 $[\pi,2\pi]$ 的频谱是区间 $[-\pi,0]$ 频谱的重复,表示频谱随着频率 ω 从高频到低频的变化。

(2) 若 $x(n)$ 为实序列,幅度谱 $|X(\mathrm{e}^{\mathrm{j}\omega})|$ 关于 $\omega=0$ 偶对称,相位谱 $\varphi(\omega)$ 关于 $\omega=0$ 奇对称。在区间 $[0,2\pi]$ 内,幅度谱 $|X(\mathrm{e}^{\mathrm{j}\omega})|$ 关于 $\omega=\pi$ 偶对称,相位谱 $\varphi(\omega)$ 关于 $\omega=\pi$ 奇对称。

离散时间信号的傅里叶变换与连续时间信号的傅里叶变换的重要区别在于,离散时间信号的傅里叶变换是以 2π 为周期的数字域频率 ω 的连续函数,而连续时间信号的傅里叶变换是模拟域频率 Ω 的非周期函数。需要特别注意的是,并不是所有序列的傅里叶变换都存在,也就是式(6-5-1)右边的级数和并不总是收敛的。收敛的充分条件为

$$|X(\mathrm{e}^{\mathrm{j}\omega})|<\infty \tag{6-5-8}$$

由式(6-5-8)和式(6-5-1)可得

$$|X(\mathrm{e}^{\mathrm{j}\omega})|=\left|\sum_{n=-\infty}^{+\infty}x(n)\mathrm{e}^{-\mathrm{j}\omega n}\right|\leqslant\sum_{n=-\infty}^{+\infty}|x(n)||\mathrm{e}^{-\mathrm{j}\omega n}|$$

$$\leqslant\sum_{n=-\infty}^{+\infty}|x(n)|<\infty \tag{6-5-9}$$

因此,如果序列 $x(n)$ 绝对可和,那么傅里叶变换 $X(\mathrm{e}^{\mathrm{j}\omega})$ 存在。序列 $x(n)$ 绝对可和只是 $X(\mathrm{e}^{\mathrm{j}\omega})$ 存在的充分条件。例如,$u(n)$、$\mathrm{e}^{\mathrm{j}\omega_0 n}$、$\cos\omega_0 n$ 以及其他各种周期序列均不是绝对可和的,一般认为它们不存在傅里叶变换。但如果引入奇异信号的概念,这类不是绝对可和的序列也存在傅里叶变换。具体内容将在 6.5.3 节中讨论。

6.5.2　离散时间信号傅里叶变换的性质

1. 线性性质

设

$$\mathcal{F}[x_1(n)]=X_1(\mathrm{e}^{\mathrm{j}\omega}),\mathcal{F}[x_2(n)]=X_2(\mathrm{e}^{\mathrm{j}\omega})$$

则

$$\mathcal{F}[ax_1(n)+bx_2(n)]=aX_1(\mathrm{e}^{\mathrm{j}\omega})+bX_2(\mathrm{e}^{\mathrm{j}\omega}) \tag{6-5-10}$$

2. 序列移位性质

设

$$\mathcal{F}[x(n)]=X(\mathrm{e}^{\mathrm{j}\omega})$$

则

$$\mathcal{F}[x(n-m)]=\mathrm{e}^{-\mathrm{j}\omega m}X(\mathrm{e}^{\mathrm{j}\omega}) \tag{6-5-11}$$

时域移位对应于频域相位的变化。

3. 调制性质

设

$$\mathcal{F}[x(n)]=X(\mathrm{e}^{\mathrm{j}\omega})$$

则

$$\mathcal{F}[e^{j\omega_0 n}x(n)] = X(e^{j(\omega-\omega_0)}) \tag{6-5-12}$$

时域调制对应于频域频移,所以,调制性质又称为频移特性。

4. 序列反折性质

设

$$\mathcal{F}[x(n)] = X(e^{j\omega})$$

则

$$\mathcal{F}[x(-n)] = X(e^{-j\omega}) \tag{6-5-13}$$

如果 $x(n)$ 是实序列,序列反折性质还可以表示为

$$\mathcal{F}[x(-n)] = X^*(e^{j\omega}) \tag{6-5-14}$$

5. 频域微分性质

设

$$\mathcal{F}[x(n)] = X(e^{j\omega})$$

则

$$\mathcal{F}[nx(n)] = j\frac{dX(e^{j\omega})}{d\omega} \tag{6-5-15}$$

6. 序列的复共轭

设

$$\mathcal{F}[x(n)] = X(e^{j\omega})$$

则

$$\mathcal{F}[x^*(n)] = X^*(e^{-j\omega}) \tag{6-5-16}$$

时域序列的复共轭对应于频域频谱的复共轭且反折。

7. 时域卷积定理

设

$$\mathcal{F}[x(n)] = X(e^{j\omega}), \quad \mathcal{F}[y(n)] = Y(e^{j\omega}), \quad \omega(n) = x(n)*y(n)$$

则

$$W(e^{j\omega}) = \mathcal{F}[x(n)*y(n)] = X(e^{j\omega})Y(e^{j\omega}) \tag{6-5-17}$$

时域卷积定理说明,时域中序列的卷积运算对应于频域中各序列频谱的乘积。傅里叶变换将序列的卷积运算变成了代数乘法运算,为 LTI 系统的分析带来了很大的方便。下面证明时域卷积定理。

证明:

$$W(e^{j\omega}) = \mathcal{F}[x(n)*y(n)] = \sum_{n=-\infty}^{+\infty}[x(n)*y(n)]e^{-j\omega n}$$

$$= \sum_{n=-\infty}^{+\infty} \sum_{k=-\infty}^{+\infty} x(k)y(n-k)\mathrm{e}^{-\mathrm{j}\omega n}$$

$$= \sum_{k=-\infty}^{+\infty} x(k) \sum_{n=-\infty}^{+\infty} y(n-k)\mathrm{e}^{-\mathrm{j}\omega n}$$

进行变量替换,令 $n-k=m$,可得

$$W(\mathrm{e}^{\mathrm{j}\omega}) = \sum_{k=-\infty}^{+\infty} x(k) \sum_{m=-\infty}^{+\infty} y(m)\mathrm{e}^{-\mathrm{j}\omega m}\mathrm{e}^{-\mathrm{j}\omega k} = \sum_{k=-\infty}^{+\infty} x(k)\mathrm{e}^{-\mathrm{j}\omega k} \sum_{m=-\infty}^{+\infty} y(m)\mathrm{e}^{-\mathrm{j}\omega m}$$

$$= X(\mathrm{e}^{\mathrm{j}\omega})Y(\mathrm{e}^{\mathrm{j}\omega})$$

8. 频域卷积定理

设

$$\mathcal{F}[x(n)]=X(\mathrm{e}^{\mathrm{j}\omega}), \quad \mathcal{F}[y(n)]=Y(\mathrm{e}^{\mathrm{j}\omega}), \quad \omega(n)=x(n)y(n)$$

则

$$W(\mathrm{e}^{\mathrm{j}\omega}) = \mathcal{F}[x(n)y(n)] = \frac{1}{2\pi}X(\mathrm{e}^{\mathrm{j}\omega}) * Y(\mathrm{e}^{\mathrm{j}\omega})$$

$$= \frac{1}{2\pi}\int_{-\pi}^{\pi} X(\mathrm{e}^{\mathrm{j}\theta})Y(\mathrm{e}^{\mathrm{j}(\omega-\theta)})\mathrm{d}\theta \tag{6-5-18}$$

频域卷积定理说明,时域中序列的乘积运算对应于频域中各序列频谱的卷积。要注意的是,式(6-5-18)卷积运算的积分区间为 $[-\pi,\pi]$,是序列频谱的一个周期,所以上述积分也称为周期卷积。下面证明频域卷积定理。

证明:

$$W(\mathrm{e}^{\mathrm{j}\omega}) = \mathcal{F}[x(n)y(n)] = \sum_{n=-\infty}^{+\infty} [x(n)y(n)]\mathrm{e}^{-\mathrm{j}\omega n} \tag{6-5-19}$$

将 $x(n)=\frac{1}{2\pi}\int_{-\pi}^{\pi} X(\mathrm{e}^{\mathrm{j}\theta})\mathrm{e}^{\mathrm{j}\theta n}\mathrm{d}\theta$ 代入式(6-5-19),得

$$W(\mathrm{e}^{\mathrm{j}\omega}) = \sum_{n=-\infty}^{+\infty} \frac{1}{2\pi}\int_{-\pi}^{\pi} X(\mathrm{e}^{\mathrm{j}\theta})\mathrm{e}^{\mathrm{j}\theta n}\mathrm{d}\theta \cdot y(n)\mathrm{e}^{-\mathrm{j}\omega n}$$

$$= \frac{1}{2\pi}\int_{-\pi}^{\pi} X(\mathrm{e}^{\mathrm{j}\theta})\mathrm{d}\theta \cdot \sum_{n=-\infty}^{+\infty} y(n)\mathrm{e}^{-\mathrm{j}\omega n}\mathrm{e}^{\mathrm{j}\theta n}$$

$$= \frac{1}{2\pi}\int_{-\pi}^{\pi} X(\mathrm{e}^{\mathrm{j}\theta}) \cdot Y(\mathrm{e}^{\mathrm{j}(\omega-\theta)})\mathrm{d}\theta = \frac{1}{2\pi}X(\mathrm{e}^{\mathrm{j}\omega}) * Y(\mathrm{e}^{\mathrm{j}\omega})$$

9. 帕塞瓦尔定理

设

$$\mathcal{F}[x(n)]=X(\mathrm{e}^{\mathrm{j}\omega})$$

则

$$\sum_{n=-\infty}^{+\infty} |x(n)|^2 = \frac{1}{2\pi}\int_{-\pi}^{\pi} |X(\mathrm{e}^{\mathrm{j}\omega})|^2 \mathrm{d}\omega \tag{6-5-20}$$

该性质称为帕塞瓦尔(Parseval)定理。

函数 $|X(e^{j\omega})|^2$ 称为能量密度谱,描述了能量在频域中的分布情况。帕塞瓦尔定理说明了在时域中求序列的能量与频域中用频谱密度 $X(e^{j\omega})$ 计算能量是相等的。所以,帕塞瓦尔定理又称为能量守恒定理。帕塞瓦尔定理还有一般形式,即

$$\sum_{n=-\infty}^{+\infty} x(n)y^*(n) = \frac{1}{2\pi}\int_{-\pi}^{\pi} X(e^{j\omega})Y^*(e^{j\omega})\,d\omega \tag{6-5-21}$$

证明: 由序列的傅里叶变换对的定义及其序列复共轭性质可得

$$y^*(n) = \frac{1}{2\pi}\int_{-\pi}^{\pi} Y^*(e^{-j\omega})e^{j\omega n}\,d\omega$$

所以

$$\begin{aligned}
\sum_{n=-\infty}^{+\infty} x(n)y^*(n) &= \sum_{n=-\infty}^{+\infty} x(n)\frac{1}{2\pi}\int_{-\pi}^{\pi} Y^*(e^{-j\omega})e^{j\omega n}\,d\omega \\
&= \frac{1}{2\pi}\int_{-\pi}^{\pi} Y^*(e^{-j\omega})\sum_{n=-\infty}^{+\infty} x(n)e^{j\omega n}\,d\omega \\
&= \frac{1}{2\pi}\int_{-\pi}^{\pi} Y^*(e^{-j\omega})X(e^{-j\omega})\,d\omega
\end{aligned}$$

进行变量替换,令 $\omega = -\theta$,有

$$\sum_{n=-\infty}^{+\infty} x(n)y^*(n) = \frac{1}{2\pi}\int_{\pi}^{-\pi} Y^*(e^{j\theta})X(e^{j\theta})\,d(-\theta) = \frac{1}{2\pi}\int_{-\pi}^{\pi} Y^*(e^{j\theta})X(e^{j\theta})\,d\theta$$

即

$$\sum_{n=-\infty}^{+\infty} x(n)y^*(n) = \frac{1}{2\pi}\int_{-\pi}^{\pi} X(e^{j\omega})Y^*(e^{j\omega})\,d\omega$$

离散时间信号傅里叶变换的帕塞瓦尔定理也可以看作 z 变换的帕塞瓦尔定理的特殊形式,具体过程请参阅 6.4 节。

10. 对称性

离散时间信号的傅里叶变换具有对称性,这些对称性在信号与系统的分析中很有用。在介绍对称性之前,先定义两个对称序列:共轭对称序列 $x_e(n)$,定义为具有性质 $x_e(n) = x_e^*(-n)$ 的序列;共轭反对称序列 $x_o(n)$,定义为具有性质 $x_o(n) = -x_o^*(-n)$ 的序列;这里 * 表示取复数共轭。任意序列 $x(n)$ 都能表示为一个共轭对称序列与一个共轭反对称序列之和,即

$$x(n) = x_e(n) + x_o(n) \tag{6-5-22}$$

其中,

$$x_e(n) = \frac{1}{2}[x(n) + x^*(-n)] = x_e^*(-n) \tag{6-5-23}$$

$$x_o(n) = \frac{1}{2}[x(n) - x^*(-n)] = -x_o^*(-n) \tag{6-5-24}$$

共轭对称的实序列称为偶序列,具有偶对称的性质;共轭反对称的实序列称为奇序列,具有奇对称的性质。

离散时间信号的傅里叶变换 $X(e^{j\omega})$ 能分解为共轭对称函数 $X_e(e^{j\omega})$ 与共轭反对称函

数 $X_{\circ}(e^{j\omega})$ 之和,即

$$X(e^{j\omega}) = X_e(e^{j\omega}) + X_o(e^{j\omega}) \tag{6-5-25}$$

其中,

$$X_e(e^{j\omega}) = \frac{1}{2}[X(e^{j\omega}) + X^*(e^{-j\omega})] = X_e^*(e^{-j\omega}) \tag{6-5-26}$$

$$X_o(e^{j\omega}) = \frac{1}{2}[X(e^{j\omega}) - X^*(e^{-j\omega})] = -X_o^*(e^{-j\omega}) \tag{6-5-27}$$

　　如果序列的傅里叶变换 $X(e^{j\omega})$ 是实函数,且满足共轭对称条件,则称 $X(e^{j\omega})$ 是 ω 的偶函数,即 $X(e^{j\omega}) = X(e^{-j\omega})$;如果序列的傅里叶变换 $X(e^{j\omega})$ 是实函数,且满足共轭反对称条件,则称 $X(e^{j\omega})$ 是 ω 的奇函数,即 $X(e^{j\omega}) = -X(e^{-j\omega})$。

　　由上面给出的定义和序列的傅里叶变换性质,可以得到一些傅里叶变换的对称性。设序列 $x(n)$ 的傅里叶变换为 $X(e^{j\omega})$,即 $\mathcal{F}[x(n)] = X(e^{j\omega})$,序列 $x(n)$ 实部的傅里叶变换为

$$\mathcal{F}\{\mathrm{Re}[x(n)]\} = \mathcal{F}\left\{\frac{1}{2}[x(n) + x^*(n)]\right\}$$
$$= \frac{1}{2}\mathcal{F}[x(n)] + \frac{1}{2}\mathcal{F}[x^*(n)] \tag{6-5-28}$$

利用傅里叶变换定义,并将式(6-5-16)代入式(6-5-28),得

$$\mathcal{F}\{\mathrm{Re}[x(n)]\} = \frac{1}{2}X(e^{j\omega}) + \frac{1}{2}X^*(e^{-j\omega}) = X_e(e^{j\omega}) \tag{6-5-29}$$

同样,可以推导出序列 $x(n)$ 虚部的傅里叶变换为

$$\mathcal{F}\{j\mathrm{Im}[x(n)]\} = \mathcal{F}\left\{\frac{1}{2}[x(n) - x^*(n)]\right\}$$
$$= \frac{1}{2}X(e^{j\omega}) - \frac{1}{2}X^*(e^{-j\omega}) = X_o(e^{j\omega}) \tag{6-5-30}$$

序列 $x(n)$ 共轭对称分量 $x_e(n)$ 的傅里叶变换为

$$\mathcal{F}[x_e(n)] = \mathcal{F}\left\{\frac{1}{2}[x(n) + x^*(-n)]\right\}$$
$$= \frac{1}{2}\mathcal{F}[x(n)] + \frac{1}{2}\mathcal{F}[x^*(-n)] \tag{6-5-31}$$

由式(6-5-13)和式(6-5-16),得 $\mathcal{F}[x^*(-n)] = X^*(e^{j\omega})$,将其代入式(6-5-31),得

$$\mathcal{F}[x_e(n)] = \frac{1}{2}\mathcal{F}[x(n)] + \frac{1}{2}\mathcal{F}[x^*(-n)]$$
$$= \frac{1}{2}X(e^{j\omega}) + \frac{1}{2}X^*(e^{j\omega}) = X_R(e^{j\omega}) \tag{6-5-32}$$

同理,可以推导出序列 $x(n)$ 的共轭反对称分量 $x_o(n)$ 的傅里叶变换为

$$\mathcal{F}[x_o(n)] = \mathcal{F}\left\{\frac{1}{2}[x(n) - x^*(-n)]\right\}$$
$$= \frac{1}{2}X(e^{j\omega}) - \frac{1}{2}X^*(e^{j\omega}) = jX_I(e^{j\omega}) \tag{6-5-33}$$

如果 $x(n)$ 是一个实序列,上述对称性质就更为有用和简单。对于实序列 $x(n)$,由式(6-5-16)可知,其傅里叶变换是共轭对称的,即 $X(e^{j\omega}) = X^*(e^{-j\omega})$。如果将 $X(e^{j\omega})$ 表示成实部和虚部的形式,即

$$X(e^{j\omega}) = X_R(e^{j\omega}) + jX_I(e^{j\omega})$$

那么,

$$\begin{cases} X_R(e^{j\omega}) = X_R(e^{-j\omega}) \\ X_I(e^{j\omega}) = -X_I(e^{-j\omega}) \end{cases} \tag{6-5-34}$$

也就是说,实序列 $x(n)$ 的傅里叶变换 $X(e^{j\omega})$ 实部是一个偶函数,虚部是一个奇函数。类似地,如果将 $X(e^{j\omega})$ 表示成极坐标形式,即

$$X(e^{j\omega}) = |X(e^{j\omega})| e^{j \arg[X(e^{j\omega})]}$$

则

$$\begin{cases} |X(e^{j\omega})| = |X(e^{-j\omega})| \\ \arg[X(e^{j\omega})] = -\arg[X(e^{-j\omega})] \end{cases} \tag{6-5-35}$$

式(6-5-35)说明,实序列 $x(n)$ 傅里叶变换的幅度谱 $|X(e^{j\omega})|$ 是一个偶函数,相位谱 $\arg[X(e^{-j\omega})]$ 是一个奇函数。

表 6-5-1 列出了序列傅里叶变换的主要性质。

表 6-5-1　序列傅里叶变换的主要性质

序号	性质名称	序列	傅里叶变换
1	线性性质	$ax_1(n) + bx_2(n)$	$aX_1(e^{j\omega}) + bX_2(e^{j\omega})$
2	序列移位	$x(n-m)$	$e^{-j\omega m} X(e^{j\omega})$
3	调制性质	$e^{j\omega_0 n} x(n)$	$X(e^{j(\omega-\omega_0)})$
4	序列反折性质	$x(-n)$	$X(e^{-j\omega})$
5	频域微分性质	$nx(n)$	$j \dfrac{dX(e^{j\omega})}{d\omega}$
6	序列的复共轭	$x^*(n)$	$X^*(e^{-j\omega})$
7	时域卷积	$x(n) * y(n)$	$X(e^{j\omega}) Y(e^{j\omega})$
8	频域卷积	$x(n) y(n)$	$\dfrac{1}{2\pi} \displaystyle\int_{-\pi}^{\pi} X(e^{j\theta}) Y(e^{j(\omega-\theta)}) d\theta$
9	对称性	$\mathrm{Re}[x(n)]$	$X_e(e^{j\omega}) = \dfrac{1}{2}[X(e^{j\omega}) + X^*(e^{-j\omega})]$
		$j\mathrm{Im}[x(n)]$	$X_o(e^{j\omega}) = \dfrac{1}{2}[X(e^{j\omega}) - X^*(e^{-j\omega})]$
		$x_e(n) = \dfrac{1}{2}[x(n) + x^*(-n)]$	$X_R(e^{j\omega})$
		$x_o(n) = \dfrac{1}{2}[x(n) - x^*(-n)]$	$jX_I(e^{j\omega})$

续表

序号	性质名称	序列	傅里叶变换
9	对称性	$x(n)$ 为任意实序列	$X(\mathrm{e}^{\mathrm{j}\omega})=X^{*}(\mathrm{e}^{-\mathrm{j}\omega})$ $\begin{cases} X_{\mathrm{R}}(\mathrm{e}^{\mathrm{j}\omega})=X_{\mathrm{R}}(\mathrm{e}^{-\mathrm{j}\omega}) \\ X_{\mathrm{I}}(\mathrm{e}^{\mathrm{j}\omega})=-X_{\mathrm{I}}(\mathrm{e}^{-\mathrm{j}\omega}) \end{cases}$ $\begin{cases} \mid X(\mathrm{e}^{\mathrm{j}\omega})\mid=\mid X(\mathrm{e}^{-\mathrm{j}\omega})\mid \\ \arg[X(\mathrm{e}^{\mathrm{j}\omega})]=-\arg[X(\mathrm{e}^{-\mathrm{j}\omega})] \end{cases}$
10	帕塞瓦尔定理	$\displaystyle\sum_{n=-\infty}^{+\infty}\mid x(n)\mid^{2}=\frac{1}{2\pi}\int_{-\pi}^{\pi}\mid X(\mathrm{e}^{\mathrm{j}\omega})\mid^{2}\mathrm{d}\omega$ $\displaystyle\sum_{n=-\infty}^{+\infty}x(n)y^{*}(n)=\frac{1}{2\pi}\int_{-\pi}^{\pi}X(\mathrm{e}^{\mathrm{j}\omega})Y^{*}(\mathrm{e}^{\mathrm{j}\omega})\mathrm{d}\omega$

6.5.3　周期序列的傅里叶变换与离散傅里叶变换

1. 周期序列的傅里叶变换

6.5.1 节探讨了序列傅里叶变换存在的充分条件是序列绝对可和，即

$$\sum_{n=-\infty}^{+\infty}\mid x(n)\mid<\infty$$

周期序列不满足绝对可和条件。但是，如果引入奇异信号的概念，不满足绝对可和的序列也存在傅里叶变换。

【例 6-5-2】　某一序列 $x(n)$ 的傅里叶变换为周期冲激串，即

$$X(\mathrm{e}^{\mathrm{j}\omega})=\sum_{k=-\infty}^{+\infty}2\pi\delta(\omega-\omega_{0}-2k\pi) \tag{6-5-36}$$

求该序列 $x(n)$ 的数学表达式。

解：在式(6-5-36)中不妨设 $-\pi<\omega_{0}<\pi$，如果 ω_{0} 不满足这个条件，可将 ω_{0} 重新定位在区间 $(-\pi,\pi)$，因为冲激串每隔 2π 周期地重复，那么一定存在一个整数 m，使得 $-\pi<\omega_{0}+2m\pi<\pi$，即

$$X(\mathrm{e}^{\mathrm{j}\omega})=\sum_{k=-\infty}^{+\infty}2\pi\delta[\omega-(\omega_{0}+2m\pi)-2(k-m)\pi], \quad -\pi<\omega_{0}+2m\pi<\pi$$

$X(\mathrm{e}^{\mathrm{j}\omega})$ 将不会有任何变化。

将式(6-5-36)代入傅里叶反变换定义式[即式(6-5-2)]中，得

$$x(n)=\frac{1}{2\pi}\int_{-\pi}^{\pi}X(\mathrm{e}^{\mathrm{j}\omega})\mathrm{e}^{\mathrm{j}\omega n}\mathrm{d}\omega$$

$$=\frac{1}{2\pi}\int_{-\pi}^{\pi}\sum_{k=-\infty}^{+\infty}2\pi\delta(\omega-\omega_{0}-2k\pi)\mathrm{e}^{\mathrm{j}\omega n}\mathrm{d}\omega \tag{6-5-37}$$

由于积分仅在一个周期 $(-\pi<\omega<\pi)$ 内进行，式(6-5-37)的求和只需 $k=0$ 这一项，所以，

$$x(n)=\frac{1}{2\pi}\int_{-\pi}^{\pi}2\pi\delta(\omega-\omega_{0})\mathrm{e}^{\mathrm{j}\omega n}\mathrm{d}\omega=\mathrm{e}^{\mathrm{j}\omega_{0}n}$$

显然，$x(n)$ 不满足绝对可和条件。但由题意可知，$x(n)$ 的傅里叶变换为

$$X(\mathrm{e}^{\mathrm{j}\omega}) = \sum_{n=-\infty}^{+\infty} x(n)\mathrm{e}^{-\mathrm{j}\omega n} = \sum_{n=-\infty}^{+\infty} \mathrm{e}^{\mathrm{j}\omega_0 n}\mathrm{e}^{-\mathrm{j}\omega n} = \sum_{n=-\infty}^{+\infty} \mathrm{e}^{-\mathrm{j}(\omega-\omega_0)n}$$

$$= \sum_{k=-\infty}^{+\infty} 2\pi\delta(\omega-\omega_0-2k\pi) \tag{6-5-38}$$

注意，式(6-5-38)中的 $\delta(\omega)$ 是冲激信号，而不是单位抽样序列。

式(6-5-38)引入了奇异信号的理论。利用这一理论，傅里叶变换可以推广到一些不满足绝对可和条件的序列。下面举两个例子说明如何应用式(6-5-38)求周期序列的傅里叶变换。

【例 6-5-3】 求序列 $x(n)=1,-\infty<n<+\infty$ 的傅里叶变换。

解： 序列 $x(n)$ 是单位抽样序列 $\delta(n)$ 以周期 $N=1$ 进行周期延拓而得到的单位抽样序列串，可以表示为 $x(n)=\sum\limits_{m=-\infty}^{+\infty}\delta(n-m)$，它不满足绝对可和条件，所以要应用式(6-5-38)求其傅里叶变换。根据傅里叶变换定义，得

$$X(\mathrm{e}^{\mathrm{j}\omega}) = \sum_{n=-\infty}^{+\infty} x(n)\mathrm{e}^{-\mathrm{j}\omega n} = \sum_{n=-\infty}^{+\infty} 1 \cdot \mathrm{e}^{-\mathrm{j}\omega n} = \sum_{n=-\infty}^{+\infty} \mathrm{e}^{-\mathrm{j}\omega n}$$

令式(6-5-38)中的 $\omega_0=0$，可得

$$X(\mathrm{e}^{\mathrm{j}\omega}) = \sum_{n=-\infty}^{+\infty} \mathrm{e}^{-\mathrm{j}\omega n} = \sum_{k=-\infty}^{+\infty} 2\pi\delta(\omega-2k\pi)$$

【例 6-5-4】 求序列 $x(n)=\cos\omega_0 n$ 的傅里叶变换。

解：

$$x(n) = \cos\omega_0 n = \frac{\mathrm{e}^{\mathrm{j}\omega_0 n} + \mathrm{e}^{-\mathrm{j}\omega_0 n}}{2}$$

$$X(\mathrm{e}^{\mathrm{j}\omega}) = \mathcal{F}[x(n)] = \mathcal{F}\left[\frac{\mathrm{e}^{\mathrm{j}\omega_0 n}}{2}\right] + \mathcal{F}\left[\frac{\mathrm{e}^{-\mathrm{j}\omega_0 n}}{2}\right]$$

$$= \frac{1}{2}\left(\sum_{n=-\infty}^{+\infty} \mathrm{e}^{\mathrm{j}\omega_0 n}\mathrm{e}^{-\mathrm{j}\omega n} + \sum_{n=-\infty}^{+\infty} \mathrm{e}^{-\mathrm{j}\omega_0 n}\mathrm{e}^{-\mathrm{j}\omega n}\right)$$

由式(6-5-38)得

$$X(\mathrm{e}^{\mathrm{j}\omega}) = \sum_{k=-\infty}^{+\infty} \pi\delta(\omega-\omega_0-2k\pi) + \sum_{k=-\infty}^{+\infty} \pi\delta(\omega+\omega_0-2k\pi)$$

$$= \pi\left(\sum_{k=-\infty}^{+\infty} \delta(\omega-\omega_0-2k\pi) + \sum_{k=-\infty}^{+\infty} \delta(\omega+\omega_0-2k\pi)\right)$$

其中，k 为整数。

下面讨论一般情况下周期为 N 的周期序列 $x(n)$ 的傅里叶变换。周期为 N 的周期序列 $x(n)$ 可以看作一个有限长序列 $x(n)$ 以 N 为周期进行周期延拓而得到的序列。有限长序列 $x(n)$ 则是 $x(n)$ 的一个周期，即

$$x(n) = \sum_{m=-\infty}^{+\infty} x(n-mN) = x(n) * \sum_{m=-\infty}^{+\infty} \delta(n-mN) \tag{6-5-39}$$

式(6-5-39)说明,周期序列 $x(n)$ 是有限长序列 $x(n)$ 与周期为 N 的单位抽样序列串的卷积。由傅里叶变换时域卷积定理,得

$$\mathscr{F}[x(n)] = \mathscr{F}\left[x(n) * \sum_{m=-\infty}^{+\infty} \delta(n-mN)\right] = \mathscr{F}[x(n)] \cdot \mathscr{F}\left[\sum_{m=-\infty}^{+\infty} \delta(n-mN)\right]$$

设 $x(n)$ 的傅里叶变换为 $X(e^{j\omega})$,即 $\mathscr{F}[x(n)] = X(e^{j\omega})$,则

$$\mathscr{F}[x(n)] = X(e^{j\omega}) \cdot \mathscr{F}\left[\sum_{m=-\infty}^{+\infty} \delta(n-mN)\right] \tag{6-5-40}$$

下面首先讨论周期为 N 的单位抽样序列串的傅里叶变换 $\mathscr{F}\left[\sum\limits_{m=-\infty}^{+\infty} \delta(n-mN)\right]$。由傅里叶变换定义,得

$$\mathscr{F}\left[\sum_{m=-\infty}^{+\infty} \delta(n-mN)\right] = \sum_{n=-\infty}^{+\infty} \sum_{m=-\infty}^{+\infty} \delta(n-mN)e^{-j\omega n} = \sum_{m=-\infty}^{+\infty} \sum_{n=-\infty}^{+\infty} \delta(n-mN)e^{-j\omega n}$$

$$= \sum_{m=-\infty}^{+\infty} e^{-j\omega mN}$$

利用式(6-5-38),令 $\omega_0 = 0$,并用 ωN 代替 ω,则有

$$\mathscr{F}\left[\sum_{m=-\infty}^{+\infty} \delta(n-mN)\right] = \sum_{m=-\infty}^{+\infty} e^{-j\omega mN} = \sum_{k=-\infty}^{+\infty} 2\pi\delta(\omega N - 2k\pi) \tag{6-5-41}$$

冲激信号满足 $\delta(at) = \dfrac{1}{a}\delta(t)$ 的性质,所以,式(6-5-41)可以表示为

$$\mathscr{F}\left[\sum_{m=-\infty}^{+\infty} \delta(n-mN)\right] = \frac{2\pi}{N} \sum_{k=-\infty}^{+\infty} \delta\left(\omega - \frac{2\pi}{N}k\right) \tag{6-5-42}$$

将式(6-5-42)代入式(6-5-40),得

$$\mathscr{F}[\tilde{x}(n)] = X(e^{j\omega})\left[\frac{2\pi}{N} \sum_{k=-\infty}^{+\infty} \delta\left(\omega - \frac{2\pi}{N}k\right)\right]$$

$$= \frac{2\pi}{N} \sum_{k=-\infty}^{+\infty} X(e^{j\omega})\delta\left(\omega - \frac{2\pi}{N}k\right)$$

$$= \frac{2\pi}{N} \sum_{k=-\infty}^{+\infty} X(e^{j\frac{2\pi}{N}k})\delta\left(\omega - \frac{2\pi}{N}k\right) \tag{6-5-43}$$

式(6-5-43)说明,周期为 N 的序列 $\tilde{x}(n)$ 的傅里叶变换是一个冲激函数串,其包络按 $\dfrac{2\pi}{N}X(e^{j\frac{2\pi}{N}k})$ 所描述的规律变化。其中,$X(e^{j\frac{2\pi}{N}k})$ 是有限长序列 $x(n)$ 傅里叶变换 $X(e^{j\omega})$ 在 $\omega_k = \dfrac{2\pi}{N}k (-\infty < k < \infty)$ 频率点上的抽样值,而 $x(n)$ 是 $\tilde{x}(n)$ 的一个周期。

将式(6-5-43)中的 $X(e^{j\frac{2\pi}{N}k})$ 写成 $\tilde{X}(k)$,即

$$\tilde{X}(k) = X(e^{j\omega})\big|_{\omega = \frac{2\pi}{N}k} = \sum_{n=0}^{N-1} x(n)e^{-j\omega n}\big|_{\omega = \frac{2\pi}{N}k}$$

$$= \sum_{n=0}^{N-1} x(n)e^{-j\frac{2\pi}{N}kn} = \sum_{n=0}^{N-1} \tilde{x}(n)e^{-j\frac{2\pi}{N}kn} \tag{6-5-44}$$

其中，$-\infty < k < \infty$。

对式(6-5-43)求傅里叶反变换，可得周期序列$\tilde{x}(n)$，即

$$\tilde{x}(n) = \frac{1}{2\pi}\int_{-\pi}^{\pi}\left[\frac{2\pi}{N}\sum_{k=-\infty}^{+\infty}X(\mathrm{e}^{\mathrm{j}\frac{2\pi}{N}k})\delta\left(\omega-\frac{2\pi}{N}k\right)\right]\mathrm{e}^{\mathrm{j}n\omega}\,\mathrm{d}\omega$$

$$= \frac{1}{N}\int_{-\pi}^{\pi}\sum_{k=-\infty}^{+\infty}\tilde{X}(k)\delta\left(\omega-\frac{2\pi}{N}k\right)\mathrm{e}^{\mathrm{j}n\omega}\,\mathrm{d}\omega$$

因为傅里叶变换是以2π为周期的函数，且$\mathrm{e}^{\mathrm{j}n\omega}=\mathrm{e}^{\mathrm{j}n(\omega+2\pi)}$，所以，被积函数是一个以$2\pi$为周期的函数，积分可以在长度为$2\pi$的任意区间进行，也就是积分区间从$[-\pi,\pi)$改为$[0,2\pi)$，积分结果不变，则

$$\tilde{x}(n) = \frac{1}{N}\int_{0}^{2\pi}\sum_{k=-\infty}^{+\infty}X(k)\delta\left(\omega-\frac{2\pi}{N}k\right)\mathrm{e}^{\mathrm{j}n\omega}\,\mathrm{d}\omega \qquad (6\text{-}5\text{-}45)$$

在$[0,2\pi)$的积分区间，k的取值范围为$0 \leqslant k \leqslant N-1$时，被积函数$\sum_{k=-\infty}^{+\infty}\tilde{X}(k)\delta\left(\omega-\frac{2\pi}{N}k\right)\mathrm{e}^{\mathrm{j}n\omega}$才不等于0，所以式(6-5-45)表示为

$$\tilde{x}(n) = \frac{1}{N}\int_{0}^{2\pi}\sum_{k=0}^{N-1}\tilde{X}(k)\delta\left(\omega-\frac{2\pi}{N}k\right)\mathrm{e}^{\mathrm{j}n\omega}\,\mathrm{d}\omega$$

$$= \frac{1}{N}\sum_{k=0}^{N-1}\tilde{X}(k)\int_{0}^{2\pi}\delta\left(\omega-\frac{2\pi}{N}k\right)\mathrm{e}^{\mathrm{j}n\omega}\,\mathrm{d}\omega$$

$$= \frac{1}{N}\sum_{k=0}^{N-1}\tilde{X}(k)\mathrm{e}^{\mathrm{j}\frac{2\pi}{N}kn} \qquad (6\text{-}5\text{-}46)$$

其中，$-\infty < n < \infty$。

式(6-5-46)称为周期序列的傅里叶级数展开，该式将周期序列$\tilde{x}(n)$表示成N个谐波分量$\mathrm{e}^{\mathrm{j}\frac{2\pi}{N}kn}$的叠加，谐波分量的数字域频率为$\frac{2\pi}{N}k$，其中，$k=0,1,\cdots,N-1$；各谐波幅度为$\frac{\tilde{X}(k)}{N}$，$\tilde{X}(k)$称为傅里叶级数的系数，可由式(6-5-44)计算。

事实上，式(6-5-44)与式(6-5-46)合称为周期序列的离散傅里叶级数(Discrete Fourier Series，DFS)对，重写为

$$\begin{cases}\tilde{X}(k) = \displaystyle\sum_{n=0}^{N-1}\tilde{x}(n)\mathrm{e}^{-\mathrm{j}\frac{2\pi}{N}kn}, & -\infty < k < \infty \\[2mm] \tilde{x}(n) = \dfrac{1}{N}\displaystyle\sum_{k=0}^{N-1}\tilde{X}(k)\mathrm{e}^{\mathrm{j}\frac{2\pi}{N}kn}, & -\infty < n < \infty\end{cases} \qquad (6\text{-}5\text{-}47)$$

以上对一般序列及周期序列的傅里叶变换进行了讨论，并介绍了序列的傅里叶变换的性质。表6-5-2给出常用序列的傅里叶变换对，利用这些已知变换的序列，结合表6-5-1给出的序列的傅里叶变换性质，可大大简化复杂序列求傅里叶变换的过程。

表 6-5-2　常用序列的傅里叶变换对

序号	序　列	傅里叶变换
1	$\delta(n)$	1
2	$\delta(n-m)$	$\mathrm{e}^{-j\omega m}$
3	$u(n)$	$\dfrac{1}{1-\mathrm{e}^{-j\omega}}+\displaystyle\sum_{m=-\infty}^{+\infty}\pi\delta(\omega-2m\pi)$
4	$1,-\infty<n<\infty$	$2\pi\displaystyle\sum_{k=-\infty}^{+\infty}\delta(\omega-2k\pi)$
5	$\displaystyle\sum_{m=-\infty}^{+\infty}\delta(\omega-mN)$	$\dfrac{2\pi}{N}\displaystyle\sum_{k=-\infty}^{+\infty}\delta\left(\omega-\dfrac{2k\pi}{N}\right)$
6	$a^{n}u(n),\ \|a\|<1$	$\dfrac{1}{1-a\,\mathrm{e}^{-j\omega}}$
7	$(n+1)a^{n}u(n),\ \|a\|<1$	$\dfrac{1}{(1-a\,\mathrm{e}^{-j\omega})^{2}}$
8	$\mathrm{e}^{j\omega_0 n}$	$2\pi\displaystyle\sum_{k=-\infty}^{+\infty}\delta(\omega-\omega_0-2k\pi)$
9	$x(n)=\dfrac{\sin\omega_0 n}{\pi n}$	$X(\mathrm{e}^{j\omega})=\begin{cases}1, & \|\omega\|\leqslant\omega_0\\ 0, & \omega_0<\|\omega\|\leqslant\pi\end{cases}$
10	$R_N(n)=u(n)-u(n-N)$	$\dfrac{\sin N\omega/2}{\sin\omega/2}\mathrm{e}^{-j\frac{N-1}{2}\omega}$
11	$\cos(\omega_0 n+\varphi)$	$\pi\displaystyle\sum_{k=-\infty}^{+\infty}\left[\mathrm{e}^{j\varphi}\delta(\omega-\omega_0-2k\pi)+\mathrm{e}^{-j\varphi}\delta(\omega+\omega_0-2k\pi)\right]$
12	$\sin(\omega_0 n+\varphi)$	$-j\pi\displaystyle\sum_{k=-\infty}^{+\infty}\left[\mathrm{e}^{j\varphi}\delta(\omega-\omega_0-2k\pi)-\mathrm{e}^{-j\varphi}\delta(\omega+\omega_0-2k\pi)\right]$

2. 离散傅里叶变换

对离散时间信号进行傅里叶变换,就能够在频域分析信号的频谱特性。如果对离散时间系统单位抽样响应 $h(n)$ 进行傅里叶变换,还可以分析离散时间系统的频率响应。但在实际应用中,离散时间信号傅里叶变换还存在一些问题。在信号与系统的分析中,通常利用计算机或专用数字器件(如 DSP、FPGA 等)进行计算,离散时间信号傅里叶变换所得到的频谱是一个以数字域频率 ω 为自变量的连续函数,不适合用计算机或数字器件处理。为了便于用数字的方法在频域中分析离散时间信号与系统,不仅要求时域信号离散化,还要求频谱离散化。周期序列经过傅里叶变换所得到的频谱是离散的,但无论是在时域还是在频域,周期序列都是无限长的,均不适合用计算机或数字器件处理。因此,引入有限长序列的离散傅里叶变换(Discrete Fourier Transform,DFT)的概念。有限长序列经过离散傅里叶变换所得到的频谱是离散化的,而且是有限长的,适合用计算机或数字器件处理。

下面通过周期序列的傅里叶级数引出有限长序列离散傅里叶变换的计算公式。

(1) 将有限长序列 $x(n)$ 延拓成周期序列 $\tilde{x}(n)$。

有限长序列 $x(n)$ 的长度为 N，其中，$0<n<N-1$，以 N 为周期将 $x(n)$ 延拓成周期序列 $\tilde{x}(n)$，即

$$\tilde{x}(n) = \sum_{r=-\infty}^{+\infty} x(n+rN)$$

有限长序列及其周期延拓如图 6-5-2 所示。

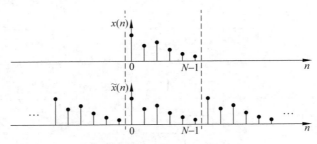

图 6-5-2　有限长序列及其周期延拓

$x(n)$ 与 $\tilde{x}(n)$ 的关系为

$$x(n) = \begin{cases} \tilde{x}(n), & 0 \leqslant n \leqslant N-1 \\ 0, & \text{其他} \end{cases}$$

$x(n)$ 是 $\tilde{x}(n)$ 在区间 $[0, N-1]$ 中的一个周期，这个区间称为主值区间，在该区间的序列称为周期序列的主值序列。所以，$x(n)$ 是 $\tilde{x}(n)$ 的一个主值序列。

（2）计算周期序列 $\tilde{x}(n)$ 的傅里叶级数系数，即

$$\tilde{X}(k) = \sum_{n=0}^{N-1} \tilde{x}(n) e^{-j\frac{2\pi}{N}kn} = \sum_{n=0}^{N-1} x(n) e^{-j\frac{2\pi}{N}kn}, \quad -\infty < k < \infty \qquad (6\text{-}5\text{-}48)$$

式（6-5-48）的求和在区间 $[0, N-1]$ 中进行，所以，可以用 $x(n)$ 代替 $\tilde{x}(n)$。计算所得的 $\tilde{X}(k)$ 具有周期性，周期为 N。

（3）从 $\tilde{X}(k)$ 中取其主值序列作为有限长序列的离散傅里叶变换 $X(k)$，即

$$X(k) = \begin{cases} \sum_{n=0}^{N-1} x(n) e^{-j\frac{2\pi}{N}kn}, & 0 \leqslant k \leqslant N-1 \\ 0, & \text{其他} \end{cases} \qquad (6\text{-}5\text{-}49)$$

与引入离散傅里叶变换的过程相类似，也可以从周期序列的傅里叶级数展开引入离散傅里叶反变换，式（6-5-46）为周期序列的傅里叶级数展开，重写为

$$\tilde{x}(n) = \frac{1}{N} \sum_{k=0}^{N-1} \tilde{X}(k) e^{j\frac{2\pi}{N}kn} \qquad (6\text{-}5\text{-}50)$$

其中，$\tilde{X}(k)$ 为周期序列 $\tilde{x}(n)$ 的傅里叶级数的系数，它具有周期性，周期为 N。式（6-5-50）中求和区间为 $[0, N-1]$，所以，可以用离散傅里叶变换 $X(k)$ 代替 $\tilde{X}(k)$，即

$$\tilde{x}(n) = \frac{1}{N} \sum_{k=0}^{N-1} \tilde{X}(k) e^{j\frac{2\pi}{N}kn} = \frac{1}{N} \sum_{k=0}^{N-1} X(k) e^{j\frac{2\pi}{N}kn}, \quad -\infty < n < \infty$$

$\tilde{x}(n)$ 的主值序列就是有限长序列 $x(n)$，即

$$x(n)=\begin{cases}\dfrac{1}{N}\displaystyle\sum_{k=0}^{N-1}X(k)\mathrm{e}^{\mathrm{j}\frac{2\pi}{N}kn}, & 0\leqslant n\leqslant N-1 \\ 0, & \text{其他}\end{cases}\tag{6-5-51}$$

式(6-5-49)和式(6-5-51)合称为有限长序列的离散傅里叶变换对。其中，n 可看作时间变量，k 可看作频率变量。式(6-5-49)表示从时域到频域的变换，称为离散傅里叶变换正变换；式(6-5-51)表示从频域到时域的变换，称为离散傅里叶变换反变换。从上面的推导可以看出，如果离散傅里叶序列和离散傅里叶变换的 N 值相同，那么两者没有本质区别，离散傅里叶变换隐含了周期性，可以看作离散傅里叶序列的主值序列；相反，离散傅里叶序列可以看作是离散傅里叶变换的周期延拓。

$X(k)$ 一般为复数，可以表示为实部与虚部形式，即

$$X(k)=X_{\mathrm{R}}(k)+\mathrm{j}X_{\mathrm{I}}(k)$$

也可以表示为幅度与相位形式，即

$$X(k)=\big|X(k)\big|\mathrm{e}^{\mathrm{j}\arg[X(k)]}=\big|X(k)\big|\mathrm{e}^{\mathrm{j}\varphi(k)}$$

其中，幅度 $\big|X(k)\big|$ 称为序列 $x(n)$ 的幅度谱，相位 $\varphi(k)=\arg[X(k)]$ 称为序列 $x(n)$ 的相位谱，它们与 $X(k)$ 的实部和虚部的关系分别为

$$\big|X(k)\big|=\big[X_{\mathrm{R}}^{2}(k)+X_{\mathrm{I}}^{2}(k)\big]^{\frac{1}{2}}$$

$$\varphi(k)=\arg[X(k)]=\arctan\dfrac{X_{\mathrm{I}}(k)}{X_{\mathrm{R}}(k)}$$

离散傅里叶变换还有许多性质以及各种快速算法，这些性质和算法在离散时间信号与系统分析中极其有用，本书不对其详述，请参阅有关数字信号处理的教材。

6.5.4　离散时间信号傅里叶变换、离散傅里叶变换与 z 变换的关系

因为离散傅里叶变换是基于有限长序列的变换，所以，讨论序列离散时间信号傅里叶变换、离散傅里叶变换与 z 变换之间关系的前提是有限长序列。设序列 $x(n)$ 的长度为 N，其 z 变换、离散时间信号傅里叶变换与离散傅里叶变换的定义公式分别为

$$X(z)=\mathscr{Z}[x(n)]=\sum_{n=-\infty}^{\infty}x(n)z^{-n}=\sum_{n=0}^{N-1}x(n)z^{-n}\tag{6-5-52}$$

$$X(\mathrm{e}^{\mathrm{j}\omega})=\mathscr{F}[x(n)]=\sum_{n=-\infty}^{+\infty}x(n)\mathrm{e}^{-\mathrm{j}\omega n}=\sum_{n=0}^{N-1}x(n)\mathrm{e}^{-\mathrm{j}\omega n}\tag{6-5-53}$$

$$X(k)=\mathrm{DFT}[x(n)]=\begin{cases}\displaystyle\sum_{n=0}^{N-1}x(n)\mathrm{e}^{-\mathrm{j}\frac{2\pi}{N}kn}, & 0\leqslant k\leqslant N-1 \\ 0, & \text{其他}\end{cases}\tag{6-5-54}$$

比较式(6-5-52)与式(6-5-53)可知，当 $z=\mathrm{e}^{\mathrm{j}\omega}$ 时，序列的 z 变换与离散时间信号傅里叶变换相同，而 $z=\mathrm{e}^{\mathrm{j}\omega}$ 表示只在如图 6-5-3(a)所示 z 平面的单位圆上取值。所以，在单位圆上的 z 变换就是序列的傅里叶变换。图 6-5-3(b)和(c)中的虚线包络是序列的傅里叶变换。比较式(6-5-53)与式(6-5-54)可知，当 $\omega=\dfrac{2\pi}{N}k\,(0\leqslant k\leqslant N-1)$ 时，序列的傅里叶

变换与序列的离散傅里叶变换相等,所以,$X(k)$可以看作$X(\mathrm{e}^{\mathrm{j}\omega})$在$[0,2\pi)$周期内等间隔的抽样,抽样间隔为$\omega=\dfrac{2\pi}{N}$,如图6-5-3(b)和(c)所示。由离散时间信号傅里叶变换与z变换的关系,还可得到离散傅里叶变换与z变换的关系:离散傅里叶变换是单位圆等间隔点上的z变换,如图6-5-3(a)所示。上述关系可以用式(6-5-55)~式(6-5-57)描述。

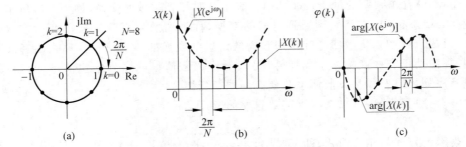

图 6-5-3　DTFT、DFT 与 z 变换三者间的关系

$$X(\mathrm{e}^{\mathrm{j}\omega})=\mathcal{F}[x(n)]=X(z)\,|_{z=\mathrm{e}^{\mathrm{j}\omega}} \tag{6-5-55}$$

$$X(k)=\mathrm{DFT}[x(n)]=X(\mathrm{e}^{\mathrm{j}\omega})\,|_{\omega=\frac{2\pi}{N}k},\quad (k=0,1,\cdots,N-1) \tag{6-5-56}$$

$$X(k)=\mathrm{DFT}[x(n)]=X(z)\,|_{z=\mathrm{e}^{\mathrm{j}\frac{2\pi}{N}k}},\quad (k=0,1,\cdots,N-1) \tag{6-5-57}$$

【例 6-5-5】　求序列$x(n)=a^nR_N(n)$的z变换、离散时间信号傅里叶变换和离散傅里叶变换。

解：根据z变换的定义,得

$$X(z)=\mathcal{Z}[x(n)]=\sum_{n=-\infty}^{\infty}a^nR_N(n)z^{-n}=\sum_{n=0}^{N-1}a^nz^{-n}=\frac{1-a^Nz^{-N}}{1-az^{-1}}$$

根据离散时间信号傅里叶变换的定义,得

$$X(\mathrm{e}^{\mathrm{j}\omega})=\mathcal{F}[x(n)]=\sum_{n=-\infty}^{+\infty}a^nR_N(n)\mathrm{e}^{-\mathrm{j}\omega n}=\sum_{n=0}^{N-1}a^n\mathrm{e}^{-\mathrm{j}\omega n}$$

$$=\frac{1-a^N\mathrm{e}^{-\mathrm{j}\omega N}}{1-a\mathrm{e}^{-\mathrm{j}\omega}}$$

由离散时间信号傅里叶变换与z变换的关系可得同样的结果,即

$$X(\mathrm{e}^{\mathrm{j}\omega})=X(z)\,|_{z=\mathrm{e}^{\mathrm{j}\omega}}=\frac{1-a^Nz^{-N}}{1-az^{-1}}\Bigg|_{z=\mathrm{e}^{\mathrm{j}\omega}}=\frac{1-a^N\mathrm{e}^{-\mathrm{j}\omega N}}{1-a\mathrm{e}^{-\mathrm{j}\omega}}$$

根据离散傅里叶变换的定义,得

$$X(k)=\mathrm{DFT}[x(n)]=\sum_{n=0}^{N-1}a^nR_N(n)\mathrm{e}^{-\mathrm{j}\frac{2\pi}{N}kn}$$

$$=\sum_{n=0}^{N-1}a^n\mathrm{e}^{-\mathrm{j}\frac{2\pi}{N}kn}=\frac{1-a^N}{1-a\mathrm{e}^{-\mathrm{j}\frac{2\pi}{N}k}}$$

由离散傅里叶变换与z变换的关系可得同样的结果,即

$$X(k)=X(z)\,|_{z=\mathrm{e}^{\mathrm{j}\frac{2\pi}{N}k}}=\frac{1-a^Nz^{-N}}{1-az^{-1}}\Bigg|_{z=\mathrm{e}^{\mathrm{j}\frac{2\pi}{N}k}}=\frac{1-a^N}{1-a\mathrm{e}^{-\mathrm{j}\frac{2\pi}{N}k}}$$

6.6 离散时间系统的 z 域分析

6.6.1 离散时间系统函数及系统特性

1. 离散时间系统函数

在第 3 章的离散时间系统时域分析中,LTI 离散时间系统在时域可以用单位抽样响应 $h(n)$ 描述,系统输入 $x(n)$ 与输出 $y(n)$ 的关系为

$$y(n) = x(n) * h(n) \tag{6-6-1}$$

在 z 域也可以准确地表示一个 LTI 离散时间系统。对式(6-6-1)两端分别取 z 变换,得

$$Y(z) = X(z)H(z)$$

即

$$H(z) = \frac{Y(z)}{X(z)} \tag{6-6-2}$$

将 $H(z)$ 定义为 LTI 离散时间系统的系统函数,它是系统单位抽样响应 $h(n)$ 的 z 变换,即

$$H(z) = \sum_{n=-\infty}^{+\infty} h(n) z^{-n} \tag{6-6-3}$$

与离散时间信号的 z 变换相同,系统函数的收敛域确定后,$H(z)$ 才表示确定的系统;否则,$H(z)$ 所描述的系统将不唯一。同一个系统函数 $H(z)$,当收敛域不同时,对应于不同的单位抽样响应 $h(n)$,也就是对应不同的系统。

时域中还可以用常系数差分方程描述离散时间系统。如果某离散时间系统的差分方程表示为

$$\sum_{i=0}^{N} a_i y(n-i) = \sum_{k=0}^{M} b_k x(n-k) \tag{6-6-4}$$

对式(6-6-4)两边分别进行 z 变换,并利用 z 变换的序列移位性质,得

$$\sum_{i=0}^{N} a_i Y(z) z^{-i} = \sum_{k=0}^{M} b_k X(z) z^{-k}$$

于是,系统函数为

$$H(z) = \frac{Y(z)}{X(z)} = \frac{\displaystyle\sum_{k=0}^{M} b_k z^{-k}}{\displaystyle\sum_{i=0}^{N} a_i z^{-i}} \tag{6-6-5}$$

根据式(6-6-5)也可由差分方程直接写出系统函数 $H(z)$。对式(6-6-5)的分子和分母多项式进行因式分解,得

$$H(z) = \frac{Y(z)}{X(z)} = A \frac{\displaystyle\prod_{k=0}^{M}(1 - c_k z^{-1})}{\displaystyle\prod_{i=0}^{N}(1 - d_i z^{-1})} \tag{6-6-6}$$

其中，$c_k(k=0,1,\cdots,M)$ 是系统函数 $H(z)$ 的零点；$d_i(i=0,1,\cdots,N)$ 是系统函数 $H(z)$ 的极点；A 是常数，称为比例常数或增益。从式（6-6-6）可看出，如果已知比例常数 A、各零点 c_k 与极点 d_i，就可以唯一地确定系统函数 $H(z)$。将 $H(z)$ 的零极点画在 z 平面上，可得到系统的零极点图。通常在系统零极点图上也画出单位圆，这对离散系统的特性分析很有帮助。

2. 离散时间系统特性的 z 域分析

系统的因果性和稳定性是 LTI 离散时间系统的两个重要特性，第 3 章已经从时域分析了这两个特性。下面讨论如何在 z 域判别系统的因果性和稳定性。

从 6.2.1 节 z 变换收敛的分析可知，因果系统的系统函数的收敛域是在以原点为圆心的圆的外侧并一直延伸到无穷远，即

$$R_- < |z| \leqslant \infty$$

其中，R_- 为离原点最远的极点 d_i 的圆的半径，也就是该极点的模 $|d_i|$。所以，如果一个离散时间系统 $H(z)$ 的收敛域在所有极点的外侧，且 $\left|\lim\limits_{z\to\infty} H(z)\right| < +\infty$，那么该系统是一个因果系统。

系统的稳定性也与 $H(z)$ 的收敛域有密切的关系。式（6-6-3）中 z 变换存在的条件是级数绝对可和，即

$$\left|\sum_{n=-\infty}^{+\infty} h(n)z^{-n}\right| < +\infty \tag{6-6-7}$$

也就是 $H(z)$ 的收敛域由满足式（6-6-7）的 z 值组成。当 $|z|=1$ 时，式（6-6-7）变为

$$\left|\sum_{n=-\infty}^{+\infty} h(n)\right| < +\infty$$

这是 LTI 离散时间系统稳定的充要条件。所以，如果系统函数 $H(z)$ 的收敛域包含单位圆，那么该系统是稳定的；反过来，如果系统稳定，则系统函数 $H(z)$ 的收敛域一定包含单位圆。

对于一个因果系统，如果系统稳定，那么它的系统函数的收敛域必须满足

$$\begin{cases} R_- < |z| \leqslant \infty \\ 0 \leqslant R_- < 1 \end{cases}$$

也就是说，一个因果系统如果稳定，它的系统函数 $H(z)$ 的所有极点都必须在单位圆内；相反，一个逆因果系统如果稳定，那么它的系统函数 $H(z)$ 的所有极点都必须在单位圆外。

【例 6-6-1】 已知一个 LTI 因果系统的差分方程描述为

$$y(n) - y(n-1) - y(n-2) = x(n-1)$$

（1）求该系统的系统函数 $H(z)$、画出 $H(z)$ 的零极点图，并指出其收敛域。

（2）该系统稳定吗？若不稳定，请指出满足上述差分方程的一个稳定但非因果系统的系统函数 $H(z)$ 的收敛域。

解：（1）对差分方程 $y(n) - y(n-1) - y(n-2) = x(n-1)$ 两边进行 z 变换，得

$$Y(z) - Y(z)z^{-1} - Y(z)z^{-2} = X(z)z^{-1}$$

所以,系统函数为

$$H(z) = \frac{Y(z)}{X(z)} = \frac{z^{-1}}{1 - z^{-1} - z^{-2}} = \frac{z^{-1}}{\left(1 - \frac{1+\sqrt{5}}{2}z^{-1}\right)\left(1 - \frac{1-\sqrt{5}}{2}z^{-1}\right)}$$

$$= \frac{z}{\left(z - \frac{1+\sqrt{5}}{2}\right)\left(z - \frac{1-\sqrt{5}}{2}\right)}$$

所以,零点为 $z = 0$,极点为 $z_1 = \dfrac{1+\sqrt{5}}{2}$ 和 $z_2 = \dfrac{1-\sqrt{5}}{2}$。系统函数的零极点图如图 6-6-1 所示。因为该系统是因果系统,所以,收敛域为 $|z| > \dfrac{1+\sqrt{5}}{2}$。

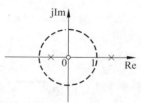

图 6-6-1　系统函数的零极点图

（2）在（1）中,系统函数 $H(z)$ 的收敛域为 $|z| > \dfrac{1+\sqrt{5}}{2}$,不包含单位圆,所以该系统不稳定。若要求该系统稳定,系统函数 $H(z)$ 的收敛域应包含单位圆,即

$$\left|\frac{1-\sqrt{5}}{2}\right| < |z| < \frac{1+\sqrt{5}}{2}$$

这时,系统函数的收敛域是一个环形,所以,该系统是非因果的。

3. 离散时间系统的频率响应

如果系统函数 $H(z)$ 的收敛域包含单位圆,令 $z = e^{j\omega}$,得

$$H(z)\big|_{z=e^{j\omega}} = H(e^{j\omega})$$

$H(e^{j\omega})$ 定义为离散时间系统的频率响应。将 $z = e^{j\omega}$ 代入式（6-6-3）,得

$$H(e^{j\omega}) = H(z)\big|_{z=e^{j\omega}} = \sum_{n=-\infty}^{+\infty} h(n)e^{-j\omega n} = \mathcal{F}[h(n)] \tag{6-6-8}$$

式（6-6-8）说明,系统的频率响应也就是系统单位抽样响应 $h(n)$ 的傅里叶变换,6.5.2 节中所有的傅里叶变换性质对 $H(e^{j\omega})$ 都适用。由系统的频率响应 $H(e^{j\omega})$ 进行傅里叶反变换也可以得到 $h(n)$,即

$$h(n) = \mathcal{F}^{-1}[H(e^{j\omega})] = \frac{1}{2\pi}\int_{-\pi}^{\pi} H(e^{j\omega})e^{j\omega n}\, d\omega \tag{6-6-9}$$

$H(e^{j\omega})$ 一般是复函数,可以表示为实部与虚部形式,即

$$H(e^{j\omega}) = H_R(e^{j\omega}) + jH_I(e^{j\omega})$$

也可以表示为幅度与相位的形式,即

$$H(e^{j\omega}) = |H(e^{j\omega})|e^{j\arg[H(e^{j\omega})]} \tag{6-6-10}$$

其中,$|H(e^{j\omega})|$ 称为系统的幅度响应,$\arg[H(e^{j\omega})]$ 称为系统的相位响应,它们与 $H(e^{j\omega})$ 的实部和虚部的关系为

$$|H(e^{j\omega})| = [H_R^2(e^{j\omega}) + H_I^2(e^{j\omega})]^{\frac{1}{2}} \tag{6-6-11}$$

$$\arg[H(e^{j\omega})] = \arctan \frac{H_I(e^{j\omega})}{H_R(e^{j\omega})} \tag{6-6-12}$$

下面讨论系统频率响应 $H(e^{j\omega})$ 的物理意义。设 LTI 离散时间系统的输入序列 $x(n)$ 是一个数字域频率为 ω 的复指数序列，即

$$x(n) = e^{j\omega n}$$

如果 LTI 离散时间系统的单位抽样响应为 $h(n)$，则输出 $y(n)$ 为

$$y(n) = x(n) * h(n) = \sum_{k=-\infty}^{+\infty} h(k)x(n-k) = \sum_{k=-\infty}^{+\infty} h(k)e^{j\omega(n-k)}$$

$$= e^{j\omega n} \sum_{k=-\infty}^{+\infty} h(k)e^{-j\omega k} = e^{j\omega n} H(e^{j\omega}) \tag{6-6-13}$$

将式(6-6-10)代入式(6-6-13)，得

$$y(n) = e^{j\omega n} H(e^{j\omega}) = |H(e^{j\omega})| e^{j\{\omega n + \arg[H(e^{j\omega})]\}} \tag{6-6-14}$$

式(6-6-14)说明，当输入为复指数序列 $e^{j\omega n}$ 时，系统在稳态时的输出 $y(n)$ 仍然是一个复指数序列，但幅度和相位发生了变化，幅度是原来的 $|H(e^{j\omega})|$ 倍，相位增加了 $\arg[H(e^{j\omega})]$。

如果系统的输入是一个正弦序列 $x(n) = A\cos(\omega_0 n + \theta)$，$x(n)$ 可以表示成复指数序列的线性组合，即

$$x(n) = A\cos(\omega_0 n + \theta) = \frac{A}{2} e^{j\theta} e^{j\omega_0 n} + \frac{A}{2} e^{-j\theta} e^{-j\omega_0 n} \tag{6-6-15}$$

根据式(6-6-13)，系统对 $x_1(n) = \frac{A}{2} e^{j\theta} e^{j\omega_0 n}$ 的响应为

$$y_1(n) = H(e^{j\omega_0}) \frac{A}{2} e^{j\theta} e^{j\omega_0 n}$$

同样，系统对 $x_2(n) = \frac{A}{2} e^{-j\theta} e^{-j\omega_0 n}$ 的响应为

$$y_2(n) = H(e^{-j\omega_0}) \frac{A}{2} e^{-j\theta} e^{-j\omega_0 n}$$

因此，系统对 $x(n)$ 的响应为

$$y(n) = H(e^{j\omega_0}) \frac{A}{2} e^{j\theta} e^{j\omega_0 n} + H(e^{-j\omega_0}) \frac{A}{2} e^{-j\theta} e^{-j\omega_0 n}$$

如果系统单位抽样响应 $h(n)$ 是一个实序列，有 $H(e^{-j\omega_0}) = H^*(e^{j\omega_0})$，则

$$y(n) = A|H(e^{j\omega_0})| \cos\{\omega_0 n + \theta + \arg[H(e^{j\omega_0})]\} \tag{6-6-16}$$

式(6-6-16)说明，当输入为正弦序列 $A\cos(\omega_0 n + \theta)$ 时，系统在稳态时的输出 $y(n)$ 仍然是一个正弦序列，但幅度和相位发生了变化，幅度是原来的 $|H(e^{j\omega_0})|$ 倍，相位增加了 $\arg[H(e^{j\omega_0})]$。

综上所述，系统函数 $H(e^{j\omega})$ 表征系统的频率特性，描述了单一频率的复指数序列或正弦序列通过该系统后幅度和相位的变化。

引入了系统频率响应的概念后，就可以建立任意输入情况下输入与输出两者频谱的关系。在时域，LTI 系统的输入 $x(n)$、输出 $y(n)$ 和系统的单位抽样响应 $h(n)$ 满足线性卷积的关系，即

$$y(n) = x(n) * h(n) \tag{6-6-17}$$

对式(6-6-17)两边进行傅里叶变换,并利用时域卷积定理,得

$$Y(e^{j\omega}) = X(e^{j\omega}) H(e^{j\omega}) \tag{6-6-18}$$

也就是说,对于 LTI 系统,其输出序列的频谱等于输入序列的频谱与系统频率响应的乘积。

【例 6-6-2】　设一个 LTI 因果系统的差分方程描述为

$$y(n) - \frac{1}{2} y(n-1) = x(n) + \frac{1}{2} x(n-1)$$

(1) 求该系统的系统函数 $H(z)$ 和频率响应 $H(e^{j\omega})$。

(2) 求该系统对输入 $x(n) = \cos\left(\dfrac{\pi}{2} n + \dfrac{\pi}{4}\right)$ 的稳态响应。

解:(1) 对差分方程两边进行 z 变换,得

$$Y(z) - \frac{1}{2} Y(z) z^{-1} = X(z) + \frac{1}{2} X(z) z^{-1}$$

系统函数为

$$H(z) = \frac{Y(z)}{X(z)} = \frac{1 + \dfrac{1}{2} z^{-1}}{1 - \dfrac{1}{2} z^{-1}}$$

极点为 $z = \dfrac{1}{2}$,该系统是因果的,所以收敛域包含单位圆。频率响应 $H(e^{j\omega})$ 存在,即

$$H(e^{j\omega}) = H(z)\big|_{z = e^{j\omega}} = \frac{1 + \dfrac{1}{2} e^{-j\omega}}{1 - \dfrac{1}{2} e^{-j\omega}}$$

幅度响应为

$$|H(e^{j\omega})| = \sqrt{\frac{\dfrac{5}{4} + \cos\omega}{\dfrac{5}{4} - \cos\omega}}$$

相位响应为

$$\arg[H(e^{j\omega})] = \arctan\frac{-\sin\omega}{2 + \cos\omega} - \arctan\frac{\sin\omega}{2 - \cos\omega}$$

幅度响应和相位响应曲线分别如图 6-6-2(a)、(b)所示。

(2) 输入为 $x(n) = \cos\left(\dfrac{\pi}{2} n + \dfrac{\pi}{4}\right)$ 时,$\omega_0 = \dfrac{\pi}{2}$,则

$$H(e^{j\omega_0}) = \frac{1 + \dfrac{1}{2} e^{-j\omega}}{1 - \dfrac{1}{2} e^{-j\omega}}\Bigg|_{\omega_0 = \frac{\pi}{2}} = \frac{1 - j\dfrac{1}{2}}{1 + j\dfrac{1}{2}}$$

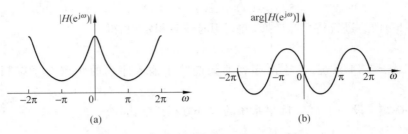

图 6-6-2   系统的幅度响应和相位响应曲线

幅度响应为 $|H(e^{j\omega_0})|=1$，相位响应为 $\arg[H(e^{j\omega_0})]=-2\arctan\dfrac{1}{2}$，系统的稳态响应为

$$y(n)=|H(e^{j\omega_0})|\cos\left\{\frac{\pi}{2}n+\frac{\pi}{4}+\arg[H(e^{j\omega_0})]\right\}=\cos\left(\frac{\pi}{2}n+\frac{\pi}{4}-2\arctan\frac{1}{2}\right)$$

6.6.2   差分方程的 z 变换求解法

差分方程的 z 变换求解法是：首先利用 z 变换将描述离散时间系统的时域差分方程变换成 z 域的代数方程，通过求解该代数方程，获得系统响应的 z 变换；然后再经过 z 反变换求得系统响应的时域表示。

描述 LTI 离散时间系统的常系数差分方程的一般形式为

$$\sum_{i=0}^{N}a_iy(n-i)=\sum_{k=0}^{M}b_kx(n-k) \tag{6-6-19}$$

对上式两边进行单边 z 变换，有

$$\sum_{n=0}^{+\infty}\left[\sum_{i=0}^{N}a_iy(n-i)\right]z^{-n}=\sum_{n=0}^{+\infty}\left[\sum_{k=0}^{M}b_kx(n-k)\right]z^{-n}$$

交换求和次序，得

$$\sum_{i=0}^{N}a_i\sum_{n=0}^{+\infty}y(n-i)z^{-n}=\sum_{k=0}^{M}b_k\sum_{n=0}^{+\infty}x(n-k)z^{-n}$$

由单边 z 变换序列移位的性质，得

$$\sum_{i=0}^{N}a_iz^{-i}\left[Y(z)+\sum_{l=-i}^{-1}y(l)z^{-l}\right]=\sum_{k=0}^{M}b_kz^{-k}\left[X(z)+\sum_{m=-k}^{-1}x(m)z^{-m}\right] \tag{6-6-20}$$

其中，$Y(z)=\sum\limits_{n=0}^{+\infty}y(n)z^{-n}=\mathscr{Z}[y(n)u(n)]$ 和 $X(z)=\sum\limits_{n=0}^{+\infty}X(n)z^{-n}=\mathscr{Z}[x(n)u(n)]$ 都是单边 z 变换。

若激励信号 $x(n)=0$，系统处于零输入状态。系统的差分方程式[式(6-6-19)]变成齐次方程，即

$$\sum_{i=0}^{N}a_iy(n-i)=0$$

式(6-6-20)变为

$$\sum_{i=0}^{N}a_iz^{-i}\left[Y(z)+\sum_{l=-i}^{-1}y(l)z^{-l}\right]=Y(z)\sum_{i=0}^{N}a_iz^{-i}+\sum_{i=0}^{N}\left[a_iz^{-i}\sum_{l=-i}^{-1}y(l)z^{-l}\right]=0$$

所以，

$$Y(z) = \frac{-\sum_{i=0}^{N}\left[a_i z^{-i}\sum_{l=-i}^{-1}y(l)z^{-l}\right]}{\sum_{i=0}^{N}a_i z^{-i}} \tag{6-6-21}$$

$Y(z)$ 所对应的序列就是系统的零输入响应，即

$$y_{zi} = \mathcal{Z}^{-1}[Y(z)]$$

由式(6-6-21)可知，零输入响应 y_{zi} 由系统的起始状态 $y(l)(-N \leqslant l \leqslant -1)$ 产生。$Y(z)$ 是单边 z 变换，其收敛域具有 $|z| > R_-$ 的形式，所以，$y_{zi} = \mathcal{Z}^{-1}[Y(z)]$ 是因果序列。

若系统的起始状态 $y(l)=0(-N \leqslant l \leqslant -1)$，系统处于零起始状态。此时，式(6-6-20)变为

$$\sum_{i=0}^{N}a_i z^{-i}Y(z) = \sum_{k=0}^{M}b_k z^{-k}\left[X(z)+\sum_{m=-k}^{-1}x(m)z^{-m}\right] \tag{6-6-22}$$

当激励信号 $x(n)$ 是因果序列，即式(6-6-22)中 $m<0$ 时，$x(m)=0$，式(6-6-22)变为

$$\sum_{i=0}^{N}a_i z^{-i}Y(z) = \sum_{k=0}^{M}b_k z^{-k}X(z)$$

即

$$Y(z) = X(z)\frac{\sum_{k=0}^{M}b_k z^{-k}}{\sum_{i=0}^{N}a_i z^{-i}}$$

由式(6-6-5)可知，$\dfrac{\sum_{k=0}^{M}b_k z^{-k}}{\sum_{i=0}^{N}a_i z^{-i}}$ 就是 6.6.1 节所定义的系统函数 $H(z)$。所以，有

$$Y(z) = X(z)H(z) \tag{6-6-23}$$

这时，$Y(z)$ 所对应的序列是零状态响应，即

$$y_{zs}(n) = \mathcal{Z}^{-1}[Y(z)] = \mathcal{Z}^{-1}[X(z)H(z)] \tag{6-6-24}$$

$y_{zs}(n)$ 仅仅由激励信号 $x(n)$ 产生。式(6-6-22)是在激励信号 $x(n)$ 为因果序列的前提下推导的。如果系统也是因果的，式(6-6-23)和式(6-6-24)也可以采用双边 z 变换计算。

综合以上讨论的两种情况，离散时间系统的完全响应等于零输入响应和零状态响应之和。

【例 6-6-3】　已知 LTI 系统的差分方程为

$$2y(n)+3y(n-1)+y(n-2)=x(n)+x(n-1)-x(n-2)$$

激励信号为 $x(n)=u(n)$，起始状态为 $y(-1)=2$，$y(-2)=1$。求该系统的系统函数 $H(z)$、单位抽样响应 $h(n)$、零输入响应 $y_{zi}(n)$、零状态响应 $y_{zs}(n)$ 和完全响应 $y(n)$。

　　解：(1) 对差分方程两边求 z 变换，得

$$2Y(z)+3Y(z)z^{-1}+Y(z)z^{-2}=X(z)+X(z)z^{-1}-X(z)z^{-2}$$

则系统函数 $H(z)$ 为

$$H(z) = \frac{Y(z)}{X(z)} = \frac{1 + z^{-1} - z^{-2}}{2 + 3z^{-1} + z^{-2}}$$

(2) 系统单位抽样响应 $h(n)$ 为

$$h(n) = \mathcal{Z}^{-1}[H(z)] = \mathcal{Z}^{-1}\left[-1 + \frac{-1}{1 + z^{-1}} + \frac{\frac{5}{2}}{1 + \frac{1}{2}z^{-1}} \right]$$

由于系统是因果的,所以

$$h(n) = \mathcal{Z}^{-1}[H(z)] = -\delta(n) - \left[(-1)^n - \frac{5}{2}\left(-\frac{1}{2}\right)^n \right]u(n)$$

(3) 求系统的零输入响应 $y_{zi}(n)$。对齐次方程 $2y(n) + 3y(n-1) + y(n-2) = 0$ 两边进行单边 z 变换,由式(6-4-4)得

$$2Y(z) + 3[Y(z)z^{-1} + y(-1)] + Y(z)z^{-2} + y(-1)z^{-1} + y(-2) = 0$$

即

$$(2 + 3z^{-1} + z^{-2})Y(z) = -3y(-1) - y(-1)z^{-1} - y(-2)$$

所以

$$Y(z) = \frac{-3y(-1) - y(-1)z^{-1} - y(-2)}{2 + 3z^{-1} + z^{-2}} = \frac{-7 - 2z^{-1}}{2 + 3z^{-1} + z^{-2}}$$

$$= \frac{-5}{1 + z^{-1}} + \frac{3/2}{1 + \frac{z^{-1}}{2}}$$

$Y(z)$ 的极点为 $z = -1$ 和 $z = -\frac{1}{2}$。$Y(z)$ 是单边 z 变换,其收敛域具有 $|z| > R_-$ 的形式,即收敛域为 $|z| > 1$。查表 6-2-2 可得系统的零输入响应为

$$y_{zi} = \mathcal{Z}^{-1}[Y(z)] = \mathcal{Z}^{-1}\left[\frac{-5}{1 + z^{-1}}\right] + \mathcal{Z}^{-1}\left[\frac{3/2}{1 + \frac{z^{-1}}{2}}\right]$$

$$= \left[5(-1)^{n+1} - 3\left(-\frac{1}{2}\right)^{n+1} \right]u(n)$$

(4) 求系统的零状态响应 $y_{zs}(n)$。

$$Y(z) = X(z)H(z) = \frac{1 + z^{-1} - z^{-2}}{2 + 3z^{-1} + z^{-2}} \mathcal{Z}[u(n)]$$

$$= \frac{1 + z^{-1} - z^{-2}}{2 + 3z^{-1} + z^{-2}} \frac{1}{1 - z^{-1}}$$

$$= \frac{1/6}{1 - z^{-1}} - \frac{1/2}{1 + z^{-1}} + \frac{5/6}{1 + \frac{z^{-1}}{2}}$$

由于系统是因果的,$Y(z)$ 的收敛域为 $|z| > 1$,查表 6-2-2 可得系统零状态响应为

$$y_{zs}(n) = \mathcal{Z}^{-1}[Y(z)] = \left[\frac{1}{6} - \frac{1}{2}(-1)^n + \frac{5}{6}\left(-\frac{1}{2}\right)^n \right]u(n)$$

（5）系统的完全响应为

$$y(n) = y_{zi}(n) + y_{zs}(n) = \left[5(-1)^{n+1} - 3\left(-\frac{1}{2}\right)^{n+1} \right] u(n) +$$

$$\left[\frac{1}{6} - \frac{1}{2}(-1)^n + \frac{5}{6}\left(-\frac{1}{2}\right)^n \right] u(n)$$

$$= \left[\frac{1}{6} - \frac{11}{2}(-1)^n + \frac{7}{3}\left(-\frac{1}{2}\right)^n \right] u(n)$$

习　题

6-1　求下列序列的 z 变换、收敛域和零极点图。

（1）$\delta(n-m)$。　　　　　　　（2）$a^n u(-n-1)$。

（3）$\left(\frac{1}{2}\right)^n [u(n) - u(n-10)]$。　　（4）$\cos\omega_0 n u(n)$。

（5）$x(n) = a^{|n|}, 0 < a < 1$。　　（6）$x(n) = Ar^n \cos(\omega_0 n + \varphi) u(n), 0 < r < 1$。

（7）$x(n) = e^{(a+j\omega_0)n} u(n)$。　　（8）$x(n) = \left[2^n + \left(\frac{1}{2}\right)^n \right] u(n)$。

6-2　画出 $X(z) = \dfrac{1 - \frac{1}{2}z^{-1}}{1 + \frac{3}{4}z^{-1} + \frac{1}{8}z^{-2}}$ 的零极点图。指出下列 3 种收敛情况分别对应左边

序列、右边序列还是双边序列，并求出各对应序列。

（1）$|z| > \dfrac{1}{2}$。　　　（2）$|z| < \dfrac{1}{4}$。　　　（3）$\dfrac{1}{4} < |z| < \dfrac{1}{2}$。

6-3　求下列 z 变换 $X(z)$ 的反变换。

（1）$X(z) = \dfrac{1}{1 + 0.5z^{-1}}, |z| > 0.5$。

（2）$X(z) = \dfrac{1 - \frac{1}{2}z^{-1}}{1 - \frac{1}{4}z^{-2}}, |z| > \dfrac{1}{2}$。

（3）$X(z) = \dfrac{1}{(1 - z^{-1})(1 - 2z^{-1})}, 1 < |z| < 2$。

（4）$X(z) = \dfrac{z(2z - a - b)}{(z - a)(z - b)}, a < |z| < b$。

（5）$X(z) = \dfrac{10z^2}{(z-1)(z+1)}, |z| > 1$。

（6）$X(z) = e^z + e^{1/z}, 0 < |z| < \infty$。

6-4　利用 3 种方法求下列 z 变换 $X(z)$ 的反变换。

（1）$X(z) = \dfrac{10z}{(z-1)(z-2)}, |z| > 2$。

(2) $X(z) = \dfrac{1-az^{-1}}{z^{-1}-a}, |z| > |a^{-1}|$。

6-5 若 $X(z)$ 是 $x(n)$ 的 z 变换,证明:

(1) $\mathscr{Z}[ax(n)+by(n)] = aX(z)+bY(z)$。

(2) $\mathscr{Z}[x(n-m)] = z^{-m}X(z)$。

(3) $\mathscr{Z}[a^n x(n)] = X(a^{-1}z)$。

(4) $\mathscr{Z}[nx(n)] = -z\,\dfrac{\mathrm{d}X(z)}{\mathrm{d}z}$。

(5) $\mathscr{Z}[x^*(n)] = X^*(z^*)$。

(6) $\mathscr{Z}[x(-n)] = X(z^{-1})$。

(7) $\mathscr{Z}\{\mathrm{Re}[x(n)]\} = \dfrac{1}{2}[X(z)+X^*(z^*)]$。

(8) $\mathscr{Z}\{\mathrm{Im}[x(n)]\} = \dfrac{1}{2\mathrm{j}}[X(z)-X^*(z^*)]$。

6-6 已知 $x(n)=u(n)$,$y(n)=a^n u(n)$,利用 z 变换求 $\omega(n)=x(n)*y(n)$。

6-7 已知因果序列 $x(n)$ 的 z 变换 $X(z)$,求该序列的初值 $x(0)$ 和终值 $x(\infty)$。

(1) $X(z) = \dfrac{1+z^{-1}+z^{-2}}{1-3z^{-1}+2z^{-2}}$。   (2) $X(z) = \dfrac{1}{(1+0.5z^{-1})(1-0.5z^{-1})}$。

6-8 已知 $x(n)$ 和 $y(n)$ 的 z 变换分别为

$$X(z) = \frac{1}{1-0.5z^{-1}}, \quad |z| > 0.5$$

$$Y(z) = \frac{1}{1-2z}, \quad |z| < 0.5$$

利用 z 域复卷积求 $\mathscr{Z}[x(n) \cdot y(n)]$。

6-9 求下列序列的傅里叶变换。

(1) $x(n) = a^n u(-n), |a| > 1$。

(2) $x(n) = a^n u(n+3), |a| < 1$。

(3) $x(n) = \begin{cases} a^{|n|}, & |n| < M \\ 0, & \text{其他} \end{cases}$。

(4) $x(n) = \begin{cases} 1-\dfrac{|n|}{N}, & |n| \leqslant N \\ 0, & \text{其他} \end{cases}$。

6-10 求下列函数的傅里叶反变换。

(1) $X(\mathrm{e}^{\mathrm{j}\omega}) = \displaystyle\sum_{k=-\infty}^{+\infty} \delta(\omega+2k\pi)$。

(2) $X(\mathrm{e}^{\mathrm{j}\omega}) = 1 + 2\displaystyle\sum_{k=1}^{N} \cos k\omega$。

6-11 计算下列序列 N 点的离散傅里叶变换。

(1) $x(n) = \delta(n)$。

(2) $x(n)=\cos\left(\dfrac{2\pi}{N}nm\right),0\leqslant n\leqslant N-1,0<m<N$。

(3) $x(n)=\begin{cases}1,&0\leqslant n\leqslant N-1\\0,&\text{其他}\end{cases}$。

6-12　有限长序列的离散傅里叶变换相当于其 z 变换在单位圆上的抽样。例如,10 点序列 $x(n)$ 的离散傅里叶变换相当于 $X(z)$ 在单位圆上 10 个等分点上的抽样,如图 6-7-1(a)所示。若 $X(z)$ 在 $z=0.5\mathrm{e}^{\mathrm{j}(2k\pi/10+\pi/10)}$($k=0,1,2,\cdots,9$)各点上抽样,如图 6-7-1(b)所示。试指出如何修改 $x(n)$,获得 $x_1(n)$,使其离散傅里叶变换相当于 $X(z)$ 在图 6-7-1(b)所示的各点上的抽样。

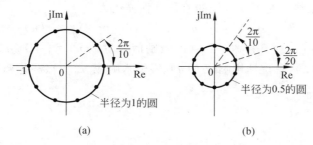

图 6-7-1　题 6-12 用图

6-13　设一个 LTI 系统的输入为 $x(n)=u(n)$,输出为 $y(n)=\left(\dfrac{1}{2}\right)^{n-1}u(n+1)$。

(1) 求系统函数 $H(z)$,并画出它的零极点图。

(2) 求单位抽样响应 $h(n)$。

(3) 该系统稳定吗? 若稳定,写出该系统的频率响应 $H(\mathrm{e}^{\mathrm{j}\omega})$。

(4) 该系统是因果的吗?

6-14　考虑某 z 变换 $X(z)$,其零极点图如图 6-7-2 所示。

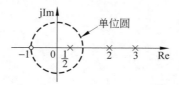

图 6-7-2　题 6-14 用图

(1) 若已知其傅里叶变换存在,确定 $X(z)$ 的收敛域,并确定其相应序列是左边序列、右边序列还是双边序列。

(2) 图 6-7-2 所示的零极点图有几种可能的双边序列?

(3) 对于图 6-7-2 所示的零极点图,有无一个与其对应的序列既是稳定的又是因果的? 若有,请给出相应的收敛域。

6-15　设一个 LTI 因果系统的差分方程描述为

$$y(n)-2r\cos\theta\,y(n-1)+r^2y(n-2)=x(n)$$

（1）画出该系统的框图。

（2）求该系统对输入 $x(n)=a^n u(n)$ 的响应。

6-16　已知一个因果离散时间系统的差分方程描述为

$$y(n)-\frac{3}{4}y(n-1)+\frac{1}{8}y(n-2)=x(n)+\frac{1}{3}x(n-1)$$

（1）求系统函数和单位抽样响应。

（2）画出系统函数的零极点图。

（3）粗略画出幅频响应特征曲线。

（4）画出该系统的框图。

6-17　已知一个因果线性时不变系统的差分方程描述为

$$y(n)-4y(n-1)+4y(n-2)=4x(n)$$

起始状态为 $y(-1)=0$、$y(-2)=2$，激励信号为 $x(n)=(-3)^n u(n)$，求该系统的系统函数 $H(z)$、单位抽样响应 $h(n)$、零输入响应 $y_{zi}(n)$、零状态响应 $y_{zs}(n)$ 和完全响应 $y(n)$。

第7章

chapter 7

系统状态变量分析

7.1 引　言

前面几章讨论了系统的时域和频域分析法。这些分析方法均强调用系统的输入、输出之间的关系描述系统的特性,主要考虑系统输入对系统输出的影响,而不关心系统内部的变化情况。这种只研究系统输入和输出随时间和频率变化的方法称为系统外部描述法,其特点如下:

(1) 只适用于单输入单输出系统,而对于多输入多输出系统将增加复杂性。

(2) 只研究系统输出与输入的外部特性,而对系统的内部情况既一无所知也无法控制。

随着现代控制理论的发展,人们不仅关心系统输出量的变化情况,而且对系统内部的一些变量也要进行研究,以便通过设计和控制这些变量达到最优控制的目的。这时,系统外部描述法已经不能满足要求,需要一种更有效的描述方法,这就是以内部变量为基础的状态变量分析法。

状态变量分析法是用 n 个状态变量的一阶微分或差分方程组(状态方程)描述系统。状态变量分析法的优点如下:

(1) 提供系统的内部特性以便研究。

(2) 便于分析多输入多输出系统。

(3) 一阶方程组便于计算机数值求解,并容易推广到时变系统和非线性系统的求解。

下面通过一个简单的例子说明状态变量分析法的一些基本概念。

【例 7-1-1】　电路如图 7-1-1 所示,已知 R_1、R_2、L、C,写出 $u_C(t)$ 和 $i_L(t)$ 与系统激励 $u_S(t)$、$i_S(t)$ 的关系表达式,以及 $u_1(t)$、$u_2(t)$ 与 $u_C(t)$、$i_L(t)$、$u_S(t)$、$i_S(t)$ 的关系表达式。

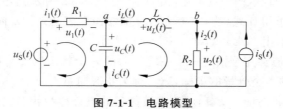

图 7-1-1　电路模型

解：根据电路理论，在 RLC 电路中，电容、电感两端的电压和电流关系式分别为

$$C\frac{\mathrm{d}u_C(t)}{\mathrm{d}t}=i_C(t), \quad L\frac{\mathrm{d}i_L(t)}{\mathrm{d}t}=u_L(t)$$

对节点 a 列写 KCL 方程，得

$$i_1(t)=i_L(t)+i_C(t) \tag{7-1-1}$$

对 R_2LC 回路列写 KVL 方程，得

$$u_L(t)+u_2(t)=u_C(t) \tag{7-1-2}$$

根据电路特性，知

$$i_1(t)=\frac{1}{R_1}[u_S(t)-u_C(t)], \quad u_2(t)=R_2[i_S(t)+i_L(t)]$$

又因为

$$u_L(t)=L\frac{\mathrm{d}i_L(t)}{\mathrm{d}t}, \quad i_C(t)=C\frac{\mathrm{d}u_C(t)}{\mathrm{d}t}$$

代入式(7-1-1)、式(7-1-2)，整理后得

$$\begin{cases}\dfrac{\mathrm{d}u_C(t)}{\mathrm{d}t}=-\dfrac{1}{R_1C}u_C(t)-\dfrac{1}{C}i_L(t)+\dfrac{1}{R_1C}u_S(t)\\[2mm]\dfrac{\mathrm{d}i_L(t)}{\mathrm{d}t}=\dfrac{1}{L}u_C(t)-\dfrac{R_2}{L}i_L(t)-\dfrac{R_2}{L}i_S(t)\end{cases} \tag{7-1-3}$$

写成矩阵形式，得

$$\begin{bmatrix}\dfrac{\mathrm{d}u_C(t)}{\mathrm{d}t}\\[3mm]\dfrac{\mathrm{d}i_L(t)}{\mathrm{d}t}\end{bmatrix}=\begin{bmatrix}-\dfrac{1}{R_1C}&-\dfrac{1}{C}\\[3mm]\dfrac{1}{L}&-\dfrac{R_2}{L}\end{bmatrix}\begin{bmatrix}u_C(t)\\i_L(t)\end{bmatrix}+\begin{bmatrix}\dfrac{1}{R_1C}&0\\[3mm]0&-\dfrac{R_2}{L}\end{bmatrix}\begin{bmatrix}u_S(t)\\i_S(t)\end{bmatrix} \tag{7-1-4}$$

如果以 $u_1(t)$、$u_2(t)$ 为待求量，可列方程为

$$\begin{aligned}u_1(t)&=-u_C(t)+u_S(t)\\u_2(t)&=R_2i_L(t)+R_2i_S(t)\end{aligned} \tag{7-1-5}$$

写成矩阵形式为

$$\begin{bmatrix}u_1(t)\\u_2(t)\end{bmatrix}=\begin{bmatrix}-1&0\\0&R_2\end{bmatrix}\begin{bmatrix}u_C(t)\\i_L(t)\end{bmatrix}+\begin{bmatrix}1&0\\0&R_2\end{bmatrix}\begin{bmatrix}u_S(t)\\i_S(t)\end{bmatrix} \tag{7-1-6}$$

状态变量分析法的一些基本概念如下。

(1) 状态变量。在状态变量分析法中，必须选择一组最少的变量，只要知道 $t=t_0$ 时这组变量和 $t \geqslant t_0$ 时的输入，那么就能完全确定系统在任何时间 $t \geqslant t_0$ 的行为，这组变量称为状态变量。状态变量一旦确定，系统在某一时刻 t_0 的每一个输出都可以由状态变量和输入信号表示。例如，本例中选取电容两端的电压 $u_C(t)$ 和流过电感的电流 $i_L(t)$ 作为一组状态变量，可以求得如式(7-1-6)所示系统的输出表达式。n 阶动态系统需要 n 个独立的状态变量，通常用 $\lambda_1(t),\lambda_2(t),\cdots,\lambda_n(t)$ 表示。

(2) 状态向量。能够完全描述一个系统行为的 n 个状态变量 $\lambda_1(t),\lambda_2(t),\cdots,\lambda_n(t)$ 可以看作向量 $\boldsymbol{\lambda}(t)$ 的各个分量的坐标，$\boldsymbol{\lambda}(t)$ 称为状态向量。

(3) 状态空间。状态向量 $\boldsymbol{\lambda}(t)$ 的所有可能值的集合称为状态空间。

（4）状态方程。描述系统 n 个状态变量 $\lambda_1(t),\lambda_2(t),\cdots,\lambda_n(t)$ 与系统输入信号关系的方程称为状态方程。例如式(7-1-3)描述的是系统状态变量 $u_C(t)$ 和 $i_L(t)$ 与系统激励 $u_S(t)$、$i_S(t)$ 之间的关系,式(7-1-4)是矩阵表示形式。

（5）输出方程。描述系统每一个输出变量与系统状态变量以及系统输入信号之间关系的方程称为输出方程。例如式(7-1-5)描述的是系统输出 $u_1(t)$、$u_2(t)$ 与系统的状态变量 $u_C(t)$、$i_L(t)$ 以及系统激励 $u_S(t)$、$i_S(t)$ 之间的关系,式(7-1-6)是矩阵表示形式。

（6）系统方程。状态方程是描述状态变量的一阶导数与状态变量和激励之间的关系的一组方程,输出方程是描述输出与状态变量和激励之间关系的一组方程。通常将状态方程和输出方程统称为系统方程或动态方程。

系统中任何输出均可表示成状态变量及其输入的线性组合,但是状态变量应线性独立。状态变量的选择并不是唯一的,因此,系统方程也并不唯一。

状态变量分析法的求解过程是:首先确定系统的状态变量,列写状态方程和输出方程,然后求解系统的状态方程,最后根据系统的输出方程和状态求出系统的响应。

7.2　连续时间系统状态方程的建立

7.2.1　连续时间系统状态方程的一般形式

一个动态连续时间系统的数学模型可利用信号的各阶导数描述,连续系统的状态方程描述状态变量一阶导数与状态变量和输入之间的关系。

如图 7-2-1 所示,有 m 个输入 $[x_1(t),x_2(t),\cdots,x_m(t)]$、$p$ 个输出 $[y_1(t),y_2(t),\cdots,y_p(t)]$ 和 n 个状态变量 $[\lambda_1(t),\lambda_2(t),\cdots,\lambda_n(t)]$ 的连续时间系统状态方程的一般形式为

$$\begin{cases}\dfrac{\mathrm{d}}{\mathrm{d}t}\lambda_1(t)=f_1[\lambda_1(t),\lambda_2(t),\cdots,\lambda_n(t);x_1(t),x_2(t),\cdots,x_m(t);t]\\[2mm]\dfrac{\mathrm{d}}{\mathrm{d}t}\lambda_2(t)=f_2[\lambda_1(t),\lambda_2(t),\cdots,\lambda_n(t);x_1(t),x_2(t),\cdots,x_m(t);t]\\[2mm]\qquad\qquad\vdots\\[2mm]\dfrac{\mathrm{d}}{\mathrm{d}t}\lambda_n(t)=f_k[\lambda_1(t),\lambda_2(t),\cdots,\lambda_n(t);x_1(t),x_2(t),\cdots,x_m(t);t]\end{cases} \tag{7-2-1}$$

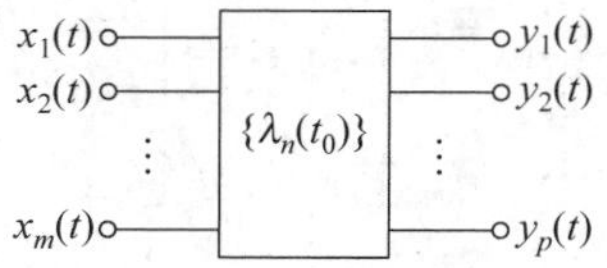

图 7-2-1　状态变量与激励的关系

如果该连续时间系统是一个线性系统,则状态方程是输入信号和状态变量的线性组合。此时,式(7-2-1)可以写成

$$
\begin{cases}
\dfrac{\mathrm{d}}{\mathrm{d}t}\lambda_1(t) = a_{11}\lambda_1(t) + a_{12}\lambda_2(t) + \cdots + a_{1n}\lambda_n(t) + b_{11}x_1(t) + b_{12}x_2(t) + \cdots + b_{1m}x_m(t) \\
\dfrac{\mathrm{d}}{\mathrm{d}t}\lambda_2(t) = a_{21}\lambda_1(t) + a_{22}\lambda_2(t) + \cdots + a_{2n}\lambda_n(t) + b_{21}x_1(t) + b_{22}x_2(t) + \cdots + b_{2m}x_m(t) \\
\qquad\qquad\qquad\qquad\qquad\qquad\vdots \\
\dfrac{\mathrm{d}}{\mathrm{d}t}\lambda_n(t) = a_{n1}\lambda_1(t) + a_{n2}\lambda_2(t) + \cdots + a_{nn}\lambda_n(t) + b_{n1}x_1(t) + b_{n2}x_2(t) + \cdots + b_{nm}x_m(t)
\end{cases}
$$

$$(7\text{-}2\text{-}2)$$

其中，a_{jl}、b_{jk} 均为常数，$j=1,2,\cdots,n$，$k=1,2,\cdots,m$，$l=1,2,\cdots,n$。

令 $\dot{\lambda}_i(t) = \dfrac{\mathrm{d}\lambda_i(t)}{\mathrm{d}t}$，$i=1,2,\cdots,n$，并代入式(7-2-2)，得

$$
\begin{cases}
\dot{\lambda}_1(t) = a_{11}\lambda_1(t) + a_{12}\lambda_2(t) + \cdots + a_{1n}\lambda_n(t) + b_{11}x_1(t) + b_{12}x_2(t) + \cdots + b_{1m}x_m(t) \\
\dot{\lambda}_2(t) = a_{21}\lambda_1(t) + a_{22}\lambda_2(t) + \cdots + a_{2n}\lambda_n(t) + b_{21}x_1(t) + b_{22}x_2(t) + \cdots + b_{2m}x_m(t) \\
\qquad\qquad\qquad\qquad\qquad\qquad\vdots \\
\dot{\lambda}_n(t) = a_{n1}\lambda_1(t) + a_{n2}\lambda_2(t) + \cdots + a_{nn}\lambda_n(t) + b_{n1}x_1(t) + b_{n2}x_2(t) + \cdots + b_{nm}x_m(t)
\end{cases}
$$

$$(7\text{-}2\text{-}3)$$

式(7-2-3)称为系统的状态方程，写成矩阵形式为

$$
\begin{bmatrix} \dot{\lambda}_1(t) \\ \dot{\lambda}_2(t) \\ \vdots \\ \dot{\lambda}_n(t) \end{bmatrix}
=
\begin{bmatrix} a_{11} & a_{12} & \cdots & a_{1n} \\ a_{21} & a_{22} & \cdots & a_{2n} \\ \vdots & \vdots & \ddots & \vdots \\ a_{n1} & a_{n2} & \cdots & a_{nn} \end{bmatrix}
\begin{bmatrix} \lambda_1(t) \\ \lambda_2(t) \\ \vdots \\ \lambda_n(t) \end{bmatrix}
+
\begin{bmatrix} b_{11} & b_{12} & \cdots & b_{1m} \\ b_{21} & b_{22} & \cdots & b_{2m} \\ \vdots & \vdots & \ddots & \vdots \\ b_{n1} & b_{n2} & \cdots & b_{nm} \end{bmatrix}
\begin{bmatrix} x_1(t) \\ x_2(t) \\ \vdots \\ x_m(t) \end{bmatrix}
$$

$$(7\text{-}2\text{-}4)$$

令

$$
\dot{\boldsymbol{\lambda}}(t) = \begin{bmatrix} \dot{\lambda}_1(t) \\ \dot{\lambda}_2(t) \\ \vdots \\ \dot{\lambda}_n(t) \end{bmatrix}, \quad
\boldsymbol{\lambda}(t) = \begin{bmatrix} \lambda_1(t) \\ \lambda_2(t) \\ \vdots \\ \lambda_n(t) \end{bmatrix}, \quad
\boldsymbol{x}(t) = \begin{bmatrix} x_1(t) \\ x_2(t) \\ \vdots \\ x_m(t) \end{bmatrix},
$$

$$
\boldsymbol{A} = \begin{bmatrix} a_{11} & a_{12} & \cdots & a_{1n} \\ a_{21} & a_{22} & \cdots & a_{2n} \\ \vdots & \vdots & \ddots & \vdots \\ a_{n1} & a_{n2} & \cdots & a_{nn} \end{bmatrix}, \quad
\boldsymbol{B} = \begin{bmatrix} b_{11} & b_{12} & \cdots & b_{1m} \\ b_{21} & b_{22} & \cdots & b_{2m} \\ \vdots & \vdots & \ddots & \vdots \\ b_{n1} & b_{n2} & \cdots & b_{nm} \end{bmatrix}
$$

代入式(7-2-4)，得

$$\dot{\boldsymbol{\lambda}}(t) = \boldsymbol{A}\boldsymbol{\lambda}(t) + \boldsymbol{B}\boldsymbol{x}(t) \tag{7-2-5}$$

其中，$\dot{\boldsymbol{\lambda}}(t)$、$\boldsymbol{\lambda}(t)$ 均为 $n\times1$ 矩阵；$\boldsymbol{x}(t)$ 为 $m\times1$ 矩阵；$\boldsymbol{A}$ 为 $n\times n$ 矩阵，称为系统矩阵；$\boldsymbol{B}$ 为 $n\times m$ 矩阵，称为控制矩阵。

连续时间系统输出方程的一般形式为

$$\begin{cases} y_1(t) = g_1 \left[\lambda_1(t), \lambda_2(t), \cdots, \lambda_n(t); x_1(t), x_2(t), \cdots, x_m(t); t\right] \\ y_2(t) = g_2 \left[\lambda_1(t), \lambda_2(t), \cdots, \lambda_n(t); x_1(t), x_2(t), \cdots, x_m(t); t\right] \\ \qquad\qquad\qquad\qquad \vdots \\ y_p(t) = g_p \left[\lambda_1(t), \lambda_2(t), \cdots, \lambda_n(t); x_1(t), x_2(t), \cdots, x_m(t); t\right] \end{cases} \tag{7-2-6}$$

如果该连续时间系统是一个线性系统,则输出方程是输入信号和状态变量的线性组合。式(7-2-6)可以写成

$$\begin{cases} y_1(t) = c_{11}\lambda_1(t) + c_{12}\lambda_2(t) + \cdots + c_{1n}\lambda_n(t) + d_{11}x_1(t) + d_{12}x_2(t) + \cdots + d_{1m}x_m(t) \\ y_2(t) = c_{21}\lambda_1(t) + c_{22}\lambda_2(t) + \cdots + c_{2n}\lambda_n(t) + d_{21}x_1(t) + d_{22}x_2(t) + \cdots + d_{2m}x_m(t) \\ \qquad\qquad\qquad\qquad\qquad\qquad\qquad \vdots \\ y_p(t) = c_{p1}\lambda_1(t) + c_{p2}\lambda_2(t) + \cdots + c_{pn}\lambda_n(t) + d_{p1}x_1(t) + d_{p2}x_2(t) + \cdots + d_{pm}x_m(t) \end{cases}$$
$$\tag{7-2-7}$$

其中,c_{jl}、d_{jk} 均为常数,$j = 1, 2, \cdots, p, k = 1, 2, \cdots, m, l = 1, 2, \cdots, n$。

式(7-2-7)写成矩阵形式为

$$\begin{bmatrix} y_1(t) \\ y_2(t) \\ \vdots \\ y_p(t) \end{bmatrix} = \begin{bmatrix} c_{11} & c_{12} & \cdots & c_{1n} \\ c_{21} & c_{22} & \cdots & c_{2n} \\ \vdots & \vdots & \ddots & \vdots \\ c_{p1} & c_{p2} & \cdots & c_{pn} \end{bmatrix} \begin{bmatrix} \lambda_1(t) \\ \lambda_2(t) \\ \vdots \\ \lambda_n(t) \end{bmatrix} + \begin{bmatrix} d_{11} & d_{12} & \cdots & d_{1m} \\ d_{21} & d_{22} & \cdots & d_{2m} \\ \vdots & \vdots & \ddots & \vdots \\ d_{p1} & d_{p2} & \cdots & d_{pm} \end{bmatrix} \begin{bmatrix} x_1(t) \\ x_2(t) \\ \vdots \\ x_m(t) \end{bmatrix}$$
$$\tag{7-2-8}$$

令

$$\boldsymbol{y}(t) = \begin{bmatrix} y_1(t) \\ y_2(t) \\ \vdots \\ y_p(t) \end{bmatrix}, \quad \boldsymbol{C} = \begin{bmatrix} c_{11} & c_{12} & \cdots & c_{1n} \\ c_{21} & c_{22} & \cdots & c_{2n} \\ \vdots & \vdots & \ddots & \vdots \\ c_{p1} & c_{p2} & \cdots & c_{pn} \end{bmatrix}, \quad \boldsymbol{D} = \begin{bmatrix} d_{11} & d_{12} & \cdots & d_{1m} \\ d_{21} & d_{22} & \cdots & d_{2m} \\ \vdots & \vdots & \ddots & \vdots \\ d_{p1} & d_{p2} & \cdots & d_{pm} \end{bmatrix}$$

代入式(7-2-8),得

$$\boldsymbol{y}(t) = \boldsymbol{C}\boldsymbol{\lambda}(t) + \boldsymbol{D}\boldsymbol{x}(t) \tag{7-2-9}$$

其中,$\boldsymbol{y}(t)$ 为 $p \times 1$ 矩阵;$\boldsymbol{\lambda}(t)$ 为 $n \times 1$ 矩阵;$\boldsymbol{x}(t)$ 为 $m \times 1$ 矩阵;$\boldsymbol{C}$ 为 $p \times n$ 矩阵,称为输出矩阵;$\boldsymbol{D}$ 为 $p \times m$ 矩阵。

式(7-2-5)称为系统的状态方程,式(7-2-9)称为系统的输出方程,二者合称为系统方程。状态变量分析的关键在于状态变量的选取以及状态方程的建立。下面探讨系统状态方程的建立。

7.2.2 由电路图建立状态方程

如果系统的电路结构和输入信号已知,要建立系统的状态方程,首先要选取合适的状态变量。一般选取独立电感的电流和独立电容的电压作为系统的状态变量,然后根据电路规律建立系统的状态方程。由电路图建立状态方程的步骤如下:

(1) 选取独立的电容电压和独立的电感电流作为状态变量,有时也选取电容电荷与电感磁链。

（2）对包含独立电感的回路列写回路电压方程，其中必然包括 $L\dfrac{\mathrm{d}i_L(t)}{\mathrm{d}t}$；对连接了电容的节点列写节点电流方程，其中必然包含 $C\dfrac{\mathrm{d}u_C(t)}{\mathrm{d}t}$。

（3）将方程中的非状态变量用状态变量表示，注意，只能将 $\dfrac{\mathrm{d}i_L(t)}{\mathrm{d}t}$ 和 $\dfrac{\mathrm{d}u_C(t)}{\mathrm{d}t}$ 项放在方程的左边。

（4）将状态方程表示成矩阵形式。

一般状态变量的个数与系统的阶数相同，等于独立动态元件的个数。独立电感和独立电容如图 7-2-2 所示。在图 7-2-2(a)中，3 个电容电压之间有 $u_{C_2}(t)=u_{C_1}(t)+u_{C_3}(t)$，即，如果知道其中任意两个电容上的电压，第三个电容上的电压也就确定了，故 3 个电容电压只能有两个是独立的。在图 7-2-2(b)中，当电源电压固定时，由于有 $u_\mathrm{S}(t)=u_{C_1}(t)+u_{C_3}(t)$，如果知道其中任意一个电容上的电压，另外一个电容上的电压也就确定了，故两个电容电压只能有一个是独立的。同理，在图 7-2-2(c)中，对于节点 J_1，有 $i_{L_1}(t)=i_{L_2}(t)+i_{L_3}(t)$，故 3 个电感电流只能有两个是独立的；在图 7-2-2(d)中，对于节点 J_2，有 $i_{L_2}(t)=i_{L_1}(t)+i_\mathrm{S}(t)$，故两个电感电流只能有一个是独立的。

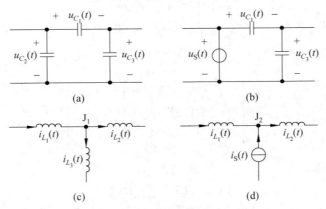

图 7-2-2　独立电容和独立电感

下面举例说明由电路图建立系统状态方程的具体过程。

【例 7-2-1】　电路如图 7-2-3 所示，已知 $R_1=R_2=1\Omega,L=2\mathrm{H},C=2\mathrm{F}$，以电阻 R_1 上的电压 u_{R_1} 和流过电阻 R_2 上的电流 i_{R_2} 为输出，分别列写电路的状态方程和输出方程。

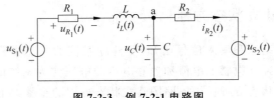

图 7-2-3　例 7-2-1 电路图

解：电路中电感和电容均是独立元件，因此，选取状态变量为 $\lambda_1(t)=i_L(t),\lambda_2(t)=$

$u_C(t)$,则电感上的电压和电容上的电流分别为 $u_L(t) = L \dfrac{\mathrm{d}i_L(t)}{\mathrm{d}t} = L\,\dot{\lambda}_1(t)$,$i_C(t) =$

$C\dfrac{\mathrm{d}u_C(t)}{\mathrm{d}t} = C\,\dot{\lambda}_2(t)$。对连接电容的节点 a 列写节点电流方程为

$$\lambda_1(t) = i_{R_2}(t) + C\dot{\lambda}_2(t) \tag{7-2-10}$$

对电感所在的回路 $R_1 C u_{S_1}$ 列写回路电压方程:

$$u_{S_1}(t) = L\dot{\lambda}_1(t) + u_{R_1}(t) + \lambda_2(t) \tag{7-2-11}$$

根据电路的约束特性,有

$$u_{R_1}(t) = R_1 \lambda_1(t) \tag{7-2-12}$$

$$i_{R_2}(t) = \frac{\lambda_2(t) - u_{S_2}(t)}{R_2} \tag{7-2-13}$$

代入式(7-2-10)、式(7-2-11),得

$$\lambda_1(t) = \frac{\lambda_2(t) - u_{S_2}(t)}{R_2} + C\dot{\lambda}_2(t)$$

$$u_{S_1}(t) = L\dot{\lambda}_1(t) + R_1\lambda_1(t) + \lambda_2(t)$$

整理后,得

$$\dot{\lambda}_1(t) = \frac{1}{L}u_{S_1}(t) - \frac{R_1}{L}\lambda_1(t) - \frac{1}{L}\lambda_2(t)$$

$$\dot{\lambda}_2(t) = \frac{1}{C}\lambda_1(t) - \frac{\lambda_2(t) - u_{S_2}(t)}{R_2 C}$$

写成矩阵形式,得

$$\begin{bmatrix} \dot{\lambda}_1(t) \\ \dot{\lambda}_2(t) \end{bmatrix} = \begin{bmatrix} -\dfrac{R_1}{L} & -\dfrac{1}{L} \\ \dfrac{1}{C} & -\dfrac{1}{R_2 C} \end{bmatrix} \begin{bmatrix} \lambda_1(t) \\ \lambda_2(t) \end{bmatrix} + \begin{bmatrix} \dfrac{1}{L} & 0 \\ 0 & \dfrac{1}{R_2 C} \end{bmatrix} \begin{bmatrix} u_{S_1}(t) \\ u_{S_2}(t) \end{bmatrix}$$

将 $R_1 = R_2 = 1\Omega, L = 2\mathrm{H}, C = 2\mathrm{F}$ 代入,有

$$\begin{bmatrix} \dot{\lambda}_1(t) \\ \dot{\lambda}_2(t) \end{bmatrix} = \begin{bmatrix} -\dfrac{1}{2} & -\dfrac{1}{2} \\ \dfrac{1}{2} & -\dfrac{1}{2} \end{bmatrix} \begin{bmatrix} \lambda_1(t) \\ \lambda_2(t) \end{bmatrix} + \begin{bmatrix} \dfrac{1}{2} & 0 \\ 0 & \dfrac{1}{2} \end{bmatrix} \begin{bmatrix} u_{S_1}(t) \\ u_{S_2}(t) \end{bmatrix}$$

令 $y_1(t) = i_{R_2}(t)$,$y_2(t) = u_{R_1}(t)$,根据式(7-2-12)和式(7-2-13),输出方程为

$$y_1(t) = \frac{\lambda_2(t) - u_{S_2}(t)}{R_2}$$

$$y_2(t) = R_1 \lambda_1(t)$$

写成矩阵形式,并代入 $R_1 = R_2 = 1\Omega, L = 2\mathrm{H}, C = 2\mathrm{F}$,得

$$\begin{bmatrix} y_1(t) \\ y_2(t) \end{bmatrix} = \begin{bmatrix} 0 & 1 \\ 1 & 0 \end{bmatrix} \begin{bmatrix} \lambda_1(t) \\ \lambda_2(t) \end{bmatrix} + \begin{bmatrix} 0 & -1 \\ 0 & 0 \end{bmatrix} \begin{bmatrix} u_{S_1}(t) \\ u_{S_2}(t) \end{bmatrix}$$

【例 7-2-2】 已知电路如图 7-2-4 所示，其中，$L_1 = L_2 = L_3 = L$，以 $u_{S_2}(t)$ 为输出，列写电路的状态方程和输出方程。

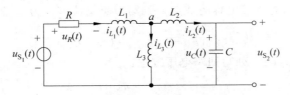

图 7-2-4 例 7-2-2 电路图

解：电路中电容是独立元件，而 3 个电感 L_1、L_2、L_3 很明显不是独立的，因此，选择电容电压和电感 L_1、L_2 上的电流为状态变量，即 $\lambda_1(t) = i_{L_1}(t)$，$\lambda_2(t) = i_{L_2}(t)$，$\lambda_3(t) = u_C(t)$，则流过电感 L_3 的电流为

$$i_{L_3}(t) = i_{L_1}(t) - i_{L_2}(t) = \lambda_1(t) - \lambda_2(t) \tag{7-2-14}$$

电感 L_1、L_2 上的电压分别为 $u_{L_1}(t) = L_1 \dfrac{di_{L_1}(t)}{dt} = L_1 \dot{\lambda}_1(t)$，$u_{L_2}(t) = L_2 \dfrac{di_{L_2}(t)}{dt} = L_2 \dot{\lambda}_2(t)$，流过电容的电流为 $i_C(t) = C \dfrac{du_C(t)}{dt} = C \dot{\lambda}_3(t)$。

对连接电容的节点 a 列写节点电流方程，得

$$C \dot{\lambda}_3(t) = \lambda_2(t) \tag{7-2-15}$$

对电感 L_1 所在回路列写回路电压方程，得

$$u_{S_1}(t) = L_1 \dot{\lambda}_1(t) + u_R(t) + u_{L_3}(t) \tag{7-2-16}$$

对电感 L_2 所在回路列写回路电压方程，得

$$u_{L_3}(t) = L_2 \dot{\lambda}_2(t) + \lambda_3(t) \tag{7-2-17}$$

根据式(7-2-14)，电感 L_3 两端电压为

$$u_{L_3}(t) = L_3 \frac{di_{L_3}(t)}{dt} = L_3 \left[\dot{\lambda}_1(t) - \dot{\lambda}_2(t) \right]$$

电阻 R 两端电压为

$$u_R(t) = R \lambda_1(t)$$

将 $L_1 = L_2 = L_3 = L$ 代入式(7-2-15)、式(7-2-16)、式(7-2-17)，整理后，得

$$\dot{\lambda}_1(t) = \frac{2}{3L} u_{S_1}(t) - \frac{2R}{3L} \lambda_1(t) - \frac{1}{3L} \lambda_3(t)$$

$$\dot{\lambda}_2(t) = \frac{1}{3L} u_{S_1}(t) - \frac{R}{3L} \lambda_1(t) - \frac{2}{3L} \lambda_3(t)$$

$$\dot{\lambda}_3(t) = \frac{1}{C} \lambda_2(t)$$

写成矩阵形式为

$$\begin{bmatrix} \dot{\lambda}_1(t) \\ \dot{\lambda}_2(t) \\ \dot{\lambda}_3(t) \end{bmatrix} = \begin{bmatrix} -\dfrac{2R}{3L} & 0 & -\dfrac{1}{3L} \\ -\dfrac{R}{3L} & 0 & -\dfrac{2}{3L} \\ 0 & \dfrac{1}{C} & 0 \end{bmatrix} \begin{bmatrix} \lambda_1(t) \\ \lambda_2(t) \\ \lambda_3(t) \end{bmatrix} + \begin{bmatrix} \dfrac{2}{3L} \\ \dfrac{1}{3L} \\ 0 \end{bmatrix} [u_{S_1}(t)]$$

令系统输出 $y(t) = u_{S_2}(t)$,其中,$u_{S_2}(t)$ 表示电容两端电压,故输出方程为

$$y(t) = \lambda_3(t)$$

写成矩阵形式为

$$y(t) = \begin{bmatrix} 0 & 0 & 1 \end{bmatrix} \begin{bmatrix} \lambda_1(t) \\ \lambda_2(t) \\ \lambda_3(t) \end{bmatrix}$$

7.2.3 由信号流图建立状态方程

由系统的信号流图或模拟框图建立状态方程比较直观和简单,其一般规则如下:

(1)选积分器的输出作为状态变量。

(2)围绕积分器的输入列写状态方程。

(3)围绕系统的输出端列写输出方程。

在给出信号流图的情况下,选取积分器的输出作为状态变量,则积分器的输入即为状态变量的一阶导数,如图 7-2-5 所示。

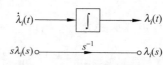

图 7-2-5 状态变量的选择

【例 7-2-3】 已知某系统的信号流图如图 7-2-6 所示,列写其状态方程和输出方程。

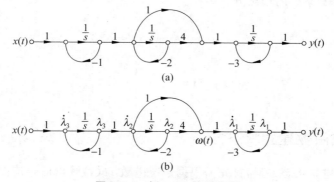

图 7-2-6 例 7-2-3 信号流图

解:选择积分器的输出为状态变量,如图 7-2-6(a)所示的信号流图有 3 个积分器,可选择 3 个状态变量,如图 7-2-6(b)所示,从右往左依次为 $\lambda_1(t)$、$\lambda_2(t)$、$\lambda_3(t)$,则 3 个积分器的输入分别为 $\dot{\lambda}_1(t)$、$\dot{\lambda}_2(t)$、$\dot{\lambda}_3(t)$,围绕 3 个积分器的输入可列写系统的状态方程。

围绕积分器的输入 $\dot{\lambda}_3(t)$ 列写方程,得

$$\dot{\lambda}_3(t) = x(t) - \lambda_3(t) \tag{7-2-18}$$

围绕积分器的输入 $\dot{\lambda}_2(t)$ 列写方程,得

$$\dot{\lambda}_2(t) = \lambda_3(t) - 2\lambda_2(t) \qquad (7\text{-}2\text{-}19)$$

围绕积分器的输入 $\dot{\lambda}_1(t)$ 列写方程比较复杂,选择中间参量 $\omega(t)$,如图 7-2-6(b)所示,有

$$\dot{\lambda}_1(t) = \omega(t) - 3\lambda_1(t) \qquad (7\text{-}2\text{-}20)$$

为消去中间参量 $\omega(t)$,列写方程,得

$$\omega(t) = \dot{\lambda}_2(t) + 4\lambda_2(t) \qquad (7\text{-}2\text{-}21)$$

将式(7-2-19)代入式(7-2-21),得

$$\omega(t) = \lambda_3(t) + 2\lambda_2(t) \qquad (7\text{-}2\text{-}22)$$

将式(7-2-22)代入式(7-2-20),得

$$\dot{\lambda}_1(t) = -3\lambda_1(t) + 2\lambda_2(t) + \lambda_3(t) \qquad (7\text{-}2\text{-}23)$$

综合式(7-2-18)、式(7-2-19)、式(7-2-23),系统的状态方程为

$$\begin{cases} \dot{\lambda}_1(t) = -3\lambda_1(t) + 2\lambda_2(t) + \lambda_3(t) \\ \dot{\lambda}_2(t) = \lambda_3(t) - 2\lambda_2(t) \\ \dot{\lambda}_3(t) = x(t) - \lambda_3(t) \end{cases}$$

写成矩阵形式为

$$\begin{bmatrix} \dot{\lambda}_1(t) \\ \dot{\lambda}_2(t) \\ \dot{\lambda}_3(t) \end{bmatrix} = \begin{bmatrix} -3 & 2 & 1 \\ 0 & -2 & 1 \\ 0 & 0 & -1 \end{bmatrix} \begin{bmatrix} \lambda_1(t) \\ \lambda_2(t) \\ \lambda_3(t) \end{bmatrix} + \begin{bmatrix} 0 \\ 0 \\ 1 \end{bmatrix} [x(t)]$$

根据信号流图,系统的输出方程为

$$y(t) = \lambda_1(t)$$

写成矩阵形式为

$$y(t) = \begin{bmatrix} 1 & 0 & 0 \end{bmatrix} \begin{bmatrix} \lambda_1(t) \\ \lambda_2(t) \\ \lambda_3(t) \end{bmatrix}$$

7.2.4　由系统函数建立状态方程

由系统函数建立状态方程,首先需根据系统函数 $H(s)$ 画出信号流图或模拟框图,然后再按照信号流图或模拟框图建立系统状态方程和输出方程的步骤列写方程。由系统函数 $H(s)$ 画出的信号流图或模拟框图有 3 种形式,即直接形式、并联形式、级联形式。因此,通过系统函数建立状态方程时可以有不同的解决方案。下面举例说明。

【例 7-2-4】 已知某 LTI 系统的系统函数为

$$H(s) = \frac{5s + 11}{s^3 + 8s^2 + 19s + 12}$$

列写系统的状态方程和输出方程。

解：根据系统函数 $H(s)$ 画出信号流图或模拟框图时，采用 3 种不同形式列写的方程是不同的。

（1）直接形式。

按照第 6 章的系统模拟方法，对于系统函数直接形式的模拟可以用 Mason 公式完成。将系统函数 $H(s)$ 转换成

$$H(s)=\frac{5s^{-2}+11s^{-3}}{1+8s^{-1}+19s^{-2}+12s^{-3}}=\frac{5s^{-2}+11s^{-3}}{1-(-8s^{-1}-19s^{-2}-12s^{-3})}$$

将系统函数 $H(s)$ 分子中的每一项看成一条前向通路；分母中除 1 之外的每一项看成一个回路。画信号流图时，所有前向通路与全部回路相接触，所有回路均相接触，如图 7-2-7 所示。

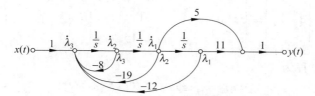

图 7-2-7　例 7-2-4 系统直接形式信号流图

选择 3 个积分器的输出为 3 个状态变量，如图 7-2-7 所示。从右往左依次为 $\lambda_1(t)$、$\lambda_2(t)$、$\lambda_3(t)$。围绕这 3 个积分器的输入可以列写系统的状态方程，有

$$\dot\lambda_1(t)=\lambda_2(t)$$
$$\dot\lambda_2(t)=\lambda_3(t)$$
$$\dot\lambda_3(t)=-8\lambda_3(t)-19\lambda_2(t)-12\lambda_1(t)+x(t)$$

因此，系统的状态方程的矩阵表示式为

$$\begin{bmatrix}\dot\lambda_1(t)\\\dot\lambda_2(t)\\\dot\lambda_3(t)\end{bmatrix}=\begin{bmatrix}0&1&0\\0&0&1\\-12&-19&-8\end{bmatrix}\begin{bmatrix}\lambda_1(t)\\\lambda_2(t)\\\lambda_3(t)\end{bmatrix}+\begin{bmatrix}0\\0\\1\end{bmatrix}[x(t)]$$

系统的输出方程为

$$y(t)=11\lambda_1(t)+5\lambda_2(t)$$

写成矩阵形式为

$$y(t)=\begin{bmatrix}11&5&0\end{bmatrix}\begin{bmatrix}\lambda_1(t)\\\lambda_2(t)\\\lambda_3(t)\end{bmatrix}$$

（2）并联形式。

将 $H(s)$ 进行部分分式展开，对每个分式分别画出信号流图，然后将它们并联起来。

$$H(s)=H_1(s)+H_2(s)+H_3(s)=\frac{1}{s+1}+\frac{2}{s+3}+\frac{-3}{s+4}$$
$$=\frac{s^{-1}}{1+s^{-1}}+\frac{2s^{-1}}{1+3s^{-1}}+\frac{-3s^{-1}}{1+4s^{-1}}$$

系统并联形式信号流图如图 7-2-8 所示。

选择 3 个积分器的输出为 3 个状态变量,如图 7-2-8 所示,围绕积分器的输入列写系统的状态方程:

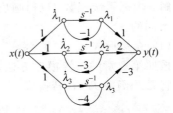

$$\dot{\lambda}_1(t) = x(t) - \lambda_1(t)$$

$$\dot{\lambda}_2(t) = x(t) - 3\lambda_2(t)$$

$$\dot{\lambda}_3(t) = x(t) - 4\lambda_3(t)$$

图 7-2-8　例 7-2-4 系统并联形式信号流图

因此,系统的状态方程的矩阵表示式为

$$\begin{bmatrix} \dot{\lambda}_1(t) \\ \dot{\lambda}_2(t) \\ \dot{\lambda}_3(t) \end{bmatrix} = \begin{bmatrix} -1 & 0 & 0 \\ 0 & -3 & 0 \\ 0 & 0 & -4 \end{bmatrix} \begin{bmatrix} \lambda_1(t) \\ \lambda_2(t) \\ \lambda_3(t) \end{bmatrix} + \begin{bmatrix} 1 \\ 1 \\ 1 \end{bmatrix} [x(t)]$$

系统的输出方程为

$$y(t) = \lambda_1(t) + 2\lambda_2(t) - 3\lambda_3(t)$$

写成矩阵形式为

$$y(t) = \begin{bmatrix} 1 & 2 & -3 \end{bmatrix} \begin{bmatrix} \lambda_1(t) \\ \lambda_2(t) \\ \lambda_3(t) \end{bmatrix}$$

(3) 级联形式。

将 $H(s)$ 分解为若干简单系统函数(一阶或二阶子系统)的乘积,即

$$H(s) = H_1(s)H_2(s)H_3(s) = \frac{1}{s+1} \times \frac{5}{s+3} \times \frac{s + \dfrac{11}{5}}{s+4}$$

$$= \frac{s^{-1}}{1 + s^{-1}} \times \frac{5s^{-1}}{1 + 3s^{-1}} \times \frac{1 + \dfrac{11}{5}s^{-1}}{1 + 3s^{-1}}$$

系统级联形式信号流图如图 7-2-9 所示。

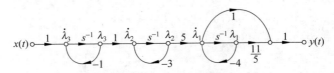

图 7-2-9　例 7-2-4 系统级联形式信号流图

选择 3 个积分器的输出为状态变量,如图 7-2-9 所示,围绕积分器的输入列写系统的状态方程:

$$\dot{\lambda}_1(t) = 5\lambda_2(t) - 4\lambda_1(t)$$

$$\dot{\lambda}_2(t) = \lambda_3(t) - 3\lambda_2(t)$$

$$\dot{\lambda}_3(t) = x(t) - \lambda_3(t)$$

因此,系统的状态方程的矩阵表示式为

$$\begin{bmatrix} \dot{\lambda}_1(t) \\ \dot{\lambda}_2(t) \\ \dot{\lambda}_3(t) \end{bmatrix} = \begin{bmatrix} -4 & 5 & 0 \\ 0 & -3 & 1 \\ 0 & 0 & -1 \end{bmatrix} \begin{bmatrix} \lambda_1(t) \\ \lambda_2(t) \\ \lambda_3(t) \end{bmatrix} + \begin{bmatrix} 0 \\ 0 \\ 1 \end{bmatrix} [x(t)]$$

系统的输出方程为

$$y(t) = \dot{\lambda}_1(t) + \frac{11}{5}\lambda_1(t) = 5\lambda_2(t) - \frac{9}{5}\lambda_1(t)$$

写成矩阵形式为

$$y(t) = \begin{bmatrix} -\dfrac{9}{5} & 5 & 0 \end{bmatrix} \begin{bmatrix} \lambda_1(t) \\ \lambda_2(t) \\ \lambda_3(t) \end{bmatrix}$$

由例 7-2-4 可知,对于相同的系统函数,系统模拟时若信号流图不同,则其状态变量和状态方程就不相同,即对同一系统,可以用不同形式的状态方程描述,虽然这些方程的形式不同,但是描述的输入输出关系等价。

7.2.5 由微分方程建立状态方程

由微分方程建立状态方程时,首先根据系统微分方程求出系统函数,然后根据 7.2.4 节由系统函数建立状态方程的方法列写出状态方程。下面举例说明。

【例 7-2-5】 已知某 LTI 系统的微分方程为

$$\frac{d^3}{dt^3}y(t) + a_2\frac{d^2}{dt^2}y(t) + a_1\frac{d}{dt}y(t) + a_0y(t) = b_2\frac{d^2}{dt^2}x(t) + b_1\frac{d}{dt}x(t) + b_0x(t)$$

列写系统的状态方程和输出方程。

解: 根据微分方程求出的系统函数为

$$H(s) = \frac{b_2s^2 + b_1s + b_0}{s^3 + a_2s^2 + a_1s + a_0}$$

根据系统函数画信号流图可以有 3 种不同形式,这里选取直接形式画信号流图,如图 7-2-10 所示。

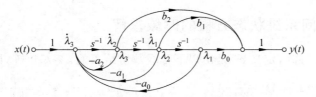

图 7-2-10 例 7-2-5 系统信号流图

选择 3 个积分器的输出为状态变量,从右往左依次为 $\lambda_1(t)$、$\lambda_2(t)$、$\lambda_3(t)$。围绕这 3 个积分器的输入列写系统的状态方程:

$$\dot{\lambda}_1(t) = \lambda_2(t)$$

$$\dot{\lambda}_2(t) = \lambda_3(t)$$

$$\dot{\lambda}_3(t) = -a_0\lambda_1(t) - a_1\lambda_2(t) - a_2\lambda_3(t) + x(t)$$

因此,系统的状态方程的矩阵表示式为

$$\begin{bmatrix} \dot{\lambda}_1(t) \\ \dot{\lambda}_2(t) \\ \dot{\lambda}_3(t) \end{bmatrix} = \begin{bmatrix} 0 & 1 & 0 \\ 0 & 0 & 1 \\ -a_0 & -a_1 & -a_2 \end{bmatrix} \begin{bmatrix} \lambda_1(t) \\ \lambda_2(t) \\ \lambda_3(t) \end{bmatrix} + \begin{bmatrix} 0 \\ 0 \\ 1 \end{bmatrix} [x(t)]$$

系统的输出方程为

$$y(t) = b_0\lambda_1(t) + b_1\lambda_2(t) + b_2\lambda_3(t)$$

写成矩阵形式为

$$y(t) = \begin{bmatrix} b_0 & b_1 & b_2 \end{bmatrix} \begin{bmatrix} \lambda_1(t) \\ \lambda_2(t) \\ \lambda_3(t) \end{bmatrix}$$

实际上,当微分方程等号右端仅含 $x(t)$ 时,其微分方程形式为

$$\frac{\mathrm{d}^n}{\mathrm{d}t^n}y(t) + a_{n-1}\frac{\mathrm{d}^{n-1}}{\mathrm{d}t^{n-1}}y(t) + \cdots + a_1\frac{\mathrm{d}}{\mathrm{d}t}y(t) + a_0 y(t) = x(t)$$

无须按照以上步骤求解,只需令 $\lambda_1(t) = y(t)$、$\lambda_2(t) = \dfrac{\mathrm{d}}{\mathrm{d}t}y(t)$······$\lambda_n(t) = \dfrac{\mathrm{d}^{n-1}}{\mathrm{d}t^{n-1}}y(t)$,则
状态方程为

$$\dot{\lambda}_1(t) = \lambda_2(t)$$

$$\dot{\lambda}_2(t) = \lambda_3(t)$$

$$\vdots$$

$$\dot{\lambda}_n(t) = -a_0\lambda_1(t) - a_1\lambda_2(t) - \cdots - a_{n-1}\lambda_n(t) + x(t)$$

输出方程为

$$y(t) = \lambda_1(t)$$

7.3　连续时间系统状态方程的求解

7.3.1　连续时间系统状态方程的时域求解

设 A 为 $k \times k$ 方阵,定义 e^{At} 是由以下幂级数所给出的 $k \times k$ 矩阵,即

$$e^{At} = I + At + \frac{1}{2!}A^2t^2 + \cdots + \frac{1}{k!}A^kt^k + \cdots = \sum_{k=0}^{\infty}\frac{1}{k!}A^kt^k$$

e^{At} 称为矩阵指数。矩阵指数具有以下性质:

$$e^{At}e^{-At} = I \tag{7-3-1}$$

$$e^{At} = [e^{-At}]^{-1} \tag{7-3-2}$$

$$\frac{\mathrm{d}}{\mathrm{d}t}e^{At} = Ae^{At} = e^{At}A \tag{7-3-3}$$

矩阵指数的一个重要特性是它可以用来解微分方程。

连续时间线性系统状态方程的一般形式为

$$\dot{\boldsymbol{\lambda}}(t) = \boldsymbol{A}\boldsymbol{\lambda}(t) + \boldsymbol{B}\boldsymbol{x}(t) \tag{7-3-4}$$

其中,$\dot{\boldsymbol{\lambda}}(t)$、$\boldsymbol{\lambda}(t)$ 均为 $n \times 1$ 矩阵,$\boldsymbol{x}(t)$ 为 $m \times 1$ 矩阵,$\boldsymbol{A}$ 为 $n \times n$ 矩阵,$\boldsymbol{B}$ 为 $n \times m$ 矩阵,状态方程的初始状态为

$$\boldsymbol{\lambda}(0_-) = \begin{bmatrix} \lambda_1(0_-) \\ \lambda_2(0_-) \\ \vdots \\ \lambda_n(0_-) \end{bmatrix}$$

式(7-3-4)两边同时左乘 $\boldsymbol{e}^{-\boldsymbol{A}t}$,并移项,得

$$\boldsymbol{e}^{-\boldsymbol{A}t}\dot{\boldsymbol{\lambda}}(t) - \boldsymbol{e}^{-\boldsymbol{A}t}\boldsymbol{A}\boldsymbol{\lambda}(t) = \boldsymbol{e}^{-\boldsymbol{A}t}\boldsymbol{B}\boldsymbol{x}(t) \tag{7-3-5}$$

将式(7-3-3)代入式(7-3-5),得

$$\boldsymbol{e}^{-\boldsymbol{A}t}\dot{\boldsymbol{\lambda}}(t) + \left(\frac{\mathrm{d}}{\mathrm{d}t}\boldsymbol{e}^{-\boldsymbol{A}t}\right) \times \boldsymbol{\lambda}(t) = \boldsymbol{e}^{-\boldsymbol{A}t}\boldsymbol{B}\boldsymbol{x}(t) \tag{7-3-6}$$

根据矩阵指数的求导公式,式(7-3-6)变为

$$\frac{\mathrm{d}}{\mathrm{d}t}[\boldsymbol{e}^{-\boldsymbol{A}t}\boldsymbol{\lambda}(t)] = \boldsymbol{e}^{-\boldsymbol{A}t}\boldsymbol{B}\boldsymbol{x}(t) \tag{7-3-7}$$

对式(7-3-7)两边从 0_- 到 t 取积分,得

$$\boldsymbol{e}^{-\boldsymbol{A}t}\boldsymbol{\lambda}(t) - \boldsymbol{\lambda}(0_-) = \int_{0_-}^{t} \boldsymbol{e}^{-\boldsymbol{A}\tau}\boldsymbol{B}\boldsymbol{x}(\tau)\mathrm{d}\tau \tag{7-3-8}$$

两边同时左乘 $\boldsymbol{e}^{\boldsymbol{A}t}$,移项,并将式(7-3-1)代入,整理得

$$\boldsymbol{\lambda}(t) = \boldsymbol{e}^{\boldsymbol{A}t}\boldsymbol{\lambda}(0_-) + \int_{0_-}^{t} \boldsymbol{e}^{-\boldsymbol{A}(\tau-t)}\boldsymbol{B}\boldsymbol{x}(\tau)\mathrm{d}\tau \tag{7-3-9}$$

式(7-3-9)即是状态方程的时域解。其中,第一项只与初始状态 $\boldsymbol{\lambda}(0_-)$ 有关,是系统状态变量的零输入解;第二项只与输入向量 $\boldsymbol{x}(t)$ 有关,是系统状态变量的零状态解。

连续时间线性系统输出方程的一般形式为

$$\boldsymbol{y}(t) = \boldsymbol{C}\boldsymbol{\lambda}(t) + \boldsymbol{D}\boldsymbol{x}(t) \tag{7-3-10}$$

将式(7-3-9)代入式(7-3-10),得

$$\boldsymbol{y}(t) = \boldsymbol{C}\left[\boldsymbol{e}^{\boldsymbol{A}t}\boldsymbol{\lambda}(0_-) + \int_{0_-}^{t} \boldsymbol{e}^{-\boldsymbol{A}(\tau-t)}\boldsymbol{B}\boldsymbol{x}(\tau)\mathrm{d}\tau\right] + \boldsymbol{D}\boldsymbol{x}(t)$$

$$= \boldsymbol{C}\boldsymbol{e}^{\boldsymbol{A}t}\boldsymbol{\lambda}(0_-) + \left[\boldsymbol{C}\int_{0_-}^{t} \boldsymbol{e}^{-\boldsymbol{A}(\tau-t)}\boldsymbol{B}\boldsymbol{x}(\tau)\mathrm{d}\tau + \boldsymbol{D}\boldsymbol{x}(t)\right] \tag{7-3-11}$$

定义状态转移矩阵 $\boldsymbol{\varphi}(t)$ 为

$$\boldsymbol{\varphi}(t) = \boldsymbol{e}^{\boldsymbol{A}t} \tag{7-3-12}$$

将式(7-3-12)代入式(7-3-9),并根据矩阵卷积的定义,式(7-3-9)可表示为

$$\boldsymbol{\lambda}(t) = \boldsymbol{\varphi}(t)\boldsymbol{\lambda}(0_-) + \boldsymbol{\varphi}(t)\boldsymbol{B} * \boldsymbol{x}(t) \tag{7-3-13}$$

同理,式(7-3-11)可表示为

$$\boldsymbol{y}(t) = \boldsymbol{C}\boldsymbol{\varphi}(t)\boldsymbol{\lambda}(0_-) + [\boldsymbol{C}\boldsymbol{\varphi}(t)\boldsymbol{B} * \boldsymbol{x}(t) + \boldsymbol{D}\boldsymbol{x}(t)] \tag{7-3-14}$$

式(7-3-14)的第一项是系统的零输入响应,第二项是系统的零状态响应。

7.3.2 连续时间系统状态方程的变换域求解

连续时间线性系统状态方程的一般形式为

$$\dot{\pmb{\lambda}}(t) = \pmb{A}\pmb{\lambda}(t) + \pmb{B}\pmb{x}(t) \tag{7-3-15}$$

对式(7-3-15)两边进行拉普拉斯变换,得

$$s\pmb{\Lambda}(s) - \pmb{\lambda}(0_-) = \pmb{A}\pmb{\Lambda}(s) + \pmb{B}\pmb{X}(s)$$

整理后,得

$$(s\pmb{I} - \pmb{A})\pmb{\Lambda}(s) = \pmb{\lambda}(0_-) + \pmb{B}\pmb{X}(s) \tag{7-3-16}$$

其中,$\pmb{I}$ 是 $n \times n$ 单位矩阵。

如果$(s\pmb{I}-\pmb{A})^{-1}$存在,则式(7-3-16)两边左乘$(s\pmb{I}-\pmb{A})^{-1}$,整理得

$$\pmb{\Lambda}(s) = (s\pmb{I}-\pmb{A})^{-1}\pmb{\lambda}(0_-) + (s\pmb{I}-\pmb{A})^{-1}\pmb{B}\pmb{X}(s)$$
$$= \pmb{\Phi}(s)\pmb{\lambda}(0_-) + \pmb{\Phi}(s)\pmb{B}\pmb{X}(s) \tag{7-3-17}$$

其中,$\pmb{\Phi}(s) = (s\pmb{I}-\pmb{A})^{-1}$。

对式(7-3-17)进行拉普拉斯反变换:

$$\pmb{\lambda}(t) = \mathcal{L}^{-1}[\pmb{\Phi}(s)]\pmb{\lambda}(0_-) + \mathcal{L}^{-1}[\pmb{\Phi}(s)\pmb{B}\pmb{X}(s)] \tag{7-3-18}$$

其中,第一项是状态变量的零输入解,第二项是状态变量的零状态解。

将式(7-3-9)与式(7-3-18)对比,得

$$\mathcal{L}^{-1}[\pmb{\Phi}(s)] = e^{\pmb{A}t} = \mathcal{L}^{-1}[(s\pmb{I}-\pmb{A})^{-1}] \tag{7-3-19}$$

因此,有

$$e^{\pmb{A}t} = \pmb{\varphi}(t) = \mathcal{L}^{-1}[\pmb{\Phi}(s)] = \mathcal{L}^{-1}[(s\pmb{I}-\pmb{A})^{-1}]$$

由上可知,$\pmb{\Phi}(s)$是 $\pmb{\varphi}(t)$的拉普拉斯变换。

连续时间线性系统输出方程的一般形式为

$$\pmb{y}(t) = \pmb{C}\pmb{\lambda}(t) + \pmb{D}\pmb{x}(t) \tag{7-3-20}$$

对输出方程两边同时进行拉普拉斯变换,得

$$\pmb{Y}(s) = \pmb{C}\pmb{\Lambda}(s) + \pmb{D}\pmb{X}(s) \tag{7-3-21}$$

将式(7-3-17)代入式(7-3-20),得

$$\pmb{Y}(s) = \pmb{C}[\pmb{\Phi}(s)\pmb{\lambda}(0_-) + \pmb{\Phi}(s)\pmb{B}\pmb{X}(s)] + \pmb{D}\pmb{X}(s)$$
$$= \pmb{C}\pmb{\Phi}(s)\pmb{\lambda}(0_-) + [\pmb{C}\pmb{\Phi}(s)\pmb{B} + \pmb{D}]\pmb{X}(s) \tag{7-3-22}$$

两边进行拉普拉斯反变换,系统输出方程的解为

$$\pmb{y}(t) = \mathcal{L}^{-1}[\pmb{C}\pmb{\Phi}(s)]\pmb{\lambda}(0_-) + \mathcal{L}^{-1}\{[\pmb{C}\pmb{\Phi}(s)\pmb{B} + \pmb{D}]\pmb{X}(s)\} \tag{7-3-23}$$

其中,第一项是系统的零输入响应,第二项是系统的零状态响应。

当系统初始状态为 0,即 $\pmb{\lambda}(0_-) = 0$ 时,根据式(7-3-22)知,系统函数矩阵 $\pmb{H}(s)$ 为

$$\pmb{H}(s) = \pmb{C}\pmb{\Phi}(s)\pmb{B} + \pmb{D} \tag{7-3-24}$$

【例 7-3-1】 已知系统的状态方程和输出方程分别为

$$\begin{bmatrix} \dot{\lambda}_1(t) \\ \dot{\lambda}_2(t) \end{bmatrix} = \begin{bmatrix} -1 & 0 \\ 1 & -3 \end{bmatrix} \begin{bmatrix} \lambda_1(t) \\ \lambda_2(t) \end{bmatrix} + \begin{bmatrix} 1 \\ 0 \end{bmatrix} [x(t)]$$

$$y(t) = \begin{bmatrix} -\dfrac{1}{2} & 1 \end{bmatrix} \begin{bmatrix} \lambda_1(t) \\ \lambda_2(t) \end{bmatrix} + [1][x(t)]$$

系统输入为单位阶跃信号,初始状态 $\boldsymbol{\lambda}(0_-) = \begin{bmatrix} 1 \\ 2 \end{bmatrix}$。求矩阵指数函数 e^{At}、状态变量 $\boldsymbol{\lambda}(t)$ 与输出 $y(t)$。

　　解:系统的参量矩阵分别为

$$\boldsymbol{A} = \begin{bmatrix} -1 & 0 \\ 1 & -3 \end{bmatrix}, \quad \boldsymbol{B} = \begin{bmatrix} 1 \\ 0 \end{bmatrix}, \quad \boldsymbol{C} = \begin{bmatrix} -\dfrac{1}{2} & 1 \end{bmatrix}, \quad \boldsymbol{D} = [1]$$

所以

$$s\boldsymbol{I} - \boldsymbol{A} = s \begin{bmatrix} 1 & 0 \\ 0 & 1 \end{bmatrix} - \begin{bmatrix} -1 & 0 \\ 1 & -3 \end{bmatrix} = \begin{bmatrix} s+1 & 0 \\ -1 & s+3 \end{bmatrix}$$

$$\boldsymbol{\Phi}(s) = (s\boldsymbol{I} - \boldsymbol{A})^{-1} = \frac{\mathrm{adj}(s\boldsymbol{I} - \boldsymbol{A})}{\det(s\boldsymbol{I} - \boldsymbol{A})} = \begin{bmatrix} \dfrac{1}{s+1} & 0 \\ \dfrac{1}{(s+1)(s+3)} & \dfrac{1}{s+3} \end{bmatrix}$$

根据式(7-3-19),得

$$e^{At} = \boldsymbol{\varphi}(t) = \mathcal{L}^{-1}[\boldsymbol{\Phi}(s)] = \mathcal{L}^{-1}[(s\boldsymbol{I} - \boldsymbol{A})^{-1}]$$

$$= \mathcal{L}^{-1} \begin{bmatrix} \dfrac{1}{s+1} & 0 \\ \dfrac{1}{(s+1)(s+3)} & \dfrac{1}{s+3} \end{bmatrix} = \begin{bmatrix} e^{-t} & 0 \\ \dfrac{1}{2}(e^{-t} - e^{-3t}) & e^{-3t} \end{bmatrix} u(t)$$

$$\boldsymbol{\Lambda}(s) = \boldsymbol{\Phi}(s)\boldsymbol{\lambda}(0_-) + \boldsymbol{\Phi}(s)\boldsymbol{B}X(s)$$

$$= \begin{bmatrix} \dfrac{1}{s+1} & 0 \\ \dfrac{1}{(s+1)(s+3)} & \dfrac{1}{s+3} \end{bmatrix} \begin{bmatrix} 1 \\ 2 \end{bmatrix} + \begin{bmatrix} \dfrac{1}{s+1} & 0 \\ \dfrac{1}{(s+1)(s+3)} & \dfrac{1}{s+3} \end{bmatrix} \begin{bmatrix} 1 \\ 0 \end{bmatrix} \dfrac{1}{s}$$

$$= \begin{bmatrix} \dfrac{1}{s+1} \\ \dfrac{2s+3}{(s+1)(s+3)} \end{bmatrix} + \begin{bmatrix} \dfrac{1}{s+1}\dfrac{1}{s} \\ \dfrac{1}{(s+1)(s+3)}\dfrac{1}{s} \end{bmatrix}$$

对上式进行拉普拉斯反变换:

$$\boldsymbol{\lambda}(t) = \mathcal{L}^{-1}[\boldsymbol{\Phi}(s)]\boldsymbol{\lambda}(0_-) + \mathcal{L}^{-1}[\boldsymbol{\Phi}(s)\boldsymbol{B}X(s)]$$

$$= \mathcal{L}^{-1} \begin{bmatrix} \dfrac{1}{s+1} \\ \dfrac{2s+3}{(s+1)(s+3)} \end{bmatrix} + \mathcal{L}^{-1} \begin{bmatrix} \dfrac{1}{s+1}\dfrac{1}{s} \\ \dfrac{1}{(s+1)(s+3)}\dfrac{1}{s} \end{bmatrix}$$

$$= \begin{bmatrix} e^{-t} \\ \dfrac{1}{2}(e^{-t}+3e^{-3t}) \end{bmatrix} + \begin{bmatrix} 1-e^{-t} \\ \dfrac{1}{6}(2-3e^{-t}+e^{-3t}) \end{bmatrix}$$

$$= \begin{bmatrix} 1 \\ \dfrac{1}{3}(1+5e^{-3t}) \end{bmatrix}, \quad t \geqslant 0$$

$$Y(s) = C\Phi(s)\lambda(0_-) + [C\Phi(s)B+D]X(s)$$

$$= \begin{bmatrix} -\dfrac{1}{2} & 1 \end{bmatrix} \begin{bmatrix} \dfrac{1}{s+1} & 0 \\ \dfrac{1}{(s+1)(s+3)} & \dfrac{1}{s+3} \end{bmatrix} \begin{bmatrix} 1 \\ 2 \end{bmatrix} +$$

$$\left\{ \begin{bmatrix} -\dfrac{1}{2} & 1 \end{bmatrix} \begin{bmatrix} \dfrac{1}{s+1} & 0 \\ \dfrac{1}{(s+1)(s+3)} & \dfrac{1}{s+3} \end{bmatrix} \begin{bmatrix} 1 \\ 0 \end{bmatrix} + [1] \right\} \dfrac{1}{s}$$

$$= \begin{bmatrix} \dfrac{3}{2} & \dfrac{1}{s+3} \end{bmatrix} + \begin{bmatrix} 1-\dfrac{1}{2(s+3)} \end{bmatrix} \dfrac{1}{s}$$

对上式进行拉普拉斯反变换:

$$y(t) = \mathcal{L}^{-1}[C\Phi(s)]\lambda(0_-) + \mathcal{L}^{-1}\{[C\Phi(s)B+D]X(s)\}$$

$$= \mathcal{L}^{-1}\left[\dfrac{3}{2}\dfrac{1}{s+3}\right] + \mathcal{L}^{-1}\left\{\left[1-\dfrac{1}{2(s+3)}\right]\dfrac{1}{s}\right\}$$

$$= \left[\dfrac{3}{2}e^{-3t}+\dfrac{1}{6}(5+e^{-3t})\right]u(t)$$

$$= \dfrac{5}{6}(1+2e^{-3t})u(t)$$

7.4 离散时间系统状态方程的建立

7.4.1 离散时间系统状态方程的一般形式

连续时间系统的状态方程是状态变量的一阶微分联立方程组。与此相类似,离散时间系统的状态方程可以表示为一阶差分联立方程组的形式。对于 p 个输入、q 个输出、k 个状态变量的系统,其状态方程为

$$\begin{cases} \lambda_1(n+1) = f_1[\lambda_1(n),\lambda_2(n),\cdots,\lambda_k(n),x_1(n),x_2(n),\cdots,x_p(n),n] \\ \lambda_2(n+1) = f_2[\lambda_1(n),\lambda_2(n),\cdots,\lambda_k(n),x_1(n),x_2(n),\cdots,x_p(n),n] \\ \qquad\qquad\vdots \\ \lambda_k(n+1) = f_k[\lambda_1(n),\lambda_2(n),\cdots,\lambda_k(n),x_1(n),x_2(n),\cdots,x_p(n),n] \end{cases} \tag{7-4-1}$$

输出方程为

$$\begin{cases} y_1(n) = g_1[\lambda_1(n),\lambda_2(n),\cdots,\lambda_k(n),x_1(n),x_2(n),\cdots,x_p(n),n] \\ y_2(n) = g_2[\lambda_1(n),\lambda_2(n),\cdots,\lambda_k(n),x_1(n),x_2(n),\cdots,x_p(n),n] \\ \qquad\qquad\qquad\qquad\vdots \\ y_q(n) = g_q[\lambda_1(n),\lambda_2(n),\cdots,\lambda_k(n),x_1(n),x_2(n),\cdots,x_p(n),n] \end{cases} \tag{7-4-2}$$

其中，$\lambda_1(n),\lambda_2(n),\cdots,\lambda_k(n)$ 为系统的 k 个状态变量，$x_1(n),x_2(n),\cdots,x_p(n)$ 为系统的 p 个输入信号；$y_1(n),y_2(n),\cdots,y_q(n)$ 为系统的 q 个输出信号。

若系统是 LTI 系统，则状态方程和输出方程是状态变量和输入信号的线性组合，即状态方程为

$$\begin{cases} \lambda_1(n+1) = a_{11}\lambda_1(n) + a_{12}\lambda_2(n) + \cdots + a_{1k}(n)\lambda_k(n) + b_{11}x_1(n) + \\ \qquad\qquad b_{12}x_2(n) + \cdots + b_{1p}x_p(n) \\ \lambda_2(n+1) = a_{21}\lambda_1(n) + a_{22}\lambda_2(n) + \cdots + a_{2k}(n)\lambda_k(n) + b_{21}x_1(n) + \\ \qquad\qquad b_{22}x_2(n) + \cdots + b_{2p}x_p(n) \\ \qquad\qquad\qquad\qquad\vdots \\ \lambda_k(n+1) = a_{k1}\lambda_1(n) + a_{k2}\lambda_2(n) + \cdots + a_{kk}(n)\lambda_k(n) + b_{k1}x_1(n) + \\ \qquad\qquad b_{k2}x_2(n) + \cdots + b_{kp}x_p(n) \end{cases} \tag{7-4-3}$$

输出方程为

$$\begin{cases} y_1(n) = c_{11}\lambda_1(n) + c_{12}\lambda_2(n) + \cdots + c_{1k}(n)\lambda_k(n) + d_{11}x_1(n) + \\ \qquad\qquad d_{12}x_2(n) + \cdots + d_{1p}x_p(n) \\ y_2(n) = c_{21}\lambda_1(n) + c_{22}\lambda_2(n) + \cdots + c_{2k}(n)\lambda_k(n) + d_{21}x_1(n) + \\ \qquad\qquad d_{22}x_2(n) + \cdots + d_{2p}x_p(n) \\ \qquad\qquad\qquad\qquad\vdots \\ y_q(n) = c_{q1}\lambda_1(n) + c_{q2}\lambda_2(n) + \cdots + c_{qk}(n)\lambda_k(n) + d_{q1}x_1(n) + \\ \qquad\qquad d_{q2}x_2(n) + \cdots + d_{qp}x_p(n) \end{cases} \tag{7-4-4}$$

式(7-4-3)和式(7-4-4)可以表示成向量方程。状态方程表示为

$$\boldsymbol{\lambda}_{k\times1}(n+1) = \boldsymbol{A}_{k\times k}\boldsymbol{\lambda}_{k\times1}(n) + \boldsymbol{B}_{k\times p}\boldsymbol{x}_{p\times1}(n) \tag{7-4-5}$$

输出方程表示为

$$\boldsymbol{y}_{q\times1}(n) = \boldsymbol{C}_{q\times k}\boldsymbol{\lambda}_{k\times1}(n) + \boldsymbol{D}_{q\times p}\boldsymbol{x}_{p\times1}(n) \tag{7-4-6}$$

其中，

$$\boldsymbol{\lambda}(n) = \begin{bmatrix} \lambda_1(n) \\ \lambda_2(n) \\ \vdots \\ \lambda_k(n) \end{bmatrix}, \quad \boldsymbol{x}(n) = \begin{bmatrix} x_1(n) \\ x_2(n) \\ \vdots \\ x_p(n) \end{bmatrix}, \quad \boldsymbol{y}(n) = \begin{bmatrix} y_1(n) \\ y_2(n) \\ \vdots \\ y_q(n) \end{bmatrix}$$

$$\boldsymbol{A} = \begin{bmatrix} a_{11} & a_{12} & \cdots & a_{1k} \\ a_{21} & a_{22} & \cdots & a_{2k} \\ \vdots & \vdots & \ddots & \vdots \\ a_{k1} & a_{k2} & \cdots & a_{kk} \end{bmatrix}, \quad \boldsymbol{B} = \begin{bmatrix} b_{11} & b_{12} & \cdots & b_{1p} \\ b_{21} & b_{22} & \cdots & b_{2p} \\ \vdots & \vdots & \ddots & \vdots \\ b_{k1} & b_{k2} & \cdots & b_{kp} \end{bmatrix},$$

$$C = \begin{bmatrix} c_{11} & c_{12} & \cdots & c_{1k} \\ c_{21} & c_{22} & \cdots & c_{2k} \\ \vdots & \vdots & \ddots & \vdots \\ c_{q1} & c_{q2} & \cdots & c_{qk} \end{bmatrix}, \quad D = \begin{bmatrix} d_{11} & d_{12} & \cdots & d_{1p} \\ d_{21} & d_{22} & \cdots & d_{2p} \\ \vdots & \vdots & \ddots & \vdots \\ d_{q1} & d_{q2} & \cdots & d_{qp} \end{bmatrix}$$

7.4.2 状态方程的建立

与连续时间系统状态方程的建立相类似，离散时间系统状态方程可由其信号流图建立。描述离散时间系统的差分方程、系统函数和模拟框图等均可以转换成信号流图，然后再建立状态方程。在给出离散时间系统的信号流图时，建立状态方程的一般规则如下：

（1）选取延时单元的输出作为状态变量。

（2）围绕加法器列写状态方程和输出方程。

【例 7-4-1】 给定的离散时间系统的信号流图如图 7-4-1 所示，列写该系统的状态方程和输出方程。

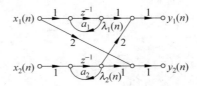

图 7-4-1 例 7-4-1 系统信号流图

解：从图 7-4-1 可以看出，系统有两个延时单元，因而设置两个状态变量 $\lambda_1(n)$ 和 $\lambda_2(n)$，它们分别是两个延时单元的输出，两个延时单元的输入分别为 $\lambda_1(n+1)$ 和 $\lambda_2(n+1)$。由图 7-4-1 可列出状态方程：

$$\begin{cases} \lambda_1(n+1) = a_1\lambda_1(n) + x_1(n) \\ \lambda_2(n+1) = a_2\lambda_2(n) + x_2(n) \end{cases}$$

状态方程也可以写成向量方程的形式，即

$$\begin{bmatrix} \lambda_1(n+1) \\ \lambda_2(n+1) \end{bmatrix} = \begin{bmatrix} a_1 & 0 \\ 0 & a_2 \end{bmatrix} \begin{bmatrix} \lambda_1(n) \\ \lambda_2(n) \end{bmatrix} + \begin{bmatrix} 1 & 0 \\ 0 & 1 \end{bmatrix} \begin{bmatrix} x_1(n) \\ x_2(n) \end{bmatrix}$$

由图 7-4-1 可列出输出方程：

$$\begin{cases} y_1(n) = \lambda_1(n) + 2\lambda_2(n) \\ y_2(n) = \lambda_2(n) + 2x_2(n) \end{cases}$$

输出方程也可以写成向量方程的形式，即

$$\begin{bmatrix} y_1(n) \\ y_2(n) \end{bmatrix} = \begin{bmatrix} 1 & 2 \\ 0 & 1 \end{bmatrix} \begin{bmatrix} \lambda_1(n) \\ \lambda_2(n) \end{bmatrix} + \begin{bmatrix} 0 & 0 \\ 2 & 0 \end{bmatrix} \begin{bmatrix} x_1(n) \\ x_2(n) \end{bmatrix}$$

【例 7-4-2】 已知离散时间系统的系统函数为

$$H(z) = \frac{8z^2 - 10z + 15}{z^3 - 5z^2 + 12z - 7}$$

求该系统的状态方程与输出方程。

解：将 $H(z)$ 写成包含延时器的形式，即

$$H(z) = \frac{Y(z)}{X(z)} = \frac{8z^{-1} - 10z^{-2} + 15z^{-3}}{1 - 5z^{-1} + 12z^{-2} - 7z^{-3}} \tag{7-4-7}$$

根据式（7-4-7），可画出如图 7-4-2 所示的信号流图。

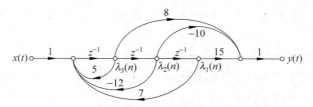

图 7-4-2　例 7-4-2 系统信号流图

从图 7-4-2 中可看出，系统有 3 个延时单元，因而设置 3 个状态变量 $\lambda_1(n)$、$\lambda_2(n)$ 和 $\lambda_3(n)$，它们分别是 3 个延时单元的输出，则 3 个延时单元的输入分别为 $\lambda_1(n+1)$、$\lambda_2(n+1)$ 和 $\lambda_3(n+1)$。由图 7-4-2 可列出状态方程：

$$\begin{cases} \lambda_1(n+1) = \lambda_2(n) \\ \lambda_2(n+1) = \lambda_3(n) \\ \lambda_3(n+1) = 5\lambda_1(n) - 12\lambda_2(n) + 7\lambda_3(n) + x(n) \end{cases}$$

状态方程也可以写成向量方程的形式，即

$$\begin{bmatrix} \lambda_1(n+1) \\ \lambda_2(n+1) \\ \lambda_3(n+1) \end{bmatrix} = \begin{bmatrix} 0 & 1 & 0 \\ 0 & 0 & 1 \\ 5 & -12 & 7 \end{bmatrix} \begin{bmatrix} \lambda_1(n) \\ \lambda_2(n) \\ \lambda_3(n) \end{bmatrix} + \begin{bmatrix} 0 \\ 0 \\ 1 \end{bmatrix} [x(n)]$$

由图 7-4-2 可列出输出方程：

$$y(n) = 15\lambda_1(n) - 10\lambda_2(n) + 8\lambda_3(n)$$

输出方程也可以写成向量方程的形式，即

$$y(n) = [15 \quad -10 \quad 8] \begin{bmatrix} \lambda_1(n) \\ \lambda_2(n) \\ \lambda_3(n) \end{bmatrix}$$

7.5　离散时间系统状态方程的求解

与连续时间系统状态方程相似，离散时间系统状态方程的求解包括时域和变换域两种解法。时域解法适用于计算机迭代计算，变换域解法适用于人工计算。

7.5.1　离散时间系统状态方程的时域解法

离散时间系统的状态方程为

$$\boldsymbol{\lambda}(n+1) = \boldsymbol{A\lambda}(n) + \boldsymbol{Bx}(n) \tag{7-5-1}$$

这是一个一阶差分方程，已知起始状态 $\boldsymbol{\lambda}(n_0)$，状态变量 $\boldsymbol{\lambda}(n)$ 可用迭代法求解，即

$$\boldsymbol{\lambda}(n_0 + 1) = \boldsymbol{A}\boldsymbol{\lambda}(n_0) + \boldsymbol{B}\boldsymbol{x}(n_0)$$

$$\boldsymbol{\lambda}(n_0 + 2) = \boldsymbol{A}\boldsymbol{\lambda}(n_0 + 1) + \boldsymbol{B}\boldsymbol{x}(n_0 + 1)$$

$$= \boldsymbol{A}^2\boldsymbol{\lambda}(n_0) + \boldsymbol{A}\boldsymbol{B}\boldsymbol{x}(n_0) + \boldsymbol{B}\boldsymbol{x}(n_0 + 1)$$

$$\boldsymbol{\lambda}(n_0 + 3) = \boldsymbol{A}\boldsymbol{\lambda}(n_0 + 2) + \boldsymbol{B}\boldsymbol{x}(n_0 + 2)$$

$$= \boldsymbol{A}^3\boldsymbol{\lambda}(n_0) + \boldsymbol{A}^2\boldsymbol{B}\boldsymbol{x}(n_0) + \boldsymbol{A}\boldsymbol{B}\boldsymbol{x}(n_0 + 1) + \boldsymbol{B}\boldsymbol{x}(n_0 + 2)$$

$$\vdots \qquad\qquad (7\text{-}5\text{-}2)$$

$$\boldsymbol{\lambda}(n_0 + k) = \boldsymbol{A}\boldsymbol{\lambda}(n_0 + k - 1) + \boldsymbol{B}\boldsymbol{x}(n_0 + k - 1)$$

$$= \boldsymbol{A}^k\boldsymbol{\lambda}(n_0) + \boldsymbol{A}^{k-1}\boldsymbol{B}\boldsymbol{x}(n_0) + \boldsymbol{A}^{k-2}\boldsymbol{B}\boldsymbol{x}(n_0 + 1) + \cdots +$$

$$\boldsymbol{B}\boldsymbol{x}(n_0 + k - 1)$$

$$= \boldsymbol{A}^k\boldsymbol{\lambda}(n_0) + \sum_{i=0}^{k-1} \boldsymbol{A}^{k-1-i}\boldsymbol{B}\boldsymbol{x}(n_0 + i)$$

其中,$k > 0$。当 $k = 0$ 时,式(7-5-2)的第二项不存在。此时,结果只由第一项决定,即 $\boldsymbol{\lambda}(n_0)$。式(7-5-2)可以写成

$$\boldsymbol{\lambda}(n_0 + k) = \boldsymbol{A}^k\boldsymbol{\lambda}(n_0)u(k) + \left[\sum_{i=0}^{k-1} \boldsymbol{A}^{k-1-i}\boldsymbol{B}\boldsymbol{x}(n_0 + i)\right]u(k - 1) \qquad (7\text{-}5\text{-}3)$$

取初始时刻 $n_0 = 0$,式(7-5-3)变为

$$\boldsymbol{\lambda}(k) = \boldsymbol{A}^k\boldsymbol{\lambda}(0)u(k) + \left[\sum_{i=0}^{k-1} \boldsymbol{A}^{k-1-i}\boldsymbol{B}\boldsymbol{x}(i)\right]u(k - 1)$$

将自变量 k 改写为 n,即

$$\boldsymbol{\lambda}(n) = \boldsymbol{A}^n\boldsymbol{\lambda}(0)u(n) + \left[\sum_{i=0}^{n-1} \boldsymbol{A}^{n-1-i}\boldsymbol{B}\boldsymbol{x}(i)\right]u(n - 1) \qquad (7\text{-}5\text{-}4)$$

式(7-5-4)的第一项是起始状态 $\boldsymbol{\lambda}(0)$ 经转移后在 n 时刻形成的状态变量 $\boldsymbol{\lambda}(n)$ 的分量,称为 $\boldsymbol{\lambda}(n)$ 的零输入解。其中,$\boldsymbol{A}^n$ 的含义与连续时间系统 $e^{\boldsymbol{A}t}$ 相似,它是离散时间系统的转移矩阵,表征系统自由运动情况,用符号 $\boldsymbol{\Phi}(n)$ 表示 $\boldsymbol{A}^n$:

$$\boldsymbol{\Phi}(n) = \boldsymbol{A}^n \qquad (7\text{-}5\text{-}5)$$

式(7-5-4)的第二项是 $n - 1$ 时刻以前的输入量所形成的 $\boldsymbol{\lambda}(n)$ 的另一分量,称为 $\boldsymbol{\lambda}(n)$ 的零状态解。

将式(7-5-4)代入系统的输出方程 $\boldsymbol{y}(n) = \boldsymbol{A}\boldsymbol{\lambda}(n) + \boldsymbol{D}\boldsymbol{x}(n)$,得

$$\boldsymbol{y}(n) = \boldsymbol{C}\boldsymbol{\lambda}(n) + \boldsymbol{D}\boldsymbol{x}(n)$$

$$= \boldsymbol{C}\boldsymbol{A}^n\boldsymbol{\lambda}(0)u(n) + \left[\sum_{i=0}^{n-1} \boldsymbol{C}\boldsymbol{A}^{n-1-i}\boldsymbol{B}\boldsymbol{x}(i)\right]u(n - 1) + \boldsymbol{D}\boldsymbol{x}(n)u(n) \qquad (7\text{-}5\text{-}6)$$

式(7-5-6)的第一项为系统的零输入响应,除第一项外的其余部分为零状态响应。在零状态响应中,取 $x(n) = \delta(n)$,可得系统的单位抽样响应,即

$$\boldsymbol{h}(n) = \left[\sum_{i=0}^{n-1} \boldsymbol{C}\boldsymbol{A}^{n-1-i}\boldsymbol{B}\delta(i)\right]u(n - 1) + \boldsymbol{D}\delta(n)u(n)$$

$$= \boldsymbol{C}\boldsymbol{A}^{n-1}\boldsymbol{B}u(n - 1) + \boldsymbol{D}\delta(n) \qquad (7\text{-}5\text{-}7)$$

离散时间系统状态方程时域解法的关键是计算转移矩阵 $\boldsymbol{\Phi}(n)$,即 $\boldsymbol{A}^n$。与连续时间系统的时域解法类似,由凯莱-哈密顿定理可将 $\boldsymbol{A}^n$ 表示为

$$A^n = c_0 I + c_1 A + \cdots + c_{k-2} A^{k-2} + c_{k-1} A^{k-1} \qquad (7\text{-}5\text{-}8)$$

其中，k 为矩阵 A 的阶次。如果 A 的特征根是单根，分别用 A 的特征根代入式（7-5-8），求解联立方程组即可求出系数 $c_0, c_1, \cdots, c_{k-1}$。若 A 的特征根有重根，则待定系数 $c_0, c_1, \cdots, c_{k-1}$ 的计算要修正。设 A 的特征根 α_1 是 m 重根，则对于重根部分的算式为

$$\begin{cases} \alpha_1^n = c_0 + c_1 \alpha_1 + \cdots + c_{k-1} \alpha_1^{k-1} \\ \dfrac{\mathrm{d}}{\mathrm{d}\alpha}\alpha^n \Big|_{\alpha=\alpha_1} = n\alpha_1^{n-1} = c_1 + 2c_2\alpha_1 + \cdots + (k-1)c_{k-1}\alpha_1^{k-2} \\ \dfrac{\mathrm{d}^2}{\mathrm{d}\alpha^2}\alpha^n \Big|_{\alpha=\alpha_1} = n(n-1)\alpha_1^{n-2} = 2c_2 + 3\times2c_3\alpha_1 + \cdots + (k-1)(k-2)c_{k-1}\alpha_1^{k-3} \\ \vdots \\ \dfrac{\mathrm{d}^{m-1}}{\mathrm{d}\alpha^{m-1}}\alpha^n \Big|_{\alpha=\alpha_1} = \dfrac{n!\ \alpha_1^{n-(m-1)}}{[n-(m-1)]!} \\ \qquad = (m-1)!c_{m-1} + m!c_m\alpha_1 + \dfrac{(m+1)!}{2!}c_{m+1}\alpha_1^2 + \cdots + \\ \qquad \dfrac{(k-1)!}{(k-m)!}c_{k-1}\alpha_1^{k-m} \end{cases}$$

对于单根的特征根，将其代入式（7-5-8），联合单根和重根的式子，共有 k 个方程，可解得待定系数 $c_0, c_1, \cdots, c_{k-1}$。

【例 7-5-1】　给定离散时间系统的状态方程、输出方程和激励信号分别为

$$\begin{bmatrix} \lambda_1(n+1) \\ \lambda_2(n+1) \end{bmatrix} = \begin{bmatrix} -1 & 3 \\ -2 & 4 \end{bmatrix} \begin{bmatrix} \lambda_1(n) \\ \lambda_2(n) \end{bmatrix} + \begin{bmatrix} 11 & 0 \\ 0 & 6 \end{bmatrix} \begin{bmatrix} x_1(n) \\ x_2(n) \end{bmatrix}$$

$$y(n) = \begin{bmatrix} 1 & -1 \end{bmatrix} \begin{bmatrix} \lambda_1(n) \\ \lambda_2(n) \end{bmatrix} + \begin{bmatrix} 0 & 1 \end{bmatrix} \begin{bmatrix} x_1(n) \\ x_2(n) \end{bmatrix}$$

$$\begin{bmatrix} x_1(n) \\ x_2(n) \end{bmatrix} = \begin{bmatrix} \delta(n) \\ u(n) \end{bmatrix}$$

设系统起始是静止的，求系统的响应。

解：由题意可知

$$A = \begin{bmatrix} -1 & 3 \\ -2 & 4 \end{bmatrix}, \quad B = \begin{bmatrix} 11 & 0 \\ 0 & 6 \end{bmatrix}, \quad C = \begin{bmatrix} 1 & -1 \end{bmatrix}, \quad D = \begin{bmatrix} 0 & 1 \end{bmatrix}$$

A 是二阶矩阵，所以可表示为 $A^n = c_0 I + c_1 A$。A 的特征方程为

$$|\alpha I - A| = \begin{vmatrix} \alpha+1 & -3 \\ 2 & \alpha-4 \end{vmatrix} = (\alpha+1)(\alpha-4)+6 = 0$$

解 A 的特征根为 $\alpha_1 = 1$ 和 $\alpha_2 = 2$。分别用 $\alpha_1 = 1$ 和 $\alpha_2 = 2$ 替代 $A^n = c_0 I + c_1 A$ 中的 A，得

$$\begin{cases} 1^n = c_0 + c_1 \\ 2^n = c_0 + 2c_1 \end{cases}$$

解得

$$\begin{cases} c_0 = 2 - 2^n \\ c_1 = 2^n - 1 \end{cases}$$

所以,

$$A^n = c_0 I + c_1 A = \begin{bmatrix} 3 - 2^{n+1} & 3 \times 2^n - 3 \\ 2 - 2^{n+1} & 3 \times 2^n - 2 \end{bmatrix}$$

将 n 替换成 $n-1-i$,得

$$A^{n-1-i} = \begin{bmatrix} 3 - 2^{n-i} & 3 \times 2^{n-1-i} - 3 \\ 2 - 2^{n-i} & 3 \times 2^{n-1-i} - 2 \end{bmatrix}$$

因为起始是静止的,即 $\begin{bmatrix} \lambda_1(0) \\ \lambda_2(0) \end{bmatrix} = \begin{bmatrix} 0 \\ 0 \end{bmatrix}$,由式(7-5-4)可得

$$\lambda(n) = \left[\sum_{i=0}^{n-1} A^{n-1-i} Bx(i) \right] u(n-1)$$

$$= \left\{ \sum_{i=0}^{n-1} \begin{bmatrix} 3 - 2^{n-i} & 3 \times 2^{n-1-i} - 3 \\ 2 - 2^{n-i} & 3 \times 2^{n-1-i} - 2 \end{bmatrix} \begin{bmatrix} 11 & 0 \\ 0 & 6 \end{bmatrix} \begin{bmatrix} \delta(i) \\ u(i) \end{bmatrix} \right\} u(n-1)$$

整理得

$$\lambda(n) = \begin{bmatrix} 7 \times 2^n - 18n + 15 \\ 7 \times 2^n - 12n + 4 \end{bmatrix} u(n-1)$$

由式(7-5-6)计算系统响应,得

$$y(n) = \left[\sum_{i=0}^{n-1} CA^{n-1-i} Bx(i) \right] u(n-1) + Dx(n)u(n)$$

$$= \begin{bmatrix} 1 & -1 \end{bmatrix} \begin{bmatrix} 7 \times 2^n - 18n + 15 \\ 7 \times 2^n - 12n + 4 \end{bmatrix} u(n-1) + \begin{bmatrix} 0 & 1 \end{bmatrix} \begin{bmatrix} \delta(n) \\ u(n) \end{bmatrix} u(n)$$

$$= \left[(7 \times 2^n - 18n + 15) - (7 \times 2^n - 12n + 4) \right] u(n-1) + u(n)$$

$$= \delta(n) + (12 - 6n) u(n-1)$$

7.5.2　离散时间系统状态方程的变换域解法

离散时间系统的状态方程为

$$\lambda(n+1) = A\lambda(n) + Bx(n)$$

求单边 z 变换,得

$$z\Lambda(z) - z\lambda(0) = A\Lambda(z) + BX(z)$$

或

$$\Lambda(z) = (zI - A)^{-1} z\lambda(0) + (zI - A)^{-1} BX(z) \tag{7-5-9}$$

对式(7-5-9)取反变换即得时域表示式,即

$$\lambda(n) = \mathcal{Z}^{-1} \left[(zI - A)^{-1} z \right] \lambda(0) + \mathcal{Z}^{-1} \left[(zI - A)^{-1} B \right] *$$
$$\mathcal{Z}^{-1} [X(z)] \tag{7-5-10}$$

式(7-5-10)的第一项为状态变量 $\lambda(n)$ 的零输入解,第二项为 $\lambda(n)$ 的零状态解。比较式(7-5-10)与式(7-5-4),可得

$$A^n = \mathcal{Z}^{-1} \left[(zI - A)^{-1} z \right] = \mathcal{Z}^{-1} \left[(I - z^{-1}A)^{-1} \right] \tag{7-5-11}$$

对输出方程 $y(n) = C\lambda(n) + Dx(n)$ 求单边 z 变换,得

$$Y(z) = C\Lambda(z) + DX(z) \tag{7-5-12}$$

将式(7-5-9)代入式(7-5-12),得

$$Y(z) = C(I - z^{-1}A)^{-1}\lambda(0) + [C(I - z^{-1}A)^{-1}B + D]X(z) \tag{7-5-13}$$

将式(7-5-13)取反变换,得

$$y(n) = \mathcal{Z}^{-1}[C(I - z^{-1}A)^{-1}]\lambda(0) + \mathcal{Z}^{-1}[C(zI - A)^{-1}B + D] *$$
$$\mathcal{Z}^{-1}[X(z)] \tag{7-5-14}$$

式(7-5-14)的第一项为零输入响应,第二项为零状态响应。所以,系统的系统函数为

$$H(z) = C(I - z^{-1}A)^{-1}B + D \tag{7-5-15}$$

系统的单位抽样响应为

$$h(n) = \mathcal{Z}^{-1}[C(zI - A)^{-1}B + D] \tag{7-5-16}$$

【例 7-5-2】　已知一个离散时间系统的状态方程与输出方程分别为

$$\begin{bmatrix} \lambda_1(n+1) \\ \lambda_2(n+1) \end{bmatrix} = \begin{bmatrix} 0 & 1 \\ -6 & 5 \end{bmatrix} \begin{bmatrix} \lambda_1(n) \\ \lambda_2(n) \end{bmatrix} + \begin{bmatrix} 0 \\ 1 \end{bmatrix} e(n), \quad y(n) = \begin{bmatrix} 1 & 1 \\ 2 & -1 \end{bmatrix} \begin{bmatrix} \lambda_1(n) \\ \lambda_2(n) \end{bmatrix}$$

其中,$e(n)$ 为输入信号,初始状态 $\begin{bmatrix} \lambda_1(0) \\ \lambda_2(0) \end{bmatrix} = \begin{bmatrix} 1 \\ 2 \end{bmatrix}$。

(1) 求状态转移矩阵 $\boldsymbol{\Phi}(n) = A^n$。

(2) 求激励 $e(n) = 0$ 时的状态变量和响应。

解:(1) 由题意可知,$A = \begin{bmatrix} 0 & 1 \\ -6 & 5 \end{bmatrix}$,则

$$(I - z^{-1}A)^{-1} = \begin{bmatrix} 1 & -z^{-1} \\ 6z^{-1} & 1 - 5z^{-1} \end{bmatrix}^{-1} = \begin{bmatrix} \dfrac{z^2 - 5z}{(z-2)(z-3)} & \dfrac{z}{(z-2)(z-3)} \\ \dfrac{-6z}{(z-2)(z-3)} & \dfrac{z^2}{(z-2)(z-3)} \end{bmatrix}$$

$$= \begin{bmatrix} \dfrac{3z}{z-2} - \dfrac{2z}{z-3} & \dfrac{-z}{z-2} + \dfrac{z}{z-3} \\ \dfrac{6z}{z-2} - \dfrac{6z}{z-3} & \dfrac{-2z}{z-2} + \dfrac{z}{z-3} \end{bmatrix}$$

$$A^n = \mathcal{Z}^{-1}[(I - z^{-1}A)^{-1}] = \mathcal{Z}^{-1}\left\{ \begin{bmatrix} \dfrac{3z}{z-2} - \dfrac{2z}{z-3} & \dfrac{-z}{z-2} + \dfrac{z}{z-3} \\ \dfrac{6z}{z-2} - \dfrac{6z}{z-3} & \dfrac{-2z}{z-2} + \dfrac{3z}{z-3} \end{bmatrix} \right\}$$

$$= \begin{bmatrix} 3 \times 2^n - 2 \times 3^n & -2^n + 3^n \\ 6 \times 2^n - 6 \times 3^n & -2^{n+1} + 3^{n+1} \end{bmatrix}$$

(2) 状态变量的零输入解为

$$\boldsymbol{\lambda}_{zi}(n) = \mathcal{Z}^{-1}[(zI - A)^{-1}z]\lambda(0) = \mathcal{Z}^{-1}[(I - z^{-1}A)^{-1}]\lambda(0)$$

$$= \begin{bmatrix} 3 \times 2^n - 2 \times 3^n & -2^n + 3^n \\ 6 \times 2^n - 6 \times 3^n & -2^{n+1} + 3^{n+1} \end{bmatrix} \begin{bmatrix} 1 \\ 2 \end{bmatrix} = \begin{bmatrix} 2^n \\ 2^{n+1} \end{bmatrix}, \quad n \geqslant 0$$

即

$$\boldsymbol{\lambda}_{zi}(n) = \begin{bmatrix} 2^n \\ 2^{n+1} \end{bmatrix} u(n)$$

系统的零输入响应为

$$\boldsymbol{y}_{zi}(n) = \mathcal{Z}^{-1}\left[\boldsymbol{C}(\boldsymbol{I} - z^{-1}\boldsymbol{A})^{-1}\right]\boldsymbol{\lambda}(0) = \boldsymbol{C}\mathcal{Z}^{-1}\left[(\boldsymbol{I} - z^{-1}\boldsymbol{A})^{-1}\right]\boldsymbol{\lambda}(0) = \boldsymbol{C}\boldsymbol{A}^n\boldsymbol{\lambda}(0)$$

已知 $\boldsymbol{C} = \begin{bmatrix} 1 & 1 \\ 2 & -1 \end{bmatrix}$，所以，

$$\boldsymbol{y}_{zi}(n) = \boldsymbol{C}\boldsymbol{A}^n\boldsymbol{\lambda}(0) = \begin{bmatrix} 1 & 1 \\ 2 & -1 \end{bmatrix}\begin{bmatrix} 3\times 2^n - 2\times 3^n & -2^n + 3^n \\ 6\times 2^n - 6\times 3^n & -2^{n+1} + 3^{n+1} \end{bmatrix}\begin{bmatrix} 1 \\ 2 \end{bmatrix}$$

$$= \begin{bmatrix} 3\times 2^n \\ 0 \end{bmatrix}, \quad n \geqslant 0$$

即

$$\boldsymbol{y}_{zi}(n) = \begin{bmatrix} 3\times 2^n \\ 0 \end{bmatrix} u(n)$$

习　　题

7-1　已知电路如图 7-6-1 所示，选择合适的状态变量，列写状态方程和输出方程。

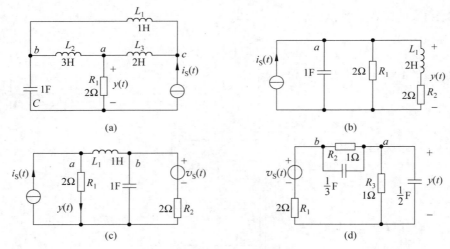

图 7-6-1　题 7-1 用图

7-2　写出下列微分方程所描述的系统的状态方程和输出方程。

(1) $y''(t) + 3y'(t) + 2y(t) = 4x(t)$。

(2) $5y''(t) + 4y'(t) + y(t) = 6x(t)$。

(3) $y'''(t) + 8y''(t) + 19y'(t) + 12y(t) = 4x'(t) + 10x(t)$。

7-3　已知系统的系统函数如下，分别画出其直接形式、并联形式、串联形式的信号流图并根据信号流图列写状态方程和输出方程。

（1）$H(s) = \dfrac{5s+5}{s^3+7s^2+10s}$。

（2）$H(s) = \dfrac{4s+10}{s^3+8s^2+19s+12}$。

（3）$H(s) = \dfrac{5s^3+32s^2+122s+60}{(s+1)^2(s+2)}$。

7-4　已知系统的信号流图如图 7-6-2 所示。

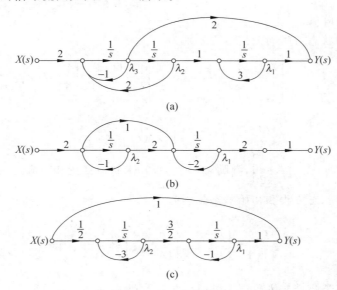

(a)

(b)

(c)

图 7-6-2　题 7-4 用图

（1）求其系统函数。

（2）以积分器的输出为状态变量，列写对应信号流图的状态方程和输出方程。

7-5　已知系统的信号流图如图 7-6-3 所示，列写其状态方程和输出方程。

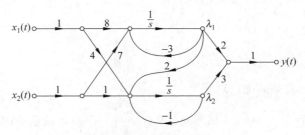

图 7-6-3　题 7-5 用图

7-6　已知矩阵 $\boldsymbol{A}$ 如下。

（1）$\boldsymbol{A} = \begin{bmatrix} 0.5 & 0.25 \\ 1 & 0.5 \end{bmatrix}$。　　　　（2）$\boldsymbol{A} = \begin{bmatrix} 0 & 2 \\ -1 & -2 \end{bmatrix}$。

(3) $A = \begin{bmatrix} -4 & -3 \\ 1 & 0 \end{bmatrix}$。　　　　(4) $A = \begin{bmatrix} 0.75 & 0 \\ 0 & 0.75 \end{bmatrix}$。

求相应的矩阵指数 e^{At}。

7-7　已知 LTI 系统的状态转移矩阵 e^{At} 如下。

(1) $e^{At} = \begin{bmatrix} e^{-t}\cos t & -e^{-t}\sin t \\ e^{-t}\sin t & e^{-t}\cos t \end{bmatrix}$。　　(2) $e^{At} = \begin{bmatrix} e^{-t} & 0 & 0 \\ 0 & (1-2t)e^{-2t} & 4te^{-2t} \\ 0 & -te^{-2t} & (1+2t)e^{-2t} \end{bmatrix}$。

求相应的矩阵 A。

7-8　已知系统的状态方程与输出方程分别为

$$\begin{bmatrix} \dot{\lambda}_1(t) \\ \dot{\lambda}_2(t) \end{bmatrix} = \begin{bmatrix} -1 & 0 \\ 1 & -3 \end{bmatrix} \begin{bmatrix} \lambda_1(t) \\ \lambda_2(t) \end{bmatrix} + \begin{bmatrix} 1 \\ 0 \end{bmatrix} e(t)$$

$$y(t) = \begin{bmatrix} -\dfrac{1}{2} & 1 \end{bmatrix} \begin{bmatrix} \lambda_1(t) \\ \lambda_2(t) \end{bmatrix} + e(t)$$

初始状态 $\begin{bmatrix} \lambda_1(0^-) \\ \lambda_2(0^-) \end{bmatrix} = \begin{bmatrix} 1 \\ 2 \end{bmatrix}$，激励 $e(t) = u(t)$，求状态变量和响应。

7-9　给定系统的状态方程和初始状态分别为

$$\begin{bmatrix} \dot{\lambda}_1(t) \\ \dot{\lambda}_2(t) \end{bmatrix} = \begin{bmatrix} 1 & -2 \\ 1 & 4 \end{bmatrix} \begin{bmatrix} \lambda_1(t) \\ \lambda_2(t) \end{bmatrix}, \begin{bmatrix} \lambda_1(0_-) \\ \lambda_2(0_-) \end{bmatrix} = \begin{bmatrix} 3 \\ 2 \end{bmatrix}$$

用两种方法求解该系统。

7-10　已知系统的状态方程、初始状态和输出方程分别为

$$\begin{bmatrix} \dot{\lambda}_1(t) \\ \dot{\lambda}_2(t) \end{bmatrix} = \begin{bmatrix} -4 & 5 \\ 0 & 1 \end{bmatrix} \begin{bmatrix} \lambda_1(t) \\ \lambda_2(t) \end{bmatrix} + \begin{bmatrix} 0 \\ 1 \end{bmatrix} x(t)$$

$$\begin{bmatrix} \lambda_1(0^-) \\ \lambda_2(0^-) \end{bmatrix} = \begin{bmatrix} 1 \\ 0 \end{bmatrix}$$

$$y(t) = \begin{bmatrix} 1 & 1 \end{bmatrix} \begin{bmatrix} \lambda_1(t) \\ \lambda_2(t) \end{bmatrix} + 2x(t)$$

(1) 求状态转移矩阵 $\phi(t)$。

(2) 若 $x(t) = e^{-2t}u(t)$，求状态向量 $\lambda(t) = \begin{bmatrix} \lambda_1(t) \\ \lambda_2(t) \end{bmatrix}$ 以及系统的响应 $y(t)$。

7-11　已知离散 LTI 系统的差分方程为

$$y(n+2) - 8y(n+1) + 5y(n) = 3x(n)$$

画出该系统的信号流图，并写出状态方程和输出方程。

7-12　已知离散 LTI 系统的系统函数为

$$H(z) = \frac{5z^2 + 7}{z^2 - 7z + 3}$$

画出该系统的信号流图,并写出状态方程和输出方程。

7-13　已知离散时间系统的状态方程和输出方程分别为

$$\begin{bmatrix} \lambda_1(n+1) \\ \lambda_2(n+1) \end{bmatrix} = \begin{bmatrix} 1.9 & 0.8 \\ -1 & 0 \end{bmatrix} \begin{bmatrix} \lambda_1(n) \\ \lambda_2(n) \end{bmatrix} + \begin{bmatrix} 0 \\ 0.95 \end{bmatrix} x(n)$$

$$y(n) = \begin{bmatrix} -1 & 3 \end{bmatrix} \begin{bmatrix} \lambda_1(n) \\ \lambda_2(n) \end{bmatrix} + 2x(n)$$

由系统的状态方程求出系统函数,并画出系统的信号流图。

7-14　已知离散时间系统的状态方程、输出方程和激励信号分别为

$$\begin{bmatrix} \lambda_1(n+1) \\ \lambda_2(n+1) \end{bmatrix} = \begin{bmatrix} 0 & 0.5 \\ -0.5 & 1 \end{bmatrix} \begin{bmatrix} \lambda_1(n) \\ \lambda_2(n) \end{bmatrix} + \begin{bmatrix} 0 \\ 1 \end{bmatrix} x(n)$$

$$y(n) = \begin{bmatrix} 1 & 1 \end{bmatrix} \begin{bmatrix} \lambda_1(n) \\ \lambda_2(n) \end{bmatrix}$$

$$x(n) = u(n)$$

(1) 求系统的差分方程表示式。

(2) 求系统的零状态响应。

7-15　已知离散时间系统的状态方程和输出方程分别为

$$\begin{bmatrix} \lambda_1(n+1) \\ \lambda_2(n+1) \end{bmatrix} = \begin{bmatrix} 0.5 & 0 \\ 0.25 & 0.25 \end{bmatrix} \begin{bmatrix} \lambda_1(n) \\ \lambda_2(n) \end{bmatrix} + \begin{bmatrix} 1 & 0 \\ 0 & 1 \end{bmatrix} \begin{bmatrix} x_1(n) \\ x_2(n) \end{bmatrix}$$

$$y(n) = \begin{bmatrix} 1 & 3 \end{bmatrix} \begin{bmatrix} \lambda_1(n) \\ \lambda_2(n) \end{bmatrix} + \begin{bmatrix} 2 & 1 \end{bmatrix} \begin{bmatrix} x_1(n) \\ x_2(n) \end{bmatrix}$$

其中,激励信号为 $\begin{bmatrix} x_1(n) \\ x_2(n) \end{bmatrix} = \begin{bmatrix} u(n) \\ \delta(n) \end{bmatrix}$,系统的初始状态为 $\begin{bmatrix} \lambda_1(0) \\ \lambda_2(0) \end{bmatrix} = \begin{bmatrix} 2 \\ 3 \end{bmatrix}$。求状态

变量的零输入解、零状态解以及系统的零输入响应、零状态响应和完全响应。

7-16　已知连续时间系统的状态方程和输出方程分别为

$$\begin{bmatrix} \dot{\lambda}_1(t) \\ \dot{\lambda}_2(t) \end{bmatrix} = \begin{bmatrix} 2 & 3 \\ 0 & -1 \end{bmatrix} \begin{bmatrix} \lambda_1(t) \\ \lambda_2(t) \end{bmatrix} + \begin{bmatrix} 0 & 1 \\ 1 & 0 \end{bmatrix} \begin{bmatrix} x_1(t) \\ x_2(t) \end{bmatrix}$$

$$\begin{bmatrix} y_1(t) \\ y_2(t) \end{bmatrix} = \begin{bmatrix} 1 & 1 \\ 0 & -1 \end{bmatrix} \begin{bmatrix} \lambda_1(t) \\ \lambda_2(t) \end{bmatrix} + \begin{bmatrix} 1 & 0 \\ 1 & 0 \end{bmatrix} \begin{bmatrix} x_1(t) \\ x_2(t) \end{bmatrix}$$

其初始状态和输入分别为

$$\begin{bmatrix} \lambda_1(0_-) \\ \lambda_2(0_-) \end{bmatrix} = \begin{bmatrix} 2 \\ -1 \end{bmatrix}, \begin{bmatrix} x_1(t) \\ x_2(t) \end{bmatrix} = \begin{bmatrix} u(t) \\ e^{-3t}u(t) \end{bmatrix}$$

求该系统的状态和输出响应。

图书资源支持

感谢您一直以来对清华版图书的支持和爱护。为了配合本书的使用，本书提供配套的资源，有需求的读者请扫描下方的"书圈"微信公众号二维码，在图书专区下载，也可以拨打电话或发送电子邮件咨询。

如果您在使用本书的过程中遇到了什么问题，或者有相关图书出版计划，也请您发邮件告诉我们，以便我们更好地为您服务。

我们的联系方式：

清华大学出版社计算机与信息分社网站：https://www.shuimushuhui.com/

地　　　址：北京市海淀区双清路学研大厦 A 座 714

邮　　　编：100084

电　　　话：010-83470236　010-83470237

客服邮箱：2301891038@qq.com

QQ：2301891038（请写明您的单位和姓名）

资源下载：关注公众号"书圈"下载配套资源。

资源下载、样书申请

书 圈

图书案例

清华计算机学堂

观看课程直播